中国大洋矿产资源研究开发协会资助

“西南印度洋多金属硫化物资源与环境评价”丛书

洋中脊多金属硫化物勘查方法与技术

陶春辉 等 著

科学出版社

北 京

内 容 简 介

本书主要讲述了洋中脊多金属硫化物勘查方法与技术，是对当前洋中脊硫化物勘查方法与技术的最新成果的介绍和总结。对洋中脊热液系统的物理、化学性质进行了分析，并从热液羽状流、地球物理、地形地貌、地质、地球化学和生物等方面介绍了洋中脊多金属硫化物找矿标志；有针对性地从羽状流探测、地球物理探测、地质取样、深海潜器探测和海底长期观测平台等方面阐述了洋中脊硫化物探测方法和技术；最后总结提炼出洋中脊多金属硫化物勘查方法，并通过我国在大洋中脊及西南印度洋多金属硫化物研究区的硫化物探测实例介绍了勘查方法的应用。

本书可以作为从事海底矿产资源、海洋地质、海洋地球物理和海洋技术等学科的研究人员和高等院校相关专业教师、研究生的参考书，也可以作为高年级本科生的参考资料。

图书在版编目（CIP）数据

洋中脊多金属硫化物勘查方法与技术/陶春辉等著. —北京：科学出版社，2018.11
（西南印度洋多金属硫化物资源与环境评价）
ISBN 978-7-03-059026-8

Ⅰ. ①洋… Ⅱ.①陶… Ⅲ. ①洋中脊–海底矿物资源–硫化物矿床–矿产勘探–研究 Ⅳ.①P736.3

中国版本图书馆 CIP 数据核字(2018)第 226853 号

责任编辑：朱 瑾 田明霞 / 责任校对：郑金红
责任印制：张 伟 / 封面设计：无极书装

科学出版社 出版
北京东黄城根北街 16 号
邮政编码: 100717
http://www.sciencep.com

北京虎彩文化传播有限公司 印刷
科学出版社发行 各地新华书店经销
*
2018 年 11 月第 一 版 开本：787×1092 1/16
2018 年 11 月第一次印刷 印张：17 1/4
字数：400 000

定价：258.00 元

(如有印装质量问题，我社负责调换)

“西南印度洋多金属硫化物资源与环境评价”丛书编委会

《洋中脊多金属硫化物勘查方法与技术》作者名单

陶春辉　梁　锦　王汉闯　苏　新　蔡　巍　廖时理

杨　振　周　洋　李　伟　陈　升　吴　涛　杨伟芳

黄　威　周亚东　李怀明　孙晓霞　丘　磊　张国堙

邓显明　王　渊　韩沉花　吕士辉　刘　健　陈志刚

吴家林　刘为勇　周红伟　顾春华　熊　威　陈　杰

朱忠民　郭志馗　王　畀　汪建军　李倩宇　潘东雷

探秘西南印度洋

序

深海蕴藏着地球上远未认识和开发的宝藏，是人类未来生存和发展的战略新疆域。深海资源开发、深海环境保护、深海技术装备发展和深海治理是当今国际深海活动的重要主题。

我国自20世纪80年代启动太平洋多金属结核资源调查。1990年随着中国大洋矿产资源研究开发协会的成立，我国大规模深海资源勘查与深海活动全面展开，先后启动东太平洋多金属结核、西太平洋富钴结壳、洋中脊多金属硫化物和富稀土沉积物等多种资源的勘查工作，并同步开展了深海生物基因和各勘探区的环境基线、生物多样性调查研究。到2018年，我国已经成为国际上拥有国际海底资源勘探合同区种类最齐全、数量最多的国家，包括1个多金属硫化物、2个多金属结核和1个富钴结壳勘探合同区。我国在三大洋开展深海资源勘查的战略布局已经形成，并带动了我国深海技术的飞跃发展，提高了我国在国际上的话语权。

海底热液活动是发源于活动板块边界和板块内部、在岩石圈层和大洋水圈之间进行能量和物质交换的过程，对认识整个地球内部岩浆活动、火山活动和构造运动等具有指示性意义，在当前深海科学研究中占据重要地位。其中洋中脊热液系统，是发育在洋中脊的热液活动及其所处物理、化学和生物环境构成的有机整体。海底热液活动引起的热液成矿作用促使海底成为一个待开发的矿产资源宝库。作为一种重要的战略资源，洋中脊多金属硫化物资源越来越受到各国政府和财团的重视。

中国大洋矿产资源研究开发协会（以下简称“中国大洋协会”）在2005年开展了首次环球科考，由此开启了全球洋中脊硫化物资源的系统调查研究，并于2007年在西南印度洋首次发现了超慢速扩张脊活动热液区，并在三大洋（太平洋、大西洋、印度洋）取得了大量发现。随着2011年我国率先与国际海底管理局签署了国际海底多金属硫化物勘探合同，在西南印度洋获得了1万km^2的勘探合同区，我国对海底多金属硫化物已从科学调查研究转入资源勘查与环境评价的阶段。该勘探合同将持续15年，在第8年完成50%区域放弃，第10年完成75%的区域放弃。

不同于陆地矿产资源勘查，海底多金属硫化物勘探刚刚兴起，国际上无先例可循，极具探索性和挑战性。不仅需要发展海底硫化物成矿理论、总结找矿标志、研发探测技术，同时需要更谨慎对待勘探过程中对深海环境潜在的影响。深海环境保护是国际海底工作的重要领域，日益受到国际社会广泛关注。《“区域”内多金属硫化物探矿和勘探规章》要求在勘探区内收集环境基线数据并确定环境基线，用于评估勘探开发活动可能对海洋环境造成的影响。同时，还要求建立和实施对海洋环境影响的监测计划。

西南印度洋多金属硫化物资源与环境评价团队在中国大洋矿产资源研究开发协会的领导和科技部、国家自然科学基金委、原国家海洋局等有关项目的资助下，通过十多个航次，组织国内优势力量开展技术攻关，创建了快速找矿与初步评价方法技术体系，取得了洋中脊硫化物成矿理论、找矿方法技术和硫化物资源潜力评价等方面突破。不仅在西南印度洋发现了国际上首个超慢速扩张脊的活动热液区，还在东太平洋海隆赤道附近、大西洋 10°以南、北印度洋实现首个发现并证实大量海底热液活动区，为国际海底热液活动调查研究做出了重大贡献。同时实现了我国在国际海底多金属硫化物发现“零”的突破，推动我国成为海底硫化物调查先进国家。该团队基于十多年来的航次调查经验和研究成果，组织力量编写“西南印度洋多金属硫化物资源与环境评价”丛书，将从多学科、多角度及时总结介绍洋中脊多金属硫化物勘查方法与技术、洋中脊多硫化物成矿预测和资源量评价方法等。该系列丛书的出版，将有助于提高我国海底热液活动调查研究水平和海底多金属硫化物勘探能力，促进我国深海科学科技的发展，同时对相关国家的洋中脊硫化物勘查具有示范作用。

中国工程院院士

2018 年 10 月 8 日

前　言

自 1977 年“Alvin”号载人潜水器第一次观测到海底热液活动以来，海底热液活动一直是国际海底研究的热点。热液活动伴生的海底多金属硫化物由于富含 Cu、Zn、Au 和 Ag 等金属元素，全球争相开展调查研究。同时，海底热液活动伴生的热液生物及其多样性，日益受到科学家和国际社会的关注。

海底多金属硫化物主要分布于大洋中脊和弧后盆地扩张中心，水深在数百米到数千米之间，以大于 2000m 水深为主，其中 65%分布在洋中脊。全球 65000km 长的洋中脊目前还没有被详细调查过的占 80%。据估计，已经发现的海底多金属硫化物资源的规模约为 6×10^8t，其中含有的 Cu、Zn 资源量约为 3×10^7t。2010 年 5 月，国际海底管理局第 16 次会议通过了《“区域”内多金属硫化物探矿和勘探规章》。2011 年 11 月，中国大洋矿产资源研究开发协会率先与国际海底管理局正式签署了多金属硫化物勘探合同，使我国在海底多金属硫化物勘探方面走在了世界前列。这是世界上首个获批的国际海底多金属硫化物勘探合同。此后，俄罗斯、韩国、法国、德国、印度和波兰相继申请并获得了国际海底硫化物勘探合同。

虽然海底热液活动及其伴生的硫化物已经被发现了近 40 年，但由于它身处洋中脊深处，热液区直径范围往往只有几十米至上百米，要发现它可谓“大海捞针”。以往各国开展的海底热液活动和硫化物调查，大多以针对科学问题开展的调查研究为主，发展了以羽状流探测为主的调查技术，未能形成较系统的找矿方法技术。自从《“区域”内多金属硫化物探矿和勘探规章》通过后，对洋中脊硫化物资源的勘查技术方法才开始研究、发展。

我国从 2005 年开始海底热液活动和多金属硫化物的规模调查研究。当时在洋中脊硫化物调查方法、技术几乎没有储备。在中国大洋协会、科技部、原国家海洋局等单位的支持和推动下，我们将海上勘查与成矿理论相结合，总结出洋中脊硫化物找矿标志，与技术团队一起开展找矿方法技术攻关，形成了一套行之有效的洋中脊硫化物找矿方法技术体系，并在三大洋海底硫化物调查取得重要发现。

本书总结了目前洋中脊多金属硫化物勘查方法与技术的最新进展，供从事海底矿产资源、海洋地质、海洋地球物理和海洋技术等学科的研究人员和高等院校相关专业师生参考。

本书分 9 章，第 1 章介绍洋中脊热液活动与多金属硫化物，由陶春辉、黄威、杨伟芳、梁锦等撰写；第 2 章介绍洋中脊热液系统的物理、化学特征，由陈杰、陈升、吴涛、黄威、李倩宇和周亚东等撰写；第 3 章介绍洋中脊多金属硫化物找矿标志，包括羽状流标志、地球物理标志、地形地貌标志、地质标志、地球化学标志和生物标志，由陶春辉、陈升、王汉闯、苏新、吕士辉、杨振和周亚东等撰写；第 4 章、第 5 章、第 6 章分别从羽状流及其水体异常探测、地球物理探测和地质取样等方面介绍洋中脊硫化物勘查技术，第4章由陈升、王渊、吴家林、王冪、韩沉花、陈志刚和孙晓霞等撰写，第5章由陶春辉、郭志馗、王冪、丘磊、王汉闯、张国堙、熊威、汪建军、朱忠民和吴涛等撰写，第6章由蔡巍等撰写；第7章介绍洋中脊多金属硫化物勘查平台——深海潜水器与海底长期观测，由蔡巍、邓显明、刘健、梁锦和王渊等撰写；第8章介绍洋中脊多金属硫化物矿床勘查方法，由陶春辉、杨振和廖时理等撰写；第9章介绍调查方法综合应用实例，由邓显明、梁锦和廖时理撰写。全书由陶春辉、梁锦、王汉闯、李伟和潘东雷统稿、校稿，项目组研究生黄玉强、吴荣荣、黄亮、孙金烨、聂佐夫等协助校稿。

本书的出版得到了中国大洋协会办公室和国家海洋局第二海洋研究所领导的大力支持。在撰写过程中得到了国家重点研发计划“透视超慢速扩张洋脊热液循环系统”（2018YFC0309901、2018YFC0309902）、中国大洋协会“十三五”重大项目“多金属硫化物合同区资源勘探与评价”（DY135-S1-1）、国家重点研发计划（课题）（2017YFC0306803、2017YFC0306603、2017YFC0306203）、国际海域资源调查与开发“十二五”重大项目“西南印度洋多金属硫化物合同区资源评价”（DY125-11）、973计划课题“硫化物矿区特征和找矿标志”（2012CB417305）、国际海底管理局捐赠基金“International Cooperative Study on Hydrothermal System at Ultraslow Spreading SWIR”和原国家海洋局国际合作基金“南太平洋岛国海底资源勘查与合作研究”等课题的资助。本书是西南印度洋多金属硫化物资源与环境评价团队及其他团队在中国大洋协会全球航次以来海底硫化物调查、研究的经验总结，是专家组、各位参加项目和航次支撑的专家、全体科考队员的集体智慧的结晶。在本书编写过程中，李裕伟研究员、黄永样教授级高工、董传万教授和徐启东教授提出了大量有益的建议和修改意见，在此表示衷心的感谢。

由于笔者水平及目前洋中脊多金属硫化物勘查所处的阶段，本书肯定存在许多不足之处和可商榷之处，敬请读者批评指正。本书作为集体智慧结晶，有些工作未能详尽地列出所有贡献者或参考文献，在此表示感谢和歉意。

陶春辉

2018年9月8日于杭州

目　录

1 洋中脊热液活动与多金属硫化物

洋中脊发育的热液活动及所处的物理、化学和生物环境构成了一个有机整体，即洋中脊热液系统。在洋中脊热液活动过程中可形成多种热液产物，包括热液流体、热液柱、热液硫化物、热液蚀变岩石、含金属沉积物。其中，热液硫化物通常富含 Cu、Zn、Au、Ag 等金属元素，亦称为多金属硫化物。多金属硫化物是下渗的海水在洋壳深部，受深部热源加热，淋滤出洋壳中的重要金属元素，在返回海底喷发过程中与海水发生化学交换和物质沉淀的产物。经热液活动长久喷发并沉淀的多金属硫化物，可以形成规模较大的矿床，并最终作为一种可被开采的多金属矿产资源，它的合理开发为满足人类对多金属矿产资源的需求提供了可能。

1.1 洋中脊热液活动

1.1.1 洋中脊热液活动与热液系统

海底热液活动是当今地学界和生物学界的重大前沿研究领域之一。早在 20 世纪 60 年代，就已有证据显示海底热液活动的存在。例如，红海发现热卤水，钻孔和蛇绿岩套中发现多金属沉积物，以及海底发现经热液流体与海水作用后的蚀变岩石（Corliss et al.，1979）。1977 年，法国与美国两国联合使用“Alvin”号载人潜水器对东太平洋海隆的 Galápagos 扩张中心进行考察，首次发现了现代海底热液和高温成矿活动（Corliss et al.，1979）。1978 年，在东太平洋海隆 21°N 首次观察到正在喷发的黑烟囱（Francheteau et al.，1979；Spiess et al.，1980），揭开了现代海底热液活动与热液系统研究的序幕。随着国际大洋调查活动的不断深入，截至 2015 年，已发现的海底热液区和异常区超过 600 个（http://www.interridge.org）。伴随着诸如自主式水下机器人（AUV）及载人潜水器（HOV）等深海探测技术的应用和发展，更多的热液活动也将逐步被发现（Jamieson et al.，2014；杨伟芳，2017）。

洋中脊热液活动是集中发生在洋中脊及离轴区内的海底热液活动。由于洋中脊具有特殊的板块构造背景和活动形式、复杂的圈层结构和岩石类型，形成了独特的热液系统。现今，在全球不同扩张速率洋中脊均发现了海底热液活动，热液循环过程已成为洋中脊热液系统的重要组成部分。一般来说，海底热液系统由三部分组成（图 1-1）：补给区、反应区和释放区（Humphris and Mccollom，1998）。

洋中脊是大洋板块增生和分离的策源地，洋中脊的构造演化在固体地球与海洋的能量物质循环之间扮演了重要角色。沿扩张洋中脊分布的海底热液活动改变了洋壳的物质组成，影响了海水的化学成分，并为深海生物群落提供了能量源泉（Tivey，2007）。在洋中脊热液系统中，与热液活动密切相关的海水、洋壳岩石（玄武岩、辉长岩）、热液流体和热液产物是4个独立存在但又彼此关联的单元，其中海水和洋壳岩石是热液系统形成的两大物源，而热液流体和热液产物代表了两大物源在热液系统不同区域和不同阶段相互作用后的产物。

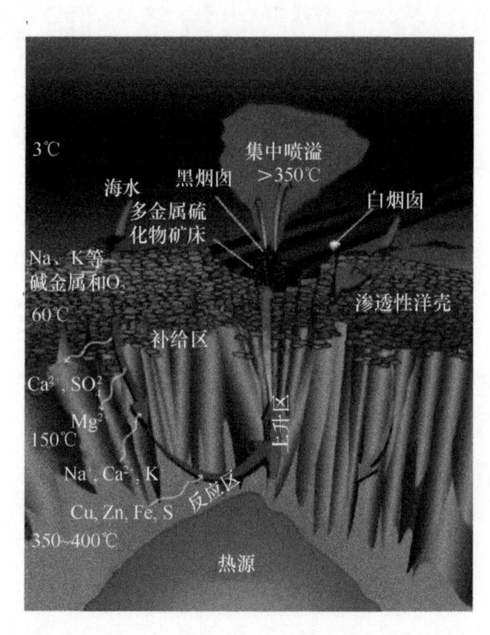

图 1-1 海底热液循环系统示意图（Humphris and Mccollom，1998）

岩浆沿通道上涌，在海底形成了新的洋壳。冷海水从洋壳断裂或微裂隙中向下渗透，下渗过程中被岩浆等热源加热，从围岩中淋滤出Cu、Fe、Zn等金属元素，随后又沿裂隙上升从海底喷出，形成烟囱体结构（即黑烟囱）及热液羽状流（图1-2）。近年来，随着海底热液活动调查和研究的深入，人们逐渐认识到以超基性岩为基底岩石的热液系统在全球扩张洋脊也广泛发育（Koschinsky et al.，2007）。因此，对洋中脊热液活动的调查极大地促进了人类对洋中脊热液系统的认识。

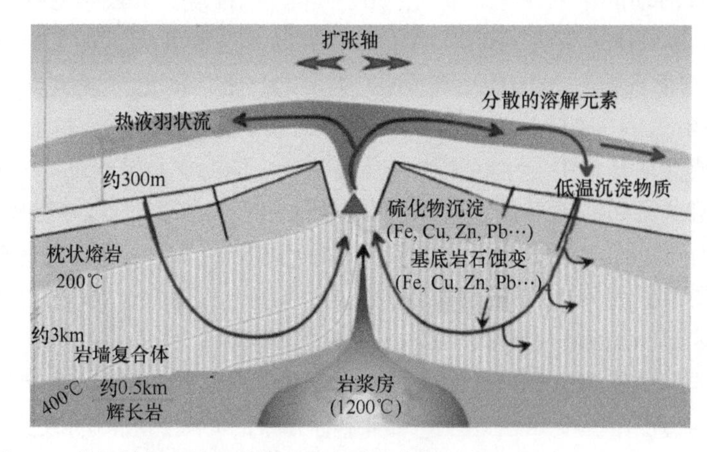

图 1-2 洋中脊热液循环系统及多金属硫化物形成示意图（Pandy，2013）

洋中脊热液活动还是一种正在发展演化中的成矿过程，是认识地球内部结构与物质组成的一个重要窗口，是研究成矿过程的"天然实验室"。现代海底多金属硫化物矿床为认识火山成因块状硫化物（VMS）矿床提供了最直接的证据。此外，与洋中脊热液活动同时被发现的还有伴生的依靠化能合成作用生存的特殊生物群落，这被认为是迄今为止深海生物学界最令人激动的发现之一。

1.1.2 洋中脊热液活动分布

近几十年的研究表明，现代海底热液活动在不同的构造背景下均有发育，包括约65 000km的洋中脊、7000km的弧后盆地、22 000km的火山岛弧，其中大约65%的热液活动分布于洋中脊（图 1-3）。根据洋中脊扩张速率的不同，2003 年，Dick 和 Lin（2003）将洋中脊划分为五类：超快速扩张洋中脊（全扩张速率＞120mm/a）、快速扩张洋中脊（全扩张速率为 80～120mm/a）、中速扩张洋中脊（全扩张速率为 50～80mm/a）、慢速扩张洋中脊（全扩张速率为 20～50mm/a）、超慢速扩张洋中脊（全扩张速率＜20mm/a）。在目前已发现的海底热液区中，快速、中速、慢速和超慢速扩张洋脊的比例分别为 16%、12%、13%和 13%（Hannington et al.，2011；杨伟芳，2017）。

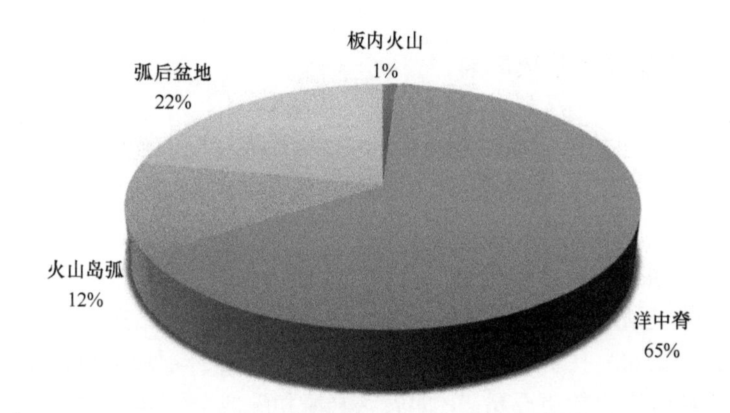

图 1-3 不同构造背景下的海底热液活动分布（Hannington et al.，2011）

自从现代海底热液活动现象及相关热液产物被发现并报道之后，洋中脊热液活动调查研究工作进展迅速，在东太平洋海隆、大西洋中脊、印度洋中脊等全球各大洋中脊均发现了热液活动（Edmonds et al.，2003；Herzig and Dreier，1999；Rona et al.，2013；Tao et al.，2013）。此外，从南半球的极地洋脊（Klinkhammer et al.，2001；Rogers et al.，2012）到冰雪覆盖的北冰洋洋脊（Edmonds et al.，2003；Petersen and Hein，2013）都存在热液活动（图 1-4）。目前，国际上对洋中脊热液活动的调查主要集中在拥有大量海洋调查船只的国家，调查区域主要集中在中低纬度气候条件较好的区域，因此全球扩张洋脊还有许多地方尚未开展调查（German and Seyfried Jr，2014）。

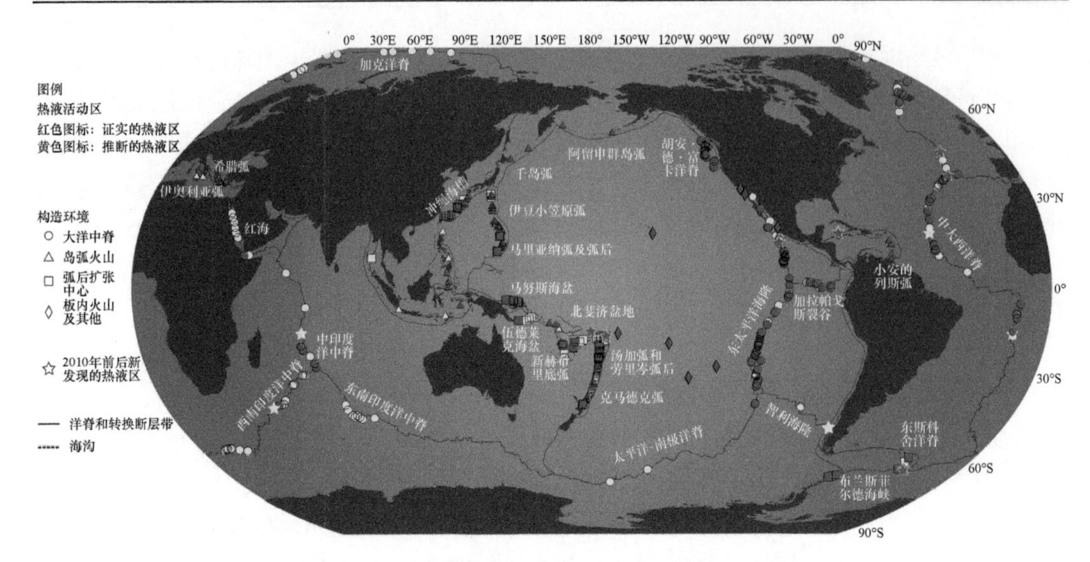

图 1-4　全球确认和推断的海底热液区分布

（来自 InterRidge 网站：http://vents-data.interridge.org/files/Ventmap_2009.jpg）

1.2　洋中脊多金属硫化物

1.2.1　洋中脊多金属硫化物的形成

海底热液活动会引起洋壳的广泛蚀变，在现代洋壳和陆地蛇绿岩带中观察到的成矿元素的亏损现象，指示了多金属硫化物矿床内金属元素的来源（Alt，1999；Jowitt et al.，2012）。洋中脊多金属硫化物矿床一般属于“镁铁质”或“超镁铁质”围岩型矿床的范畴，海水与洋壳之间化学组分的交换方向和范围往往取决于洋壳所处位置的温度和渗透性，这在垂向深度上尤其明显（Jowitt et al.，2012）。以大洋钻探计划（Ocean Drilling Program，ODP）1256D 孔所获取的席状岩墙和深成杂岩体层段为例，相对于洋壳上部的火山岩层段，源区洋壳的主要层段（即席状岩墙和深成杂岩体）更容易亏损成矿元素，且几乎所有的成矿金属元素都明显低于原始洋壳中的含量（Alt et al.，2010；Patten et al.，2016）。从源区洋壳内淋滤出的成矿物质的规模各异，部分因为矿化作用而被束缚在过渡带内或席状岩墙的上部区域内，但大部分还是会被运移堆积在海底表面（Alt et al.，2010）。

洋壳的上部火山岩层段是下渗海水与洋壳发生初始反应的场所（图 1-5）（Coogan，2008；German and Seyfried Jr，2014；Tolstoy et al.，2008）。目前科学界对于发生在侧翼下渗区地质过程的了解主要依靠对蚀变洋壳样品的矿物组合特征进行实际观测和大量数据分析（Tivey，2007）。当温度达到 40～60℃时，海水与玄武岩的反应导致玄武质玻璃、橄榄石和斜长石发生蚀变，氧化为含铁云母和蒙脱石、富镁蒙脱石和铁氢氧化物等，碱金属（K、Rb、Cs）和 B 从海水中迁移进入蚀变矿物中，而 Si、S、Mg 等元素从矿物中迁移进入流体（图 1-5b）（Alt，1995；Tivey，2007）。当海水下渗的更深，并被加热到 150℃以上时，就会发生黏土类矿物的沉淀，如富镁蒙脱石和绿泥石可在温度低于和高于 200℃的时候分别形成，从而消耗流体中的 Mg。因此，流体中 Mg 含量的降低反映了源区洋壳内绿泥石的形成（Alt，1995；Tivey，2007）。最终，源区洋壳会形成绿泥石+角闪石+次生斜长石+石英±帘石±硬石膏的次生矿物集合体（German and Seyfried Jr，2014）。

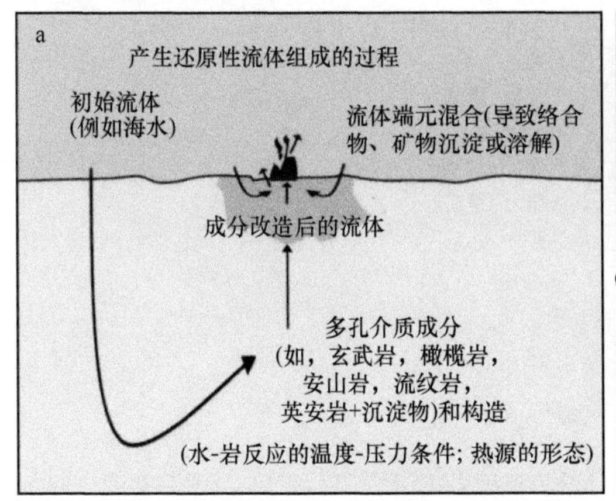

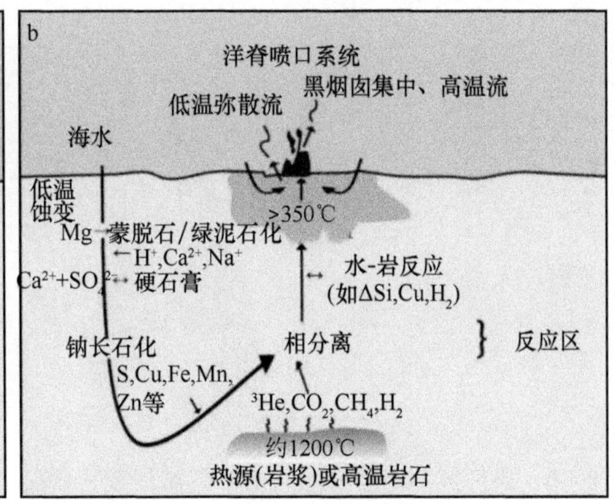

图 1-5 洋中脊热液循环和成矿作用示意图（Tivey，2007）

a. 洋壳内热液循环系统示意图；b. 大洋中脊喷口流体形成过程示意图

深部或反应区中形成的流体相对于冰冷的海水（约 2℃）极具浮力，因此能以极快的速度上升到海底。前人对洋壳蚀变岩石样品的观察发现，这些岩石保存并记录了在较长时间内发生的水岩反应过程，结合热力学的计算和流体的成分测试，进一步表明在上升过程中流体并没有与围岩达到平衡（von Damm，1995）。当流体上升时，伴有少量的硫化物沉淀析出和/或溶解，而反应结果通常会在岩石记录中得以保存，如在蛇绿岩套中发现的绿帘石+石英+绿泥石矿物组合，或是在热液区表层发育很好的网状脉体等（Alt，1995；Tivey，2007）。

前人对全球热液硫化物区的研究揭示了 3 种完全不同的矿化类型：①形成于高温集中喷溢热液流体的块状硫化物丘体（如大西洋 TAG 热液区）；②来自低温弥散流的 Fe-Mn 羟基氧化物和硅酸盐的堆积体；③来自热液羽状流的细小颗粒沉淀物。其中，块状硫化物堆积体只占所有被搬运到海底的可溶性成矿物质的一小部分，而搬运来的大部分物质通过浮力和非浮力羽状流扩散到了洋脊的侧翼（German and Seyfried Jr，2014）。

在东太平洋海隆 21°N 热液区对硫化物烟囱体取样研究后得到的烟囱体生长模型至今依旧适用（图 1-6）（Goldfarb et al.，1983；Haymon，1983；Tivey，2007）。由于海底热液流体具有温度高、微酸性及富含金属、硫化物和 Ca 的特征，当它以每秒几十厘米的速度喷入冷的（约 2℃）、微碱性、缺乏金属、富含硫酸盐和贫 Ca 的海水中时，硬石膏和细晶的 Fe-Zn 和 Cu-Fe 硫化物就发生沉淀。围绕着烟囱喷口，硬石膏沉淀物形成环状屏障阻止了热液流体与海水的直接混合，因此，其他矿物可以在原有的烟囱体基底之上沉淀。黄铜矿在紧靠着烟囱体内壁处形成，热液流体和海水穿过新形成的烟囱壁以扩散和对流的形式混合。这些地质过程导致了热液流体中的硫化物和硫酸盐逐渐饱和并沉淀在烟囱墙壁的孔隙空间中，烟囱壁的渗透性因此逐渐变差。如果烟囱通道一直保持畅通，大多数的热液流体会通过通道从烟囱喷口喷出，形成巨大的热液羽状流，并沉淀出大量的金属矿物。

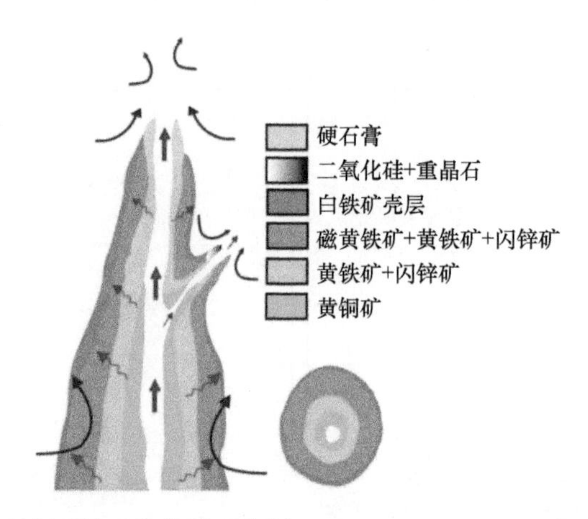

图 1-6　典型黑烟囱体横纵剖面的矿物分带示意图（German and Seyfried Jr，2014；Haymon，1983）
箭头代表了推测的热液流体的运移方向

大西洋 TAG 热液区硫化物丘体是迄今为止在扩张洋脊中心发现的最大规模的独立热液堆积体。ODP158 航次的钻探研究显示，其内部结构特征与烟囱体也存在相似性（Humphris et al.，1995；Petersen et al.，2000）。黑烟囱流体高度集中，自复合烟囱体中心喷涌而出，形成黑色的巨型浮力羽状流（Rona et al.，1986）。部分海水进入规模巨大的堆积体内，引发了硬石膏、黄铜矿、黄铁矿在堆积体内部的沉淀及金属元素的重新活化（Tivey，1995）。通过 ODP158 航次获得的岩心研究发现，此热液丘体下存在着一种黄铁矿、硬石膏、硅化及绿泥石化玄武质角砾岩和网状岩脉的序列（Humphris et al.，1995），You 等（You and Bickle，1998）将 ODP 硫化物岩心样品的 ^{230}Th 年龄与 Humphris 等（1995）建立的丘体分带联系起来，发现该矿床最老的年龄（11～37ka）位于该矿床中央层，其底部和顶部年龄最为年轻（2.3～7.8ka）。地层学及年代学研究证实了大部分的硫化物和硬石膏是通过海水和热液流体的混合而沉淀的，热液活动间隔在 2ka 以上。无论对于 TAG 热液区硫化物丘体这样的现代热液系统，还是造山带蛇绿岩中的塞浦路斯型硫化物矿床，其矿物学和化学特征都可以用区域富集作用较好地进行解释（Hannington et al.，1998）（图 1-7）。

洋中脊多金属硫化物矿床的规模、分布特点主要受洋脊地形、构造及岩浆作用等因素控制（Fouquet，1997）。不同扩张速率洋中脊，其矿床规模和分布特点存在显著差异。地质学家认为热量和岩浆供给在洋脊地形、构造和硫化物矿床规模等方面起着重要的作用。

在快速扩张洋中脊，岩浆供给速率较快，岩石圈板块较热，隆起顶部不会消失，其轴部通常为狭窄的裂缝（宽 50～300m），如东太平洋隆 9°～10°N。洋壳的快速扩张形成近乎等宽的轴部地堑，岩浆房沿地堑中央线性分布，且一般位于海底 1～2km 处，薄的

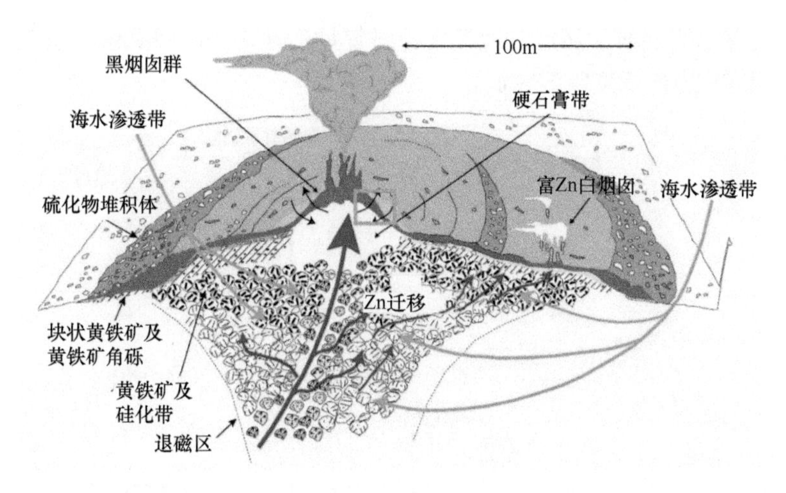

图 1-7 TAG 活动热液丘体结构示意图（Tivey，2007）

（几十米厚）部分熔融透镜体覆盖于厚的晶粥带上（Sinton and Detrick，1992）。由于轴部岩浆房内的岩浆补给具有间歇性，在岩浆喷发间隙，经高温加热后的热液流体流入相对较浅的深度（1～2km），从而形成热液喷口。发育的热液系统、硫化物丘体及烟囱体沿裂谷中央分布，但快速扩张洋中脊频繁的岩浆活动通常导致热液活动持续时间相对较短，并且破坏了热液流体的循环及硫化物的堆积，导致形成于快速扩张洋中脊的多金属硫化物矿床较小（杨伟芳，2017；陈代庚，2009）。

慢速扩张洋中脊与快速扩张洋中脊的矿床规模及分布特点存在显著差异。在慢速扩张洋中脊，轴部地堑相对较宽，在平面上呈短透镜形。地堑内发育众多的火山喷发中心，单个或众多热液喷发中心集中在轴部地堑的最宽处，因此成矿规模较大(Fouquet，1997)。慢速扩张洋中脊的火山活动一般延续数十年至数百年，甚至数千年，而新火山构造活动则更长，为热液系统的稳定性提供了保障（Hannington et al.，2005；Rona，2008）。沿不同洋脊段，喷口出现的频率为 400km/1 个到 100km/3 个（Baker and German，2004）。

另外，在慢速扩张洋中脊，低的岩浆供给导致洋壳的减薄，地幔岩石直接出露，并发生水合作用，引起蛇纹石化放热反应。由蛇纹石化反应或者深部地热梯度驱动的海底热液系统包括 Rainbow 及 Logatchev 热液区。这些热液区的硫化物相比于以玄武岩为基底的海底热液硫化物，具有更高含量的 Au、Cd、Co（Mozgova et al.，2005）。因此，慢速扩张洋中脊相比于快速扩张洋中脊，在洋壳结构、热源、地形及热液活动分布特征等方面均表现出多样性。

1.2.2 洋中脊多金属硫化物资源潜力

海底块状硫化物矿床的陆续发现表明，这些矿床无论是分布位置、规模还是矿石的金属含量都存在较大差别。由于硫化物中金属含量的高度变化，并不是所有的硫化物区都具有经济价值。如沿东太平洋海隆及大西洋中脊分布的一些硫化物区，由于多为富 Fe 硫化物而不具有经济价值。Petersen 和 Hein（2013）统计了不同构造背景下的多金属硫化物的 Au、Ag、Cu、Zn、Pb 等含量（图 1-8，图 1-9）。洋中脊多金属硫化物的 Au

和 Ag 的平均含量明显低于弧后盆地及火山弧等构造环境，Cu 和 Zn 的含量与其他构造环境相当，而 Pb 的含量又明显较低。

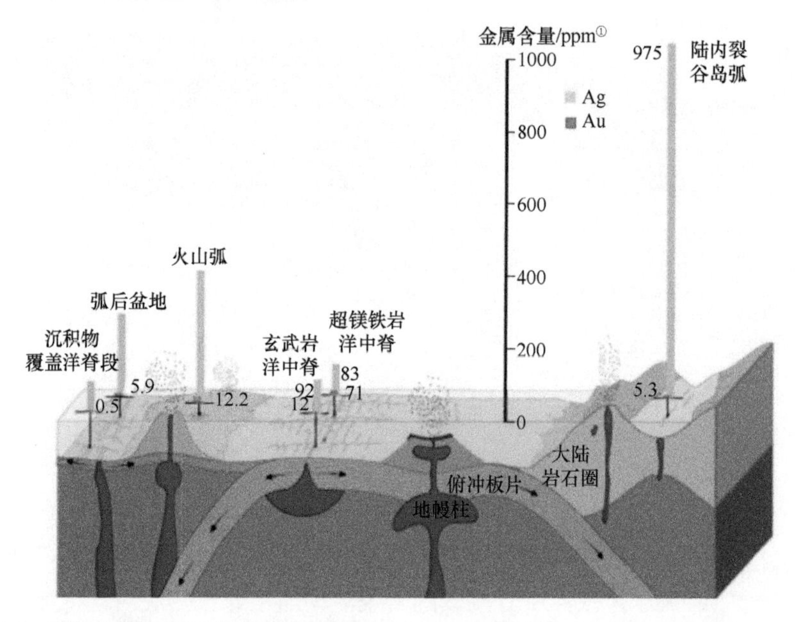

图 1-8　不同构造背景下多金属硫化物的 Au、Ag 含量分布（Petersen and Hein，2013）

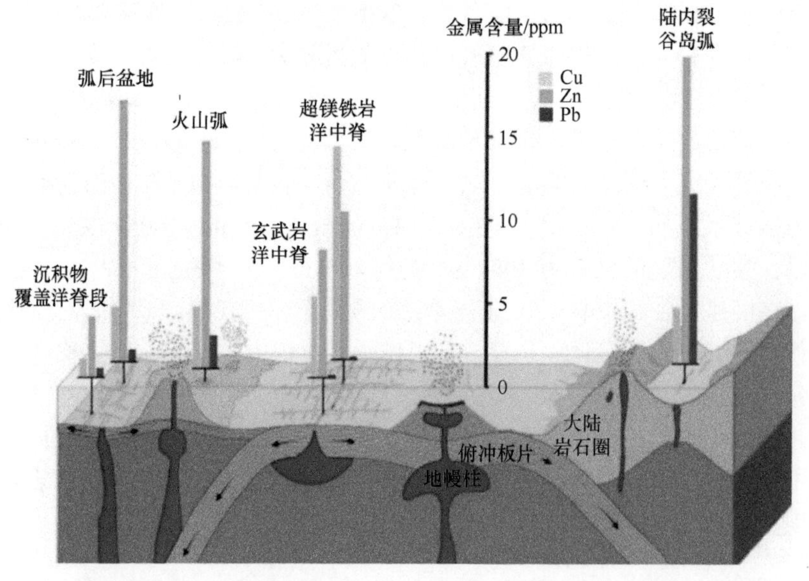

图 1-9　不同构造背景下多金属硫化物的 Cu、Zn、Pb 含量分布（Petersen and Hein，2013）

沿快速扩张洋脊分布的矿床数量多但规模小，而沿慢速和超慢速扩张洋脊分布的矿床数量虽然少但规模较大。Hannington 等（2011）假定洋中脊大约有 1000 个 $100\sim1\times10^7$t 大小不等的矿床，估算出全球大洋新火山带的块状硫化物矿床的总量为 6×10^8t。其中发育在慢速及超慢速扩张洋中脊的矿床，占据了洋脊块状硫化物矿床资源量的 86%（图 1-10）。

① $1ppm=1\times10^{-6}$

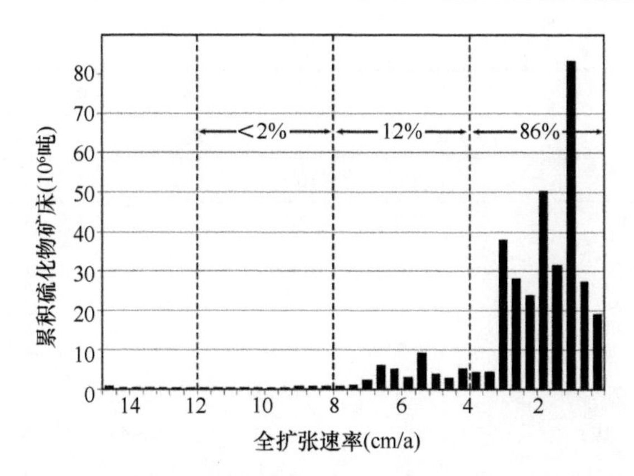

图 1-10 洋中脊海底块状硫化物的堆积量与扩张速率图（Hannington et al.，2011）

根据《联合国海洋法公约》，全球大部分的海底块状硫化物矿床都位于国际海底管理局直接管理的国际海底区域内，不属于任何国家经济专属区。因此，在慢速和超慢速扩张洋脊上发现的大型硫化物矿床引起了许多国家的兴趣。例如，位于 10°～20°N 的慢速扩张大西洋中脊，经由俄罗斯科学家系统地调查，发现了多个活动和非活动热液区，具有较大的规模（Cherkashov et al.，2010）。其中部分热液矿床与长期存在的大洋核杂岩有关（John and Cheadle，2010）。与极具经济前景的西南太平洋硫化物矿床相比，这些矿床也具有较高的 Au 和贱金属含量（Cherkashov et al.，2010）。目前发现海底热液区和异常区 600 多个，其中具有硫化物资源效应的热液区达 100 多个。按照热通量平衡理论（Baker and German，2004），预测全球热液区数量应达到 1000 个左右。如果按上述比例估算，全球具有硫化物资源意义的热液区的总量应在 330 个左右，目前资源量在百万吨以上的热液区有 13 处（表 1-1）。鉴于洋中脊的调查程度约为 10%，而现在已调查区域被认为是成矿相对有利的地段，因此余下 90%洋脊的找矿前景应更低一些，在保守估算（50%）情况下，初步预测全球洋脊热液区为 1500 处，其中有资源效应的多金属硫化物产地 500 余处，超过 100 万 t 矿石量的产地约 40 处。

表 1-1 全球洋脊部分已发现主要多金属硫化物区成矿元素平均含量及估算矿石量
（Cherkashov et al.，2010）

热液区	主要成矿元素含量					矿石量（Mt）
	Cu（wt%[①]）	Zn（wt%）	Pb（wt%）	Ag（ppm）	Au（ppm）	
北大西洋脊（10°～40°N）						
Menes Gwen（37°50′N，31°35′W）	0.39	1.17	0.09	41.6	—	0.2
Lucky Strike（37°18′N，32°17′W）	9.03	8.59	0.09	85.99	0.75	0.75
Rainbow（36°18′N，33°14′W）	7.88	23.64	—	361.9	3.1	0.75
Broken Spur（29°10′N，43°10′W）	4.82	6.02	0.04	39.8	0.68	0.4
TAG（26°08′N，44°50′W）	0.88	10	0.05	102.4	5.6	3.89
MIR zone（26°08′N，44°48.5′W）	8.4	5.52	0.02	118.6	4.1	9.98
Ore show（24°30′N，46°08′W）	16.25	4	0.03	42.7	10.4	0.25

① wt%表示质量百分比

续表

热液区	主要成矿元素含量					矿石量（Mt）
	Cu（wt%[①]）	Zn（wt%）	Pb（wt%）	Ag（ppm）	Au（ppm）	
北大西洋脊（10°～40°N）						
Snake pit（23°22′N，44°57′W）	2.8	1.8	0.03	45.3	1.36	1
Puy de Folles（20°30′N，45°40′W）	13.07	2.41	31.02	27.5	0.23	10
Krasnov（16°38′N，46°28.4′W）	0.46	0.15	0.05	8.34	0.76	17.8
Logatchev-1（14°45′N，44°59′W）	37.75	1.84	0.01	44.5	32.3	1.75
Logatchev-2（14°43′N，44°57′W）	22.37	16.03	0.07	4.2	43.02	0.25
Ashadze（12°59.5′N，44°54.5′W）	10.47	16.34	0.05	89.9	8.53	2
Ore mount（13°21′N，44°59′W）	15.7	16.3	0.03	319.7	21.7	—
西南印度洋脊						
Longqi（37°45′S，49°30′E）	2.83	3.82	0.01	70.2	2.0	—
Duanqiao（37°66′S，50°47′E）	2.5	3.1	0.15	83.5	—	—
Mt. Jourdanne（27°51′S，63°56′E）	0.1～4.5	15.9～35.1	0.1～4.5	43～3259	0.7～11.9	—
东北太平洋脊						
Middle Valley（48°20′～48°30′N，128°41′W）	0.43	1.41	0.015	3.54	0.7	17.6
Endeavour（47°57′N，29°04′W）	0.42	3.56	0.06	4.6	0.14	1
Juan de Fuca（44°42′N，44°W）	0.43	22.7	0.35	1860	4.9	0.25
Explorer（49°46′N，129°42′W）	8.1	9	0.1	112	0.8	12
加利福尼亚湾						
Guanymas Basin（27°18′N，111°32′W）	0.2	1	0.4	69	0.2	2.5
加拉帕戈斯洋脊						
0°45′N，85°50′～85°55′W	4.98	0.14	0.07	10	0.2	10
东太平洋海隆						
12°～13°N，104°W	9.07	11.2	0.24	57	0.26	2
18°30′N，112°24′W	7	12	0.03	120	0.36	0.04

—，表示无数据

不同热液区的构造环境、基岩类型和成矿热液流体的物理化学特征等均存在较大差异，矿物组成和成矿元素组成也明显不同。Large（1992）对来自全球三大洋区洋脊、红海及陆地的多金属硫化物样品（主要为烟囱体和块状硫化物）的 Cu、Zn、Au 和 Ag 含量进行了统计分析（表 1-2），发现大西洋中脊热液区的硫化物具有最高的 Cu 平均含量，达 14.66wt%，其次为印度洋中脊热液区，Cu 平均含量为 11.03wt%（图 1-11a）。三大洋多金属硫化物中 Cu 平均含量远高于陆地平均含量。三大洋区中太平洋的多金属硫化物中 Zn 的平均含量具有最高值，其次为印度洋和大西洋（图 1-11b）。与 Cu 平均含量类似，Au 平均含量在大西洋中脊多金属硫化物中具有最高值，其次为印度洋和太平洋（图 1-11c）。而 Ag 平均含量在印度洋中脊热液区具有较高的平均值，远高于太平洋和大西洋区域多金属硫化物中 Ag 平均含量（图 1-11d）。总体而言，Cu、Zn、Au 和 Ag 平均含量在三大洋区中均相对较高，具有较好的资源潜力和经济价值。

表 1-2 全球不同区域海底多金属硫化物中 Au、Ag、Cu 和 Zn 平均含量

区域	Au 平均含量（ppm）	样本数（个）	Ag 平均含量（ppm）	样本数（个）	Cu 平均含量（wt%）	样本数（个）	Zn 平均含量（wt%）	样本数（个）
太平洋	0.37	199	68.13	171	4.94	189	6.87	203
大西洋	3.99	128	31.92	91	14.66	118	2.81	110
印度洋	1.96	31	203.44	32	11.03	43	5.72	41
红海	2.55	39	210.37	63	1.10	75	6.49	75
陆地	0.75	253	38.21	253	1.17	253	3.39	253

注：各大洋数据来源 http://www.isa.org.jm/，陆地数据来自 Large（1992）

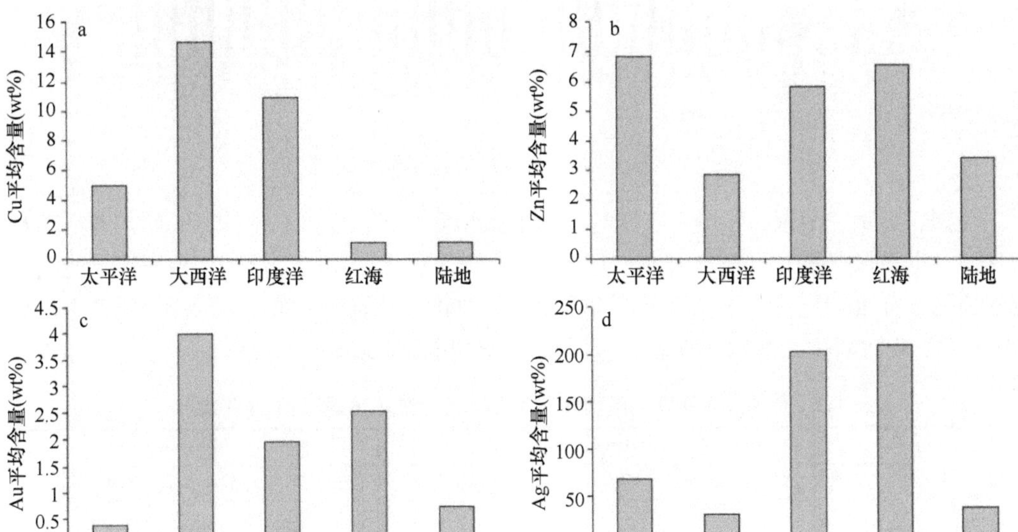

图 1-11 全球不同区域海底多金属硫化物中 Cu、Zn、Au 和 Ag 平均含量（源于表 1-2）

1.3 洋中脊多金属硫化物勘查现状

1.3.1 国外勘查现状

有正式文献记载的人类最早发现海底热液活动来自 1948 年瑞典“信天翁”号（Albatross）科考船在红海中部 Atlantis Ⅱ 深渊附近（21°20′N，38°09′E）发现的海水高温高盐现象（Bruneau，1953），水深为 1937m，但该现象最初并未得到足够的重视，更未能与海底热液活动联系起来（高爱国，1996）。20 世纪 60 年代在红海发现了规模巨大的多金属矿床（约 1 亿 t）和金属热卤水（Rona et al.，1993），激起了人们对现代海底热液成矿的极大兴趣，标志着海底热液活动研究的开始。1977 年，人类通过“Alvin”号深潜器在 Galapagos 扩张中心地区首次目睹了海底热液活动现象，并发现了化能合成热液生物；1978 年，美国、法国、墨西哥等国联合使用“Cyana”号深潜器在东太平洋海隆 21°N 首次发现了高温热液成因的块状多金属硫化物。1979 年 4 月 21 日，“Alvin”号深潜器

在东太平洋海隆21°N首次发现了正在喷发的海底热液烟囱体（Corliss et al.，1979）。自此以来，大量的海底热液区相继被科学家所发现和证实（图1-12）。

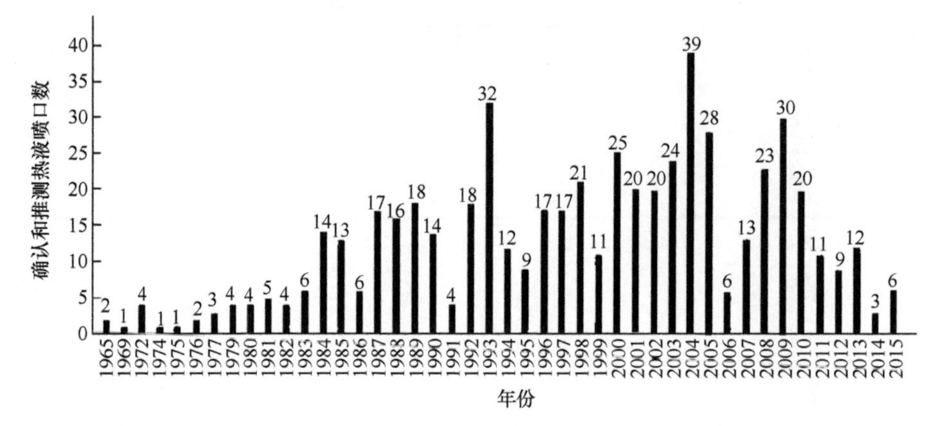

图1-12　全球热液区发现数量年份统计图

美国、日本、德国、法国、英国等发达国家和俄罗斯长期以来持续对海底热液活动及硫化物、生物基因等方面开展调查。据不完全统计，美国、英国、法国、俄罗斯、德国、日本等国家自20世纪80年代以来，先后实施了700多个航次（航段）的洋中脊调查研究（表1-3）。可以看出，各国对海底多金属硫化物资源的争先调查的竞争局面已全面形成。

表1-3　全球洋中脊调查航次（航段）不完全统计（截至2014年底）

国家	北极		印度洋		大西洋		太平洋		总计
	独立航次	联合航次	独立航次	联合航次	独立航次	联合航次	独立航次	联合航次	
澳大利亚			1				9	6	16
比利时								1	1
加拿大				1		1	8	20	30
中国			4	2	2		2		10
法国	1	1	10	2	36	14	19	18	101
德国	8	5	3	1	17	6	10	9	59
印度			7	2			1		10
爱尔兰						3			3
冰岛		1							1
意大利					1	2		1	4
日本		1	14	2	4	1	65	25	112
毛里求斯				1					1
新西兰							2	7	9
挪威	7	1							8
葡萄牙					3	11		1	15
俄罗斯	1	2	1	1	9	4	1		19
西班牙					5	2	1		8
英国		1	7	3	20	13	2	4	50
美国	3	1	6	5	37	9	201	10	272
总计	33		73		200		423		729

注：在进行航次统计过程中，由于资料有限，部分航段调查可能作为一个航次统计；数据整理自InterRidge网站（http://interridge.org/IRcruise）

与此同时，结合 InterRidge 和 IODP 等多项国际研究计划，对海底硫化物这类资源的分布、规模与成矿控制因素等也开展了大量调查研究。截止到 2018 年，俄罗斯、法国、德国、韩国、印度和波兰等国家在中国之后，纷纷通过了国际海底管理局核准的多金属硫化物勘探矿区申请。

1.3.2 国内勘查现状

我国自 1989 年开展中-德马里亚纳海槽热液活动联合调查以来，先后进行了冲绳海槽热液活动航次调查（1992 年）和中国大洋矿产资源研究开发协会领导下的东太平洋海隆（EPR）13°N 海底区域热液活动调查（2003 年）（吴世迎，2000；许东禹，2013；李家彪，2017）。2005 年，中国大洋协会组织了我国首个大洋环球科学考察航次（即 DY105–17 航次），首次获取了东太平洋海隆、大西洋中脊和印度洋中脊大量热液硫化物调查资料和样品，从而正式拉开了我国进行国际海底区域多金属硫化物资源调查的序幕。在大洋 19 航次的西南印度洋脊调查航段中，我国科学家首次在该洋脊发现了正在活动的热液喷口，这是国际上发现的第一个超慢速扩脊活动热液区，实现了我国在海底硫化物发现“零”的突破（陶春辉等，2014）。随后，中国大洋 21 航次和 22 航次在大西洋脊和东太平洋海隆均发现了活动或非活动的多金属硫化物区（陶春辉等，2011，2012）。2010 年，我国在国际海底管理局《国际海底区域资源勘探规章和指南》通过的第一时间，提交了勘探区申请，并于 2011 年在西南印度洋获取了我国首个多金属硫化物勘探合同区。虽然我国的海底多金属硫化物调查起步较晚，但三大洋均发现了热液区，总数量约占全球已发现热液区的 1/10。

经过 10 余年的调查研究，我国多金属硫化物调查区域已基本覆盖西南印度洋、北印度洋、大西洋和东太平洋海隆等。目前，虽然我国的调查技术和手段正在不断完善，但我国对海底多金属硫化物的调查在一定程度上已走在国际前列。

1.3.2.1 西南印度洋中脊

西南印度洋是我国调查研究程度最高的区域。2005～2018 年，我国在西南印度洋中脊开展了 11 个航次共计 31 个航段的勘探调查，累计已发现龙旂 1 号、龙旂 3 号、断桥、玉皇、天作等多处硫化物矿化区和 10 余处矿化异常区，以及多处热液异常区。其中，中国大洋 19 航次在西南印度洋 49.6°E 发现的龙旂 1 号多金属硫化物区，是世界上首个在超慢速扩张洋中脊被报道的活动热液区（Tao et al.，2012）。初步研究显示，龙旂 1 号、断桥和玉皇热液区具有良好的硫化物资源前景（陶春辉等，2014）。

同时，围绕西南印度洋硫化物区开展了多方面的研究。提出了局部岩浆供给和洋壳渗透率是控制热液活动（伴生硫化物）分布的重要机制，指明了超慢速扩张洋脊硫化物找矿的方向（Tao et al.，2012）。西南印度洋脊局部脊段及其邻区出露有大量的地幔橄榄岩（Zhou and Dick，2013），而地球物理资料研究表明，某些硫化物区可能受控于拆离断层（Zhao et al.，2013）。通过在西南印度洋中脊完成首个三维地震层析成像研究（Zhao et al.，2013；Li et al.，2015；Niu et al.，2015；Jian et al.，2016；Jian et al.，2017），揭示了西南印度洋中脊龙旂热液区和断桥热液硫化物区的地壳速度结构(Zhao et al.,2013；Li et al.，2015；Niu et al.，2015；)，首次发现了龙旂热液区附近存在厚达10.5km地壳，证实了局部具有厚地壳(Li et al.，2015)，在6～10km深处存在岩浆房(Jian et al.，2016；Jian et al.，2017)，突破了超慢速扩张洋中脊的洋壳增生以构造拉伸为主、难以存在岩浆房的传统观点。开展了热液区矿物学和元素组成（叶俊，2010；Tao et al.，2011；曹红，2015)、高温喷口热液流体组分（Tao et al.，2016；Ji et al.，2017)，以及成矿流体的演变（Yuan et al.，2017）等研究，初步探讨了热液活动相关的成矿过程。发生在局部岩浆供给控制下，西南印度洋多个硫化物区成矿具有多期次的特征（Yang et al.，2017；Liao et al.，2018)。

我国已于2011年与国际海底管理局签署了国际海底多金属硫化物勘探合同，在西南印度洋获得了1万km^2的勘探合同区。在该勘探合同执行的15年内，将依次于第8年完成50%区域放弃，第10年完成75%的区域放弃。除了摄像拖体、电视抓斗等常规调查设备的使用，近年来中深孔岩心钻机、瞬变电磁仪、“蛟龙号”载人潜水器以及“潜龙二号”水下自主机器人等调查装备的陆续使用，为如期完成合同区勘探任务提供了更多精细的数据支撑。

1.3.2.2 东太平洋海隆

我国最早于2003年，利用“大洋一号”科考船首次赴东太平洋海隆（EPR）13°N海底区域，开展了热液活动调查，初步获得了调查区的地形地貌、少量多金属硫化物样品（曾志刚等，2015)。随后于2005年的环球航次和2008年中国大洋20航次中，又先后在EPR 13°N和1°～2°S附近开展了热液活动及多金属硫化物调查工作，获得了大量多金属硫化物样品，其中在1°～2°S发现多处活动热液区（Tao et al.，2008)，包括“鸟巢”热液区（中国大洋矿产资源研究开发协会办公室，2016)。

其后2009年中国大洋21航次和2011年大洋22航次，均在东太平洋海隆赤道附近区域开展了调查工作。其中21航次，我国首次利用水下遥控机器人（ROV）在该区开展精细的热液活动调查，观测到高温喷口烟囱体的分布（Tao et al.，2011)。该航段首次在加拉帕戈斯微板块发现大型活动热液区——“宝石1号”热液区，其蚀变和热液区分布范围初步估计约4km×3km（Chen et al.，2014)。比较突出的是，我国大洋22航次在EPR 3°N～8°S区域，连续发现了11处硫化物区。在其中多处获取到多金属硫化物样品，初步体现了该区段洋脊较好的资源潜力，如“徽猷1号”硫化物区（中国大洋矿产资源研究开发协会办公室，2016)。

在此期间，中美科学家开展了国际合作航次，对EPR 9°～10°N等热液区开展了载人深潜调查，对热液烟囱体流体通道演化、结构特征与生长历史以及多金属硫化物成矿作用等方面开展了一系列的研究（如彭晓彤和周怀阳，2005；郑建斌等，2008；姚会强等，2009)。

1.3.2.3 大西洋中脊

国际上针对大西洋中脊海底热液活动的调查主要集中在北大西洋，发现了多个著名的活动热液区，如玄武岩基底的TAG热液活动区、超基性岩基底的Rainbow热液活动区和碳酸盐型的Lost City热液活动区等（German and Seyfried Jr，2014；German et al.，2016）。大西洋中脊的海底热液活动调查开始于2004年，在4°S和8°S附近发现了为数不多的几个热液区。

我国对大西洋的热液活动调查始于2009年。中国大洋21、22和26等航次在12°～30°S内完成了多个航段调查研究，先后发现了洵美、驺虞、太极、采蘩、德音等十余个热液区（中国大洋矿产资源研究开发协会办公室，2016）。其中大洋21航次在13°～14°S区域发现2处热液区（现命名驺虞1号和采蘩1号），是我国科学家首次在大西洋发现海底热液区，也是当时世界上发现大西洋最南端的热液区（陶春辉等，2011）。2012年大洋26航次，我国科学家首次利用ROV前往大西洋中脊，对我国自主发现的热液区开展了精细的观察（国家海洋局第二海洋研究所，2012）。近年来，中国大洋协会针对大西洋中脊组织了新的调查工作。

1.3.2.4 北印度洋中脊

国际上在北印度洋开展过热液活动调查的国家较多，如印度、日本、德国和美国等，发现多个热液区如Kairei（CIR 25°19′S，日本）、Edmond（CIR 23°53′S，美国）、MESO（CIR 23°S，德国）、Dodo（CIR 18°20′S，日本）、Solitaire（CIR 19°39′S，日本+毛里求斯）等，集中分布在罗德里格斯三联点以北长约1000km的洋中脊段。

我国对北印度洋的热液活动调查始于2012年，中国大洋26航次首次在卡尔斯伯格脊附近的洋脊中央裂谷南侧一处正地形上获得了一个站位的多金属硫化物、热液沉积物和火山角砾岩等样品（Tao et. al.，2013），现命名为天休1号热液区（中国大洋矿产资源研究开发协会办公室，2016）。2013年，大洋28航次于卧蚕海脊之上新发现两处热液区（卧蚕1号和卧蚕2号）（中国大洋矿产资源研究开发协会办公室，2016）。近年来，中国大洋协会针对北印度洋中脊也组织了多个新的调查航次。

参考文献

曹红. 2015. 西南和中印度洋洋脊热液硫化物的成矿作用研究. 中国海洋大学, 青岛.
陈代庚. 2009. 东太平洋海隆13°N附近热液硫化物形成过程. 中国科学院研究生院博士论文.
高爱国. 1996. 海底热液活动研究综述. 海洋地质与第四纪地质, 16(1): 103-110.
国家海洋局第二海洋研究所. 2009. 中国大洋20航次现场报告.
国家海洋局第二海洋研究所. 2010. 中国大洋21航次现场报告.
国家海洋局第二海洋研究所. 2012. 中国大洋26航次现场报告.
国家海洋局第二海洋研究所. 2013. 中国大洋30航次现场报告.
国家海洋局第二海洋研究所. 2016a. 中国大洋39航次现场报告.
国家海洋局第二海洋研究所. 2016b. 中国大洋40航次现场报告.
国家深海基地管理中心. 2015. 中国大洋35航次现场报告.
李家彪. 2017. 现代海底热液硫化物成矿地质学. 北京: 科学出版社.
彭晓彤, 周怀阳. 2005. EPR9-10°N 热液烟囱体的结构特征与生长历史. 中国科学: 地球科学, 35(8): 720-728.

陶春辉, 李怀明, 金肖兵, 等. 2014. 西南印度洋脊的海底热液活动和硫化物勘探. 科学通报, (19): 1812-1822.

陶春辉, 李怀明, 杨耀民, 等. 2011. 我国在南大西洋中脊发现两个海底热液活动区. 中国科学: 地球科学, 41(7): 887-889.

陶春辉, 李守军, 宋成兵, 等. 2012. "鸟巢"海底丘——我国第一个国际海底地形命名支撑技术研究. 中国科学: 地球科学, (7): 969-972.

吴世迎. 2000. 世界海底热液硫化物资源. 北京: 海洋出版社.

许东禹. 2013. 大洋矿产地质学. 北京: 海洋出版社.

杨伟芳. 2017. 西南印度洋中脊断桥热液区成矿作用研究. 浙江大学博士论文.

姚会强, 周怀阳, 彭晓彤, 等. EPR9°～10°NL喷口黑烟囱体形成环境重建: 来自矿物学及铅-210年龄的限制. 海洋学报, 2009, 31(5): 48-57.

叶俊. 2010. 西南印度洋超慢速扩张脊49.6°E热液区多金属硫化物成矿作用研究. 中国科学院研究生院(海洋研究所)

曾志刚, 张维, 荣坤波, 等. 2015. 东太平洋海隆热液活动及多金属硫化物资源潜力研究进展. 矿物岩石地球化学通报, 34(5): 938-946.

郑建斌, 曹志敏, 安伟. 2008. 东太平洋海隆9°～10°N热液烟囱体矿物成分、结构和形成条件. 地球科学, 33(1): 19-25.

中国大洋矿产资源研究开发协会办公室. 2016. 中国大洋海底地理实体名录(2016). 北京: 海洋出版社.

Alt J C. 1995. Subseafloor processes in Mid-Ocean Ridge hydrothennal systems. Geophysical Monograph Series, 91: 85-114.

Alt J C. 1999. Hydrothermal alteration and mineralization of oceanic crust: mineralogy, geochemistry, and processes. Rev Econ Geol, 8: 133-155.

Alt J C, Laverne C, Coggon R M, et al. 2010. Subsurface structure of a submarine hydrothermal system in ocean crust formed at the East Pacific Rise, ODP/IODP Site 1256. Geochemistry, Geophysics, Geosystems, 11(10): Q10010.

Auzende J M, Urabe T, Ruellan E, et al. 1996. SHINKAI 6500 dives in the Manus Basin: new STARMER Japanese-French program. Deep-Sea Research, 42(12): 323-334.

Baker E T, German C R. 2004. On the global distribution of hydrothermal vent fields. Mid-Ocean Ridges: Hydrothermal Interactions Between the Lithosphere and Oceans, 148: 245-266.

Chen S, Tao C, Li H, et al. 2014. A data processing method for MAPR hydrothermal plume turbidity data and its application in the Precious Stone Mountain hydrothermal field. Acta Oceanologica Sinica, 33(8): 34.

Cherkashov G, Poroshina I, Stepanova T, et al. 2010. Seafloor massive sulfides from the northern equatorial Mid-Atlantic Ridge: new discoveries and perspectives. Marine Georesources & Geotechnology, 28(3): 222-239.

Coogan L A. 2008. Reconciling temperatures of metamorphism, fluid fluxes, and heat transport in the upper crust at intermediate to fast spreading Mid-Ocean Ridges. Geochemistry, Geophysics, Geosystems, 9(2): 345-362.

Corliss J B, Dymond J, Gordon L I, et al. 1979. Submarine thermal springs on the Galapagos Rift. Science, 203(4385): 1073-1083.

Dick H J B, Lin J, Schouten H. 2003. An ultraslow-spreading class of ocean ridge. Nature, 426(6965): 405-412.

Edmonds H N, Michael P J, Baker E T, et al. 2003. Discovery of abundant hydrothermal venting on the ultraslow-spreading Gakkel ridge in the Arctic Ocean. Nature, 421(6920): 252-256.

Ferrini V L, Tivey M K, Carbotte S M, et al. 2008. Variable morphologic expression of volcanic, tectonic, and hydrothermal processes at six hydrothermal vent fields in the Lau back-arc basin. Geochemistry, Geophysics, Geosystems, 9(7): 1-33.

Fouquet Y. 1993. Metallogenesis in back-arc environments: the Lau Basin example. Economic Geology, 88(8): 2154-2181.

Fouquet Y. 1997. Where are the large hydrothermal sulphide deposits in the oceans? Philosophical Transactions of the Royal Society of London. Series A: Mathematical, Physical and Engineering Sciences, 355(1723): 427-441.

Francheteau J, Needham H D, Choukroune P, et al. 1979. Massive deep-sea sulphide ore deposits discovered on the East Pacific Rise. Nature, 277(5697): 523-528.

Gamo T, Chiba H, Yamanaka T, et al. 2001. Chemical characteristics of newly discovered black smoker fluids and associated hydrothermal plumes at the rodriguez triple junction, central indian ridge. Earth & Planetary Science Letters, 193(3-4): 371-379.

German C R, Petersen S, Hannington M D. 2016. Hydrothermal exploration of mid-ocean ridges: where might the largest sulfide deposits be forming? Chemical Geology, 420: 114-126.

German C R, Seyfried Jr W E. 2014. Hydrothermal Processes *In:* Holland H D, Turekian K K. Treatise on Geochemistry. 2nd Ed. Oxford: Elsevier: 191-233.

Goldfarb M S, Converse D R, Holland H D, et al. 1983. The genesis of hot spring deposits on the East Pacific Rise, 21°N. Economic Geology Monograph, 5: 184-197.

Hannington M D, Galley A G, Herzig P M, et al. 1998. Comparison of the TAG mound and stockwork complex with Cyprus-type massive sulfide deposits. Proceeding of the Ocean Drill Program Scientific Results, 158: 389-415.

Hannington, M. D., De Ronde, C. D. J., Petersen, S. 2005. Sea-floor tectonics and submarine hydrothermal systems. Economic Geology 100th Anniversary Volume. Hannington M D, Jamieson J, Monecke T, et al. 2011. The abundance of seafloor massive sulfide deposits. Geology, 39(12): 1155-1158.

Haymon R M. 1983. Growth history of hydrothermal black smoker chimneys. Nature, 301(5902): 695-698.

Herzig P M, Dreier R.1999-12-28. Phthalimidylazo dyes, process for their preparation and the use thereof, U.S.: Patent 6, 008, 332.

Humphris S E, Herzig P M, Miller D J, et al. 1995. The internal structure of an active sea-floor massive sulfide deposit. Nature, 377(6551): 713-716.

Humphris S E, Mccollom T. 1998. The cauldron beneath the seafloor. Woods Hole Oceanographic Institution, 41(2): 18-21.

Jamieson J W, Clague D A, Hannington M D. 2014. Hydrothermal sulfide accumulation along the Endeavour Segment, Juan de Fuca Ridge. Earth & Planetary Science Letters, 395(8): 136-148.

Ji, F., Zhou, H., Yang, Q., Gao, H., Wang, et al. 2017. Geochemistry of hydrothermal vent fluids and its implications for subsurface processes at the active Longqi hydrothermal field, Southwest Indian Ridge. Deep Sea Research Part I: Oceanographic Research Papers.

Jian, H. and S. C. Singh, et al. 2016. “Evidence of an axial magma chamber beneath the ultraslow-spreading Southwest Indian Ridge.” Geology: G38356. 1.

Jian, H. and Y. J. Chen, et al. 2017. “Seismic structure and magmatic construction of crust at the ultraslow-spreading Southwest Indian Ridge at 50°28′E.” Journal of Geophysical Research Solid Earth.

John B E, Cheadle M J. 2010. Deformation and alteration associated with oceanic and continental detachment fault systems: are they similar? Geophysical Monograph, 188(11): 116-120.

Jowitt S M, Jenkin G R T, Coogan L A, et al. 2012. Quantifying the release of base metals from source rocks for volcanogenic massive sulfide deposits: effects of protolith composition and alteration mineralogy. Journal of Geochemical Exploration, 118: 47-59.

Kelley D S, et al. 2005. A serpentinite-hosted ecosystem: the Lost City hydrothermal field. Science, 307(5174): 1428-1434.

Klinkhammer G P, Chin C S, Keller R A, et al. 2001. Discovery of new hydrothermal vent sites in Bransfield Strait, Antarctica. Earth & Planetary Science Letters, 193(3): 395-407.

Koschinsky A, Seifert R, Knappe A, et al. 2007. Hydrothermal fluid emanations from the submarine Kick’em Jenny volcano, Lesser Antilles island arc. Marine Geology, 244(1-4): 129-141.

Koschinsky A. 2006. Discovery of new hydrothermal vents on the southern Mid-Atlantic Ridge (4° S-10° S) during cruise M 68/1. InterRidge News, 15: 9-15.

Lafitte M, Maury R, Perseil E A, et al. 1985. Morphological and analytical study of hydrothermal sulfides from 21° north east Pacific rise. Earth & Planetary Science Letters, 73(1): 53-64.

Large R R. 1992. Australian volcanic-hosted massive sulfide deposits; features, styles, and genetic models. Economic Geology, 87(3): 471-510.

Li, J. and H. Jian, et al. 2015. "Seismic observation of an extremely magmatic accretion at the ultraslow spreading Southwest Indian Ridge." Geophysical Research Letters 42 (8): 2656-2663.

Liao S. L, Tao C. H, Li H. M, et al., 2018. Bulk geochemistry, sulfur isotope characteristics of the Yuhuang-1 hydrothermal field on the ultraslow-spreading Southwest Indian Ridge, Ore Geology Reviews, 28: 13-27.

Mozgova N, Borodaev Y, Gablina I, et al. 2005. Chemical composition of hydrothermal sulfide minerals from the Rainbow, Logachev-1, and Logachev-2 hydrothermal fields. 40(4): 293-319.

Niu, X. and A. Ruan, et al. 2015. "Along-axis variation in crustal thickness at the ultraslow spreading Southwest Indian Ridge (50°E) from a wide-angle seismic experiment." Geochemistry, Geophysics, Geosystems 16(2): 468-485.

Pandy A. 2013. Exploration of deep seabed polymetallic sulphides: Scientific rationale and regulations of the International Seabed Authority. International Journal of Mining Science & Technology, 23(3): 457-462.

Patten C G C, Pitcairn I K, Teagle D A H, et al. 2016. Mobility of Au and related elements during the hydrothermal alteration of the oceanic crust: implications for the sources of metals in VMS deposits. Mineralium Deposita, 51(2): 179-200.

Petersen S, Hein J R. 2013. The Geology of Sea-Floor Massive Sulphides. Deep Sea Minerals: Sea-Floor Massive Sulphides; A physical, biological, environmental, and technical review.Volume 1A.noumea: Secretariat of the Pacific Community: 7-18.

Petersen S, Herzig P M, Hannington M D. 2000. Third dimension of a presently forming VMS deposit: TAG hydrothermal mound, Mid-Atlantic Ridge, 26°N. Mineralium Deposita, 35(2): 233-259.

Pettersson, H. 1953. Reports of the Swedish Deep-Sea Expedition, 1947-1948. Elanders Boktryckeri Aktiebolag.Rogers E T, Lindberg J, Roy T, et al. 2012. A super-oscillatory lens optical microscope for subwavelength imaging. Nature Materials, 11(5): 432.

Rona P A, Boström K, Laubier L, et al. 1983. Hydrothermal Processes at Seafloor Spreading Centers. Springer US.

Rona P A, Devey C W, Dyment J, et al. 2013. The magnetic signature of hydrothermal systems in slow spreading environments. Eos, Transacitions American Geophysical Union, 188: 43-66.

Rona P A, Hannington M D, Raman C V, et al. 1993. Active and relict sea-floor hydrothermal mineralization at the TAG hydrothermal field, Mid-Atlantic Ridge. Economic Geology, 88(8): 1989-2017.

Rona P A, Klinkhammer G P, Nelsen T A, et al. 1986. Black smokers, massive sulphides and vent biota at the Mid-Atlantic Ridge. Nature, 321(6065): 33-37.

Rona P A. 1984. Hydrothermal mineralization at seafloor spreading centers. Earth Science Reviews, 20(1): 1-104.

Rona P A. 2008. The changing vision of marine minerals. Ore Geology Reviews, 33(3): 618-666.

Sinton J M, Detrick R S. 1992. Mid-Ocean Ridge magma chambers. Journal of Geophysical Research: Solid Earth, 97(B1): 197-216.

Spiess F N, Macdonald K C, Atwater T, et al. 1980. East Pacific Rise: hot springs and geophysical experiments. Science, 207(4438): 1421-1433.

Tao C H, Lin J, Guo S Q, et al. 2012. First active hydrothermal vents on an ultraslow-spreading center: Southwest Indian Ridge. Geology, 40(1): 47-50.

Tao C H, Wu T, Jin X, et al. 2013. Petrophysical characteristics of rocks and sulfides from the SWIR hydrothermal field. Acta Oceanologica Sinica, 32(12): 118-125.

Tao C, Li H, Wu G, et al. 2011. First hydrothermal active vent discovered on the Galapagos Microplate[C]// AGU Fall Meeting. AGU Fall Meeting Abstracts.

Tao C, Lin J, Wu G, et al. First Active Hydrothermal Vent Fields Discovered at the Equatorial Southern East Pacific Rise[C]//AGU Fall Meeting. AGU Fall Meeting Abstracts, 2008.

Tao C. H, Wu G. H, Deng X. M, et al. 2013. New discovery of seafloor hydrothermal activity on the Indian Ocean Carlsberg Ridge and Southern North Atlantic Ridge-progress during the 26th Chinese COMRA cruise, 32(8): 85-88.

Tao C, William E.S, Liang J, et al. 2016. Chemistry of Hydrothermal Vent Fluids from the DragonFlag (Longqi-1) Field, SWIR, Goldschmidt Conference 2016, 2016.6.26- 2016.7.1

Tao, C., Li, H., Huang, W., et al. 2011. Mineralogical and geochemical features of sulfide chimneys from the 49°39'E hydrothermal field on the Southwest Indian Ridge and their geological inferences. Chinese Science Bulletin 56, 2828-2838.

Tivey M K. 1995. The influence of hydrothermal fluid composition and advection rates on black smoker chimney mineralogy: insights from modeling transport and reaction. Geochimica et Cosmochimica Acta, 59(10): 1933-1949.

Tivey M K. 2007. Generation of seafloor hydrothermal vent fluids and associated mineral deposits. Oceanography, 20(1): 50-65.

Tolstoy M, Waldhauser F, Bohnenstiehl D R, et al. 2008. Seismic identification of along-axis hydrothermal flow on the East Pacific Rise. Nature, 451(7175): 181-184.

Urabe T, Baker E T, Ishibashi J, et al. 1995. The effect of magmatic activity on hydrothermal venting along the superfast-spreading east pacific rise. Science, 269(5227): 1092-1095.

Von Damm K L. 1995. Controls on the chemistry and temporal variability of seafloor hydrothermal fluids. Eos, Transacitions American Geophysical Union, 91: 222-247.

Yang, W.F., Tao, C.H., Li, H.M., et al., 2016. 230th/238u dating of hydrothermal sulfides from duanqiao hydrothermal field, southwest indian ridge. Marine Geophysical Research, 1-13.

You, C.F., Bickle, M.J., 1998. Evolution of an active sea-floor massive sulphide deposit. Nature 394, 668-671.

Zhao, M. and X. Qiu, et al. 2013. "Three-dimensional seismic structure of the Dragon Flag oceanic core complex at the ultraslow spreading Southwest Indian Ridge (49°39′E)." Geochemistry, Geophysics, Geosystems 14 (10): 4544-4563.

Zhao, M., Qiu, X., Li, J., et al. 2013. Three-dimensional seismic structure of the Dragon Flag oceanic core complex at the ultraslow spreading Southwest Indian Ridge (49°39′E). Geochemistry, Geophysics, Geosystems 14, 4544-4563.

Zhou, H., Dick, H.J., 2013. Thin crust as evidence for depleted mantle supporting the Marion Rise. Nature 494, 195-200.

2 洋中脊热液系统的物理、化学特征

由热液喷口喷出的流体与周围冷海水相遇后迅速混合形成热液羽状流，其物理、化学特性与喷口流体、海水的性质均有很大区别。热液羽状流的特征与海底热液密切相关，其运动特征受热液羽状流的喷发强度、海水特性和底流特性的影响。而海水沿基岩裂隙下渗过程中，引起洋壳的广泛蚀变，对基岩的物理、化学性质产生影响。了解热液系统的物理、化学特性，是开展海底多金属硫化物调查的基础。

2.1 热液喷口流体特征

洋中脊热液喷口喷出的流体包含 Fe、Mn、Cu、CH_4、Li、Na、H_2S、H_2 等化学成分。喷口流体大多呈现酸性，也可呈现碱性（Hannington et al.，2005）。海底热液喷口流体的性质往往受海水与深部物质的双重影响。与海水相比，喷口流体明显受到深部物质的影响，所含的化学元素更为多样化，且温度更高、压力更大；而与深部流体相比，喷口流体所处的温度和压力偏低，pH 也明显不同（多偏酸性）。喷口流体由海底海水与基岩/沉积物的相互作用而形成，其物理性质和化学组成主要受控于两者的相互作用程度，同时与洋中脊扩张速率有一定的关系（Charlou et al.，2000；Hannington et al.，2005；Seyfried Jr et al.，2011）。

2.1.1 温度

洋中脊喷口流体的温度范围变化非常大，低可至 3℃，最高超过 400℃（Hannington et al.，2005），在大西洋 5°S 的喷口上曾探测到 464℃的最高温度，但其持续时间仅为 20s（Koschinsky et al.，2008）。按温度，喷口流体可以分为高温（＞300℃）流体、中温（100～300℃）流体及低温（＜100℃）流体 3 种类型。根据洋中脊不同的扩张速率，喷口流体的温度特征如图 2-1 所示。在超慢速和慢速扩张的洋中脊上，高温、中温、低温流体的喷口均有分布，尤其是在慢速扩张洋中脊上，一半以上喷口的流体温度超过 300℃；在中速和快速扩张的洋中脊上，少有低温流体的喷口发现，绝大部分喷口的流体温度超过 250℃。而在超慢速扩张的洋中脊上，只测量了两处热液区，喷口流体的温度分布较为分散。

2.1.2 盐度

洋中脊热液喷口流体的盐度值呈现较大的变化范围（Nehlig，1991），在东太平洋海隆（EPR）和胡安德富卡洋脊（JdFR）的一些调查显示，热液流体在喷口处的盐度值为

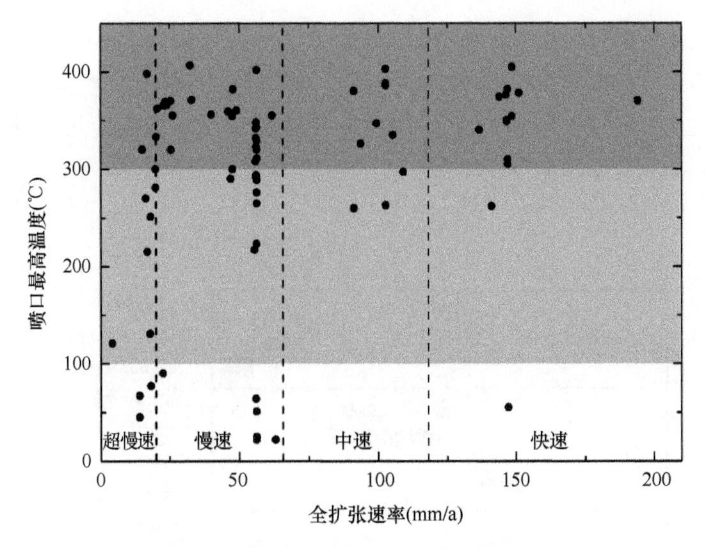

图 2-1 全扩张速率与喷口温度散点图（数据来源：http://www.interridge.org/）

19‰～85‰（von Damm and Bischoff，1987；von Damm et al.，1985）。Tivey 等（1998）在大西洋 TAG 热液区的调查也证明了这一点，TAG1、TAG2 和 TAG5 三个热液区的热液流体样品显示，高温热液流体的盐度值为 12‰～51‰，且盐度变化与样品的温度和深度均不存在明显的相关性。以上的调查说明热液流体盐度不确定性较大。热液流体特有的化学成分、热液区复杂的动力扩散对流作用及相分离等因素都是热液流体盐度值的决定性要素。尽管 Lupton 等（1985）在胡安德富卡洋脊 Endeavor 洋脊段调查时发现，在 1960～2140m 水深存在与温度异常相对应的盐度异常，其正异常值约为 0.007‰，但在热液异常探查中，盐度异常难以作为热液活动存在的确切证据。

2.1.3 pH

pH 是了解喷口流体特征的一项重要指标。pH 对生物化学过程有重要作用，pH 高低决定了硫（H_2S、HS^-）和碳（CO_2、HCO_3^-）的质子化和去质子化之间的平衡（Ding and Seyfried Jr，1995；Johnson et al.，1988），还能影响热液环境中富集的重金属毒性（Bris et al.，2001）。在不同的洋中脊上，一般的喷口流体富集了大量的 H^+ 而呈酸性，喷口流体 pH（25℃）变化范围较大（图 2-2），pH 分布在 2.5～5.8，可分为 3 个量级，分别为低 pH 流体（pH＜3）、中 pH 流体（pH 为 3～4）和高 pH 流体（pH＞4）（Hannington et al.，2005）。但也有部分喷口呈碱性，如 Lost City 热液区的喷口流体 pH 可达 9.8（Früh-Green et al.，2003）。

不同洋中脊的喷口流体 pH 变化范围不同。在大西洋中脊，Menez Gwen 热液区、Lucky Strike 热液区、MARK 热液区、TAG 热液区、Rainbow 热液区和 Grimdey 热液区的喷口流体 pH 为 2.8～6.1（von Damm et al.，1998；Hannington et al.，2005）。在东太平洋海隆的 Nadir 热液区、Akorta 热液区和 Rehu 热液区的喷口流体 pH 为 3.1～4（Hannington et al.，2001；Luc et al.，1996）。胡安德富卡洋脊的 Endeavour 喷口区的 Hulk、

Dante 和 Grotto 热液喷口流体 pH 为 4.3～4.5（Butterfield et al., 1994; Trefry et al., 1994）。喷口流体的 pH 最大值通常位于较老的地壳中，如慢速扩张洋中脊。流体与蚀变玄武岩发生水岩反应达到 pH 平衡，此时沉积物也会参与反应，水岩反应可使喷口流体释放出 H^+（Hannington et al.，2005）（图 2-2）。

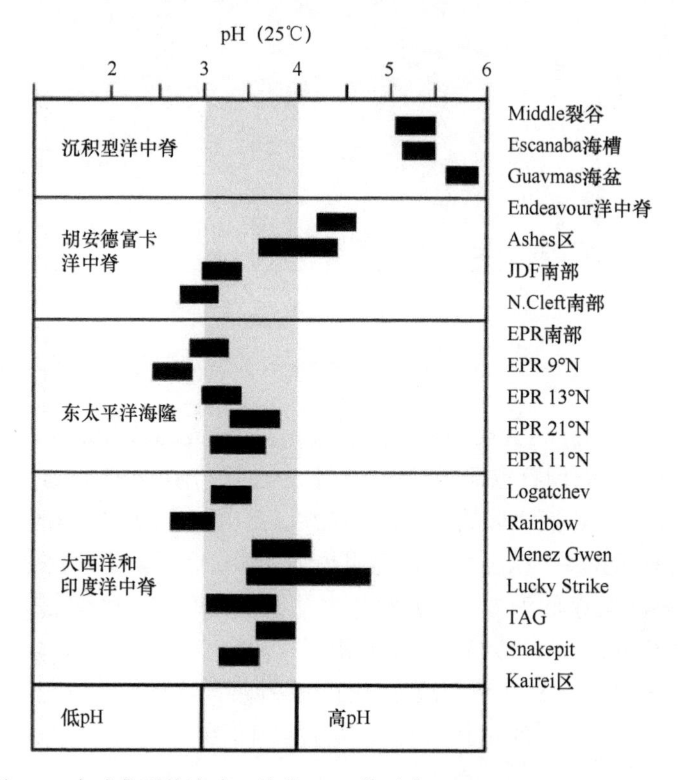

图 2-2　全球典型热液喷口流体 pH（修改自 Hannington et al.，2005）

2.1.4　化学组成

在海底热液循环过程中，海水与岩石、沉积物发生了一系列化学反应。当温度低于 100℃时，海水与玄武岩及席状熔岩流发生化学反应，海水中的碱金属（K、Li 和 Rb 等）及稀土元素进入岩石中，岩石中淋滤出 Pb、Zn、Fe、S 和 Si 等元素。当温度大于 150℃时，碱金属（K、Li 和 Rb）和稀土元素从玄武岩当中淋滤出，进入流体循环中。当温度达到 350～550℃时，元素 Mg、Pb、Zn、Fe、S 和 Si 从岩石中淋滤出，进入流体循环中。在玄武岩的洋中脊环境中，热液喷口流体达到海底表面时温度大多为 350～400℃，流体呈酸性（pH 为 2～6）和还原性，高度富集 Fe、Mn、Cu、Zn、As、Co 等元素，而缺乏 Mg（Fouquet et al.，1991；Schmidt et al.，2007；Seyfried Jr et al.，2011；Shanks，2001）。喷口流体也可能在到达海底表面前与海水混合，导致喷口流体具有海水和热液流体的特征。

不同扩张速率的洋中脊中的喷口流体金属元素富集程度不一（图 2-3～图 2-6）（Charlou et al.，2002；Hannington et al.，2005；Schmidt et al.，2007）。例如，慢速扩张洋脊的喷口流体中 Cu 含量的分布范围远高于其他喷口流体，最高可达 150μmol/kg，而中速扩张洋脊喷口流体 Cu 含量普遍偏低（<20μmol/kg）。

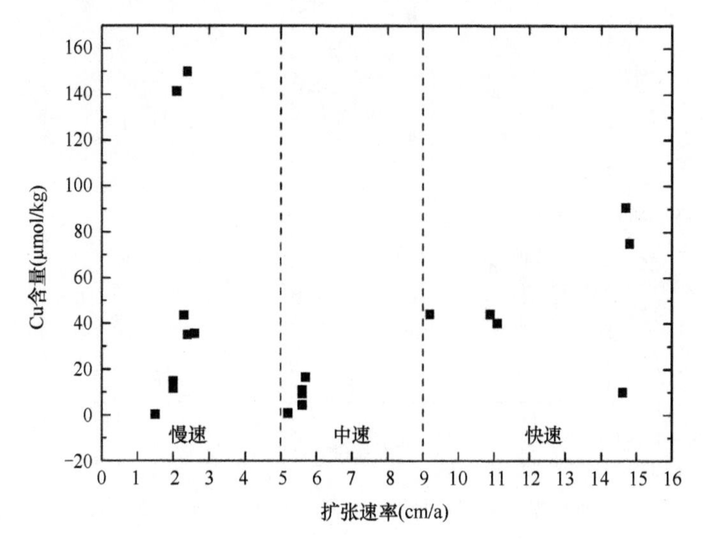

图 2-3 扩张速率与喷口流体 Cu 含量散点图［数据来源：（James et al.，2014；Seyfried Jr. et al.，2011；Kumagai et al.，2008；Hannington et al.，2005；Charlou et al.，2002；Douville et al.，2002；Von Damm，2000；Edmonds et al.，1996）］

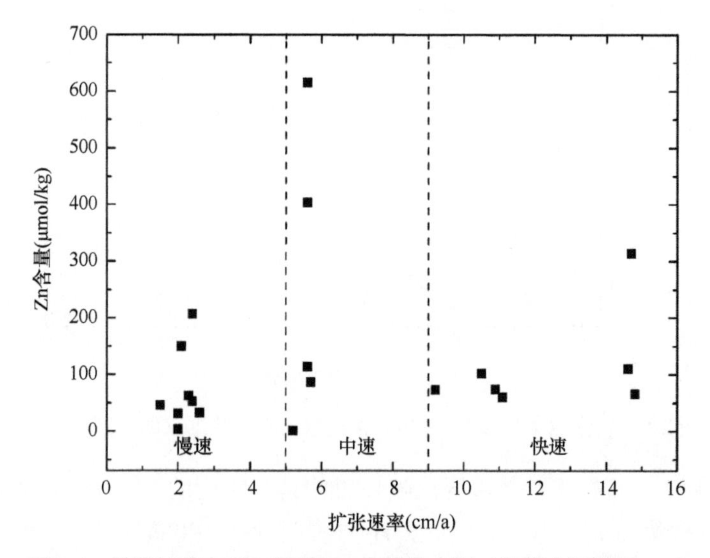

图 2-4 扩张速率与喷口流体 Zn 含量散点图（数据来源同图 2-3）

在洋中脊热液系统中，喷口流体的化学组成变化非常大。例如，大西洋中脊，不同洋脊段的流体化学组成非常不同，甚至在同一喷口区也具有明显的差异，如 Lucky Strike 热液区（Kelley et al.，2001）。喷口流体的化学组成差异反映的是海底流体循环过程的不同及环境的变化（压力、温度、水/岩值、基底性质、岩浆活动、构造等）（Bonifacie et al.，2005）。

在浅水和深水热液区，喷口流体的化学组成也具有明显的差异。在浅水热液区，喷口流体存在气相组分（CO_2、N_2、O_2、He、H_2、H_2S 和 CH_4 等），相对于深水热液区而言，

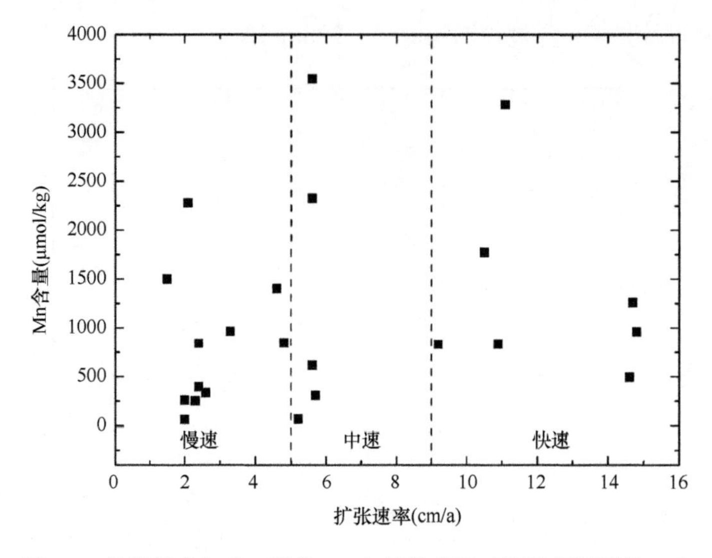

图 2-5 扩张速率与喷口流体 Mn 含量散点图（数据来源同图 2-3）

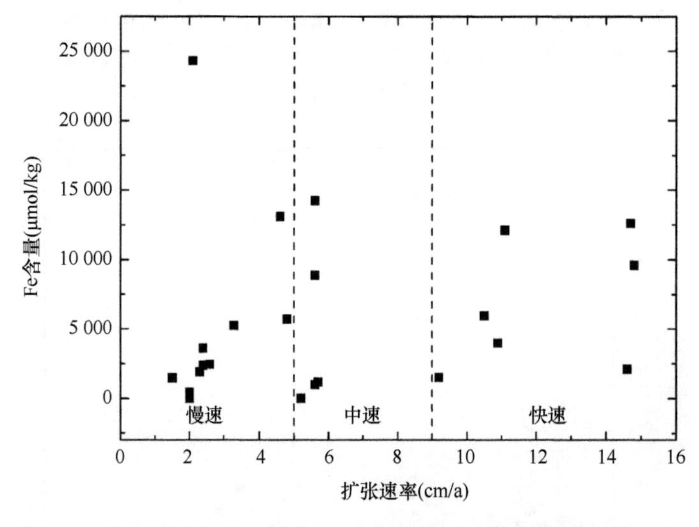

图 2-6 扩张速率与喷口流体 Fe 含量散点图（数据来源同图 2-3）

O_2 含量会高出很多。而在深水热液区，喷口流体具有较高的 CH_4 和 H_2 含量（典型黑烟囱流体中，CH_4 含量为 25～100μmol/kg，H_2 含量为 50～1000μmol/kg；浅水热液区流体中，CH_4 含量为 0.007～0.200μmol/kg，H_2 含量为 0.001～0.220μmol/kg）（Tarasov，2005）。与玄武岩基底相比，超基性岩基底更容易形成富含 CH_4 的喷口流体（如 Rainbow 和 Logatchev 热液区）（Seyfried Jr et al.，2011）。

不同扩张速率下，洋中脊热液喷口流体中所含的主要气体含量也有所不同，如 H_2S 在快速扩张洋中脊喷口流体中含量明显较高，最高可达 21.7mmol/kg，而慢速扩张洋中脊喷口流体中 H_2S 的含量普遍在 5mmol/kg 以下（图 2-7～图 2-10）。CH_4 和 H_2 的含量与洋中脊的扩张速率具有一定的相关性，相关系数可达 0.74（Charlou et al.，2000，2002；Gamo et al.，2001；Hannington et al.，2005；Shanks，2001）。

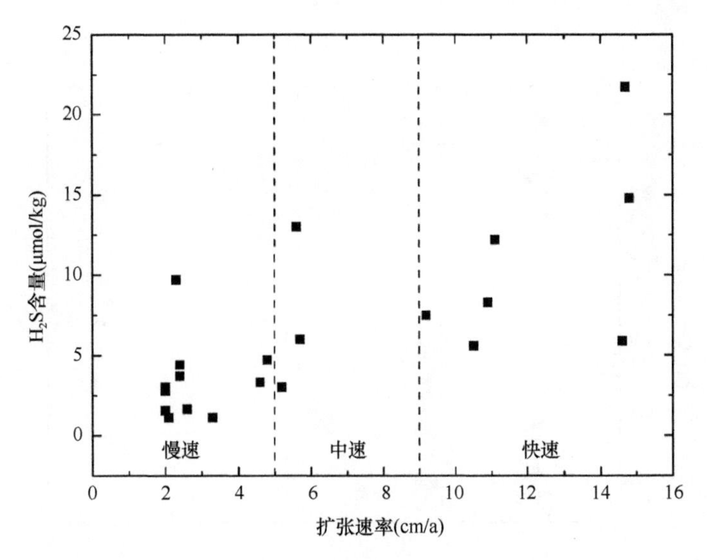

图 2-7 扩张速率与喷口流体 H_2S 含量散点图（数据来源：James et al.，2014；Kumagai et al.，2008；Hannington et al.，2005；Charlou et al.，2002；Shanks，2001；Edmonds et al.，1996）

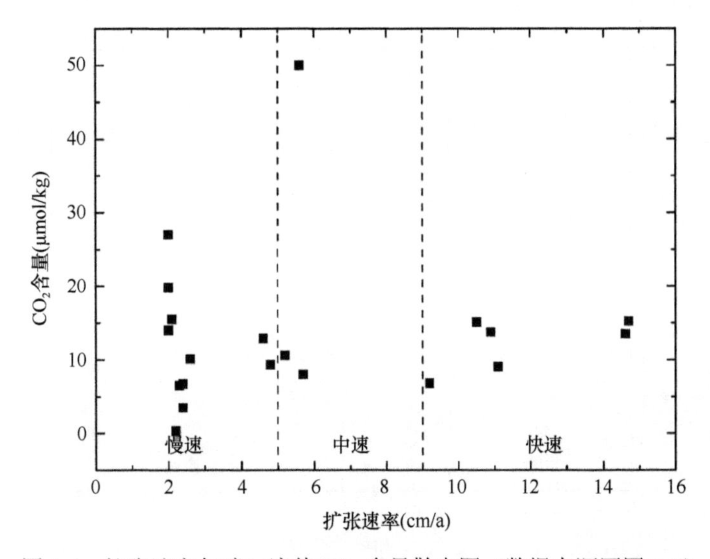

图 2-8 扩张速率与喷口流体 CO_2 含量散点图（数据来源同图 2-7）

2.1.5 颗粒物

喷口流体含有大量悬浮颗粒，其在浮力作用下与海水混合，浓度被稀释为原有的 10^{-5}～10^{-4}（Baker and German，2004；Lupton et al.，1985；Zierenberg et al.，1984）。颗粒物浓度随着距离喷口的远近而变化，离喷口越近，颗粒物浓度越大。因此悬浮颗粒物的浓度异常是发现海底热液活动的关键证据之一，在实际调查中已进行广泛的应用。但在实际调查中，很难在热液喷口附近进行原位观察，通常情况是进行大范围地搜寻，逐渐缩小热液异常的范围来溯源热液喷口。

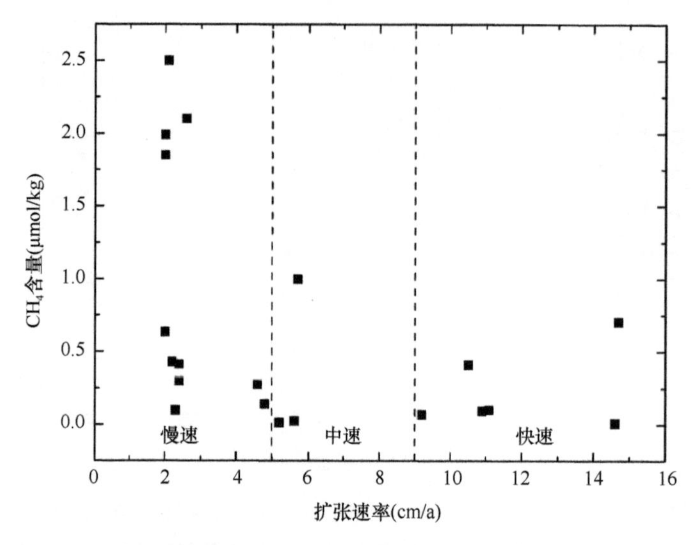

图 2-9　扩张速率与喷口流体 CH_4 含量散点图（数据来源同图 2-7）

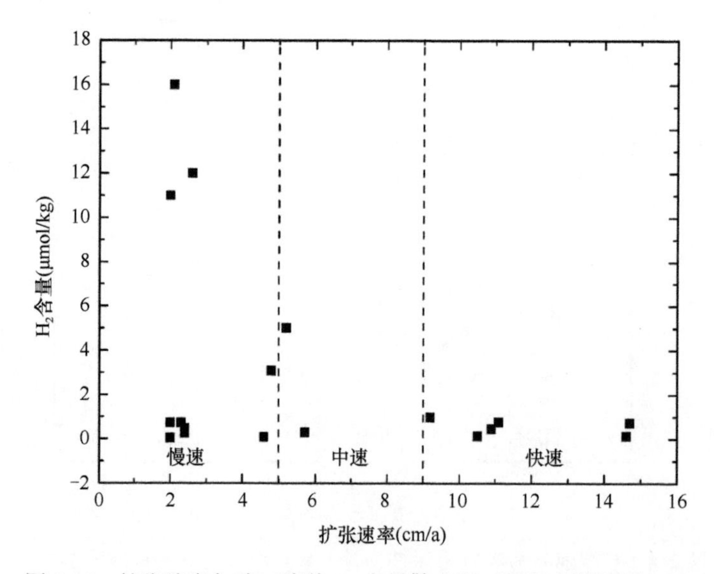

图 2-10　扩张速率与喷口流体 H_2 含量散点图（数据来源同图 2-7）

2.1.6　发光现象

深海高温热液喷口有一种特殊的发光现象，这种现象的存在最先于 1988 年被证实（Smith and Delaney，1989；van Dover et al.，1994）。伍兹霍尔海洋研究所（Woods Hole Oceanographic Institution，WHOI）于 1993 年使用第一代水下光学特性检测传感器（OPUS）对中大西洋中脊和东太平洋海隆的喷口进行了光谱检测，确认了长波光源（波长＞700nm）与热辐射有关，而奇特的是，在某些可见光区，光谱强度达到了热辐射理论值的 19 倍左右（van Dover et al.，1996）。而后 WHOI 在东太平洋海隆的 Venture 热液区确认了可见光区域（400～700nm）的光谱强度为热辐射理论值的数十倍（White et al.，1996）。但光产生的基本机制尚不明确。

热液喷口发出的光主要来源于高温热液（250～400℃）产生的热辐射，波长主要位于红外波段（760～1000nm），也有一小部分进入了可见光波段。除此之外，还有波长瞬时变化的可见光，基本处于 400～600nm 波段，这种光可能与湍流、混合、沉淀析出等过程有关，如蒸汽泡发光、化学发光、结晶发光和摩擦发光等（White et al.，2002）。

2.2 热液羽状流特征

热液羽状流，是海底热液喷口喷出的流体与周围冷海水相遇后迅速混合形成的（Baker et al.，1994；Ito et al.，1997；Lupton，1995；Zhu et al.，2008），其物理化学组成和性质与喷出流体、海水的性质均有很大区别（German et al.，1999；Speer，1998）。喷口流体与海水相比，密度（1.03g/cm^3）偏小、压力偏大，因此脱离喷口；同时喷口流体被不断卷入周围海水稀释，呈羽状体的形式上浮，直到密度与周围海水的密度相等，在距离海底几十米至几百米的高度，与环境达到平衡，形成中性浮力层，其横向运移可达几千米至几十千米（Chin et al.，1998；Ernst et al.，2000）（图 2-11）。

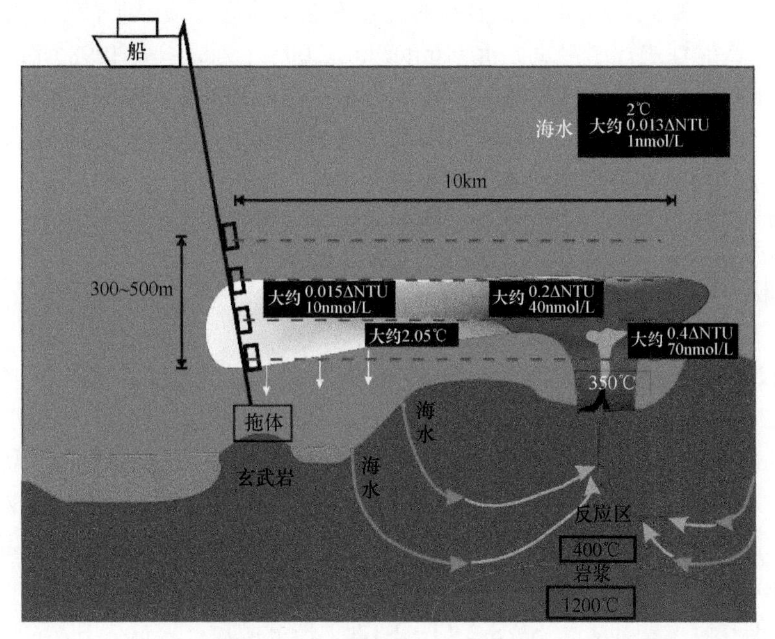

图 2-11 海水与洋壳的热液循环及热液羽状流的形成示意图（陈升，2016）

NTU：浊度；ΔNTU：浊度的变化量

热液羽状流在上升的同时，高温热液液体（350℃）与低温海水（1～2℃）混合会在喷口附近沉淀出富含金属元素的硫化物等颗粒（Baker et al.，1994；Ito et al.，1997；Lupton，1995；Zhu et al.，2008），使羽状流通常呈现黑色或者白色。白色热液羽状流通常携带着碳酸盐颗粒，而黑色通常携带着硫化物颗粒。

根据热液羽状流的定义和异常特征，可以将热液羽状流分为广义和狭义两种（王晓媛，2008）。从广义的角度考虑，可以根据热液羽状流的结构、扩散特征、空间分布等非地球化学性质，分为上升羽状流和中性浮力羽状流、稳态羽状流和事件羽状流、倒转羽状流和非倒转羽状流、合并羽状流和弥散羽状流及低温、中温和高温羽状流。而从狭义的角度考虑，热液羽状流可以根据具体的地球化学特征命名。

热液羽状流一直是热液活动调查研究的一个重要内容，对其研究一方面可以加深理解地球上各圈层之间物质和能量交换过程，另一方面可以了解深部物质和热量对海底生命活动的影响；同时，由于热液羽状流扩散范围通常较大，可以作为寻找热液喷口的标志。热液羽状流与周围海水的界限主要通过热液羽状流的温度、浊度、氧化还原电位和化学组成等指标来确定（详见本书 3.1 节）。

2.3 硫化物与围岩物理特征差异

不同类型岩石的构造、矿物组成成分及其含量不同，同时热液作用对岩石改造发生蚀变并伴随一系列化学过程，从而改变了热液区岩石物理性质，导致硫化物和围岩之间的密度、磁化率、电阻率及波的传播速度都存在明显差别（Zhao et al.，2004），这是利用地球物理手段对洋中脊硫化物进行研究的基础。前人对海底热液区岩石的物理特性进行了大量的研究，如基于 ODP 钻探资料对受热液蚀变的洋脊顶层洋壳岩石的 P 波速度、电阻率、天然放射性进行了测量分析（Bartetzko，2005）；Zhao 等（1998）对大西洋 TAG 热液区 Leg 158 岩心进行了磁性特征研究（Zhao et al.，1998）；Ludwig 等（1998）对硫化物、硫酸盐和玄武岩的波速与孔隙度关系进行了研究；Tao 等（2013）对西南印度洋新发现的热液区内的岩石和硫化物进行了较为系统的物理性质测量。本节基于前人研究工作，对洋中脊硫化物与围岩的物理特性差异进行概述。

2.3.1 孔隙度

流体通过岩石的裂隙或节理渗入岩体，是引发岩石蚀变的重要因素。蚀变作用导致流体流动性加强，促进岩石孔隙度增加，渗透率增大，反之又促进蚀变作用。对 SWIR 热液活动区部分硫化物及围岩的物理特性测量结果表明，硫化物孔隙度为 27.24%～43.77%，远大于玄武岩的孔隙度 4.03%～5.78%）（表 2-1）。Tao 等（2013）对西南印度洋中脊获取的代表性岩石样品进行了微区背散射图像（BSE）观察，各样品的微观孔隙结构清晰可见，样品普遍发育隔离气孔、气孔通道和间隙面。其中硫化物 SWS-1（图 2-12a）的孔隙度明显大于 SWS-2（图 2-12b）的孔隙度，玄武岩 SWS-7（图 2-12c）的孔隙结构较超基性岩 SWS-8（图 2-12d）更为明显，结合表 2-1 的测量结果发现，其微观孔隙结构与宏观的孔隙度数据吻合较好。

2.3.2 密度

由于不同类型岩石的结构、矿物类型和含量及矿物化学成分不同，因而密度相差较大。玄武岩中硅铝质矿物含量的减少和镁铁质矿物含量的增加都会导致玄武岩的密度增高。硫化物样品质地疏松，孔隙结构发育，甚至有肉眼可辨的热液流体通道，因此硫化物的密度主要取决于样品孔隙结构，其密度相对较低。图 2-13 为西南印度洋热液区硫化物密度与孔隙度的关系曲线，两者之间呈明显负相关关系。

表 2-1 西南印度洋热液活动区各岩石物理特性汇总表（Tao et al.，2013）

样品编号	样品类型	干燥岩心密度（g/cm^3）	饱和岩心密度（g/cm^3）	孔隙度（%）	磁化率（10^{-3}SI）	电阻率（Ω·m）	干燥岩石波速（km/s）			饱和岩石波速（km/s）		
							V_s	V_p	V_p/V_s	V_s	V_p	V_p/V_s
SWS-1	硫化物（蛋白石）	1.83	2.16	38.55	—	10.7	—	—	—	—	—	—
SWS-2	硫化物	2.53	2.80	27.24	0.245	8	2.23	3.81	1.71	—	—	—
SWS-3	硫化物	2.48	2.79	31.21	0.221	11.9	—	—	—	—	—	—
SWS-4	硫化物	1.92	2.35	43.77	—	3	—	—	—	—	—	—
SWB-1	玄武岩	2.85	2.89	4.36	15.8	146	3.53	6.07	1.72	3.32	6.28	1.89
SWB-2	玄武岩	2.84	2.89	4.84	16.2	118	3.56	6.17	1.73	3.50	6.28	1.79
SWB-3	玄武岩	2.61	2.67	5.78	5.14	294	3.26	5.57	1.71	3.11	5.83	1.87
SWB-4	玄武岩	2.64	2.69	5.65	4.6	594.3	3.32	5.53	1.66	3.29	5.97	1.82
SWB-5	玄武岩	2.84	2.89	4.23	3.47	922.3	3.66	6.46	1.77	3.62	6.65	1.84
SWB-6	玄武岩	2.83	2.87	4.19	1.95	799.3	4.06	6.61	1.63	4.11	6.86	1.67
SWB-7	玄武岩	2.82	2.86	4.03	4.91	734	3.67	6.41	1.75	3.69	6.63	1.80
SWB-9	玄武岩	2.74	2.79	4.49	1.36	526.7	3.55	6.08	1.71	3.52	6.35	1.80
SWB-8	超基性岩	2.83	2.86	2.89	1.12	890	3.80	6.56	1.73	3.81	6.31	1.83

—，表示信息缺失，或未能获取；V_p，代表纵波声速，V_s，代表横波声速

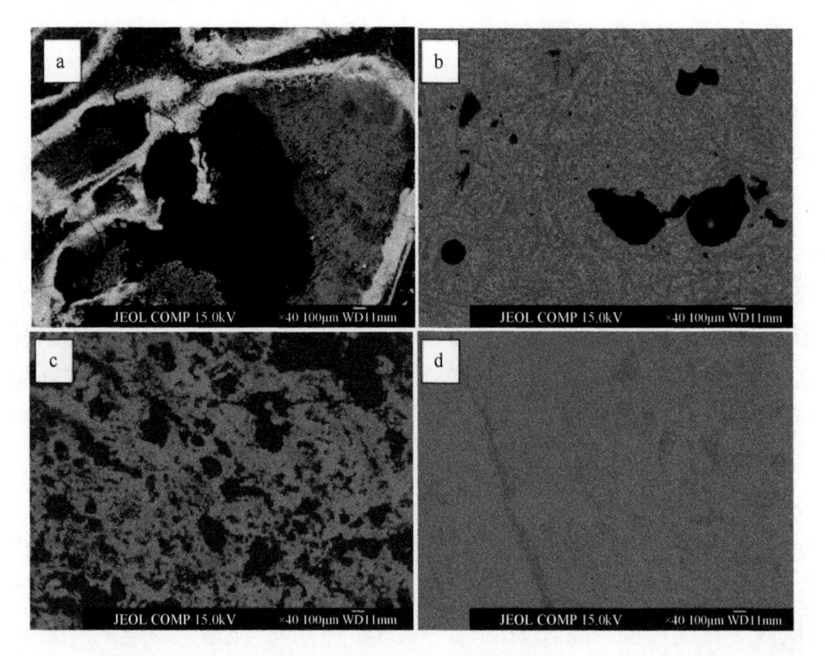

图 2-12 西南印度洋热液区代表性样品微区背散射图像（BSE）（Tao et al.，2013）

a. 硫化物，样品编号为 SWS-1；b. 硫化物，样品编号为 SWS-2；c. 玄武岩，样品编号为 SWB-7；d. 蚀变超基性岩，样品编号为 SWB-8

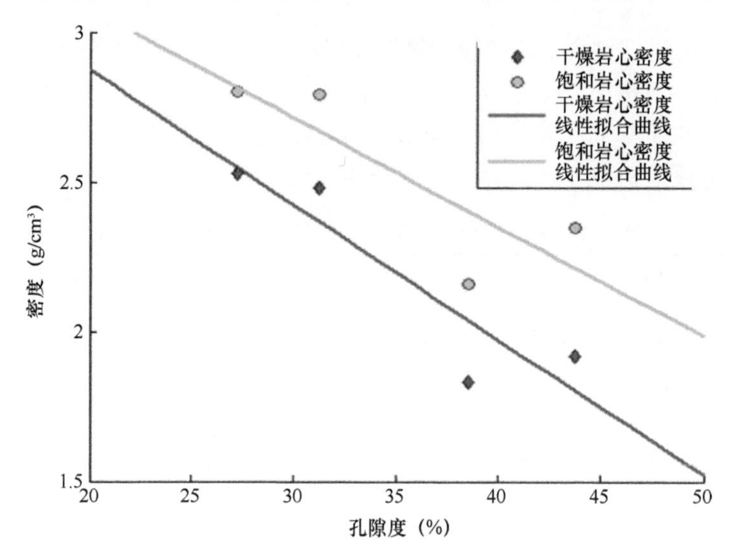

图 2-13　西南印度洋热液区硫化物密度-孔隙度关系曲线（Tao et al.，2013）

由西南印度洋玄武岩的测量结果可知，海底玄武岩密度分布范围较小，干燥岩心密度和饱和岩心密度（分别为去孔隙水与饱和孔隙水时的密度）分别为 2.61～2.85g/cm^3 和 2.67～2.89g/cm^3（表 2-1），这与 Spagnoli 等（2017）获取的结果相当。硫化物样品的干燥岩心密度和饱和岩心密度分别为 1.83～2.53g/cm^{3}和 2.16～2.80g/cm^3（表 2-1），这与鹦鹉螺矿业公司在 Solwara 1 区获得的硫化物烟囱体干燥岩心密度（2.2g/cm^3）（Jankowski，2012）相当。但 Spagnoli 等（2017）获取的硫化物样品密度大于 SWIR 的硫化物测量结果，这可能是因为其样品为钻探获取，不同于表层样品受到显著的后期热液填充交代作用，因而固结性更好，对应的孔隙度也更小。

2.3.3　磁化率

当洋中脊热液区的围岩为玄武岩时，热液作用会使玄武岩在不同的温度和压力条件下发生蚀变形成绿泥石、角闪石或绿帘石等，而铁-钛的氧化物被榍石或其他矿物取代，从而使磁化率和剩余磁化强度降低（Rona et al.，2013）。当围岩为超基性岩时，在还原条件下通过蛇纹石化过程产生磁铁矿与磁黄铁矿，磁化率与磁化强度皆增大（强）（Fujii et al.，2016）。硫化物本身磁性矿物含量很低，其磁化率主要与磁黄铁矿的含量及颗粒大小有关（Dekkers，1988）。据大西洋 TAG 热液区 ODP Leg 158 的岩石样品磁性测量资料，该区硫化物（测量对象为含黄铁矿的硫化物样品）的磁化率为 0.012×10^{-3}～0.109×10^{-3}SI，平均值为 0.061×10^{-3}SI，玄武岩的磁化率数据只有两个，分别为 24.94×10^{-3}SI 与 18.03×10^{-3}SI（Zhao et al.，1998）。

对西南印度洋中脊热液区样品的测量结果发现，硫化物烟囱体的磁化率为 0.23×10^{-3}SI 左右（表 2-1），明显高于 TAG 热液区，推断硫化物样品的铁磁性矿物含量要高于 TAG 热液区硫化物样品。除 SWB-1 和 SWB-2 样品与 TAG 玄武岩磁化率相接近，其他玄武岩的磁化率值低于 TAG 热液区样品，其可能是玄武岩的自身矿物成分不同或后期热液蚀变导致。

2.3.4 电阻率

前人研究表明，硫化物和玄武岩的导电机制不同，其电阻率差异在两个数量级以上（Drury and Hyndman，1979；Pezard，1990）。矿物学研究表明，在玄武岩的蚀变过程中会形成铁-氢氧化物和黏土矿物。黏土矿物是导电矿物，其内部结构可以形成表面传导，使其导电性增强，从而改变岩石的电阻率特征导致热液区的围岩电阻率与其他岩石不同。同时，硫化物样品含有大量的金属矿物，并且孔隙发达、连通状况较好，其电流传导主要由矿物基质和连通的孔隙流体完成，因而电阻率值很小。而玄武岩由非传导机制的多孔隙介质组成，其电导率主要是通过连接孔隙的流体的电解电导及流体与矿物颗粒接触面间的表面电导组成，因此电性远弱于硫化物。在西南印度洋获取的硫化物电阻率平均值为 8.4Ω·m，玄武岩电阻率为 118～922.3Ω·m，平均值为 558.3Ω·m（Tao et al.，2013）（表 2-1），相比其他洋脊的玄武岩电阻率测量值偏大（Drury and Hyndman，1979）（表 2-2）。

表 2-2 全球玄武岩电阻率的观测对比（Drury and Hyndman，1979）

样品来源	（印度洋/大西洋等）新的洋中脊和浅滩钻探	Leg 26（印度洋）	Leg 34（东太平洋）	Leg 37（大西洋中脊）
电阻率（Ω·m）	190	140	375	220

2.3.5 波速

活动的热液区围岩与硫化物具有不同的波速特性，其中玄武岩的波速明显大于硫化物，而硫化物区的玄武岩因热液蚀变作用波速又低于未蚀变的玄武岩波速。在频率同为 1MHz，不同压强条件下测量的 TAG 热液区 ODP Leg 158 钻探样品的波速测量结果很好地反映了这一变化规律（表 2-3）（Ludwig et al.，1998）；同时，波速测试结果还表明硫化物区不同的岩石类型具有明显波速比（V_p/V_s）异常，其波速比较高的为海底表层的块状硫化物（可达 1.9），中等的波速比为富硬石膏样品，波速比为 1.7 左右，而较深的

表 2-3 TAG 热液区 ODP Leg 158 钻探样品的波速测量结果（Ludwig et al.，1998）

站位信息	岩心位置（cm）	岩石类型	波速 V_p（m/s）	
			5MPa	50MPa
TAG-1 158-957C-15N-1	115～117	硅化角砾围岩	5.16	5.56
TAG-1 158-957E-8R-1	10～12	硅化角砾围岩	5.37	5.62
TAG-1 158-957E-15R-1	30～32	亚氯酸玄武岩角砾	5.29	5.73
TAG-2 158-957H-5N-1	4～6	硅化角砾围岩	6.32	6.76
TAG-4 158-957M-9R-1	61～63	蚀变玄武岩	5.89	6.00
TAG-4 158-957M-10R-1	39～41	蚀变玄武岩	5.98	6.04
TAG-4 158-957M-10R-1	47～49	蚀变玄武岩	5.89	5.97

注：Ludwig 等（1998）的研究表明各岩石波速随着压强增加而增大，因此本表中只给出了压强分别为 5MPa、50MPa 时的波速值；V_p 代表纵波声速

富硅样品具有低的波速比，为 1.5 左右。此外，波速特征与岩石样品的孔隙度、密度具有较强的相关性。图 2-14 为西南印度洋样品的测量结果（Tao et al.，2013），可以看出，随着孔隙度增大，波速减小；而随着密度的增大，波速也增大。

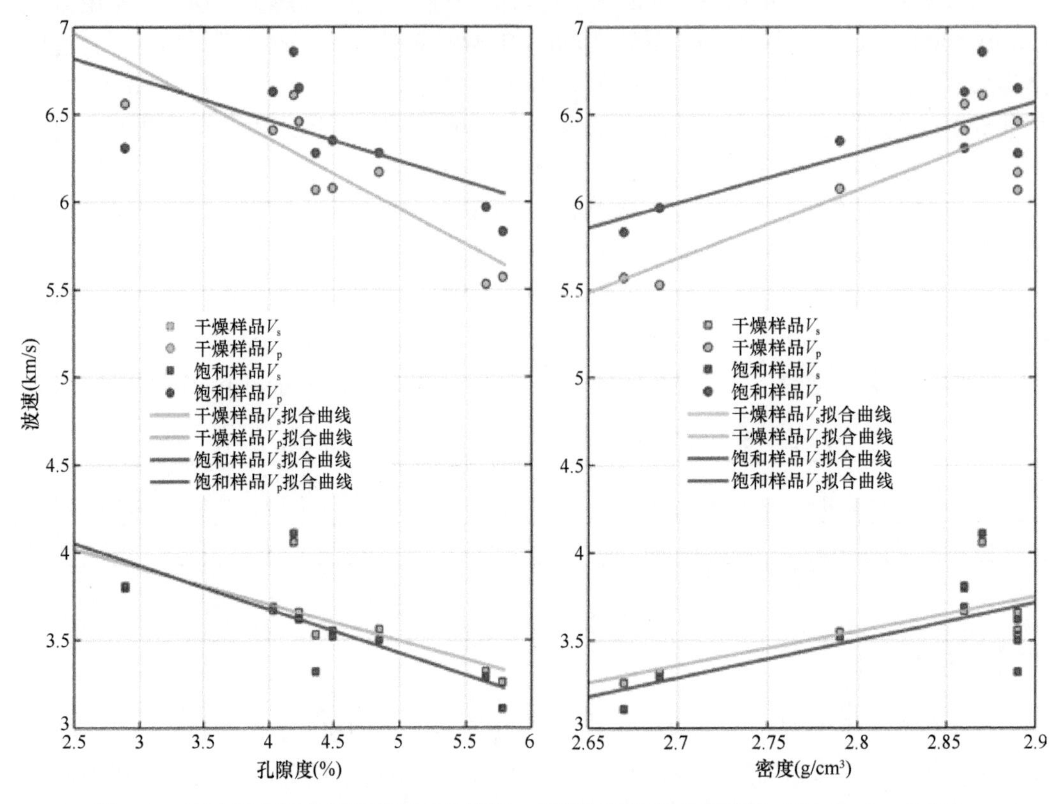

图 2-14　西南印度洋热液区岩石的孔隙度、密度与波速的关系曲线（Tao et al.，2013）

2.4　热液沉积物特征

2.4.1　物理特征

海底热液沉积物是洋中脊热液系统水岩作用形成的热液流体在海底与海水混合后的沉淀产物，不仅包含各种硫化物矿物，还包括硫酸盐、氧化物和硅酸盐等矿物。热液沉积物记录着热液流体-海水之间相互作用的重要信息，而这些信息可通过它们的物理性质来反映（丁振举等，2000）。

沉积物的物理性质包括粒度、孔隙度、渗透率及热导率等。粒度是沉积物的重要结构特征，也是沉积物分类命名的基础，其与孔隙度具一定的正相关性。渗透率在很大程度上由孔隙度决定。地壳热结构和渗透率结构是控制洋壳内热液系统分布与特征的主要因素（Humphris，1995）。目前分析结果表明，渗透率是确定海底热液循环形态的最重要的参数之一，同时也是热能与质量传输方程中最重要的变量之一。具有低渗透率与低热率导的沉积物，可作为地质盖层，在矿床形成过程中形成有效的圈闭系统，防止热量、成矿流体及成矿物质的散失，为矿体的保存提供了良好的条件，抑制了海水的风化和氧化。同时沉积物为硫化物矿床的形成提供了部分成矿物质来源。

海底沉积物诸多物理性质中，孔隙度扮演着重要角色。研究表明，孔隙度与声速关系密切，因此应用声学探测手段对海底沉积物进行测量时，准确认识孔隙度尤为重要（邹大鹏等，2007）。目前沉积物声学特性参数的获取方式主要分为以下两种：一是取样测量法，是指在海上通过钻探、箱式取样、重力取样等手段采集沉积物样品，然后转移到实验室里测量这些沉积物的物理力学性质参数和声学特性参数的方法；二是原位测量法，即将声学测量仪器置于海底，将测量探针插入沉积物中直接测量声波的传播特性（Li et al.，2016；阚光明等，2012；陶春辉等，2006）。

2.4.2 地球化学特征

含金属沉积物较集中地出现在全球洋中脊区域（图 2-15），它们源自热液羽状流的扩散沉降和硫化物矿体的物理剥离，这一过程在热液矿体形成的初始阶段便已开始（Boström et al.，1969）。大西洋中脊 TAG 热液区的调查研究已经证实，一些蚀变的硫化物碎屑来自于硫化物丘体自身的崩塌，这种崩塌现象起源于热液循环的消长变化（即间歇性的热液喷发和熄灭），这种循环的消长变化导致了丘体内部大量硬石膏不定时的溶解（German and Seyfried Jr，2014）。TAG 热液区的块体崩塌过程导致了热液碎屑与硫化物的氧化产物堆积在丘体的边缘，堆积位置离热液丘体的侧翼最远可达 60m。在其他非活动硫化物堆积体的附近也可见到与之相似的含金属沉积物堆积（Rona et al.，1993）。

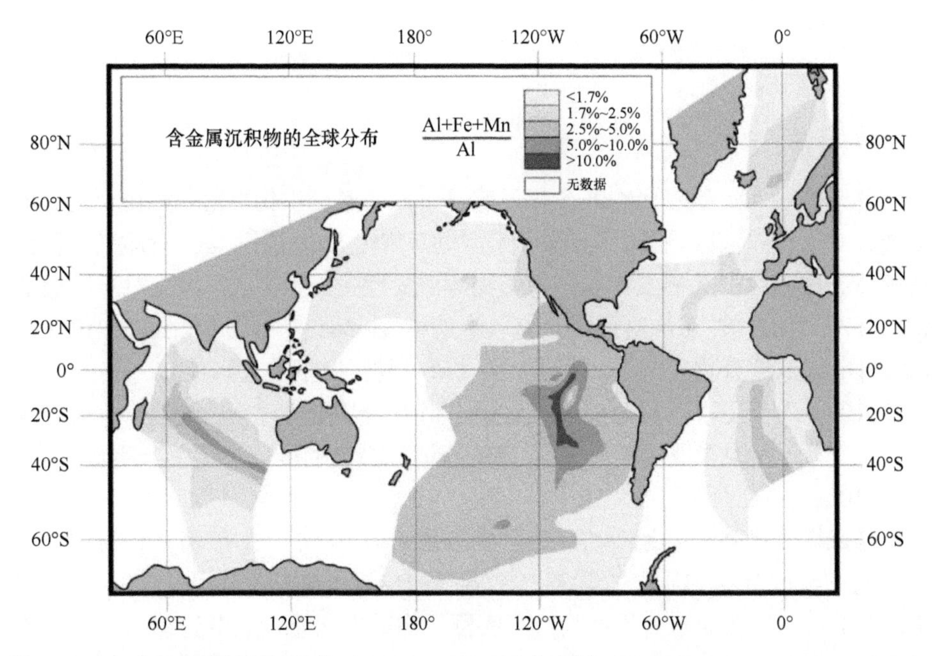

图 2-15 全球海底表层沉积物的（Al+Mn+Fe）/Al 分布图（German and Seyfried Jr，2014）
图中比率的最高值呈现出了与全球洋中脊走向的一致性

Metz 等（1988）描述了非活动硫化物丘体结构附近的含金属沉积物的特征，样品位于活动 TAG 丘体的北北东（NNE）方向约 2km 处，通过钻孔取心获取，由暗红褐色层状蚀变硫化物碎屑和碳酸钙软泥组成。微量的黄铁矿、黄铜矿和闪锌矿连同含量升高的过渡金属元素都在暗红褐色层状蚀变硫化物碎屑中有所发现。随后，German 等（1993）对取自环绕 TAG 丘体的热液沉积物边缘外侧的短岩心柱进行了研究。该岩心穿透了 7cm 厚的硫化物层（富含金属，具剥蚀成因），进入碳酸盐沉淀软泥中。岩心上部的块体崩塌层以高含量的过渡金属为主要特征，与 Metz 等（1988）的观察一致，也显示出与喷口流体一致的稀土元素配分模式，具有高 U 含量的氧化特征，每个钻孔的下伏/夹层碳酸盐/碳酸钙/软泥层显示出了非常相似的 Pb 同位素、稀土元素和 U-Th 含量特征，以上这些特征来自热液羽状流铁羟基氧化物颗粒物质的输入。

Speer 等（2003）证实，东太平洋海隆存在一处符合大型离轴扩散模式的区域，含金属沉积物富集在明显含有溶解态 ^{3}He 的羽状流的下部，羽状流延伸向西穿过了约 15°S 的南太平洋。洋脊侧翼含金属沉积物的研究，主要来自于深海钻探计划（DSDP）（German et al.，1990；Sherrell et al.，1999）。如第 92 航次在南太平洋 19°S 处进行了大规模研究工作，以沉积物覆盖上方向西漂移的羽状流为目标，研究该纬度上热液输出在时间和空间上的变化特征。从洋脊轴部向西延伸进入到年龄为 5～28Ma 的洋壳上进行了一系列的钻孔，获取的岩心由生物成因碳酸盐和 Fe-Mn 羟基氧化物的混合物组成。利用 Pb 同位素分析表明，在离洋脊轴部超过 1000km 的区域，尽管大部分为远洋沉积物，依旧含有 20%～30%的 Pb 来源于地幔（Barrett et al.，1987）。相反地，对相同样品稀土分析显示含金属沉积物的 REE 分布主要受到海水的控制，这与随后被证实的热液羽状流的特征一致，但要注意到在 DSDP 第 92 航次调查研究的每一处沉积物中，其 REE/Fe 值都比现代热液非浮力面羽状流颗粒的 REE/Fe 的最高值要高。

2.5 热液生物特征

活动热液区和非活动硫化物区孕育了明显不同的底栖生物群落。截至目前，调查和研究主要针对活动热液区，而对非活动硫化物区底栖生物的认识很少。有限的研究表明，非活动硫化物区以巨型底栖生物珊瑚和海绵等滤食性生物为主，同时受益于附近活动热液区初级生产力的影响，该群落可能具有较高的丰度（Beaudoin and Baker，2013；Erickson et al.，2009）。限于调查程度，尚不能对非活动硫化物区底栖生物形成较完整的认识（van Dover，2010）。本节主要以活动热液区底栖生物为主要探讨对象。最近，有研究推测处于侵蚀中的非活动硫化物区存在一种具有特殊适应机制的群落，但尚未得到证实（van Dover，2010）。

化能合成微生物被认为是活动热液区生态系统的生产者，初级消费者通过进食或共生方式从其中获取营养物质，尤其是共生方式的出现导致宿主消化和呼吸器官的特化（Ramirezllodra et al.，2007）。热液区特有底栖生物对于化能合成微生物的高度依赖导致其分布范围限制在活动热液喷口及其毗邻的狭小区域，这一区域往往具较大的物理和化学等环境差异（Bris，2007）。分布其上的生物通常以特殊的方式来获取营养、维持共生关系及克服环境的不利因素（Beaudoin and Baker，2013）。这些热液区特有生物围绕活动热液喷口密集分布，蔚为壮观，形成独特的热液区生物群落，对于活动热液区具有明显的指示作用。相对于背景区域，深海热液区生物群落往往具有低物种多样性、高生物量、高特有性等特征。

尽管全球活动热液区物种多样性较低，但其底栖生物物种数量仍在快速增长。Desbruyères 等（2006）对全球活动热液区底栖生物物种作了较全面的总结，收录了已发现的 63 个热液区 550 余种生物，这是迄今最为完整的整理。近年来尤其是针对新热液区的调查和研究（Kojima and Watanabe，2015；Nakamura et al.，2012；Plouviez et al.，2015；Rogers et al.，2012；Watanabe and Beedessee，2015；Watanabe and Kojima，2015），对该数据集进行了有力补充，共计发现约 700 种生物，包括海绵动物、刺胞动物、软体动物、线虫、环节动物、节肢动物等 12 个门类，其中节肢动物、软体动物和环节动物是热液区底栖生物的 3 个最主要的门类，虽然不同研究人员的统计结果略有不同，但这 3 个门类物种数之和均超过 85%，其中软体动物和节肢动物物种数占比均高于 30%，环节动物约为 20%（Bachraty et al.，2009；Desbruyères et al.，2006；Wolff，2005）。

对热液区底栖生物的分析发现，其中约 85%的种分布范围仅限于热液区（Wolff，2005），如果考虑热液区与冷泉区共有物种，这一比例将更高。以属的分类统计，热液喷口特有物种数量占比下降至约 45%；在科水平上这一比例则不足 8%（Wolff，2005）。越来越多的形态和分子系统发生学研究揭示了热液区特有物种及其与非热液区亲缘物种间的演化关系，表明两者之间往往具有较近的亲缘关系，这在一定程度上解释了热液喷口生物在较高分类水平上的特有水平较低。需要注意的是，研究表明，热液喷口生物广泛存在着“隐种”现象及很多低丰度物种，导致其多样性被明显低估，而特有性水平被高估（van Dover，2010）。特有性的另一种体现则是区域性，即不同洋脊（段），往往由不同种类的生物占据优势，这些物种因而成为特定洋脊段的特征性生物（详见本书 3.6 节）。

参考文献

陈升. 2016. 洋中脊热液羽状流找矿标志研究. 长春: 吉林大学博士学位论文.

丁振举, 刘丛强, 姚书振, 等. 2000. 海底热液沉积物稀土元素组成及其意义. 地质科技情报, 19(1): 27-30.

阚光明, 邹大鹏, 刘保华, 等. 2012. 便携式海底沉积声学原位测量系统研制及应用. 热带海洋学报, 31(4): 135-139.

陶春辉, 金肖兵, 金翔龙, 等. 2006. 多频海底声学原位测试系统研制和试用. 海洋学报, 28(2): 46-50.

王晓媛. 2008. 东太平洋海隆 13°N 和大西洋 Logatchev 热液区附近热液柱的研究. 青岛: 中国科学院海洋研究所博士学位论文.

邹大鹏, 吴百海, 卢博. 2007. 海底沉积物孔隙度计算方法与声速反演的误差分析研究. 热带海洋学报, 26(4): 32-36.

Bachraty C, Legendre P, Desbruyères D. 2009. Biogeographic relationships among deep-sea hydrothermal vent faunas at global scale. Deep Sea Research Part I Oceanographic Research Papers, 56(8): 1371-1378.

Baker E T, Feely R A, Mottl M J, et al. 1994. Hydrothermal plumes along the East Pacific Rise, 8°40′ to

11°50′N: plume distribution and relationship to the apparent magmatic budget. Earth & Planetary Science Letters, 128(1-2): 1-17.

Baker E T, German C R. 2004. On the global distribution of hydrothermal vent fields. Eos, Transacitions American Geophysical Union, 148: 245-266.

Barrett T J, Taylor P N, Lugoqski J. 1987. Metalliferous sediments from DSDP Leg 92: The East Pacific Rise transect. Geochimica et Cosmochimica Acta, 51(9): 2241-2253.

Bartetzko A. 2005. Effect of hydrothermal ridge flank alteration on the in situ physical properties of uppermost oceanic crust. Journal of Geophysical Research: Solid Earth, 110(B6): 453-468.

Beaudoin Y C, Baker E. 2013. Deep Sea Minerals: Sea-Floor Massive Sulphides, a Physical, Biological, Environmental and Technical Review. Volume 1A. Noumea: Secretariat of the Pacific Community.

Bonifacie M, Charlou J L, Jendrzejewski N, et al. 2005. Chlorine isotopic compositions of high temperature hydrothermal vent fluids over ridge axes. Chemical Geology, 221(3): 279-288.

Boström K, Peterson M, Joensuu O, et al. 1969. Aluminum-poor ferromanganoan sediments on active oceanic ridges. Journal of Geophysical Research, 74(12): 3261-3270.

Bris N L. 2007. A biology laboratory on the seafloor. Oceanography, 20(1): 26-29.

Bris N L, Sarradin P M, Pennec S. 2001. A new deep-sea probe for in situ pH measurement in the environment of hydrothermal vent biological communities. Afers Fulls De Recerca I Pensament, 48(8): 1941-1951.

Butterfield D A, Mcduff R E, Mottl M J, et al. 1994. Gradients in the composition of hydrothermal fluids from the Endeavour segment vent field: phase separation and brine loss. Journal of Geophysical Research Atmospheres, 99(B5): 9561-9583.

Charlou J L, Donval J P, Douville E, et al. 2000. Compared geochemical signatures and the evolution of Menez Gwen 37°50′N and Lucky Strike 37°17′N hydrothermal fluids, south of the Azores Triple Junction on the Mid-Atlantic Ridge. Chemical Geology, 171(1): 49-75.

Charlou J L, Donval J P, Fouquet Y, et al. 2002. Geochemistry of high H_2 and CH_4 vent fluids issuing from ultramafic rocks at the Rainbow hydrothermal field (36°14′N, MAR). Chemical Geology, 191(4): 345-359.

Chin C S, Klinkhammer G P, Wilson C. 1998. Detection of hydrothermal plumes on the northern Mid-Atlantic Ridge: results from optical measurements. Earth & Planetary Science Letters, 162(1-4): 1-13.

Dekkers M J. 1988. Magnetic properties of natural pyrrhotite Part I: behaviour of initial susceptibility and saturation-magnetization-related rock-magnetic parameters in a grain-size dependent framework. Physics of the Earth and Planetary Interiors, 52(3): 376-393.

Desbruyères D, Hashimoto J, Fabri M C. 2006. Composition and biogeography of hydrothermal vent communities in Western Pacific Back-Arc Basins. Geophysical Monograph, 166: 215-234.

Ding K, Seyfried Jr W E. 1995. *In-situ* measurement of dissolved H_2 in aqueous fluid at elevated temperatures and pressures. Geochimica et Cosmochimica Acta, 59(22): 4769-4773.

Douville, E., Charlou, J.L., Oelkers, E.H., et al. 2002. The rainbow vent fluids (36°14′N, MAR): the influence of ultramafic rocks and phase separation on trace metal content in Mid-Atlantic Ridge hydrothermal fluids: Chemical Geology, v. 184, p. 37-48.

Drury M J, Hyndman R D. 1979. The electrical resistivity of oceanic basalts. Journal of Geophysical Research: Solid Earth, 84(B9): 4537-4545.

Edmonds, H.N., German, C.R., Green, D.R.H., et al. 1996. Continuation of the hydrothermal fluid chemistry time series at TAG, and the effects of ODP drilling: Geophysical Research Letters, v. 23, p. 3487-3489.

Erickson K L, Macko S A, van Dover C L. 2009. Evidence for a chemoautotrophically based food web at inactive hydrothermal vents (Manus Basin). Deep Sea Research Part II Topical Studies in Oceanography, 56(19-20): 1577-1585.

Ernst G G J, Cave R R, German C R, et al. 2000. Vertical and lateral splitting of a hydrothermal plume at Steinaholl, Reykjanes Ridge, Iceland. Earth & Planetary Science Letters, 179: 529-537.

Fouquet Y, von Stackelberg U, Charlou J L, et al. 1991. Hydrothermal activity in the Lau back-arc basin: sulfides and water chemistry. Geology, 19(4): 303-306.

Früh-Green G L, Kelley D S, Bernasconi S M, et al. 2003. 30, 000 years of hydrothermal activity at the lost city vent field. Science, 301(5632): 495-498.

Fujii M, Okino K, Sato T, et al. 2016. Origin of magnetic highs at ultramafic hosted hydrothermal systems: insights from the Yokoniwa site of Central Indian Ridge. Earth & Planetary Science Letters, 441: 26-37.

Gamo T, Chiba H, Yamanaka T, et al. 2001. Chemical characteristics of newly discovered black smoker fluids and associated hydrothermal plumes at the Rodriguez Triple Junction, Central Indian Ridge. Earth & Planetary Science Letters, 193: 371-379.

German C R, Hergt J, Palmer M R, et al. 1999. Geochemistry of a hydrothermal sediment core from the OBS vent-field, 21°N East Pacific Rise. Chemical Geology, 155(1-2): 65-75.

German C R, Higgs N C, Thomson J, et al. 1993. A geochemical study of metalliferous sediment from the TAG Hydrothermal Mound, 26°08'N, Mid-Atlantic Ridge. Journal of Geophysical Research Atmospheres, 98(B6): 9683-9692.

German C R, Klinkhammer G P, Edmond J M, et al. 1990. Hydrothermal scavenging of rare-earth elements in the ocean. Nature, 345(6275): 516-518.

German C R, Seyfried Jr W E. 2014. Hydrothermal Processes *In*: Holland H D, Turekian K K. Treatise on Geochemistry. Second Edition. Oxford: Elsevier: 191-233.

Hannington M D, Herzig P M, Stoffers P, et al. 2001. First observations of high-temperature submarine hydrothermal vents and massive anhydrite deposits off the north coast of Iceland. Marine Geology, 177(3-4): 199-220.

Hannington, M. D., De Ronde, C. D. J., Petersen, S. 2005. Sea-floor tectonics and submarine hydrothermal systems. Economic Geology 100th Anniversary Volume.Humphris S E. 1995. Hydrothermal processes at Mid-Ocean Ridges. Reviews of Geophysics, 33(S1): 71-80.

Ito G, Lin J, Gable C W. 1997. Interaction of mantle plumes and migrating Mid-Ocean Ridges: implications for the Galapagos plume-ridge system. Journal of Geophysical Research Atmospheres, 102(B7): 15403-15417.

James, R.H., Green, D.R.H., Stock, M.J., et al. 2014. Composition of hydrothermal fluids and mineralogy of associated chimney material on the East Scotia Ridge back-arc spreading centre: Geochimica Et Cosmochimica Acta, v. 139, p. 47-71.

Jankowski P. 2012. NI 43-101 Technical Report 2011 PNG, Tonga, Fiji, Solomon Islands, New Zealand, Vanuatu and the ISA. SRK Consulting Australasia Pty L.

Johnson K S, Childress J J, Hessler R R, et al. 1988. Chemical and biological interactions in the Rose Garden hydrothermal vent field, Galapagos spreading center. Deep Sea Research Part A Oceanographic Research Papers, 35(10): 1723-1744.

Kelley D S, Karson J A, Blackman D K, et al. 2001. An off-axis hydrothermal vent field near the Mid-Atlantic Ridge at 30 degrees N. Nature, 412(6843): 145-149.

Kojima S, Watanabe H. 2015. Vent fauna in the Mariana Trough. Tokyo: Springer.

Kosc hinsky A, Garbe-Schönberg D, Sander S, et al. 2008. Hydrothermal venting at pressure-temperature conditions above the critical point of seawater, 5°S on the Mid-Atlantic Ridge. Geology, 36(8): 615-618.

Kumagai, H., Nakamura, K., Toki, T., et al. 2008. Geological background of the Kairei and Edmond hydrothermal fields along the Central Indian Ridge: Implications of their vent fluids' distinct chemistry: Geofluids, v. 8, p. 239-251.

Li G, Han G, Kan G, et al. 2016. Upgrading and experimentation of the hydraulic-driven *in-situ* sediment acoustic measurement system. Ocean Acoustics, 2016: 1-4.

Luc C J, Yves F, Pierre D J, et al. 1996. Mineral and gas chemistry of hydrothermal fluids on an ultrafast spreading ridge: East Pacific Rise, 17° to 19°S (Naudur cruise, 1993) phase separation processes controlled by volcanic and tectonic activity. Journal of Geophysical Research Atmospheres, 1011(7): 15899-15920.

Ludwig R J, Iturrino G J, Rona P A. 1998. Seismic velocity-porosity relationship of sulfide, sulfate, and basalt samples from the TAG hydrothermal mound. Proceedings of the Ocean Drilling Program, Scientific Results, 158: 313-328.

Lupton J E, Delaney J R, Johnson H P, et al. 1985. Entrainment and vertical transport of deep-ocean water by buoyant hydrothermal plumes. Nature, 316(6029): 621-623.

Lupton J E. 1995. Hydrothermal plumes: near and far field. Seafloor Hydrothermal Systems: Physical, Chemical, Biological, and Geological Interactions., Washington: American Geophysical Union, 91: 317-346.

Metz S, Trefry J H, Nelsen T A. 1988. History and geochemistry of a metalliferous sediment core from the Mid-Atlantic Ridge at 26°N. Geochimica et Cosmochimica Acta, 52(10): 2369-2378.

Nakamura K, Watanabe H, Miyazaki J, et al. 2012. Discovery of new hydrothermal activity and chemosynthetic fauna on the Central Indian Ridge at 18°-20°S. Plos One, 7(3): e32965.

Nehlig P. 1991. Salinity of oceanic hydrothermal fluids: a fluid inclusion study. Earth & Planetary Science Letters, 102: 310-325.

Pezard P A. 1990. Electrical properties of Mid-Ocean Ridge basalt and implications for the structure of the upper oceanic crust in Hole 504B. Journal of Geophysical Research: Solid Earth, 95(B6): 9237-9264.

Plouviez S, Jacobson A, Wu M, et al. 2015. Characterization of vent fauna at the Mid-Cayman Spreading Center. Deep Sea Research Part I Oceanographic Research Papers, 97: 124-133.

Ramirezllodra E, Shank T M, German C R. 2007. Biodiversity and biogeography of hydrothermal vent species: thirty years of discovery and investigations. Oceanography Society, 20(1): 30-41.

Rogers A D, Tyler P A, Connelly D P, et al. 2012. The discovery of new deep-sea hydrothermal vent communities in the southern ocean and implications for biogeography. Plos Biology, 10(1): e1001234.

Rona P A, Devey C W, Dyment J, et al. 2013. The magnetic signature of hydrothermal systems in slow spreading environments. Eos, Transacitions American Geophysical Union, 188: 43-66.

Rona P A, Hannington M D, Raman C V, et al. 1993. Active and relict sea-floor hydrothermal mineralization at the TAG hydrothermal field, Mid-Atlantic Ridge. Economic Geology, 88(8): 1989-2017.

Schmidt K, Koschinsky A, Garbe-Schönberg D, et al. 2007. Geochemistry of hydrothermal fluids from the ultramafic-hosted Logatchev hydrothermal field, 15°N on the Mid-Atlantic Ridge: temporal and spatial investigation. Chemical Geology, 242(1-2): 1-21.

Seyfried Jr W E, Pester N J, Ding K, et al. 2011. Vent fluid chemistry of the Rainbow hydrothermal system (36°N, MAR): phase equilibria and in situ pH controls on subseafloor alteration processes. Geochimica et Cosmochimica Acta, 75(6): 1574-1593.

Seyfried, W.E., Pester, N.J., Ding, K., et al. 2011. Vent fluid chemistry of the Rainbow hydrothermal system (36°N, MAR): Phase equilibria and in situ pH controls on subseafloor alteration processes: Geochimica et Cosmochimica Acta, v. 75, p. 1574-1593.

Shanks W C. 2001. Stable isotopes in seafloor hydrothermal systems: vent fluids, hydrothermal deposits, hydrothermal alteration, and microbial processes. Reviews in Mineralogy & Geochemistry, 43(1): 469-525.

Sherrell R M, Field M P, Ravizza G. 1999. Uptake and fractionation of rare earth elements on hydrothermal plume particles at 9°45′N, East Pacific Rise. Geochimica et Cosmochimica Acta, 63(11): 1709-1722.

Smith M O, Delaney J R. 1989. Variability of emitted radiation from two hydrothermal vents. Washington: Eos Transaction. American Geophysical Union, 70: 1161.

Spagnoli G, Hördt A, Jegen M, et al. 2017. Magnetic susceptibility measurements of seafloor massive sulphide mini-core samples for deep-sea mining applications. Quarterly Journal of Engineering Geology and Hydrogeology, 50(1): 88-93.

Speer K G, Maltrud M E, Thurnherr A M. 2003. A global view of dispersion above the Mid-Ocean Ridge. *In*: Halbach P E, Tunnicliffe V, Hein J R. Energy and Mass Transfer in Marine Hydrothermal Systems. Berlin: Dahlem University Press: 263-278.

Speer K G. 1998. A new spin on hydrothermal plumes. Science, 280(5366): 1034-1035.

Tao C H, Wu T, Jin X, et al. 2013. Petrophysical characteristics of rocks and sulfides from the SWIR hydrothermal field. Acta Oceanologica Sinica, 32(12): 118-125.

Tarasov. 2005. Fractional hydrodynamic equations for fractal media. Annals of Physics, 318(2): 286-307.

Tivey M, Takeuchi A, Party W S. 1998. A submersible study of the western intersection of the Mid-Atlantic ridge and Kane Fracture Zone (WMARK). Marine Geophysical Researches, 20(3): 195-218.

Trefry J H, Butterfield D B, Simone M, et al. 1994. Trace metals in hydrothermal solutions from Cleft segment on the southern Juan de Fuca Ridge. Journal of Geophysical Research Atmospheres, 99(B3): 4925-4935.

van Dover C L, Cann J R, Cavanaugh C, et al. 1994. Light at deep sea hydrothermal vents. Eos, Transactions American Geophysical Union, 75: 44-45.

van Dover C L, Reynolds G T, Chave A D, et al. 1996. Light at deep-sea hydrothermal vents. Geophysical Research Letters, 23(16): 2049-2052.

van Dover C L. 2010. Mining seafloor massive sulphides and biodiversity: what is at risk? Ices Journal of Marine Science, 67(2): 341-348.

von Damm K L, Bischoff J L. 1987. Chemistry of hydrothermal solutions from the southern Juan de Fuca Ridge. Journal of Geophysical Research: Solid Earth, 92(B11): 11334-11346.

von Damm K L, Bray A M, Buttermore L G, et al. 1998. The geochemical controls on vent fluids from the Lucky Strike vent field, Mid-Atlantic Ridge. Earth & Planetary Science Letters, 160(3): 521-536.

von Damm K L, Edmond J M, Grant B, et al. 1985. Chemistry of submarine hydrothermal solutions at 21°N, East Pacific Rise. Geochimica et Cosmochimica Acta, 49: 2197-2220.

Von Damm, K.L., 2000, Chemistry of hydrothermal vent fluids from 9 degrees-10 degrees N, East Pacific Rise: “Time zero,” the immediate posteruptive period.

Watanabe H, Beedessee G. 2015. Vent Fauna on the Central Indian Ridge. Tokyo: Springe.

Watanabe H, Kojima S. 2015. Vent Fauna in the Okinawa Trough. Tokyo: Springer.

White S N, Chave A D, Bailey J W, et al. 1996. Measurements of light at hydrothermal vents, 9°N East Pacific Rise. Washington: Eos, Transactions American Geophysical Union.

White S N, Chave A D, Reynolds G T. 2002. Investigations of ambient light emission at deep-sea hydrothermal vents. Journal of Geophysical Research: Solid Earth, 107(B1): 1-13.

Wolff T. 2005. Composition and endemism of the deep-sea hydrothermal vent fauna. Cahiers De Biologie Marine, 46(2): 97-104.

Zhao X, Antretter M, Kroenke L, et al. 2004. Relationships between physical properties and alteration in basement rocks from the Ontong Java Plateau. Proceedings of the Ocean Drilling Program, Scientific Results, 192: 1-33.

Zhao X, Housen B, Solheid P, et al. 1998. Magnetic properties of leg 158 cores: the origin of remanence and its relation to alteration and mineralization of the active TAG mound. Proceedings of the Ocean Drilling Program, Scientific Results, 158: 337-351.

Zhu J, Lin J, Guo S, et al. 2008. Hydrothermal plume anomalies along the Central Indian Ridge. Chinese Science Bulletin, 53(16): 2527-2535.

Zierenberg R A, Shanks W C, Bischoff J L. 1984. Massive sulfide deposits at 21°N, East Pacific Rise: chemical composition, stable isotopes, and phase equilibria. Geological Society of America Bulletin, 95(8): 922-929.

3 洋中脊多金属硫化物找矿标志

各种能够直接或间接指示硫化物矿床位置的信息，包括近底水体、地形地貌、地质、地球物理、沉积物矿物学和地球化学及生物信息等，均可作为洋中脊多金属硫化物矿床的找矿标志，也是各类勘查技术的探测目标。

3.1 羽状流标志

洋中脊多金属硫化物矿床热液羽状流找矿标志，是指在洋中脊多金属硫化物矿床找矿工作中，能够作为找矿线索的热液羽状流的相关信息或特征。热液羽状流往往比海底多金属硫化物矿床的分布范围广、探测容易，能迅速而有效地定位海底热液喷口，从而找到海底多金属硫化物矿床。现阶段对海底多金属硫化物的勘探，大多从活动热液区的羽状流探测开始，逐渐缩小范围确定热液喷口位置，然后在活动热液区周围寻找非活动硫化物区（Tao et al.，2014）。在大西洋中脊的Broken Spur热液区，测得羽状流的温度异常为0.005～0.28℃，颗粒态Fe含量为4～22nmol/L（背景值为3pmol/L），颗粒态Mn含量为110～190pmol/L（背景值为150pmol/L），CH_4含量为16～108nmol/L（Lupton，1995），显示了羽状流中主要的异常特征。

羽状流与周围海水在物理、化学性质方面均有不同，包括以下几个方面：

（1）指示热液羽状流特征的物理、化学参数值，如温度、盐度、酸碱度、氧化还原电位（Eh）、浊度、光透射及光散射等特征（Baker and Lupton，1990；Chin et al.，1998；Gamo et al.，2004；German et al.，2000）。

（2）热液羽状流水体化学元素的含量，如羽状流中具有高浓度的CH_4、NH_4^+、Mn、Fe、He等（Charlou et al.，1988；Cowen et al.，1998；Field and Sherrell，2000；German et al.，1994）；He在喷口流体和热液羽状流中具有较高浓度，其在海水中停留的时间较长，其同位素比值（$^3He/^4He$）可以很好地指示热液羽状流的来源，并真实反映流体的稀释过程（Jean-Baptiste et al.，2004）。

（3）热液羽状流中颗粒物的化学组成特征。例如，热液羽状流中颗粒物的Al浓度大多低于背景海水中颗粒物的Al浓度；热液羽状流中颗粒物Cu和Zn浓度变化比较一致，其浓度的高低和变化范围主要受喷口流体中Cu和Zn浓度、微硫化物颗粒物浓度和基底性质等多因素的控制。与Al、Cu和Zn不同，热液羽状流中普遍具有较高浓度的Fe、Mn、P和V等颗粒物。

3.1.1 浊度

羽状流的浊度（turbidity，单位FTU）是表征不溶性物质悬浮于羽状流中引起羽状流水体透明度降低的参数。热液羽状流源于集中、快速喷溢的流体，浊度异常是指探测得到的浊度值比周围海水浊度值高，是羽状流的重要标志。喷出流体在扩散过程中与周围海水不断发生混合，浊度将迅速衰减，到达一定浊度后趋于稳定（图 3-1）。在羽状流中，中性浮力层水体浊度较温度衰减更慢，而且与周围海水存在明显差别，因而羽状流浊度被认为比温度更为灵敏，是示踪热液羽状流有效的高分辨率指标（刘长华等，2008）。Chin 等（1998）利用 Chelsea 浊度计对北大西洋的水体进行调查发现，调查区存在多处热液活动，水体浊度为 0.003～0.31FTU，其中 Rainbow 热液区（36°16′N，35°53′W）的最大浊度值为 0.31FTU。空间上，羽状流的浊度可以表现出分层性，在 Lucky Strike 热液区 1750m 处浊度最大值为 0.028FTU，1650m 处浊度最大值为 0.02FTU（Chin et al., 1998）。羽状流的浊度异常往往与其温度、盐度和化学异常一致。Nelsen 等（1987）研究表明，在大西洋 TAG 热液区，羽状流的浊度与总溶解锰（TDM）有很好的相关性（r=0.98），与总反应锰（TRM）也呈正相关关系（r=0.88）。热液羽状流的光散射（light scattering，单位 NTU）强度与热液活动强度之间呈正相关性，热液活动越强，所产生的热液羽状流的光散射越强。在北冰洋 Gakkel 洋脊裂谷，Edmonds 等（2003）利用 MAPR 测量了水体的光散射特征，发现该区域的热液羽状流至少与 9～12 个热液喷口有关，该区域的热液羽状流光散射异常值最大可达 110mV。

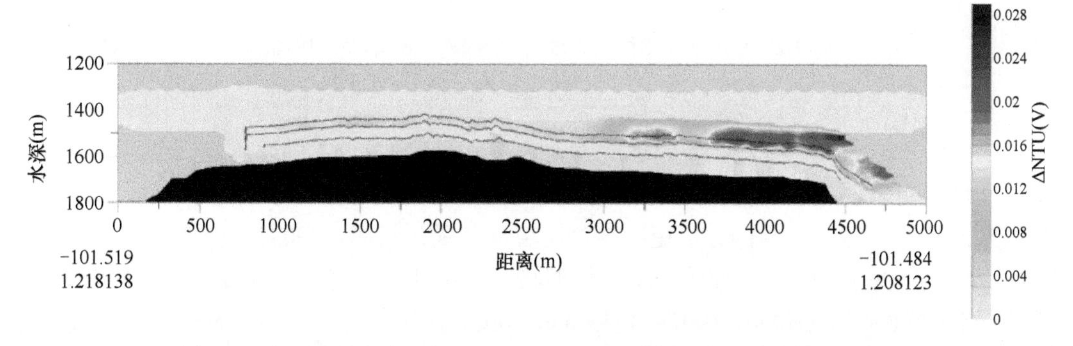

图 3-1 东太平洋海隆“宝石山”热液区拖曳测线探测得到的浊度异常

横坐标表示测线从起始点到终止点的距离，测线的起始点和终止点坐标在图中标出

3.1.2 温度和盐度

热液羽状流与周围海水的温度有所不同，通常热液温度异常值定义为同地区等密层处与正常海水温度之间的差值，因此在对热液羽状流的温度异常进行定量分析时，会同时考虑各大洋的背景温度和盐度剖面（图 3-2），可用两者之间的温度差来探测热液羽状流的分布，典型的羽状流温度差异（ΔT）为 0.005～0.28℃，有的羽状流温度异常甚至达 0.4℃（Baker and Lupton，1990）。热液羽状流温度异常的定量分析需要了解各大洋的背景温度和盐度。在胡安德富卡洋脊 Endeavour 段检测到羽状流的温度异常，其大小和强度说明羽状流沿着洋中脊延伸了大约 20km，并且该区在 1986 年发现了 $\Delta T \geq 0.04$℃的巨型羽状流。1987 年和 1988 年，该区羽状流异常分布范围明显缩小，并呈轴对称展布，ΔT 为 0.03～0.04℃（Baker and Lupton，1990）。

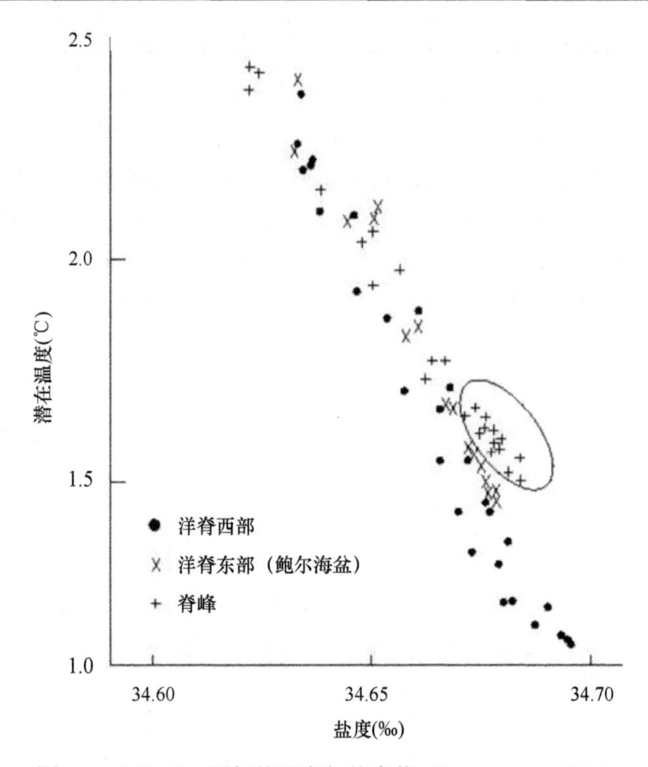

图 3-2　EPR 8°S 测得的温度与盐度值（Lonsdale，1976）

在大西洋，盐度随深度的增加而逐渐下降，热液喷出并上升时夹带周围海水以克服密度的差异；当热液羽状流吸收足够的冷水克服其温度的不足之后，它已经吸收了盐度更小和质量更轻的底层水并且必须继续上升到更高的高度才能到达中性浮力面，因此热液羽状流比同一深度的周围海水更冷、盐度更低（夏建新等，2007）。例如，在 TAG 热液区，底层冷海水的加入，导致了上浮的羽状流在中性浮力层一定高度出现负的温度异常（Rudnicki and Elderfield，1992；Speer and Rona，1989）。在大西洋 Logatchev 热液区，距离海底 250～350m 处（水深 2630～2640m）热液羽状流表现为负的温度异常（Sudarikov and Roumiantsev，2000）。在南极洲 Bransfield 海峡的 Hook 洋脊上，Middle Sister 热液区羽状流的温度负异常为 0.025℃（Klinkhammer et al.，2001）。

在大西洋热液调查工作中，通过拖曳测线对驺虞热液区进行了调查，发现在水深几乎保持不变的情况下，温度值在一个小范围区域内升高了 0.03℃（图 3-3）。

3.1.3　Eh 和 pH

热液流体为还原性，海水则相对为氧化性。因此热液流体在形成热液羽状流的过程中会存在氧化还原电位（Eh）的变化（图 3-4）。这种变化在靠近热液流体喷发的地方尤为显著。喷口流体主要呈酸性，pH 一般为 2.5～4.0，相对于海水（pH 接近 8）高度富集 H^+。在大西洋 Grimsey 热液区，喷口流体的 pH 为 2.8（Hannington et al.，2001）。在胡安德富卡洋脊 Endeavour 喷口区的 Grotto 喷口、北部 Cleft 段的 Pipe Organ 喷口和轴火山热液区，热液流体的 pH 分别是 4.2、2.8 和 3.5（Massoth et al.，1994）。也有喷口流体呈碱性，例如大西洋中脊 Lost Ciy 热液区流体的 pH 较高，达到 9～11（Boetius，2005）。

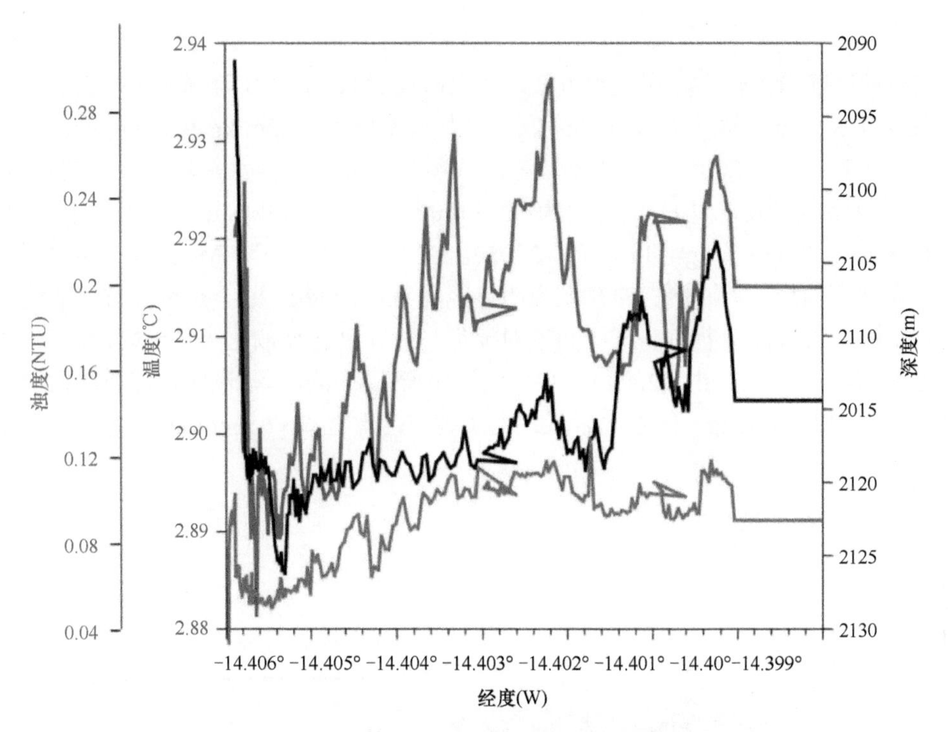

图 3-3　大西洋驺虞热液区拖曳测线所得的温度异常（Tao et al.，2016）

红色曲线代表温度值，黑色曲线代表水深深度值，绿色曲线代表浊度值

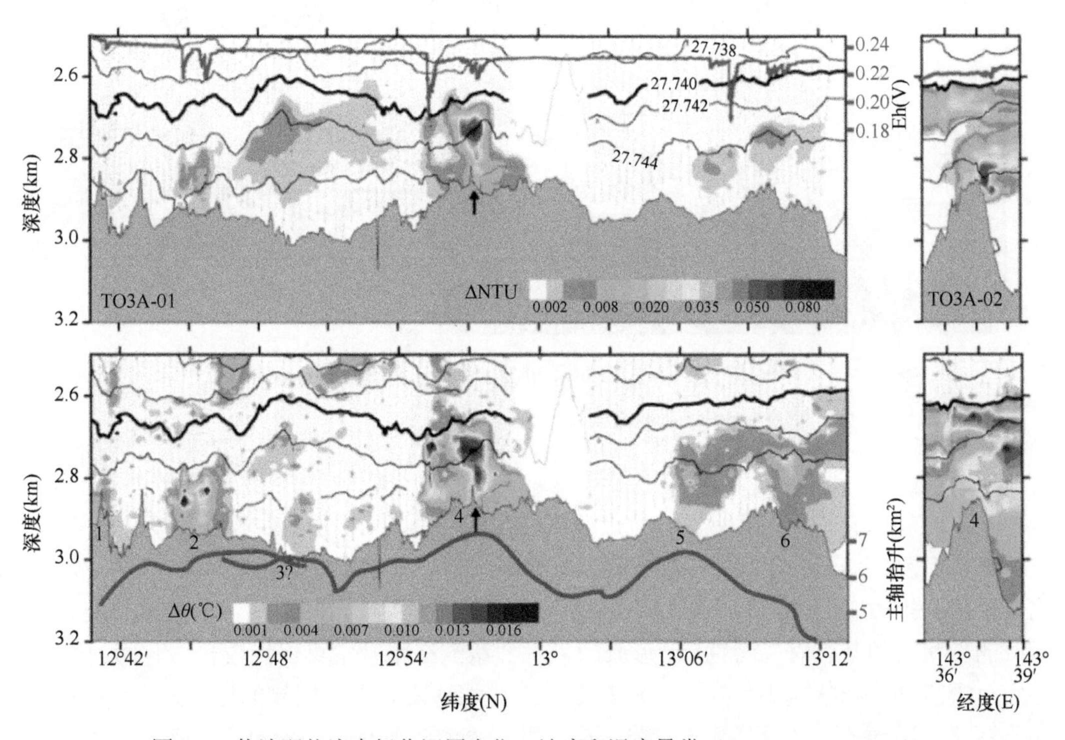

图 3-4　热液羽状流中氧化还原电位、浊度和温度异常（Baker et al.，2005）

3.1.4 H_2

在热液区喷口流体中存在气相组分，气泡内包含 H_2 和 H_2S 等气体（图 3-5），最高端元浓度可达 19mmol/kg 和 105mmol/kg，与海水（4×10^{-3}mmol/kg 和 0mmol/kg）相比，明显富集（Tarasov，2005）。在深水热液区，喷口流体相对浅水热液区具有较高的 H_2 含量，典型黑烟囱流体中 H_2 的含量为 50～100μmol/kg，而浅水热液区流体中的 H_2 含量为 0.001～0.220μmol/kg（Tarasov，2005）。在 Lucky Strike 和 Menez Gwen 热液区，由于存在地形高地（新鲜熔岩的存在说明该区具有高岩浆通量），热液区与浅部岩浆房接近。浅部岩浆房控制着海底下的热液对流循环，同时会释放出来自地幔的 CO_2、H_2S 和 CH_4 等（Charlou et al.，2000）。在大西洋中脊 Logatchev 热液区，流体中端元 H_2S 浓度为 1.0～3.6mmol/kg，比玄武岩系统的（典型范围在 4～6mmol/kg）稍低（Schmidt et al.，2007）。

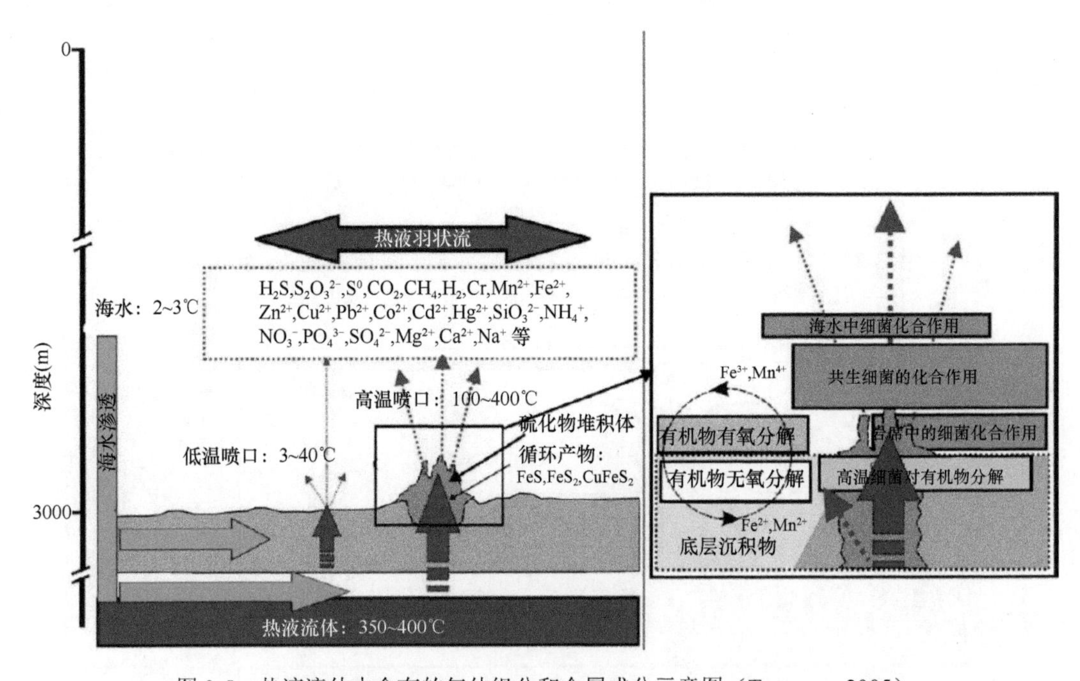

图 3-5 热液流体中含有的气体组分和金属成分示意图（Tarasov，2005）

3.1.5 甲烷

随着时间的推移，热液羽状流的化学组分在各种物理、化学或生物作用（包括氧化、沉淀和代谢反应等）下会发生各种变化。尽管甲烷是一种非保守性组分，易在洋流混合、化学反应和扩散、微生物氧化等作用下被稀释或消耗，但由于喷口热液的连续补充和已形成的羽状流的某些保守特性，已形成的甲烷羽状流在水柱中可保持较长的时间。因此，海底热液活动区羽状流中甲烷浓度相对于周围海水通常表现出明显的异常，从而成为海底热液喷口活动的一个重要标志（图 3-6）。甲烷浓度随着热液羽状流离开喷口距离而发生改变。在胡安德富卡洋脊的 Endeavour 段，探测到甲烷浓度从轴上站位的 600nmol/L 减小到离轴约 3km 的约 26nmol/L，在离轴 15km 处甲烷浓度减小到<11nmol/L（Cowen et al.，2001）。在 MAR 12°～15°N，热液羽状流中的 CH_4 异常达到 44nmol/L，反映出有大量的 CH_4 输入羽状流中（Charlou et al.，1988）。2005 年，我国环球航次在大西洋的 Logatchev 热液区，检测到羽状流的 CH_4 最大浓度范围为 7.14～113.9nmol/L，远远高于周围海水中背景值（1.05～1.68nmol/L）。

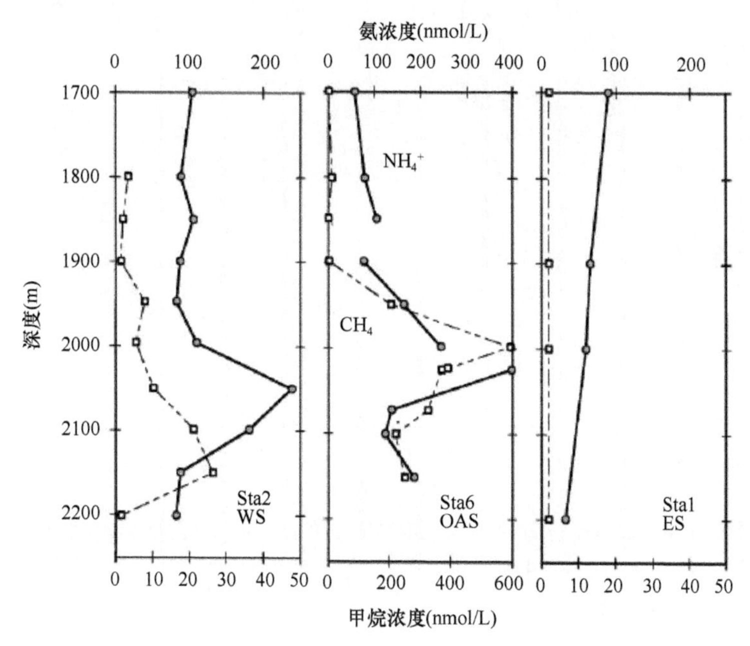

图 3-6　胡安德富卡洋脊 Endeavour 段锚系测得的热液区中不同站位的氨和甲烷的浓度变化（Cowen et al.，2001）

图中实线代表氨，虚线代表甲烷

3.1.6　He 同位素

He 同位素比值可以很好地指示热液的来源（Jean-Baptiste et al.，2004），并能较真实地反映出流体的稀释和羽状流的演化过程。由于亏损上地幔、下地幔和陆壳中的 $^3He/^4He$ 值明显不同，加之相对于海水，He 在喷口流体和羽状流中的高浓度，以及其在海水中停留的时间较长（Lupton and Craig，1981）。在胡安德富卡洋脊发现的两个羽状流均富集 ^3He（羽状流中心的 ^3He 浓度分别为 $0.15\times10^{-12}cm^3$ STP/g 和 $0.30\times10^{-12}cm^3$ STP/g，对应的 δ^3He 分别为 116%和 238%），该值与南胡安德富卡洋脊上新鲜玄武质玻璃内的 He 同位素组成一致，表明两个羽状流中的 He 可能均来自当地的玄武岩（Baker et al.，1989）。可见，He 同位素对于指示热液羽状流是一非常有用的指标。同样在大西洋 Rainbow 热液区也发现明显的 ^3He 异常，在水深 2000～2300m 处，δ^3He 达到 37%（图 3-7），而大西洋深水中 δ^3He 的背景值浓度为 5%（Jean-Baptiste et al.，2004）。

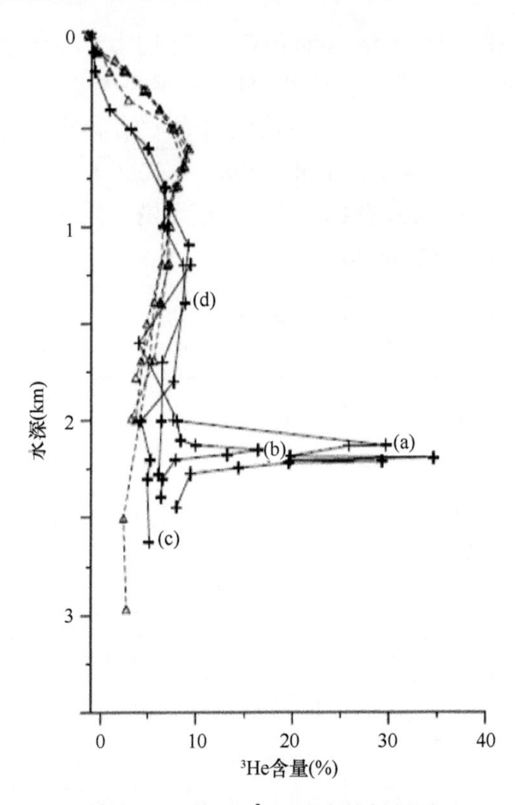

图 3-7 大西洋中脊 Rainbow 热液区不同站位 ^{3}He 浓度的剖面图（Jean-Baptiste et al.，2004）

实线代表位于热液区内的 a、b、c、d 四个站位，虚线代表位于热液区以外的站位，作背景值进行对比分析

3.1.7 Mn

Mn 是目前公认的示踪海底热液活动最敏感的元素之一，在许多热液区（如大西洋 TAG 热液区）的热液流体和热液羽状流中均可观测到显著的 Mn 异常（图 3-8）（Nelsen et al.，1987）。

热液羽状流中的 Mn 主要有 3 种来源：①热液循环过程中，热液流体将 Mn 从玄武岩中淋滤出来；②海水中的 MnO_2 颗粒，即当 MnO_2 颗粒遇到酸性高温的喷出流体时发生化学反应，生成 Mn^{2+}；③可能是羽状流中悬浮颗粒物上的 Mn 与颗粒物发生解析作用，使一部分 Mn 重新进入羽状流中。

Edmond 等（1979，1982）通过对加拉帕戈斯和东太平洋海隆 21°N 热液组成进行了研究，发现热液中 Mn 含量远远高于周围海水的含量（Edmond et al.，1982）。在中印度洋中脊热液喷口（25°18′S），在水深 2200～2400m 处观察到显著的羽状流 Mn 异常，Mn 最大浓度为 9.8nmol/L（Banerjee and Ray，2003）。

3.1.8 Fe

海底热液中 Fe 浓度较高，为 0.007～25nmol/kg。由于喷出流体具有酸性和还原性，一般认为当其喷出后遇到冷的氧化态海水后，溶解 Fe^{2+}会迅速发生氧化并以颗粒物的形态进入热液羽状流中。在东太平洋海隆的调查表明，在逐渐远离喷口的羽状流中明显存在溶解态的 Fe。例如，在 EPR 9°45′N 接近喷口的羽状流中溶解态 Fe 达到 320nmol/L，而在距离喷口 1～3km 的羽状流中，Fe 浓度仅为 20nmol/L（图 3-9）（Field and Sherrell, 2000）。

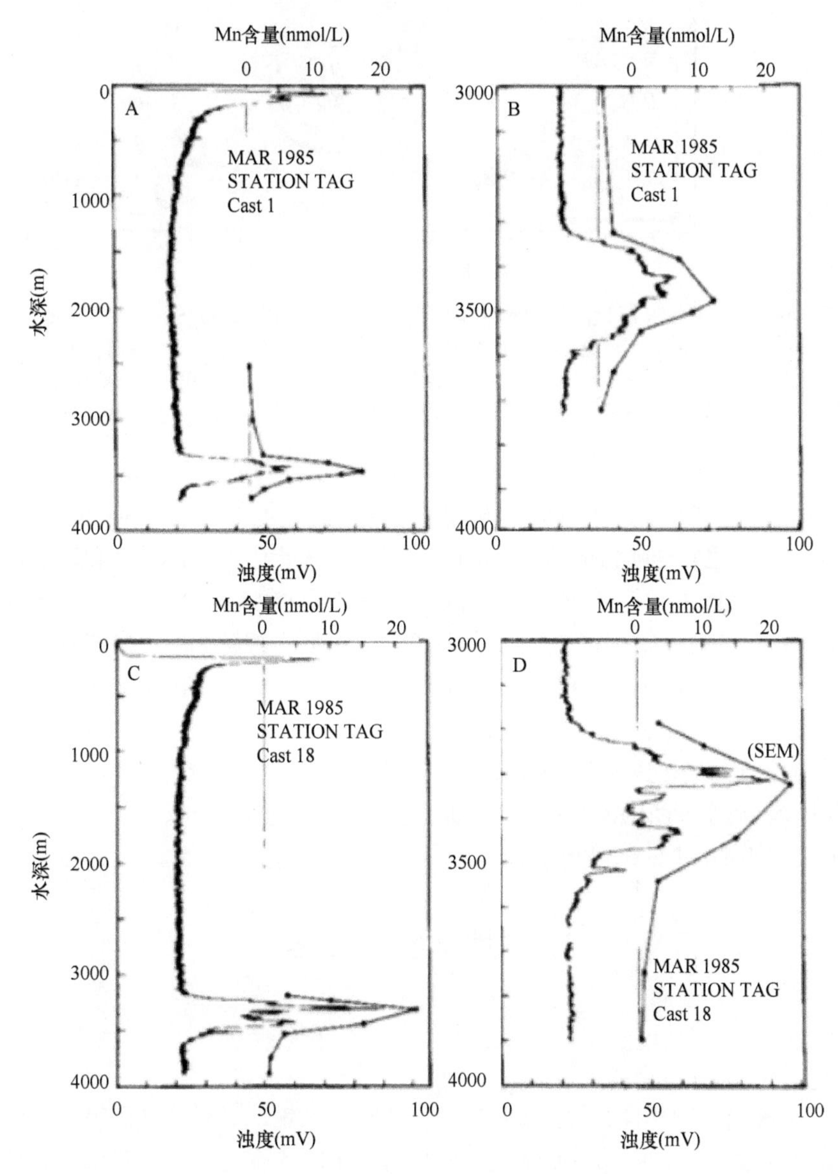

图 3-8　TAG 热液区 Cast 1 和 Cast 18 站位 Mn 含量随水深深度变化分布图（Nelsen et al.，1987）

3.1.9　颗粒物

在海底热液活动的调查中，热液流体的颗粒物浓度随着距离喷口的远近而变化，离喷口越近的地方颗粒物浓度越大，越远的地方颗粒物浓度越小。在实际调查中，很难将调查设备直接放到热液喷口附近做原位观察，通常的情况是进行大范围的搜寻。

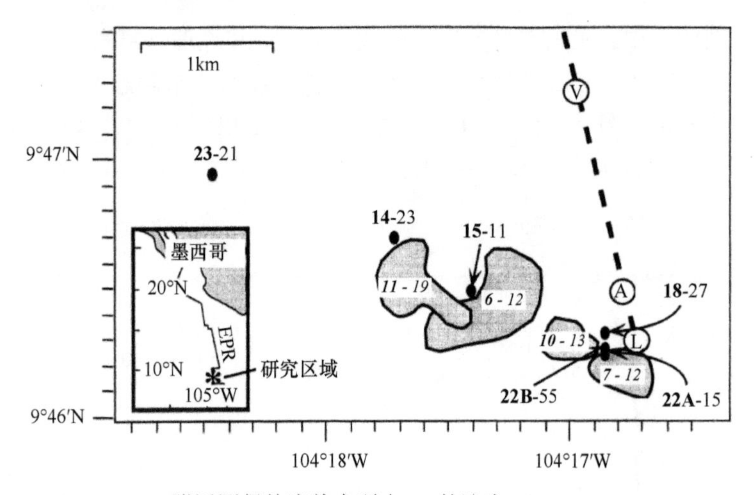

图 3-9　EPR 9°45′N 附近测得的流体中所含 Fe 的浓度（Field and Sherrell，2000）

图中虚线表示洋中脊主轴，带圈的大写字母表示已知热液区，图中的站位是 1996 年和 1997 年航次调查时的采样站位。1996 年的 pump 采样位置是用阴影区域表示，用加粗斜体数字表示采样站位号，“—”后面表示颗粒态 Fe 的含量（nmol/L），1997 年的 Rosette 采样站位用黑色实心点表示，用加粗正体数字表示站位号，“—”后面表示颗粒态 Fe 的含量（nmol/L）

热液羽状流颗粒物的化学组成表现出明显的特点。例如，热液羽状流中颗粒物的 Al 浓度大多低于背景海水中颗粒物的 Al 浓度。热液羽状流中颗粒物的 Cu 和 Zn 浓度变化范围相对较大，主要受喷口流体中 Cu 和 Zn 浓度、微硫化物颗粒浓度和基底性质等多因素的控制。与 Al、Cu 和 Zn 不同，热液羽状流中颗粒物 Fe、Mn、P、V 浓度普遍较高（Feely et al.，1992，1998）。热液流体从喷口喷出后，溶解 Fe^{2+}被快速氧化并以颗粒状 Fe 的形式进入中性浮力层（Rudnicki and Elderfield，1993）。Feely 等（1996）对 EPR 15°S 的颗粒状 Fe 的观察表明，其跨越轴部的分布具有显著的东西不对称特征，富 Fe 热液颗粒物向西延伸 80 多千米。海隆西侧的任何一处热液羽状流中颗粒状 Fe 的浓度高于东侧，具体表现在，西侧的浓度大于 20nmol/L，而距离海隆 20km 的东侧，其浓度小于 10nmol/L，中层水中的浓度更小。

3.2　地球物理标志

3.2.1　重力

海底多金属硫化物（含有的主要矿物有黄铁矿、黄铜矿、磁黄铁矿等）的密度比其围岩（玄武岩）密度大，因此海底多金属硫化物富集区的重力异常在布格重力异常中表现为局部高异常特征，这是多金属硫化物重力勘探中的重要找矿标志之一。由于这是目标矿体在重力异常中的直接反映，因此硫化物资源赋存具有一定规模并且需要高精度（重力为 0.1mGal①）的海底重力观测才能探测到这种异常。硫化物目标体的规模及赋存深度与重力观测位置的正演关系如图 3-10 所示。

① $1mGal = 10^{-5}m/s^2$

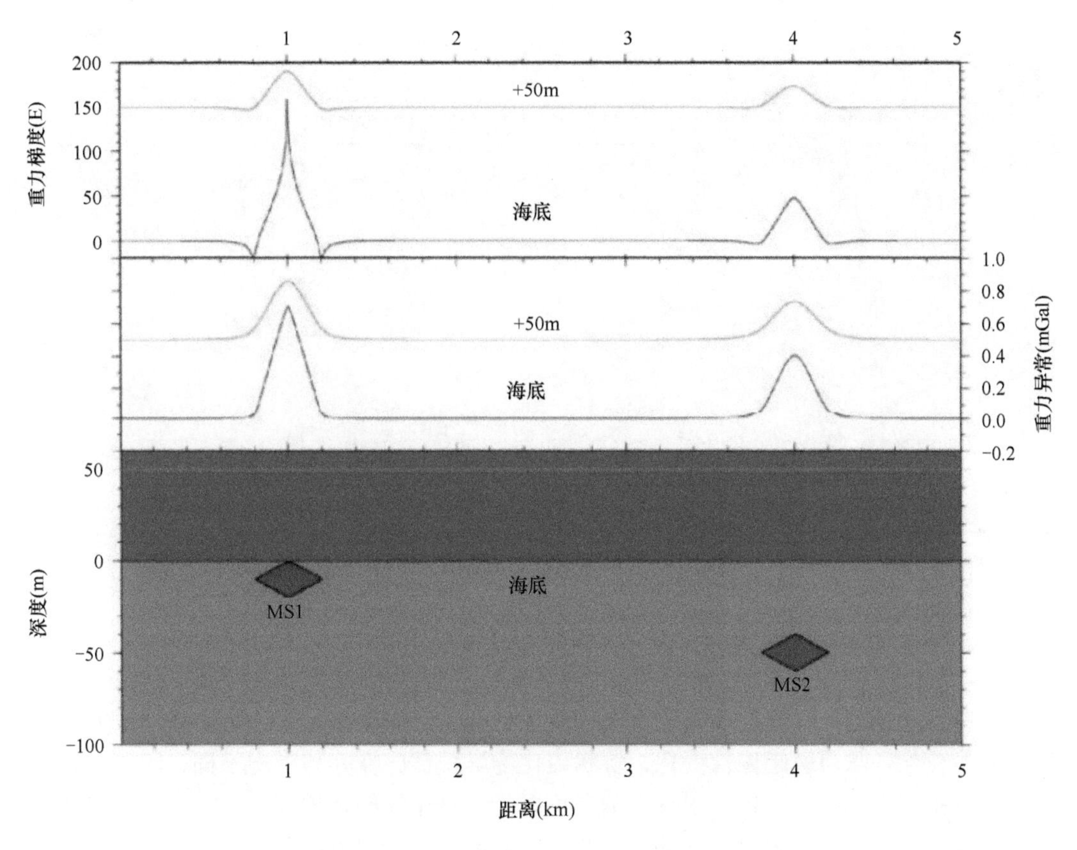

图 3-10 海底多金属硫化物模型（MS1、MS2）产生的重力（中）及
重力梯度（上）变化［修改自（Shinohara et al.，2015）］
这两个模型具有相同形状（厚 20m，宽 400m），与围岩密度差为 $1g/cm^3$

重力异常还可用于推断成矿有利构造、地壳厚度、岩浆供给（Georgen et al.，2001；Nicholson and Georgen，2013）等其他有利信息。断裂构造为上升热液流体和下渗海水提供通道，为成矿提供有利条件。由于断裂上下盘的错位和密度差异，在布格重力异常中表现为水平梯度陡变，利用重力异常的边界识别方法可以提取这种线性构造的分布信息（张壹等，2015）。热源及通道是热液循环的必要条件，厚的地壳表明了底部存在丰富热源，利用布格重力异常可反演得到地壳厚度，西南印度洋区域的卫星重力及船载重力数据反演均得到断桥热液区存在超厚（＞9km）地壳（张涛等，2013）。地壳增厚在地幔布格重力异常中表现为低异常，根据大西洋 TAG 热液活动区的资料，地幔布格重力异常沿着 TAG 洋脊轴部表现为低异常值，可能是由于地壳厚度的增加（邵珂等，2015）。剩余地幔布格重力异常（RMBA）反映了不同的岩浆供给类型，正常岩浆供应下，形成正常洋壳，RMBA 等于 0；岩浆供给不足的情况下，形成较薄的洋壳，RMBA 为正值；岩浆供应充足的情况下，形成较厚的地壳，RMBA 表现为负值。超薄和超厚洋壳区域这两种极端情况均有热液成矿系统存在，图 3-11 展示了印度洋区域的 RMBA 分布，图中的超薄洋壳处均有大洋核杂岩和热液系统发育，这为圈定热液成矿系统远景区提供了依据。

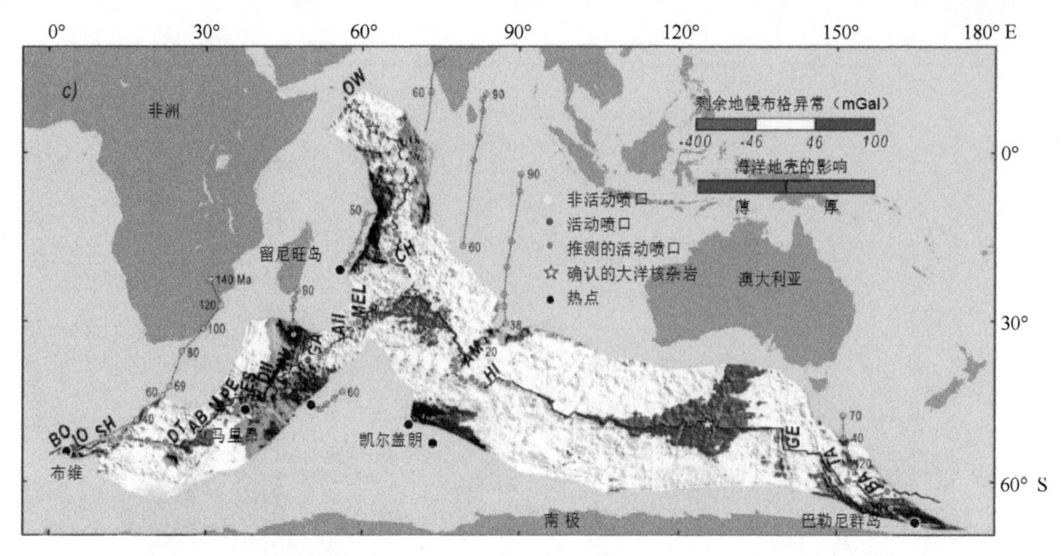

图 3-11 印度洋剩余地幔布格重力异常、地壳厚度及热液区分布图（索艳慧，2014）

3.2.2 磁性

洋中脊基底岩石（基性、超基性岩）通常具有一定的磁性，但蚀变作用使原岩矿物成分发生变化，从而引起磁性变化，块状硫化物堆积体磁性亦与围岩不同，因此，硫化物矿床与围岩之间存在一定的磁性差异，可以指示硫化物矿床的存在。以玄武岩为基底的硫化物矿床和以橄榄岩为基底的硫化物矿床具有不同的磁性特征。

研究表明，玄武岩基底多金属硫化物矿床热液系统多由两个结构单元组成（Large，1992；Skirrow and Franklin，1994）：①处于块状硫化物矿带下方的不整合状蚀变岩筒，其是富含金属流体的运移通道；②位于块状矿体及蚀变岩筒下方的半整合状蚀变带，它可能为流体储集库层，金属和硫从中被强烈淋滤出来参与成矿（Galley，1993；吴涛，2017）。玄武岩基底多金属硫化物矿厚上百米，长、宽一般达几百米，主要由蚀变带、弱蚀变带、热液矿化堆及围岩四部分组成。其中，蚀变带为长、宽几十米的热液通道，基底为蚀变的玄武岩；弱蚀变带为受热液影响，但蚀变程度不大的玄武岩；热液矿化堆主要为块状、角砾状多金属硫化物，厚度一般为几十米。由于热液蚀变等作用，在热液喷口上方常表现为低的磁异常（Tivey and Dyment，2010；吴涛，2017）。其作用机制是由液体主导的地热系统，将磁性矿物热蚀变为无磁性矿物（如黄铁矿），从而失去磁性。尽管其间有热气流对黄铁矿的氧化作用，从而获得稳定永久的磁性，但是由于热气流往往发生在热液流之后，这时黄铁矿已被非磁性矿化物取代，而玄武岩本身被蚀变成绿泥石、硅石和黏土等无磁性矿物（Johnson et al.，1982；Hall，1992；Hochstein and Soengkono，1997），因此热液区常表现为低的磁异常。图 3-12c 为玄武岩基底多金属硫化物矿对应的磁异常分布，在其热液喷口上方常表现为低的磁异常，异常呈近圆状，与蚀变岩筒的截面形态相似。图 3-13a 为 TAG 热液区的实测磁异常资料，在其热液喷口上方呈近圆状的低磁异常（Tivey and Dyment，2010）。

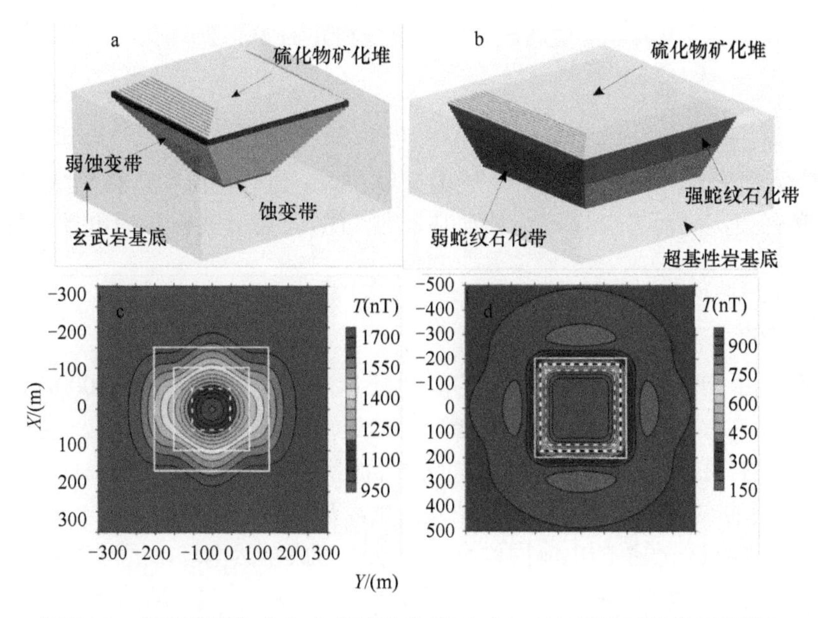

图 3-12 玄武岩基底（a）与超基性岩基底（b）的地质空间结构示意图与各自对应的磁异常分布（c，d）（Wu et al.，2015）

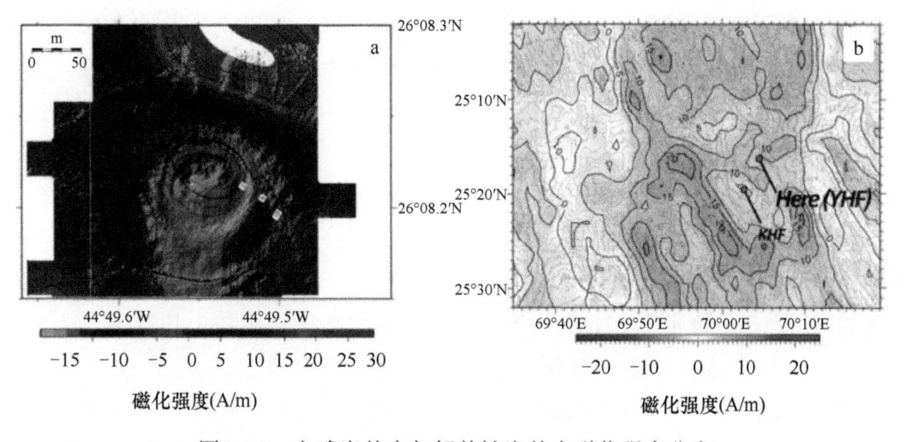

图 3-13 玄武岩基底与超基性岩基底磁化强度分布

a. TAG 热液区玄武岩基底磁化强度分布（Tivey and Dyment，2010）；b. YHF（Yokoniwa Hydrothermal Field）超基性岩基底热液区磁化强度分布（Fujii et al.，2016）

随着探索的深入，人们发现并不是在所有热液活动区都会出现低的磁异常。在慢速扩张的大西洋中脊上发现的如 Rainbow（Douville et al.，2002）、Logatchev（Gebruk et al.，1997）、Ashadze（Beltenev et al.，2003）等热液区，以及在超慢速扩张的西南印度洋中脊发现的热液区（Tao et al.，2012，2007）多是以超基性岩为基底的，因受热液蚀变作用，其橄榄岩围岩会发生蛇纹石化而形成强磁性矿物，如磁铁矿等；此外，喷口区多为富 Cu-Zn-（Co）块状硫化物，具有高 Co/Ni 值（Marques et al.，2006），而含 Co、Ni 较高的矿物为磁性矿物，因此热液区常表现为正的磁异常（Dyment et al.，2005）。图 3-12b 和 d 为 Rainbow 热液区的热液矿化堆空间结构及对应的磁异常分布图，其热液喷口上方呈现高的磁异常（Tivey and Dyment，2010）。图 3-13b 为 Yokoniwa 超基性岩基底硫化物区磁化强度分布，也具有上述高磁异常特征（Fujii et al.，2016）。

3.2.3 电性

多金属硫化物矿体与围岩物质的导电机制不同，且与硫化物矿体形成过程中造成的高孔隙度有关，因而多金属硫化物矿体往往与围岩间形成明显的电性差异（吴涛，2017）。

1. 自然电位

在海底，由于海水和松散沉积物的氧化还原电位分别为 200～400mV 和–200～–100mV，所以在有沉积物覆盖的海底会形成一个重要的氧化还原界面。这时如果有一个导体（如矿物沉积）穿过海水和沉积物的分界面就会有电流产生，形成自电势异常，当导体连接两个不同的电化学势时就有电位差产生，形成自电位异常（Sato and Mooney，1960）。矿体自然极化产生的电流同样会在海水中形成自然电场，通过观测和研究海水中各个位置的自然电位可以探测洋中脊多金属硫化物矿体。在活动的热液喷口，热液流体扩散到海水中，使海水性质发生改变，可以观测到明显的海水电化学异常及自然电位异常，而且自然电位异常与海水及热液流体电化学性质密切相关。在非活动的喷口或被沉积物覆盖的硫化物矿体附近，电化学异常不明显，但是依旧会产生自然电场。

自然电位的来源包括动电效应的流动电位、浓度梯度的扩散电位、热电效应的电位及氧化还原反应的电化学电位等（Revil，2013）。洋中脊多金属硫化物的自然电位主要由以下两部分组成。

1）洋中脊多金属硫化物矿床发生自然极化会产生自然电位异常。自然条件下，不同矿段多金属硫化物的金属成分、空隙填充流体的成分都不尽相同。另外，由于组成和结构的差异，相比于大洋玄武岩或以超基性岩为主的围岩，多金属硫化物具有低电阻率、高极化率的特征（Tao et al.，2013）。硫化物极化率越高，其在特定条件下发生极化，所产生的自然电位异常越大，通常表现出自然电位负异常的特点。

2）热液流体在海水中的扩散会使海水产生电化学异常，从而产生自然电位异常。在海底热液区，热液流体喷射过程、上升过程及形成热液羽状流的过程将会携带大量的还原性物质，如 H_2S、CH_4 等进入周围冷的海水，并与其混合，流体中的各种离子发生电化学反应（Baker et al.，2013）。热液流体进入海水中，会导致混合后海水的氧化还原电位值下降，产生氧化还原电位异常，并在周围产生自然电场。该类异常一般表现出自然电位正异常。

2. 极化率特征

资料表明，岩石受到外加电流扰动后会通过岩石中的导电介质进行充电，这部分材料会储存一定的能量；当电流被切断后，电位差并不会立即降为零，而是随时间缓慢衰减。电位差衰减的时间越长，极化率越大，且电极化的大小直接随矿物的富集程度而变化。由于只涉及表面极化，因而当矿物是浸染状时要比块状时更大（Telford et al.，1990）。

近岸金属矿激发极化法调查结果显示，除 5mrad 的背景噪声外，观测到了 15mrad 以上的异常，这些异常与当地富含钛铁矿等重金属矿的沉积物异常相符（Wynn and Grosz，1986）。陆地海相硫化物矿床标本测试发现，海底多金属硫化物相对围岩具有高的激电效应（杜华坤，2005）。Nakayama 等（2011）测试了洋中脊多金属硫化物岩心样品的电阻率和极化率，发现测试的岩心样品相比于陆地上的黑矿，海底硫化物具有更高的激发极化效应。利用 ROV 搭载的直流电测深仪器对伊豆-小笠原群岛一处已经发现的热液喷口进行了试验（Goto et al.，2011），获得了热液喷口附近多金属硫化物视电阻率与极化率的分布情况。初步的试验表明，在块状硫化物的中心区域电阻率分布特征并不明显，甚至出现相反的趋势，而激发极化效应则与块状硫化物的分布吻合得比较好，在矿体中心区域有很强的激发极化效应，测得了较高的极化率异常，初步认为是使用简单的直流电测深对高品位洋中脊多金属硫化物矿探测存在不足，而极化率能更有效地辨别这些高品位矿体，被认为在勘探分散分布的块状硫化物时更加有效可信。

岩石物理性质测量的结果表明，多金属硫化物的电阻率比玄武岩小 1～2 个数量级；在多金属硫化物中，Zn 含量的升高会使电阻率相应增加（表 3-1）；在频率域测量海底岩石的复电阻率，多金属硫化物表现出明显的相位移动，表征其高极化率特征（图 3-14）。

表 3-1　样品孔隙度、密度、电阻率和主要金属含量（Spagnoli et al.，2016）

岩性	孔隙度	密度 (g/cm^3)	电阻率 ($\Omega \cdot m$)	Cu (wt%)	Zn (wt%)	Fe (wt%)	Ba (wt%)	Ca (wt%)
玄武岩 1	0.016	2.87	70.27	—	—	—[a]	—	—[a]
玄武岩 2	0.079	2.98	23.87	—	—	—[a]	—	—[a]
块状硫化物（Zn）	0.315	4.16	16.13	<1	53	2	5	<0.1
烟囱（Cu）	0.365	4.19	0.17	13	2	35	<0.1	<0.1
烟囱（Fe）	0.026	2.90	0.70	3	13	31	<0.1	<0.1
富含硫酸盐的角砾岩	0.128	2.96	2.09	6	<1	18	<0.1	10

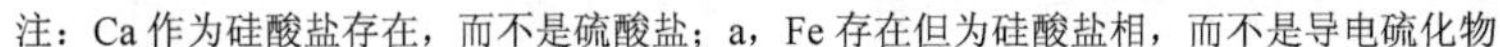
注：Ca 作为硅酸盐存在，而不是硫酸盐；a，Fe 存在但为硅酸盐相，而不是导电硫化物

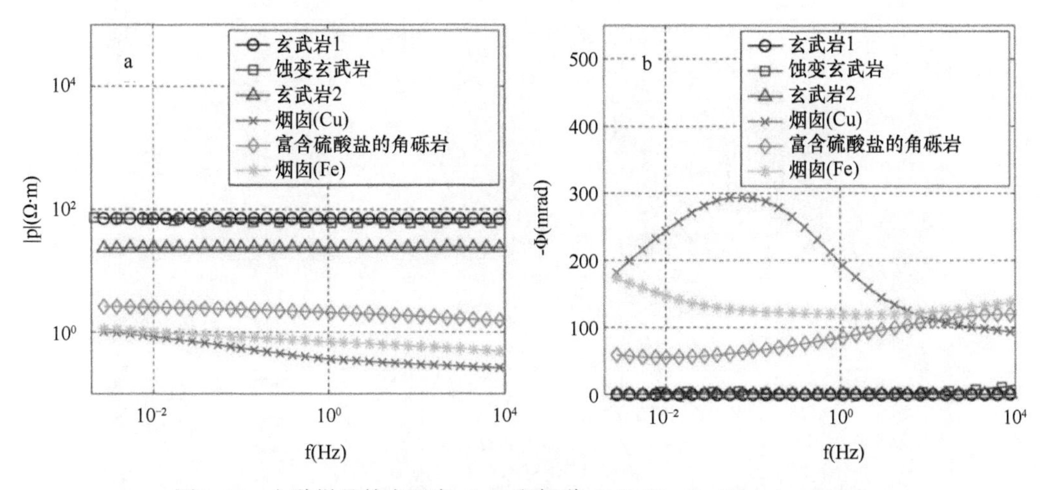

图 3-14　六种样品的电阻率（a）和相谱（b）（Spagnoli et al.，2016）

黑色圆圈、蓝色正方形、红色三角形样品，硫化物含量较低，其他符号的样品硫化物含量显著

3. 电导率特征

洋中脊多金属硫化物与其周围介质存在显著的电导率差异，深海海水的电导率为3.2～3.4S/m。通常情况下，堆积型多金属硫化物矿的电导率大约是海水的3倍，是海底沉积物和基岩的5倍多。Gramberg等（1992）总结了洋中脊多金属硫化物矿床的电导率特征：碎裂玄武岩、完整玄武岩及海底沉积物的电导率分别为0.1～0.5S/m、0.001～0.03S/m、0.75～2.0S/m，电导率的大小主要取决于海底岩石的孔隙度、渗透率、温度、年代和各向异性等因素；而洋中脊多金属硫化物的电导率为0.8～10S/m，取决于金属元素含量、温度和孔隙度等。

由于海水的高电导率及理论、技术等限制，在陆地金属矿勘探运用较为成功的电法勘探，在洋中脊多金属硫化物矿勘探中的应用还相对较少。目前，海底电阻率法已经在仪器设备、野外作业和资料分析方面取得了一定的进展。Edwards团队开发的MOSES方法被认为是硫化物探测的有效手段（Cheesman et al.，1987；Edwards，1988；Edwards and Chave，1986）。利用MOSES穿透深度大的优点，前人对热液循环产生的侵入式电导率异常进行了研究。在有着高温热流的胡安德富卡洋中脊北部平坦的Middle Valley，测得背景值沉积物电导率为1.2～1.5S/m，基底电导率为0.12S/m，在海底热液活动强烈的地区发现了高导带，其电导率大约为10S/m，据此推论出大范围硫化物矿的存在，并通过ODP钻孔得到了验证（Nobes et al.，1986，1992）。随后，1996年美国“Alvin”号载人潜水器搭载一套瞬时双电偶极子装置在大西洋中脊TAG热液区进行了多金属硫化物勘探实验（Cairns et al.，1996；von Herzen et al.，1996）。

大多数热液丘体的电阻率都在0.06～0.7Ω·m，比海水（0.3Ω·m）要低，较低的电阻率（<0.009Ω·m）可能与该区大量的硫化物沉积有关。鹦鹉螺矿业在其矿区Solwara-1内进行了近底的精细电法作业，勾画出了硫化物矿体分布区域（图3-15），这也是世界上首次商业性质的海底多金属硫化物电法勘查。

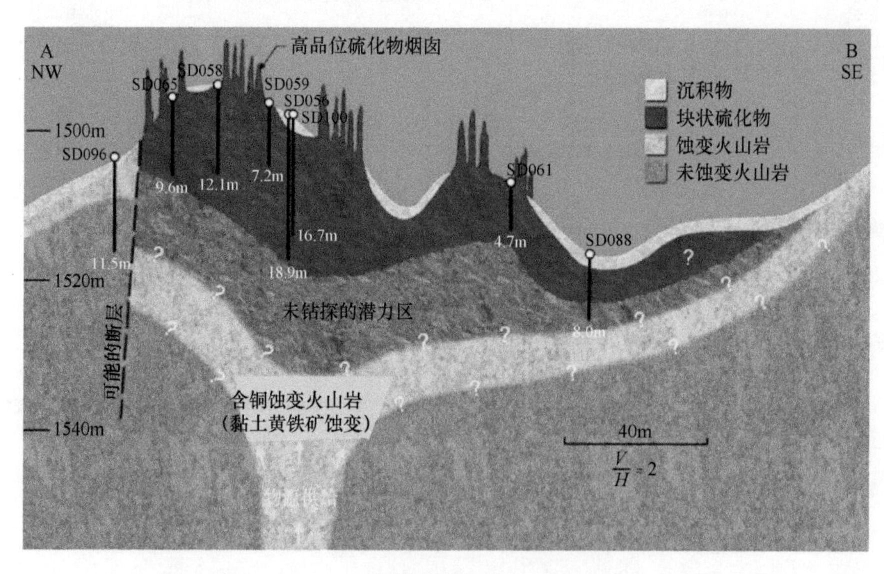

图3-15　Solwara-1矿床地质剖面（Lipton et al.，2008）

3.2.4　地震

洋中脊地区洋壳和上地幔岩浆活动造就了独特的三维构造，对多金属硫化物的成矿和分布具有重要的控制作用。因此，对洋脊地区地壳和上地幔多尺度结构及其构造背景进行精细探测，对揭示多金属硫化物有利成矿构造条件、确定海底热液活动信息，以及对硫化物矿区勘查具有重要意义。岩浆房位置及其结构与动力学特征等是海底多金属硫化物勘查的重要标志。

（1）由于洋中脊的岩浆和构造活动是交替进行的，因此岩浆房的大小是随着岩浆的喷发和补给而不断变化的（Rubin et al.，2012）。洋中脊的深部地幔岩浆供给机制决定了洋壳的增生模式和硫化物成矿热液流体的形成过程，三维空间中灵敏的地震波场反射成像有助于识别洋壳增生及热液流体活动证据（Carbotte et al.，2012，2013；Mutter et al.，2013），通过探查与热液硫化物喷口有关的岩浆房的位置、类型、大小、形态与分布等，有助于指示硫化物矿床可能存在的区域和位置（图 3-16）（Detrick et al.，1987；Singh et al.，2006）。

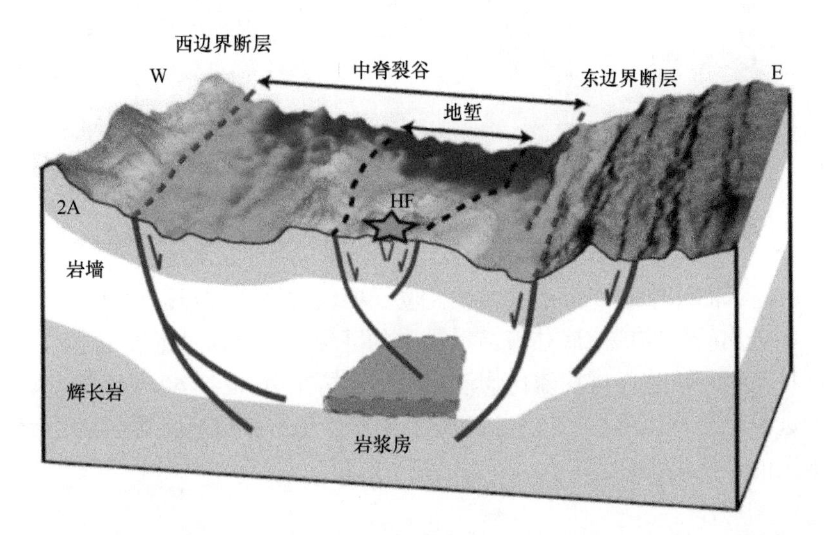

图 3-16　地震探测获得的大西洋中脊 Lucky Strike 火山轴向岩浆房及断层构造模型示意图（Singh et al.，2006）

火山口下方，层 2A 层约 1km 厚，大型轴向岩浆房 AMC 约 7km 长、4km 宽，中央裂谷断层下降到 AMC

（2）通常洋中脊地震震源深度较浅、震级较小（Satake and Atwater，2007；Weekly et al.，2013；Wilcock et al.，2009）。研究高温热液喷口区的微地震活动性（Sohn and Fornari，1998）有助于建立热液流体与洋壳裂隙（Tolstoy et al.，2011）及拆离断层（deMartin et al.，2007）之间的关系、刻画震源附近的应力场特征（Wilcock et al.，2002），从而为寻找潜在的硫化物矿区提供可靠信息。deMartin 等（2007）利用 13 台海底地震仪探测并定位了 TAG 热液区的 19 232 个微地震数据，勾勒出热液流体主循环系统的几何形态（图 3-17a），解释了热液循环规律，即高温热液流体流过浅部正断层的上盘，在洋壳深部的拆离断层处集中，在 7km 以下从断层的根部获取热量（图 3-17b）。

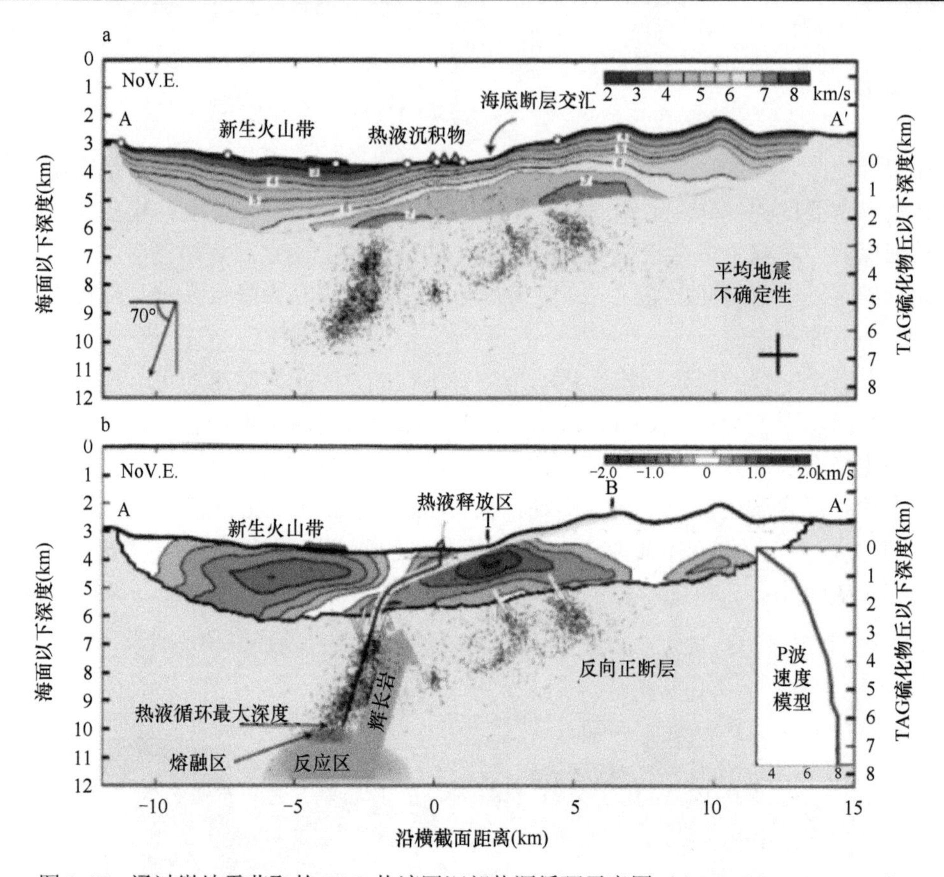

图 3-17　通过微地震获取的 TAG 热液区深部热源循环示意图（deMartin et al.，2007）

（3）板块边缘的洋中脊和弧后盆地往往位于板块边缘或构造运动活跃的地区，该地区也是大洋多金属硫化物或海底热液活动集中的区域。可以通过远震记录的信息，研究洋中脊活动扩张过程，进而寻找硫化物潜在区域。早在 20 世纪 60 年代就有学者使用天然地震中的远震记录从事洋中脊方面的研究，数千千米外的陆地地震台阵也能够用于识别洋中脊地区的地震活动。

3.3　地形地貌标志

对不同构造环境下发育的几个典型热液区的地形特征对比研究表明，在慢速扩张洋中脊，洋脊地堑区域为优先调查区域；在快速扩张洋中脊，洋脊地堑及地堑顶部或者边缘高地为优先调查区域；在沉积物覆盖的洋脊区段，洋脊轴部的小突起为优先调查区域；在弧后扩张中心，洋脊地堑为优先调查区域；在弧前火山区域，发育有破火山口的火山为优先调查区域，特别是坡度较陡的火山。

在此基础上利用近底高精度声学设备，可以更好地揭示研究区的微地形地貌（图 3-18）。例如，大西洋中脊 Logachev-1 矿区高精度多波束及侧扫声呐可探测到直径 20～50m 的硫化物丘体（Uglov，2013）。鹦鹉螺公司在巴布亚新几内亚外海的弧后区利用 ROV 搭载的高精度多波束逐步圈定了 Solwara 1 多金属硫化物区域（Lipton，2008）。目前，虽然海底地形地貌资料并不能准确地提供硫化物矿体的分布信息，但在调查研究初期缺乏其他资料的情况下，通常可以将这种形似喷口或硫化物丘体的地形特征作为海底多金属硫化物找矿标志。

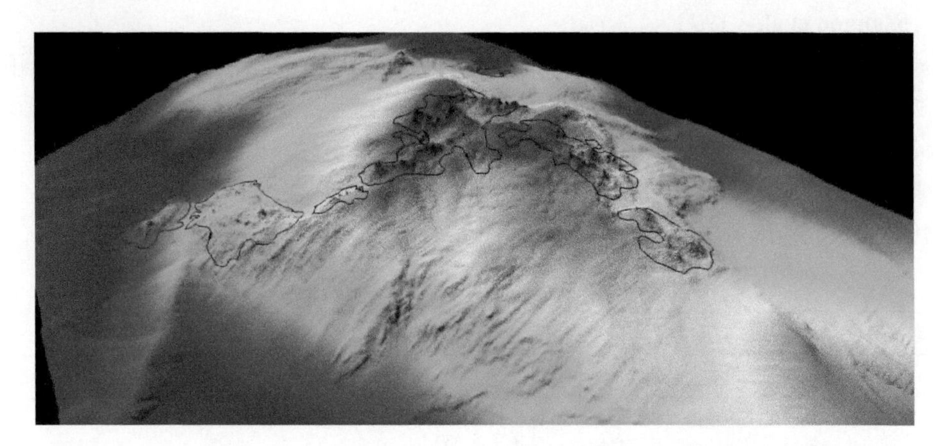

图 3-18 Solwara 1 高精度地形（20cm 侧向分辨率）及圈定的多金属硫化物区分布（黑色轮廓线）（Lipton，2008）

3.4 地 质 标 志

现代洋中脊是海底岩浆活动发育、地壳物质增生的构造活动带，伴随洋中脊构造作用、热液活动、火山喷发作用及上覆水体中多类沉积物碎屑或元素的沉积作用，形成了复杂的多类型的海底地质体。其成因可分为：①岩浆岩成因；②远洋沉积成因；③热液活动成因（包括热液蚀变成因）；④区域构造成因。

岩浆岩：洋中脊最丰富的岩石类型是玄武岩，在岩浆活动匮乏的洋脊段可能会出露辉长岩或者橄榄岩。玄武岩在海底有不同产状（枕状、岩席、岩流/流纹等），这些原始产状的岩石遭受构造或蚀变破坏后会形成玄武岩角砾、碎屑（砾、砂、粉砂级大小等）。洋中脊也是火山喷发的中心，常见未固结和半固结的火山碎屑。

远洋沉积体：大洋海水表层生活的具有骨骼的微体生物（沉积物的生物组分，如有孔虫、颗石藻等），死亡后在洋底沉积下来，和洋中脊及周边各类成因来源的碎屑（沉积物的非生物组分，主要是火山碎屑、氧化物和硫化物碎屑等）共同组成了洋中脊沉积物。

热液活动蚀变岩：洋中脊地区的活动热液流体及其沉淀物质，形成了一系列热液产物。热液与周边的岩石发生交代变质作用，使围岩的化学成分发生改变，导致不同程度的围岩蚀变。西南印度洋调查区为超慢速扩张洋中脊，部分洋脊段地幔橄榄岩或者大洋核杂岩在海底直接出露，长期受到海水或者热液作用而发生变质，因此还存在蛇纹岩等变质岩。

区域构造残留体：洋中脊也是海底区域构造活动发育频繁的地区，区域内的地震、火山喷发等活动，在海底形成不同的构造记录，主要表现为断层和裂隙等构造现象。这些构造活动所形成的断层和对围岩的破坏（如形成角砾岩等）过程，是一个主要找矿标志。例如，Robigou 等（1993）对胡安德富卡洋脊北部的 Endeavour 热液区调查发现，该区具有一系列的垂直断层崖，进一步对全球范围内超过 800 个海底热液异常区进行调查，结果表明，热液活动的分布与区域构造环境和动力学演化机制存在统计学上的联系（Robigou et al.，1993）。

海底底质是上述各类地质体在海底表面的露头，具有一定的面积并呈现不同的产状。地质找矿标志主要指能指示矿床可能存在的矿化露头、近矿围岩蚀变、构造等现象（表 3-2，图 3-19）。矿化露头主要有矿化物矿体露头、碎块；烟囱体及其碎块、角砾；围岩蚀变主要有硅化、绿泥石化、蛇纹石化等；另有其他热液产物，包括硅质沉积物、热液氧化物沉积物或硫酸盐沉积物。

表 3-2　洋中脊金属硫化物矿床主要地质找矿标志

类别		主要特征
矿化露头	烟囱体	黑烟囱、白烟囱及其碎块
	硫化物矿体露头	块状硫化物、网脉状及浸染状硫化物及其角砾与碎块，褐色、红褐色硫化物，海底形态主要有丘状、烟囱状、层状、角砾状
围岩蚀变		硅化、绿泥石化、蛇纹石化、碳酸盐化等，岩石和沉积物颜色发生变化（灰褐色、褐色、黄色、红色等）
其他热液产物		灰白/黄色低温热液成因硅质（SiO_2）沉积、红褐色热液氧化物沉积、硫酸盐（$BaSO_4$）沉积，形态主要有丘状、烟囱状、层状、角砾状或不规则

a.硫化物烟囱(非活动)

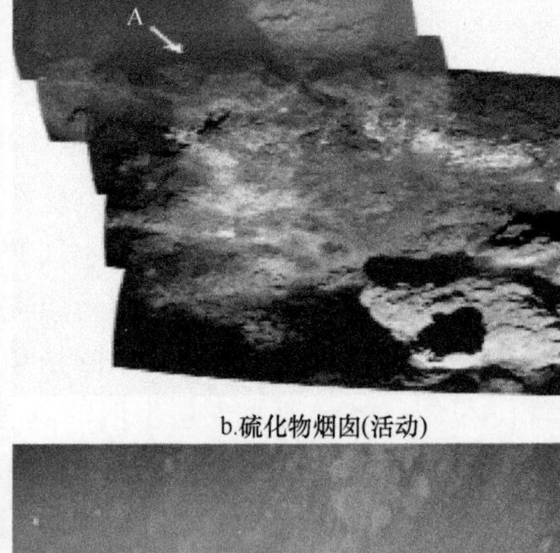

b.硫化物烟囱(活动)

c.含金属热液沉积物(经抓斗取样验证)

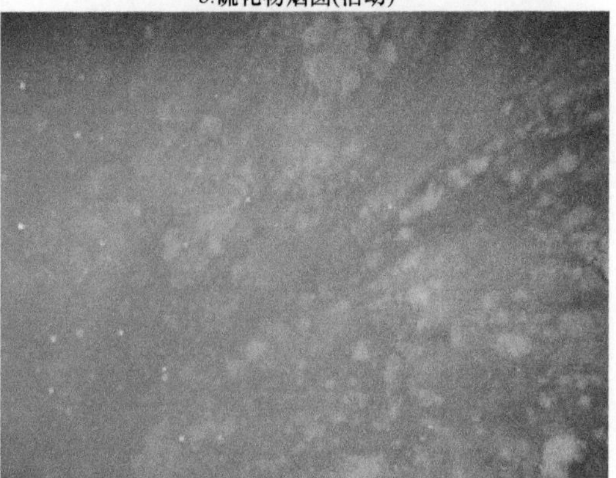

d.含金属热液沉积物(经抓斗取样验证)

e.黄褐色蛋白石，具有灰褐色外壳

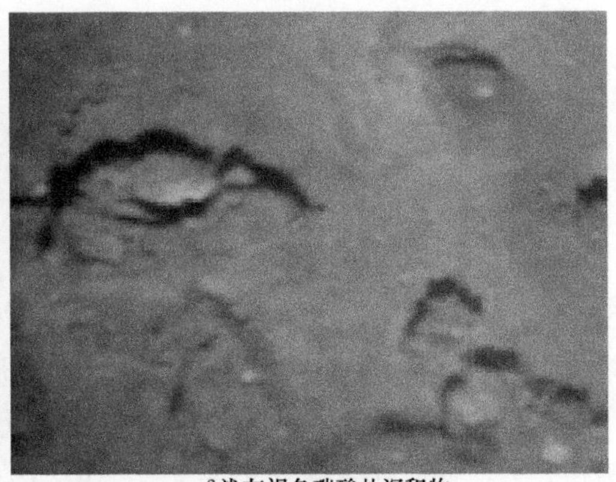

f.浅灰褐色碳酸盐沉积物

图 3-19 海底摄像观察到的主要地质找矿标志

在全球扩张洋中脊开展多金属硫化物勘查过程中，将海底底质标志调查和填图作为重要手段的主要是俄罗斯和美国鹦鹉螺公司。俄罗斯主要以海底摄像拖体为主开展大面积的底质填图，同时他们也与其他欧美国家合作采用 ROV 和 HOV 等对热液区开展更精细的底质调查和研究。例如，Glasby 等（2008）发现并报道了位于大西洋中脊 4000～4200m 的 Ashadze 深水区存在两个热液区（Ashadze-1 和 Ashadze-2）。其中一部分重要工作就包括了对这两个热液区海底底质特征的调查和不同精度的底质填图（图 3-20）。可以看出，底质类型包括上述四类成因的地质体，如远洋钙质（非金属沉积的）沉积物（远洋沉积）；玄武岩、辉绿岩和辉长岩（岩浆岩）；硫化物和铁锰结壳（热液活动成因）；构造断崖带（区域构造成因）。

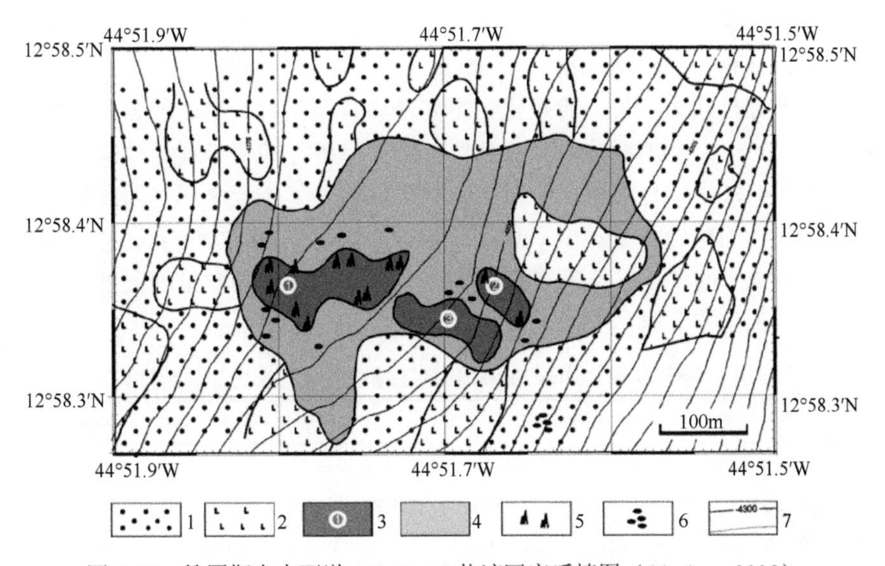

图 3-20 俄罗斯在大西洋 Ashadze-1 热液区底质填图（Glasby，2008）

1. 远洋钙质非金属沉积物；2. 辉长岩和橄榄岩；3. 硫化物沉积物；4. 含金属沉积物；5. 硫化物烟囱；6. Fe-Mn 结壳；7. 等深线（m）

3.5 地球化学标志

3.5.1 洋中脊热液区沉积物化探方法原理

全球扩张洋中脊的绝大部分无沉积物覆盖，只有少部分洋脊区域被厚层的半远洋沉积物或薄层远洋沉积物（钙质软泥或有孔虫/钙质超微化石软泥）覆盖（占全球洋中脊的5%）（Hannington et al.，2005）。与非洋中脊区的远洋沉积不同，洋中脊（包含热液活动区）的远洋沉积物在沉积或沉积成岩过程中往往还受到洋中脊热液循环和成矿作用的影响和改造，同时还可能受到洋中脊火山和构造运动以及热液活动区微生物活动的影响（Bonatti，2003；Butterfield et al.，2002；Dymond，1981）。这些影响导致了洋中脊热液活动区及其邻区沉积物的颜色、结构、矿物组分和地球化学特征与正常的远洋沉积物有所不同，也就是"异常现象"，这些异常现象在洋中脊找矿中是热液活动或成矿作用的地质异常找矿标志。表层沉积物颜色受热液活动作用所呈现的异常现象，在底质地质异常标志一节（3.4）给予论述。本节主要阐述沉积物的矿物学和元素地球化学异常标志及应用。

根据国内外文献，以及我国近十年来洋中脊调查和找矿的实践经验，洋中脊热液区附近的远洋沉积物受热液活动和成矿作用的影响，其沉积物组分和矿物组合中会出现与正常远洋沉积物所不同的三类矿物（包括矿石和岩石的碎屑）：①与相邻热液区热液活动和沉积作用直接相关的矿物；②与周边基岩或围岩（包括近期火山喷发产物）相关的各类矿物；③围岩和沉积物遭受蚀变后形成的矿物。

远洋沉积物中存在与热液活动和沉积作用相关的矿物是判断附近的热液活动区或浅埋藏硫化物矿体存在的直接证据。German 等（1993）对大西洋 TAG 区含金属硫化物的远洋沉积物的分析认为，其中的硫化物主要来源有两类，一类是近黑烟囱喷口区多金属硫化物碎屑，另一类是热液柱中微粒金属矿物。构造背景和热液活动属性与过程的不同，造成了不同扩张洋中脊沉积物中热液矿物组成的差异（表 3-3），因此沉积物中矿物种类预示了洋中脊的构造背景和成矿作用过程的差别。各种矿物的丰度与热液活动和成矿位置的距离有关。同理，这些矿物在沉积物中是否存在及其含量的高低，在沉积物的元素地球化学特征中都会有所记录。

表 3-3 不同扩张洋中脊热液矿床的矿物组成（刘为勇等，2011）

类别	快速扩张洋中脊	中速扩张洋中脊	慢速扩张洋中脊	超慢速扩张洋中脊
代表矿床	EPR 13°N 矿床	Middle Valley 矿床	大西洋 TAG 矿床	Mt. Jourdanne 矿床
位置	EPR 12°38′～12°54′N	48°27′N，128°37′W	26°08′N，44°49′W	23°57′S，63°56′E
矿物组成	以黄铜矿、黄铁矿、白铁矿、磁黄铁矿为主，也含蓝铜矿、辉铜矿、斑铜矿、伊达矿、氧化锰、纤锌矿、氢氧化铁等	以磁黄铁矿、黄铁矿、白铁矿、闪锌矿、黄铜矿、方黄铜矿、蓝铜矿、重晶石、方铅矿、非晶硅为主	热液丘：以黄铜矿、黄铁矿、白铁矿、方辉铜矿、氯铜矿、霞石为主； 停止活动区：黄铁矿、白铁矿、黄铜矿、钙铝黄长石、纤锌矿、针铁矿、绿脱石、黄钾铁矾、硬石膏、蛋白石、石英	以黄铁矿、闪锌矿、白铁矿、黄铜矿、方铅矿、非晶硅、方黄铜矿、磁黄铁矿为主

围岩属性是控制成矿作用的一个重要因素（Hannington et al.，2005），基性岩、超基性岩、核杂岩有不同的矿物组合，对沉积物中这些围岩矿物的发现和鉴定，是推测周边围岩类型的一个重要方法。沉积物中如果有这些围岩矿物存在，其围岩的元素地球化学特征也将记录在沉积物的元素地球化学中。

围岩和沉积物中蚀变矿物的存在，也是一个指示周边热液活动和成矿作用的重要标志。前人对东北太平洋胡安德富卡洋脊围岩和沉积物研究表明，热液变质作用是热液与围岩和沉积物中矿物间相互作用的一个重要过程，其结果是随变质作用发生，产生一系列的变质矿物（Kurnosov et al.，1994）。例如，在和沉积物交界附近的基底玄武岩局部或完全变成了含石英、绿泥石等次生矿物的绿片岩及 Cu-Fe 硫化物。这些蚀变矿物替代了原围岩中的矿物，如对东北太平洋 Middle Valley 热液区 ODP139 航次钻探岩石蚀变研究表明（表 3-4），滑石替代了橄榄石，绿泥石替代了辉石，钠长石是蚀变替代长石的产物。

表 3-4 东北太平洋 Middle Valley 热液区 ODP139 航次钻探岩石蚀变次生矿物与成分（Kurnosov et al.，1994）

氧化物（wt%）	滑石（wt%）	绿泥石（wt%）	钠长石（wt%）	绿泥石（wt%）
SiO_2	55.81	28.40	70.60	30.74
TiO_2	0.01	0.00	0.01	0.00
Al_2O_3	0.11	18.42	21.05	17.96
Cr_2O_3	0.32	0.00	0.00	0.22
FeO	7.82	26.83	0.00	22.34
MnO	0.00	0.33	0.00	0.27
MgO	28.00	17.16	0.00	19.78
CaO	0.11	0.16	1.18	0.18
Na_2O	0.00	0.13	9.35	0.00
K_2O	0.00	0.00	0.00	0.00
总计	92.18	91.43	102.19	91.49

俄罗斯最先利用沉积物矿物学和地球化学异常标志在大西洋中脊找矿（Cherkashov et al.，2010）。多年来，他们的 R/V Professor Logatchev 科考航次在大西洋找矿普查阶段的三个主要手段如下：第一个是海底深拖系统（RIFT 设备）搭载电法（EP）大面积调查；第二个是海底拖体的摄像底质调查（television profiling）；第三个是站位的拖网和沉积物采样。对沉积物中所含的上述三大类“异常矿物”鉴定并进行矿物元素地球化学分析，根据测试结果进一步制作化探异常图，圈定异常区。

近年来我国以海上找矿实践为基础，综合参考欧美、俄罗斯等国家科研成果或示踪标志，以及陆地上硫化物等固体矿产的地球化学找矿原理，初步形成利用沉积物地球化学找矿的两种方法：重砂矿物标志方法和元素地球化学标志。

3.5.2 重砂矿物

自然重砂（矿物）是指沉积物中密度大于 2.9g/cm^3 的矿物，如黄铁矿、黄铜矿、闪锌矿、方铅矿、磁铁矿、辉石、角闪石、橄榄石、石榴石、锆石及磷灰石等，这些重砂分别属于造岩矿物、矿石矿物及副矿物等（董国臣等，2015）。自然重砂（矿物）是源区岩石、矿床（矿体）或含矿岩体中某些矿物在风化、搬运与沉积等地质过程中，因硬度、解理、比重等物理性质适宜而保存在沉积层中的自然矿物，它们具有耐风化、密度大、硬度高等特点。按其组成，可以分为两种类型：①物理风化过程中物理化学性质比较稳定的残余原生重矿物（包括造岩矿物、矿石矿物、脉石矿物等），如金、铂、钛铁矿、磁铁矿、铬铁矿、铌铁矿、钽铁矿、黑钨矿、白钨矿、石榴子石、尖晶石、电气石、锡石、金红石等；②从固溶或化合状态向自然状态或稳定的氧化状态转变的重矿物，如黄铜矿在完全氧化时转变为孔雀石和蓝铜矿，或者在氧化程度较弱时转变成赤铜矿、自然铜，闪锌矿在氧化条件下转变为菱锌矿，方铅矿在氧化条件下转变成白铅矿等。无论是物理风化产生的原生矿物，还是化学风化产生的新生矿物，都不同程度地反映着源区岩体（矿床）的成分或者赋存状态等特征。因此，可以通过对沉积物中重矿物鉴定分析的方法达到探寻矿床的目的，这就是自然重砂测量的基本原理（李景朝等，2010；董国臣等，2015）。

重砂测量是陆地探矿工作中一种常见的找矿方法。它以各种疏松沉积物中的自然重砂矿物为主要研究对象，以解决与有用重砂矿物有关的矿产及地质问题为主要内容，以重砂取样为主要手段，以追索寻找原生矿为主要目的。重砂测量的找矿过程是沿水系、山坡或滨海对疏松沉积物（坡积物、残积物、冲积物、洪积物、滨海沉积物、风积物及冰积物等）进行系统取样，根据重砂矿物的机械分散晕及其他找矿标志来圈定重砂异常区，从而进一步追索寻找原生矿床（马婉仙，1990）。自 20 世纪 50 年代起，自然重砂测量在我国区域地质调查工作（1∶20 万）过程中得到了广泛应用，并取得了丰硕的成果，找到了许多国家急需的矿产，如山东的金刚石矿，广东、湖北、贵州、江西的汞矿和金刚石矿，云南的锡矿及江西的钨矿等，都是根据自然重砂矿物组合异常特征发现的（李景朝等，2010）。找矿实践证明，自然重砂测量对指导找矿有其独到之处，不仅可以追索原生矿，还可以根据重砂矿物及共生组合特征，预测原生矿床类型，圈定与成矿有关的侵入体等，直接或间接地指导找矿。

俄罗斯在大西洋中脊热液硫化物调查中开展了大量自然重砂测量方面的工作，其中所分析的“重矿物”与陆地“重砂测量”中的标准重矿物不同，包括了比重较轻的矿物。①与围岩相关：第一，若矿物组合中以斜方辉石或磁铁矿为主，表明源区岩石类型为洋中脊玄武岩；第二，若以斜长石为主，未发现火山玻璃，则表明源区岩石类型为辉长岩；第三，如果以斜方辉石+铁橄榄石+钛铁矿+磁铁矿为主，表明源区岩石类型为辉长岩+橄榄岩组合；同时，洋中脊沉积物中含铁矿物多来源于洋中脊玄武岩，当沉积物中铁矿物含量异常高时（体积比大于 0.02‰），指示附近区域构造运动较为强烈，或存在活跃的热液活动。②黄铁矿与黄铜矿是洋中脊热液活动的标志性矿物。

我国洋中脊多金属硫化物勘探中的重砂测量工作目前主要参考俄罗斯的找矿方法和手段，并结合我国固体找矿化探规范，参照陆地工作方法开展综合研究。鉴于洋中脊多金属硫化物找矿的特殊性，其所用的“重矿物法/重砂矿物”，与陆地找矿工作略有不同。所分析的“重矿物”包括一些具有指示热液活动和围岩属性的“非重矿物的矿物或岩屑”，包括蚀变岩屑、铁锰结壳碎屑、硫化物氧化物碎屑、斜长石和火山玻璃等成分。

本节以西南印度洋龙旂热液区（活动热液区）与断桥硫化物区（非活动区）表层沉

积物的自然重砂矿物的研究结果为例（李诗颖等，2017），介绍该类标志的初步应用。该分析表明，热液活动期的龙旂热液区沉积物中重砂矿物类型丰富，以洋底围岩矿物（辉石、橄榄石、磁铁矿、钛铁矿、铬铁矿等）为主，含大量围岩蚀变类矿物（透闪石、绿帘石、黝帘石等）及少量热液成因矿物（黄铜矿、黄铁矿）。而非活动断桥热液区沉积物中重砂矿物类型相对较少，主要为磁铁矿与钛铁矿，围岩蚀变矿物中帘石类矿物（绿帘石、黝帘石）丰度和出现频率明显降低，且缺失透闪石。为了解不同矿物类别与热液区的相关性，进一步选取了重砂矿物总量、热液成因矿物类、基岩碎屑矿物、蚀变矿物类中 13 种矿物指标与“最近距离”（沉积物取样站位与其最近热液矿点之间的直线距离）进行相关性分析（表 3-5，图 3-21～图 3-23）。结果揭示重砂总量和热液成因矿物与

表 3-5　矿物指标与“最近距离”的相关性指数（李诗颖等，2017）

矿物指标类型	“最近距离”的相关性指数	
	龙旂	断桥
重砂	–0.63	–0.37
黄铁矿	–0.14	–0.64
帘石	–0.32	–0.4
透闪石	–0.54	—
石榴石	–0.3	0.16
橄榄石	0.11	–0.36
辉石	–0.21	0.15
普通角闪石	0.17	—
磁铁矿	–0.43	—
铬铁矿	–0.51	–0.2
钛铁矿	–0.29	–0.34
赤、褐铁矿	–0.29	—

一，表示无数据

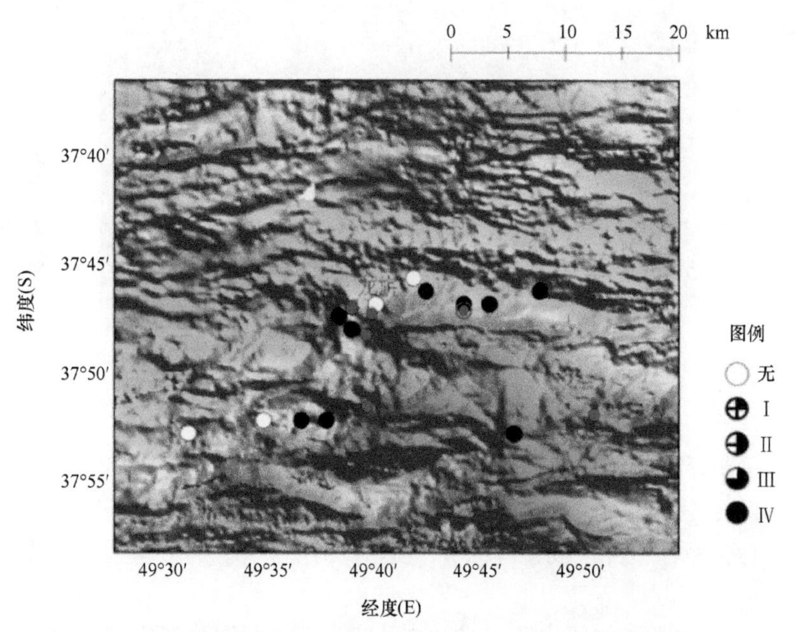

图 3-21　龙旂热液区沉积物重砂矿物总量分布图（李诗颖等，2017）

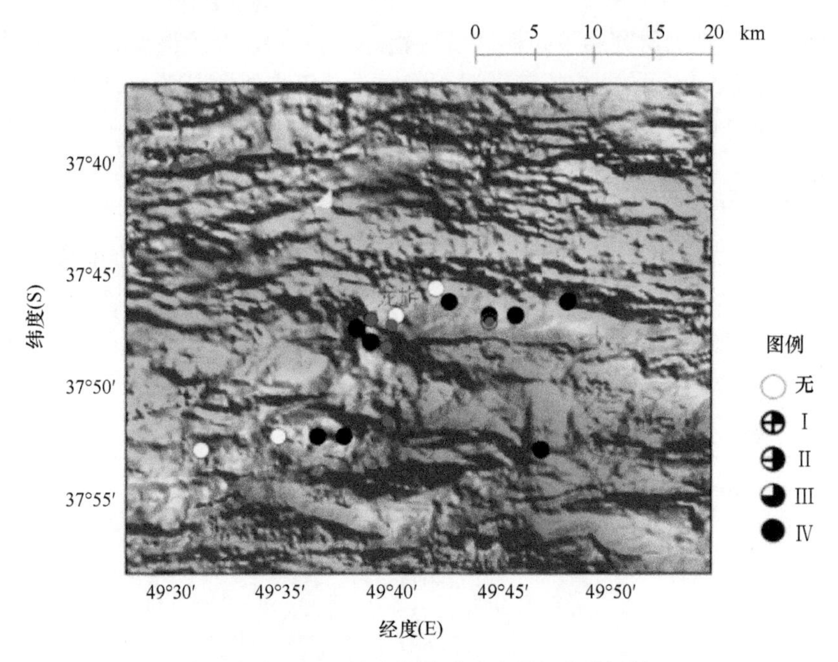

图 3-22　龙旂热液区沉积物中黄铁矿分布图（李诗颖等，2017）

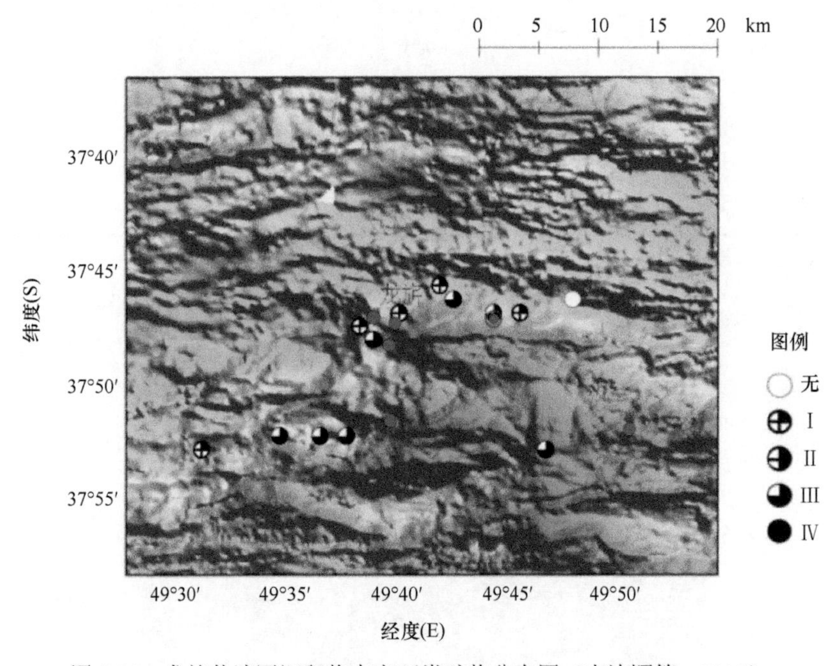

图 3-23　龙旂热液区沉积物中帘石类矿物分布图（李诗颖等，2017）

“最近距离”呈明显负相关关系，表明这两组类别与热液活动密切相关，对周边热液活动有明显的指示作用，可作为热液相关矿物标志；而围岩矿物和蚀变矿物与“最近距离”虽然也呈负相关关系，但相关系数较低，建议作为重砂找矿的参考性矿物指标（李诗颖等，2017）。

当前，对重矿物方法的研究还只是初步认识，至于后期如何完善洋中脊多金属硫化物重矿物方法，寻找更合理的方法和指标，还有待在未来工作中不断摸索。

3.5.3 沉积物元素地球化学指标

一般来说，海底多金属硫化物矿床的主要元素包括 Fe、Co、Ni、Cu、Zn、Ag、Pt、Au、Pb 等，微量元素包括 B、Bi、Sc、Cr、Co、Ga、Ge、Se、Rh、Cs、Y、Zr、Nb、Mo、Tr、Cd、Sr、Sb、Hg、Tl、U、W 等。矿床的元素地球化学组成会因其形成的构造背景不同而有所差别。在洋脊环境下，通常认为由于洋壳为基性岩（主要为玄武岩），因此矿床多富集 Cu 和 Zn 而含少量或微量 Pb 和 Ba 等金属元素，并含有较高的 Co、Ni 和 Se（Galley et al.，2007）。此外，由于扩张速率等因素的影响，洋脊地区的热液矿床中微量元素含量具有明显差异。这些元素以热液矿物或离子等形式随海底流体、洋流/底流或热液柱等扩散并进入热液区附近的沉积物中。这些元素的加入无疑增加了沉积物中元素地球化学记录中的元素含量。

实际上，这些元素或离子，尤其是一些稀土元素或离子在进入沉积物的过程中或进入沉积物之后，受到复杂的地球化学/生物地球化学改造作用。概括起来，洋中脊热液区远洋沉积物的元素地球化学特征受到很多方面的影响，首先是矿物异常；其次是矿物蚀变作用；再次是热液柱所携带的各类元素或颗粒在沉积物中的沉淀作用；最后是沉积后期成岩作用或微生物作用（Bonatti，2003；Butterfield et al.，2002）。因此，不能直接将热液流体或热液沉积物中的元素与周边沉积物中的元素对应。

自洋中脊热液和热液沉积发现的 40 多年来，国际上在洋中脊热液区应用沉积物地球化学方法找矿研究的文献稀少，相关指标分散在不同主题的零散报告中。俄罗斯虽然最早在大西洋中脊应用沉积物地球化学方法寻找硫化物，但是鲜有文献报道。

通过对国内外陆上地球化学找矿方法和有关洋中脊热液地球化学异常相关的文献记载进行综合分析，将指示周边存在热液活动或硫化物有关的沉积物元素地球化学异常归纳为：①热液多金属硫化物成矿元素异常；②热液活动或热液蚀变异常；③围岩相关元素异常。这里主要介绍和讨论前两种，并初步总结在表 3-6 中。

表 3-6 洋中脊热液活动和多金属硫化物的沉积物元素地球化学标志

异常类型	元素或氧化物
高、中温热液成矿元素	（1）Cu、Zn、Pb、Ag、Au （2）亲硫金属元素 As、Hg （3）Fe、Mn、Co
热液活动或热液蚀变	（1）TFe_2O_3、FeO、MnO （2）δEu 和 δCe 及其他替代指标

3.5.3.1 成矿元素标志

成矿元素初步分 3 类：①主要成矿元素 Cu、Zn、Pb、Ag、Au；②亲硫元素 As、Hg；③其他成矿元素如 Fe、Mn、Co。

在多金属硫化物矿床中人们通常考虑提取和开采的金属元素是 Cu、Zn、Pb、Ag、Au 这 5 种（Galley et al.，2007）。虽然各洋中脊多金属硫化物矿床的成矿矿物组合有所差异，但金属矿物都主要包括磁黄铁矿、黄铁矿、白铁矿、闪锌矿、黄铜矿、蓝铜矿、方铅矿等，其主要成矿元素为 Cu、Zn、Pb、Ag、Au 这 5 种，除 Pb 之外，不同洋中脊这些成矿元素含量存在明显差异（表 1-1）。

人们对洋中脊热液硫化物在沉积物中成矿元素标志的研究报道很少。Bonatti（1975）分析和对比了北大西洋中脊和东太平洋海隆含 Fe、Mn 的沉积物及正常沉积物中元素特征，与热液沉积作用相关的前几类沉积物中明显富含 Fe、Mn、Ni、Co、Cu、Zn、Ba 等金属元素（表 3-7）。German 等（1999）分析了东太平洋 OBS 热液喷口附近一个厚度约 11cm 的沉积物序列，发现该沉积物序列中热液成矿元素（Cu、Zn、Pb、Fe、Co）含量显然高于非热液活动区（如北太平洋钙质黏土）（表 3-8）。据了解，俄罗斯在大西洋中脊应用的沉积物地球化学方法，主要是对上述成矿元素标志的应用。

表 3-7　北大西洋中脊和东太平洋海隆含金属硫化物沉积物和沉积物元素含量（Bonatti，1975）

	wt%				ppm					
	Si	Al	Fe	Mn	Ni	Co	Cu	Zn	Ba	U
E. Pacific Ridge	6.1	0.5	18.0	6.0	430	105	730	380	—	4～12
E. Pacific Ridge（Amph D2）	8.2	0.5	32.5	1.94	400	35	74	—	115	约 2
Bauer Deep	18.0	1.4	18.2	5.7	950	90	1 100	600	13 000	—
Mid-Atlantic Ridge 26°N		—	0.01	39.2	100	18	12	—	—	约 16
DSDP（E. Pacific）	—	—	17.5	4.5	535	83	917	358	—	—
Afar（Fe-rich）	14.0	3.7	29.0	0.15	18	17	11	—	135	0.5
Afar（Mn-rich）	<0.2	0.0	0.15	54.2	<10	<5	<5	—	58 000	约 4
Matupi Harbor	—	—	44.0	0.034	—	—	47	52	—	—
Thera	11.6	1.2	35.0	0.6	<5	<5	30	—	90	16.1

表 3-8　东太平洋 OBS 热液喷口附近沉积物柱的常量和成矿元素含量（German et al.，1999）

样品	Fe（wt%）	Cu（wt%）	Zn（wt%）	S（wt%）	Mg（wt%）	Al（wt%）	Ca（wt%）	Co（ppm）	Mn（ppm）	Pb（ppm）
0～1cm	23.2	9.6	13.4	22.6	2.4	0.1	0.3	222	245	348
1～2cm	25.2	14.2	6.9	24.5	2.1	0.1	0.3	290	245	336
2～3cm	24.1	13.1	13.4	24.9	2.2	0.1	0.2	476	216	317
3～4cm	24.5	13.1	13.3	24.9	1.8	0.1	0.1	290	279	531
4～5cm	24.6	16.5	5.1	24.0	2.5	0.1	0.2	286	184	279
5～6cm	24.9	20.6	3.8	24.1	2.2	0.1	0.2	250	169	226
6～7cm	25.3	22.5	4.7	27.5	1.8	0.1	0.1	323	108	216
7～8cm	24.6	21.6	9.2	26.2	1.8	0.1	0.1	466	130	250
8～9cm	24.1	21.5	9.4	27.8	1.1	0.0	0.2	389	118	260
9～10cm	24.2	17.5	11.7	29.0	1.4	0.0	0.1	295	175	260
10～11cm	23.5	20.4	8.2	30.2	1.5	0.0	0.1	250	131	211
平均值	24.4	17.3	9.0	26.0	1.9	0.1	0.2	321	182	294
TAG（2182）	31.0	4.0	0.2	—	0.5	0.7	6.1	—	1 244	104
DSDP 92	32.7	0.1	0.1	—	0.8	0.8	2.6	148	95 930	166
GC 88-6	8.2	0.0	0.0	—	—	7.1	—	—	4 800	56
N. Pacific Clays	6.0	0.0	0.0	—	—	9.7	—	—	3 700	20

在以陆地热液硫化物或黄铁矿为主的固体矿床地表土壤化探找矿中，上述几种元素也是最主要的成矿元素。魏富有（1993）在对四川龙门山槽子沟刘家坪组海底火山喷发细碧角斑岩一带的地化异常调查时，选择在多金属硫化物矿床中能独立成矿的 Cu、Pb、Zn、Ag 作为成矿元素。肖晓林和陈岑（2010）对青海松树南沟金矿矿床地质特征开展研究，获得矿区主要岩石含有 Cu、Pb、Zn、Mo、Ti、Ni、Co、Au、Ag、Ba、Sb、Sr 等 25 种微量元素，其中将 Cu、Pb、Zn、Au、Ag 定为主要成矿元素。李赛赛等（2012）对陕西勉县王家沟金矿区进行化探分析，圈定出 Au、Ag、Cu、Zn 土壤地球化学异常区，该结果后经洞（坑）探工程验证，发现异常带下伏一条含多金属硫化物的石英脉型金矿体。

亲硫元素 As、Hg 在陆地找矿中是常用的化探指标（魏富有，1993），海洋中 As 是热液活动的产物，可以作为热液活动的示踪标志。

前人研究认为 Fe、Mn 是热液的主要组成元素，其含量一般会受到热液作用的影响而增加，因此可将 TFe_2O_3、FeO、MnO 的含量作为判断是否为热液异常和含金属沉积物的标志（Boström，1970；Boström and Peterson，1969）。Marchig 等（1982）对东太平洋海隆及邻区表层沉积物研究发现，MnO_2 和 Fe_2O_3 的相对含量可能指示洋中脊的热液活动。

在前期大洋调查中，苏新等（未发表数据）利用沉积物中的 MnO_2 和 Fe_2O_3 含量，进行了寻找热液异常的初步尝试，确定西南印度洋中脊沉积物 TFe_2O_3 含量的背景值为 0.17%～1.25%，含量＞1.25%为异常值；FeO 含量背景值为 0.06%～0.23%，含量＞0.23%为异常值，该区最大异常值为 6.84%；而 MnO 含量的背景值为 0.01%～0.09%，含量＞0.09%为异常值（图 3-24）。初步推测，出现异常高值的取样站点可能受到热液活动影响或沉积物中混入了一定丰度的热液残留物。

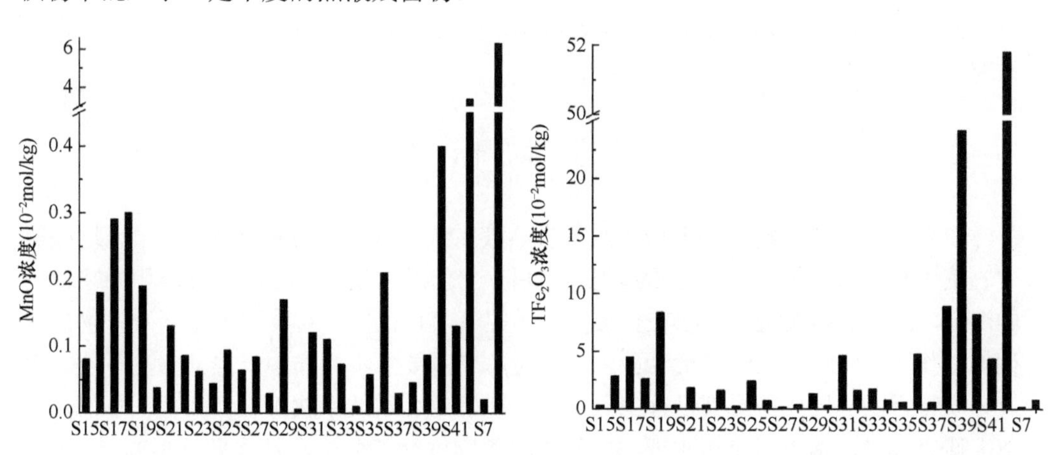

图 3-24 西南印度洋中脊上 30 个沉积物样品的 MnO（左）和 TFe_2O_3（右）分布图（苏新，未发表数据）

另外，苏新等认为 Fe 和 Mn 含量是否可以作为直接成矿元素的标志还需进一步研究。主要原因为：近 10 年洋中脊调查发现，沉积物中含有相当丰度的火山岩碎屑及玄武岩蚀变矿物（含洋底非热液活动的风化），这些物质的存在会影响沉积物中 Fe 的含量，Boström（1970）也指出海底火山活动是沉积物中 Fe 的一个主要来源；此外，也不排除有陆源的贡献。Dymond（1981）研究指出，在东太平洋 Nazca 板块一带沉积物中 Fe 的含量以陆源为主，部分区域是热液贡献为主。Mn 的成因也比较复杂，既有热液成因，也有水成成因。按照 Dymond（1981）的研究，实际上 Cu、Zn、Ni 等元素在沉积物中的含量在一定程度上是水成的。还有研究表明，沉积物中有少量 Cu 来自于生物地球化学作用。而对钴结壳的大量研究表明，沉积物中的 Co 在很大程度是水成成因。热液区 Co 的来源自主要是热液成因，但不排除水成成因的可能性。

3.5.3.2 热液活动或蚀变异常标志

除了上述主要成矿元素标志之外，一些文献也提出过元素或同位素地球化学的找矿标志。Galley 等（2007）提出了将全球海陆多金属硫化物的元素（含稀土元素）比值作为找矿标志，但他们给出的主要是针对加拿大陆地或海洋弧后盆地及岛弧构造环境的地化指标。

利用稀土元素异常指标 δEu 和 δCe 可以较好地判断是否存在热液异常（丁振举等，2000）。例如，Severmann 等（2004）对大西洋 TAG 区内两个热液喷口（TAG 和 Alvin）附近热液沉积物、硫化物氧化残余物、扩散型流体、周边岩石和正常沉积物稀土元素地球化学特征研究表明，与热液活动相关的产物都存在 Eu 正异常，而背景玄武岩和沉积物未显示 Eu 正异常。由于 Eu 很少具有水成成因，受微生物活动干扰也不明显，可以推知，如果沉积物中含这些热液产物，应显示 Eu 正异常。

总之，在洋中脊热液找矿中，由于沉积物中的元素地球化学特征受到多因素的影响，且国内外在此方面的研究较为薄弱。因此，参照俄罗斯在大西洋调查的方法，将主要成矿元素（Cu、Zn、Pb、Ag、Au）异常高值作为标志较为可靠。亲硫元素（As、Hg）、Fe、Mn、Co 及稀土元素 Eu 等在洋中脊热液找矿中可作为参考指标。后期大洋硫化物勘查中的化探方法有待加强研究，包括可能指示热液或成矿作用的元素的成因与异常特征研究。

3.6 生物标志

洋中脊多金属硫化物矿床形成于洋中脊热液系统，通常伴随着热液生物群，这些热液生物依附于热液喷口生存，在喷口熄灭之后，它们通常也会死亡，遗骸堆积于喷口附近的海底。因此，热液生物的存在直接指示了热液喷口位置，对发现多金属硫化物矿床起到重要作用，同时对发现非活动热液喷口也非常重要。不同洋中脊热液生物种类、组合及分布特点均不同，需对其进行深入研究才能确定合适的生物组合作为找矿标志。结合前人研究成果，本节对全球主要洋中脊热液生物进行了总结，具体见表 3-9。

表 3-9 全球主要洋中脊热液生物及特点

洋中脊分区	主要热液生物及特点
东北太平洋（包括探测者洋脊、胡安德富卡洋脊和戈达洋脊的 10 个热液区）	已发现生物 67 种（Bachraty et al.，2009）。大面积密集分布的管栖多毛类有 *Ridgeia piscesae* 和 *Paralvinella pandorae*（Milligan and Tunnicliffe，1994），这类管虫构成了热液区景观的基础（图 3-25a）；其次是小型腹足类 *Depressigyra globulus*（图 3-25b）和 *Lepetodrilus fucensis*（图 3-25c），密集附着于底质或其他较大型生物上

续表

洋中脊分区	主要热液生物及特点
东太平洋海隆（北段，包括加利福尼亚湾内瓜伊马斯热液区、东太平洋海隆赤道以北段 4 个热液区及加拉帕戈斯扩张中心）	是调查最早和最为详细的区域，热液生物共发现 228 种，明显高于其他区域（Bachraty et al.，2009）。高密度的巨型管栖蠕虫 *Riftia pachyptila* 形成了壮观景象（图 3-25d）。另一优势物种为大型贻贝 *Bathymodiolus thermophilus*，在热液活动较弱的区域形成大面积分布。附着分布的 *Lepetodrilus* 小型腹足类也具有很高的丰度（Govenar et al.，2005）。Alvinellidae 管栖多毛类（图 3-25d）、双栉虫 *Amphisamytha galapagensis* 及阿尔文虾也常见
东太平洋海隆（南段，赤道以南和东南太平洋中脊三联点以北）	共探明 8 个热液生物群落。优势种为巨型管栖蠕虫 *Riftia pachyptila* 和大型贻贝 *Bathymodiolus thermophilus*，在两个区域都是优势种（Plouviez et al.，2009）
太平洋-南极洋脊（东南太平洋中脊三联点和南极洋脊之间）	目前报道的热液生物较少，仅 14 种，以毛铠虾 *Kiwa hirsuta* 最具代表性（Macpherson et al.，2005）
大西洋中脊	8 个热液区记录生物 102 种，生物群落的典型特征是盲虾 *Rimicaris exoculata* 围绕高温喷口密集堆叠（图 3-25g，h），其他优势种包括贻贝 *Bathymodiolus azoricus*（图 3-25i）和 *B. puteoserpentis*（Ramirezllodra et al.，2007）。但这一统计不包括 Lost City 碳酸盐岩热液区
中印度洋中脊	在 4 个热液区共发现热液生物 38 种。物种组成分析认为其兼有大西洋和西太平洋的部分特征，如其 Kairei 热液区优势种 *Rimicaris kairei* 与大西洋热液区优势种 *Rimicaris exoculata* 具有很近的亲缘关系（Yu et al.，2016）；另一优势种（鬃毛腹足类 *Alviniconcha marisindica*，图 3-25j）则与西太平洋热液区的近亲具有最高的相似性（Johnson et al.，2014）。甲胄海葵科 Actinostolidae 海葵、贻贝属 *Bathymodiolus* 贻贝和铠茗荷（*Neolepas*）茗荷都存在类似的关系（Breusing et al.，2015；Herrera et al.，2015）。中印度洋热液区特有的优势物种为 *Chrysomallon squamiferum*——一种因其腹足上覆盖着数百个覆瓦状排列的铁-硫化物质鳞片而闻名的腹足类（Chen et al.，2015）（图 3-25k）
Mid-cayman 扩张中心	新近在该区共发现两处热液区（von Damm 和 Beebe），其中 Beebe 热液区发育有目前发现的最深的热液生物群落（4950m）（Connelly et al.，2012）。优势种为 *Rimicaris exoculata* 的近亲 *Rimicaris hybisae*；小型腹足类 *Iheyaspira bathycodon* 和 *Provanna* sp. 丰度较高。一种疑似 *Maractis* 的海葵在热液区外围有较为密集的分布；在离热液喷口较远的位置还发现数量不少的管栖多毛类 *Escarpia* sp. 和 *Lamellibrachia* sp.（Plouviez et al.，2015）。但分子系统发育分析倾向于将这几个物种与冷泉种聚类，而非热液种。加之热液区离墨西哥湾及 Barbados 冷泉区较近，因此该热液区很可能兼有冷泉生物群落的部分特征（Plouviez et al.，2015）
东斯科舍洋脊	记录物种 27 种（Rogers et al.，2012）。优势物种为毛铠虾 *Kiwa hirsuta*（图 3-25l）、大型腹足类 *Gigantopelta chessoia*、铠茗荷 *Vulcanolepas scotiaensis*（图 3-25m）和肉食性 Actinostolidae 海葵。4 种生物围绕喷口由近及远呈现明显带状分布（Marsh et al.，2012）
西南印度洋中脊	西南印度洋中脊热液区从生物组成而言与中印度洋更接近（尤其是较东边的天成热液区），同时兼具大西洋中脊热液区和斯科舍脊的部分特征（Copley et al.，2016）。但西南印度洋龙旂热液区的优势种与斯科舍脊却更相似，包括大型腹足类 *Gigantopelta aegis*（图 3-25n，o）与铠茗荷 *Neolepas* sp.（图 3-25o），龙旂热液区生物群落的外观与中印度洋中脊热液区有较大差别

a

b

c
d
e
f
0
5cm
g
h
i
j

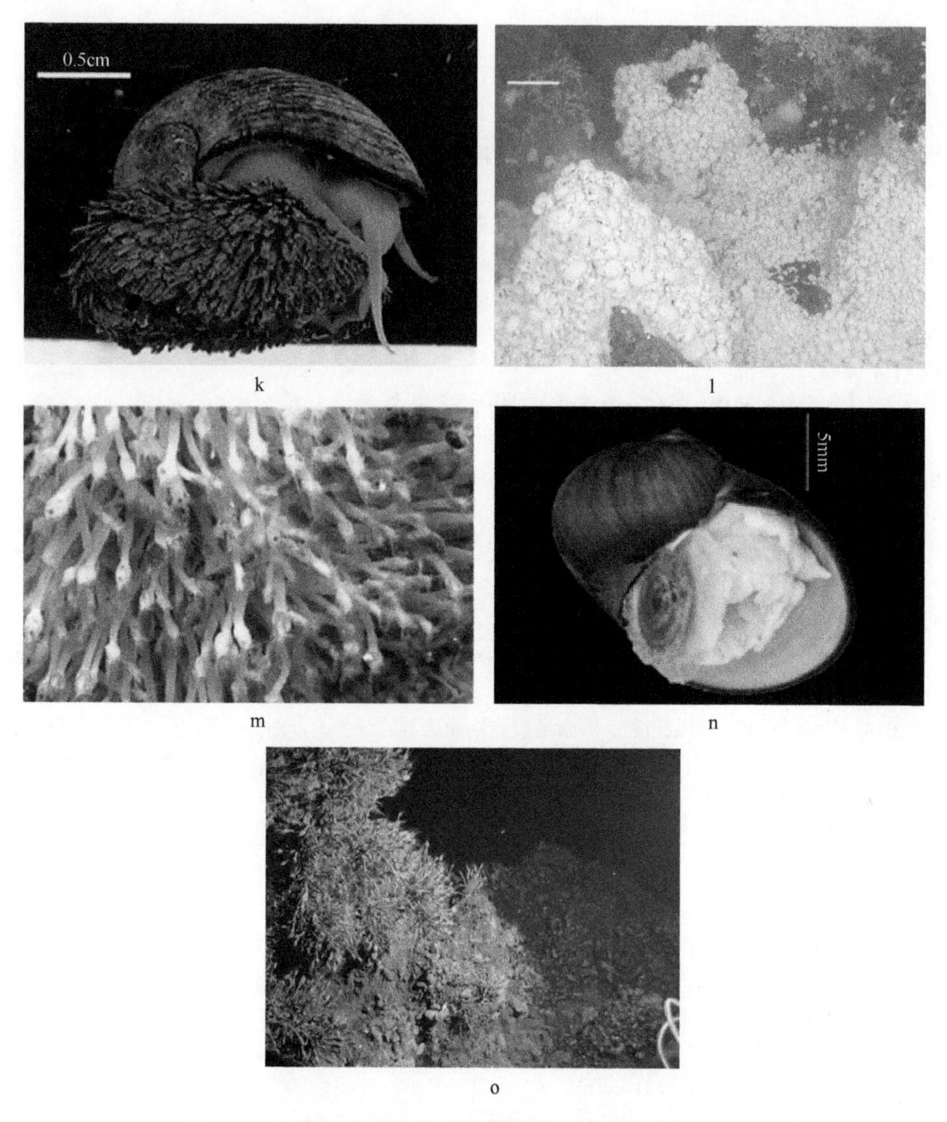

图 3-25 热液区部分代表性多毛类

a. 管栖多毛类 *Ridgeia piscesae* 为优势种的群落，胡安德富卡洋脊 Endeavour 段，S.K. Juniper 摄，引自 Desbruyères et al., 2006；b. 小型腹足类 *Depressigyra globulus*，采自胡安德富卡洋脊，R. von Cosel（© MNHN，法国国家自然历史博物馆）摄，引自 Desbruyères et al., 2006；c. 帽贝 *Lepetodrilus fucensis* 及其原位种群，采自胡安德富卡洋脊，K. Juniper 摄，引自 Desbruyères et al., 2006；d. 巨型管状蠕虫 *Riftia pachyptila*，发现于东太平洋海隆 13°N 热液区，cruise Phare（© Ifremer，法国海洋开发研究院），引自 Desbruyères et al., 2006；e. 庞贝虫 *Alvinella pompejana* 在高温喷口附近形成的聚群，东太平洋海隆 13°N 热液区，cruise Phare（© Ifremer，法国海洋开发研究院），引自 Desbruyères et al., 2006；f. 毛铠虾 *Kiwa hirsuta* 原位照片，东太平洋海隆（南段）Annie's Anthill 喷口，R. Vrijenhoek 摄（© MBARI，蒙特雷湾水族研究所），引自 Macpherson et al., 2005；g. 盲虾 *Rimicaris exoculata*，中国大洋 26 航次采自大西洋 15°S 热液区，杨位迪（厦门大学）摄；h. 北大西洋中脊盲虾（*Rimicaris exoculata*）种群原位照片，TAG 热液区，cruise Exomar（© Ifremer，法国海洋开发研究院），引自 Desbruyères et al., 2006；i. 北大西洋中脊贻贝 *Bathymodiolus azoricus* 种群，Rainbow 热液区，Atos cruise（© Ifremer，法国海洋开发研究院），引自 Desbruyères et al., 2006；j. 中印度洋 Kairei 热液区的鬃毛腹足类 *Alviniconcha marisindica*，引自 Johnson et al., 2014；k. 鳞脚螺 *Chrysomallon squamiferum*，中国大洋 35 航次采自西南印度洋龙旂热液区，周亚东（第二海洋研究所）摄；l. 毛铠虾 *Kiwa tyleri* 聚群，东斯科舍脊 E9 热液区，引自 Rogers et al., 2012；m. 铠茗荷 *Vulcanolepas* sp.形成的聚群，东斯科舍脊 E9 热液区，引自 Marsh et al., 2012；n. 腹足类 *Gigantopelta aegis*，中国大洋 35 航次采自西南印度洋龙旂热液区，周亚东（第二海洋研究所）摄；o. *Gigantopelta aegis* 和铠茗荷 *Neolepas* sp.，形成优势分布的群落，西南印度洋龙旂热液区（中国大洋 35 航次，蛟龙号摄）。

参 考 文 献

丁振举, 刘丛强, 姚书振, 等. 2000. 海底热液沉积物稀土元素组成及其意义. 地质科技情报, 19(1): 27-30.

董国臣, 李景朝, 张虹, 等. 2015. 自然重砂的应用现状与前景. 资源与产业, 17(2): 1-7.

杜华坤. 2005. 勘查海底热液硫化物的海洋伪随机激电法研究. 长沙: 中南大学硕士学位论文.

李景朝, 董国臣, 王季顺, 等. 2010. 自然重砂资料应用技术要求. 北京: 地质出版社.

李赛赛, 魏刚锋, 崔敏利. 2012. 陕西勉县王家沟金矿区物化探勘查技术应用及找矿预测. 中国地质, 39(2): 474-485.

李诗颖, 吕士辉, 苏新. 2018. 西南印度洋龙旂、断桥热液区沉积物中重矿物空间分布特征及其意义. 海洋科学, 42(2): 10-22.

刘长华, 汪小妹, 殷学博. 2008. 浊度计在现代海底热液活动调查中的应用. 海洋资源开发高技术青年论坛, 32(1): 70-73.

刘为勇, 郑连福, 陶春辉, 等. 2011. 大洋中脊海底热液系统的演化特征及其成矿意义. 海洋学研究, 29(1): 25-33.

马婉仙. 1990. 重砂测量与分析. 北京: 地质出版社.

邵珂, 陈建平, 任梦依. 2015. 西南印度洋中脊多金属硫化物矿产资源评价方法与指标体系. 地球科学进展. 30(7): 812-822.

索艳慧. 2014. 印度洋构造—岩浆过程: 剩余地幔布格重力异常证据. 青岛: 中国海洋大学博士学位论文.

陶春辉, 李怀明, 黄威, 等. 2011. 西南印度洋脊 49°39′E 热液区硫化物烟囱体的矿物学和地球化学特征及其地质意义. 科学通报, 56(28): 2413-2423.

魏富有. 1993. 黄铁矿型多金属矿床地球化学异常研究. 有色金属矿产与勘查, 2(4): 232-237.

吴涛. 2017. 西南印度洋脊热液硫化物区近底磁法研究. 长春: 吉林大学博士学位论文.

夏建新, 李畅, 马彦芳. 2007. 深海底热液活动研究热点. 地质力学学报, 13(2): 179-191.

肖晓林, 陈岑. 2010. 青海松树南沟金矿矿床地质特征. 地质与勘探, 46(2): 191-197.

张涛, Lin J, 高金耀. 2013. 西南印度洋中脊热液区的岩浆活动与构造特征. 中国科学: 地球科学, 43(11): 1834-1846.

张壹, 张双喜, 梁青, 等. 2015. 重磁边界识别方法在西准噶尔地区三维地质填图中的应用. 地球科学(中国地质大学学报), 40(3): 431-440.

Accerboni E, Mosetti F. 1967. A physical relationship among salinity, temperature and electrical conductivity of sea water. Boll Geofis Appl. 34(9): 87-96.

Bachraty C, Legendre P, Desbruyères D. 2009. Biogeographic relationships among deep-sea hydrothermal vent faunas at global scale. Deep Sea Research Part I Oceanographic Research Papers, 56(8): 1371-1378.

Baker E T, Edmonds H N, Michael P J, et al. 2013. Hydrothermal venting in magma deserts: the ultraslow-spreading Gakkel and Southwest Indian Ridges. Geochemistry Geophysics Geosystems, 5(8): 217-228.

Baker E T, Lavelle J W, Feely R A, et al. 1989. Episodic venting of hydrothermal fluids from the Juan de Fuca Ridge. Journal of Geophysical Research: Solid Earth, 94(B7): 9237-9250.

Baker E T, Lupton J E. 1990. Changes in submarine hydrothermal ^{3}He heat ratios as an indicator of magmatictectonic activity. Nature, 346: 556-558.

Baker E T, Massoth G J, Nakamura K, et al. 2005. Hydrothermal activity on near-arc sections of back-arc ridges: results from the Mariana Trough and Lau Basin. Geochemistry Geophysics Geosystems, 6(9): 1-9.

Beltenev V, Nescheretov A, Shilov V, et al. 2003. New discoveries at 12°58′N, 44°52′W, MAR: Professor Logatchev-22 cruise, initial results. InterRidge News, 12(1): 13-14.

Boetius A. 2005. Lost city life. Science, 307(5714): 1420-1422.

Bonatti E. 2003. Metallogenesis at oceanic spreading centers. Annual Review of Earth & Planetary Sciences, 3(1): 401-431.

Boström K, Peterson M N A. 1969. The origin of aluminum-poor ferromanganoan sediments in areas of high heat flow on the East Pacific Rise. Marine Geology, 7(5): 427-447.

Boström K. 1970. Submarine volcanism as a source for iron. Earth & Planetary Science Letters, 9(4): 348-354.

Bougault H, Charlou J L, Fouquet Y, et al. 1990. Activité hydrothermale et structure axiale des dorsales Est-Pacifique et médio-Atlantique. Oceanologica Acta, 10: 1-10.

Breusing C, Johnson S B, Tunnicliffe V, et al. 2015. Population structure and connectivity in Indo-Pacific deep-sea mussels of the *Bathymodiolus septemdierum* complex. Conserv Genet, 16: 1415-1430.

Butterfield D A, Lilley M D, Huber J A, et al. 2002. Sub-seafloor processes and the composition of diffuse hydrothermal fluids. Agu Fall Meeting, 27(4): 93-94.

Cairns G W, Evans R L, Edwards R N. 1996. A time domain electromagnetic survey of the TAG hydrothermal mound. Geophysical Research Letters, 23(23): 3455-3458.

Carbotte S M, Canales J P, Nedimovi M R, et al. 2012. Recent seismic studies at the East Pacific Rise 8°20′–10°10′N and endeavour segment: insights into Mid-Ocean Ridge hydrothermal and magmatic processes. Oceanography, 25(1): 100-112.

Carbotte S M, Marjanović M, Carton H, et al. 2013. Fine-scale segmentation of the crustal magma reservoir beneath the East Pacific Rise. Nature Geoscience, 6(10): 866-870.

Charlou J L, Dmitriev L, Bougault H, et al. 1988. Hydrothermal CH_4 between 12°N and 15°N over the Mid-Atlantic Ridge. Deep Sea Research Part A Oceanographic Research Papers, 35(1): 121-131.

Charlou J L, Donval J P, Douville E, et al. 2000. Compared geochemical signatures and the evolution of Menez Gwen (37°50′N) and Lucky Strike (37°17′N) hydrothermal fluids, south of the Azores Triple Junction on the Mid-Atlantic Ridge. Chemical Geology, 171(1): 49-75.

Cheesman S J, Edwards R N, Chave A D. 1987. On the theory of sea-floor conductivity mapping using transient electromagnetic systems. Geophysics, 52(2): 204-217.

Chen C, Linse K, Roterman C N, et al. 2015. A new genus of large hydrothermal vent-endemic gastropod (Neomphalina: Peltospiridae). Zoological Journal of the Linnean Society, 175(2): 319-335.

Cherkashov G, Poroshina I, Stepanova T, et al. 2010. Seafloor massive sulfides from the northern equatorial Mid-Atlantic Ridge: new discoveries and perspectives. Marine Georesources & Geotechnology, 28(3): 222-239.

Chin C S, Klinkhammer G P, Wilson C. 1998. Detection of hydrothermal plumes on the northern Mid-Atlantic Ridge: results from optical measurements. Earth & Planetary Science Letters, 162(1-4): 1-13.

Connelly D P, Copley J T, Murton B J, et al. 2012. Hydrothermal vent fields and chemosynthetic biota on the world's deepest seafloor spreading centre. Nat Commun, 3(620): 1-9.

Copley J T, Marsh L, Glover A G, et al. 2016. Ecology and biogeography of megafauna and macrofauna at the first known deep-sea hydrothermal vents on the ultraslow-spreading Southwest Indian Ridge. Scientific Reports, 6(39158): 1-13.

Cowen J P, Bertram M A, Wakeham S G, et al. 2001. Ascending and descending particle flux from hydrothermal plumes at Endeavour Segment, Juan de Fuca Ridge. Deep Sea Research Part I Oceanographic Research Papers, 48(4): 1093-1120.

Cowen J P, Wen X, Jones R D, et al. 1998. Elevated NH_4^+ in a neutrally buoyant hydrothermal plume. Deep Sea Research Part I Oceanographic Research Papers, 45(11): 1891-1902.

Dekov V M, Kamenov G D, Stummeyer J, et al. 2007. Hydrothermal nontronite formation at Eolo Seamount (Aeolian volcanic arc, Tyrrhenian Sea). Chemical Geology, 245(1): 103-119.

deMartin B J, Sohn R A, Canales J P, et al. 2007. Kinematics and geometry of active detachment faulting beneath the Trans-Atlantic Geotraverse (TAG) hydrothermal field on the Mid-Atlantic Ridge. Geology, 35(8): 711-714.

Detrick R S, Buhl P, Vera E, et al. 1987. Multi-channel seismic imaging of a crustal magma chamber along the East Pacific Rise. Nature, 326(6108): 35-41.

Douville E, Charlou J L, Oelkers E H, et al. 2002. The rainbow vent fluids (36°14′N, MAR): the influence of ultramafic rocks and phase separation on trace metal content in Mid-Atlantic Ridge hydrothermal fluids. Chemical Geology, 184(1): 37-48.

Dyment J, Tamaki K, Horen H, et al. 2005. A positive magnetic anomaly at Rainbow hydrothermal site in ultramafic environment. AGU Fall Meeting Abstracts.

Dymond. 1981. Geochemistry of Nazca plate surface sediments: an evaluation of hydrothermal, biogenic, detrital, and hydrogenous sources. Geological Society of America Memoirs, 154(12): 133-173.

Edmond J M, Measures C, McDuff R, et al. 1979. Ridge crest hydrothermal activity and the balances of the major and minor elements in the ocean: the galapagos data. Earth & Planetary Science Letters, 46(1): 1-18.

Edmond J M, von Damm K L, Mcduff R E, et al. 1982. Chemistry of hot springs on the East Pacific Rise and their effluent dispersal. Nature, 297(5863): 187-191.

Edmonds H N, Michael P J, Baker E T, et al. 2003. Discovery of abundant hydrothermal venting on the ultraslow-spreading Gakkel ridge in the Arctic Ocean. Nature, 421: 252-256.

Edwards R N, Chave A D. 1986. A transient electric dipole-dipole method for mapping the conductivity of the sea floor. Geophysics, 51(4): 984-987.

Edwards R N. 1988. Two-dimensional modeling of a towed in-line electric dipole-dipole sea-floor electro-magnetic system; the optimum time delay or frequency for target resolution. Geophysics, 53(6): 846-853.

Feely R A, Baker E T, Marumo K, et al. 1996. Hydrothermal plume particles and dissolved phosphate over the superfast-spreading southern East Pacific Rise. Geochimica et Cosmochimica Acta, 60(13): 2297-2323.

Feely R A, Massoth G J, Baker E T, et al. 1992. Tracking the dispersal of hydrothermal plumes from the Juan de Fuca Ridge using suspended matter compositions. Journal of Geophysical Research: Solid Earth, 97(B3): 3457-3468.

Feely R A, Trefry J H, Lebon G T, et al. 1998. The relationship between P/Fe and V/Fe ratios in hydrothermal precipitates and dissolved phosphate in seawater. Geophysical Research Letters, 25(13): 2253-2256.

Field M P, Sherrell R M. 2000. Dissolved and particulate Fe in a hydrothermal plume at 9°45′N, East Pacific Rise: slow Fe (II) oxidation kinetics in Pacific plumes. Geochimica et Cosmochimica Acta, 64(4): 619-628.

Fujii M, Okino K, Sato T, et al. 2016. Origin of magnetic highs at ultramafic hosted hydrothermal systems: insights from the Yokoniwa site of Central Indian Ridge. Earth & Planetary Science Letters, 441: 26-37.

Galley A G. 1993. Characteristics of semi-conformable alteration zones associated with volcanogenic massive sulphide districts. Journal of Geochemical Exploration, 48(2): 175-200.

Galley A, Hannington M D, Jonasson I. 2007. Volcanogenic massive sulphide deposits, in mineral deposits of Canada: a synthesis of major deposit types, Geological Survey of Canada, Mineral Deposits Division Special Publication (5) 141-162.

Gamo T, Chiba H, Yamanaka T, et al. 2001. Chemical characteristics of newly discovered black smoker fluids and associated hydrothermal plumes at the Rodriguez Triple Junction, Central Indian Ridge. Earth & Planetary Science Letters, 193: 371-379.

Gamo T, Masuda H, Yamanaka T, et al. 2004. Discovery of a new hydrothermal venting site in the southernmost Mariana Arc: Al-rich hydrothermal plumes and white smoker activity associated with biogenic methane. Geochemical Journal, 38(6): 527-534.

Gebruk A V, Moskalev L I, Chevaldonné P, et al. 1997. Hydrothermal vent fauna of the Logatchev area (14°45′N, MAR): preliminary results from first ‘Mir’ and ‘Nautile’ dives in 1995. InterRidge News, 6(2): 10-14.

Georgen J E, Lin J, Dick H J B. 2001. Evidence from gravity anomalies for interactions of the Marion and Bouvet hotspots with the Southwest Indian Ridge: effects of transform offsets. Earth & Planetary Science Letters, 187: 283-300.

German C R, Briem J, Chin C, et al. 1994. Hydrothermal activity on the Reykjanes Ridge: The Steinaholl vent-field at 63°06′N. Earth & Planetary Science Letters, 121(3): 647-654.

German C R, Hergt J, Palmer M R, et al. 1999. Geochemistry of a hydrothermal sediment core from the OBS vent-field, 21°N East Pacific Rise. Chemical Geology, 155(1-2): 65-75.

German C R, Higgs N C, Thomson J, et al. 1993. A geochemical study of metalliferous sediment from the TAG Hydrothermal Mound, 26°08′N, Mid-Atlantic Ridge. Journal of Geophysical Research Atmospheres, 98(B6): 9683-9692.

German C R, Livermore R A, Baker E T, et al. 2000. Hydrothermal plumes above the East Scotia Ridge: an isolated high-latitude back-arc spreading centre. Earth & Planetary Science Letters, 184(1): 241-250.

Glasby G P. 2008. Two new hydrothermal fields at the Mid-Atlantic ridge. Marine Georesources & Geotechnology, 26(4): 308-316.

Goto T N, Takekawa J, Mikada H, et al. 2011. Marine Electromagnetic Sounding on Submarine Massive Sulphides using Remotely Operated Vehicle (ROV) and Autonomous Underwater Vehicle (AUV). Kyoto: Proceedings of the 10th SEGJ International Symposium: 1-5.

Govenar B, Bris N L, Gollner S, et al. 2005. Epifaunal community structure associated with Riftia pachyptila aggregations in chemically different hydrothermal vent habitats. Marine Ecology Progress, 305(1): 67-77.

Gramberg I S, Kaminsky V D, Kunin K A. 1992. New data on hydrothermal activity and sulphides mineralization at 12°40′–12°50′N obtained by deep-towed system “Rift”. Dokladiy Akademii Nauk, 323: 865-867.

Hall J M. 1992. Interaction of submarine volcanic and high-temperature hydrothermal activity proposed for the formation of the Agrokipia, volcanic massive sulfide deposits of Cyprus. Canadian Journal of Earth Sciences, 29(9): 1928-1936.

Hannington M D, de Ronde C D, Petersen S. 2005. Sea-floor tectonics and submarine hydrothermal systems. Society of Economic Geologists Inc. Economic Gelolgy looth Anniversary volume, 111-141.

Hannington M D, Herzig P M, Stoffers P, et al. 2001. First observations of high-temperature submarine hydrothermal vents and massive anhydrite deposits off the north coast of Iceland. Marine Geology, 177(3-4): 199-220.

Hannington M D, Jamieson J, Monecke T, et al. 2010. Modern sea-floor massive sulfides and base metal resources: toward an estimate of global sea-floor massive sulfide potential. Society of Economic Geologists Special Publication, 15: 317-338

Herrera S, Watanabe H, Shank T M. 2015. Evolutionary and biogeographical patterns of barnacles from deep-sea hydrothermal vents. Molecular Ecology, 24(3): 673-89.

Hochstein M P, Soengkono S. 1997. Magnetic anomalies associated with high temperature reservoirs in the Taupo Volcanic Zone (New Zealand). Geothermics, 26(1): 1-24.

Jean-Baptiste P, Fourre E, Charlou J, et al. 2004. Helium isotopes at the Rainbow hydrothermal site (Mid-Atlantic Ridge, 36°14′N). Earth & Planetary Science Letters, 221: 325-335.

Johnson H P, Karsten J L, Vine F J, et al. 1982. A low-level magnetic survey over a massive sulfide ore-body in the troodos ophiolite complex, Cyprus. Marine Technology Society Journal, 16(3): 76-80.

Johnson S B, Warén A, Tunnicliffe V, et al. 2014. Molecular taxonomy and naming of five cryptic species of Alviniconcha snails (Gastropoda: Abyssochrysoidea) from hydrothermal vents. Systematics and Biodiversity, 13(3): 278-295.

Klinkhammer G P, Chin C S, Keller R A, et al. 2001. Discovery of new hydrothermal vent sites in Bransfield Strait, Antarctica. Earth & Planetary Science Letters, 193(3): 395-407.

Kurnosov V, Murdmaa I, Rosanova T, et al. 1994. Mineralogy of hydrothermally Altered Sediments and Igneous Rocks at sites 856-858, Middle Valley, Juan de Fuca Ridge. Proceedings of the Ocean Drilling Program, Scientific Results, 139: 113-131.

Large R R. 1992. Australian volcanic-hosted massive sulfide deposits; features, styles, and genetic models. Economic Geology, 87(3): 471-510.

Lipton I, Gaze R, Horton J. 2008. Lipton et al—Indicator Kriging, conditional simulation and the Halleys deposit practical application of multiple indicator kriging and conditional simulation to recoverable resource estimation for the halley's lateritic.

Lipton I. 2008. Mineral resource estimate, Solwara 1 project, Bismarck Sea, Papua New Guinea: NI43-101 Technical Report for Nautilus Minerals Inc. http://www.nautilusminerals.com/i/pdf/2008-02-01.

Lonsdale P. 1976. Abyssal circulation of the southeastern Pacific and some geological implications. Journal of Geophysical Research Atmospheres, 81(6): 1163-1176.

Lupton J E. 1995. Hydrothermal plumes: near and far field. Seafloor Hydrothermal Systems: Physical, Chemical, Biological, and Geological Interactions, American Geophysical Union, 91: 317-346.

Macpherson E, Jones W, Segonzac M, et al. 2005. A new squat lobster family of Galatheoidea (Crustacea, Decapoda, Anomura) from the hydrothermal vents of the Pacific-Antarctic Ridge. Zoosystema, 14(4): 709-723.

Marchig V, Gundlach H, Möller P, et al. 1982. Some geochemical indicators for discrimination between diagenetic and hydrothermal metalliferous sediments. Marine Geology, 50(3): 241-256.

Marques A F A, Barriga F, Chavagnac V, et al. 2006. Mineralogy, geochemistry, and Nd isotope composition of the Rainbow hydrothermal field, Mid-Atlantic Ridge. Mineralium Deposita, 41(1): 52-67.

Marsh L, Copley J T, Huvenne V A, et al. 2012. Microdistribution of faunal assemblages at deep-sea hydrothermal vents in the Southern Ocean. Plos One, 7(10): e48348.

Massoth G J, Baker E T, Lupton J E, et al. 1994. Temporal and spatial variability of hydrothermal manganese and iron at Cleft segment, Juan de Fuca Ridge. Journal of Geophysical Research: Solid Earth, 99(B3): 4905-4923.

Milligan B N, Tunnicliffe V. 1994. Vent and nonvent faunas of Cleft segment, Juan de Fuca Ridge, and their relations to lava age. Journal of Geophysical Research: Solid Earth, 99(B3): 4777-4786.

Mutter J C, Carbotte S, Nedimovic M, et al. 2013. Seismic imaging in three dimensions on the East Pacific Rise. Eos, Transactions American Geophysical Union, 90(42): 374-375.

Nakayama K, Saito A, Yamashita Y. 2011. Time-domain Electromagnetic Technologies for the Ocean Bottom Mineral Resources. Kyoto: Proceedings of the 10th SEGJ International Symposium: 66-69.

Nelsen T A, Klinkhammer G P, Trefry J H, et al. 1987. Real-time observation of dispersed hydrothermal plumes using nephelometry: examples from the Mid-Atlantic Ridge. Earth & Planetary Science Letters, 81(2): 245-252.

Nicholson B, Georgen J. 2013. Controls on crustal accretion along the back-arc East Scotia Ridge: constraints from bathymetry and gravity data. Marine Geophysical Research, 34(1): 45-58.

Nobes D C, Law L K, Edwards R N. 1986. The determination of resistivity and porosity of the sediment and fractured basalt layers near the Juan de Fuca Ridge. Geophysical Journal International, 86(2): 289-317.

Nobes D C, Law L K, Edwards R N. 1992. Results of a sea-floor electromagnetic survey over a sedimented hydrothermal area on the Juan de Fuca Ridge. Geophysical Journal International, 110(2): 333-346.

Plouviez S, Jacobson A, Wu M, et al. 2015. Characterization of vent fauna at the Mid-Cayman Spreading Center. Deep Sea Research Part I Oceanographic Research Papers, 97: 124-133.

Plouviez S, Shank T M, Faure B, et al. 2009. Comparative phylogeography among hydrothermal vent species along the East Pacific Rise reveals vicariant processes and population expansion in the South. Molecular ecology, 18(18): 3903-3917.

Ramirezllodra E, Shank T M, German C R. 2007. Biodiversity and biogeography of hydrothermal vent species: thirty years of discovery and investigations. Oceanography Society, 20(1): 30-41.

Revil A. 2013. Comment on "A fast interpretation of self-potential data using the depth from; extreme points method" (M. Fedi and M. A. Abbas, 2013, Geophysics, 78, no. 2, E107-E116). Geophysics, 78(4): 1-3.

Robigou V, Delaney J R, Stakes D S. 1993. Large massive sulfide deposits in a newly discovered active hydrothermal system, the High-Rise Field, Endeavour Segment, Juan de Fuca Ridge. Geophysical Research Letters, 20(17): 1887-1890.

Rogers A D, Tyler P A, Connelly D P, et al. 2012. The discovery of new deep-sea hydrothermal vent communities in the southern ocean and implications for biogeography. Plos Biology, 10(1): e1001234.

Rubin K H, Soule S A, Chadwick Jr W W, et al. 2012. Volcanic eruptions in the deep sea. Oceanography, 25(1): 142-157.

Rudnicki M D, Elderfield H. 1992. Theory applied to the Mid-Atlantic ridge hydrothermal plumes: the finite-difference approach. Journal of Volcanology & Geothermal Research, 50(1-2): 161-172.

Rudnicki M D, Elderfield H. 1993. A chemical model of the buoyant and neutrally buoyant plume above the TAG vent field, 26°N, Mid-Atlantic Ridge. Geochimica et Cosmochimica Acta, 57(13): 2939-2957.

Satake K, Atwater B F. 2007. Long-term perspectives on giant earthquakes and tsunamis at subduction zones. Annual Review of Earth & Planetary Sciences, 35(1): 349-374.

Sato M, Mooney H M. 1960. Electrochemical mechanism of sulphide self potentials. Geophysics, 25: 226-249.

Schmidt K, Koschinsky A, Garbe-Schönberg D, et al. 2007. Geochemistry of hydrothermal fluids from the ultramafic-hosted Logatchev hydrothermal field, 15°N on the Mid-Atlantic Ridge: temporal and spatial investigation. Chemical Geology, 242(1-2): 1-21.

Severmann S, Mills R A, Palmer M R, et al. 2004. The origin of clay minerals in active and relict hydrothermal deposits. Geochimica et Cosmochimica Acta, 68(1): 73-88.

Shinohara M, Yamada T, Ishihara T, et al. 2015. Development of an underwater gravity measurement system using autonomous underwater vehicle for exploration of seafloor deposits. Oceans. IEEE 1-7.

Singh S C, Crawford W C, Carton H D, et al. 2006. Discovery of a magma chamber and faults beneath a Mid-Atlantic Ridge hydrothermal field. Nature, 442(7106): 1029-1032.

Skirrow R G, Franklin J M. 1994. Silicification and metal leaching in semiconformable alteration beneath the Chisel Lake massive sulfide deposit, Snow Lake, Manitoba. Economic Geology, 89(1): 31-50.

Sohn R A, Fornari D J. 1998. Seismic and hydrothermal evidence for a cracking event on the East Pacific Rise crest at 9°50′N. Nature, 396(6707): 159-161.

Spagnoli G, Hannington M D, Bairlein K, et al. 2016. Electrical properties of seafloor massive sulfides. Geo-Marine Letters, 36(3): 1-11.

Speer K G, Rona P A. 1989. A model of an atlantic and pacific hydrothermal plume. Journal of Geophysical Research: Oceans, 94(C5): 6213-6220.

Sudarikov S M, Roumiantsev A B. 2000. Structure of hydrothermal plumes at the Logatchev vent field, 14°45′N, Mid-Atlantic Ridge: evidence from geochemical and geophysical data. Journal of Volcanology & Geothermal Research, 101(3): 245-252.

Tao C H, Chen S, Baker E T, et al. 2016. Hydrothermal plume mapping as a prospecting tool for seafloor sulfide deposits: a case study at the Zouyu-1 and Zouyu-2 hydrothermal fields in the southern Mid-Atlantic Ridge. Marine Geophysical Research, 38(1-2): 3-16.

Tao C H, Li H M, Jin X B, et al. 2014. Seafloor hydrothermal activity and polymetallic sulfide exploration on the southwest Indian ridge. Chinese Science Bulletin, 59(19): 2266-2276.

Tao C H, Lin J, Guo S Q, et al. 2012. First active hydrothermal vents on an ultraslow-spreading center: Southwest Indian Ridge. Geology, 40(1): 47-50.

Tao C H, Lin J, Guo S Q. 2007. Discovery of the first active hydrothermal vent field at the ultraslow spreading Southwest Indian Ridge. InterRidge News, 16: 25-26.

Tao C H, Wu T, Jin X B, et al. 2013. Petrophysical characteristics of rocks and sulfides from the SWIR hydrothermal field. Acta Oceanologica Sinica, 32(12): 118-125.

Tarasov. 2005. Fractional hydrodynamic equations for fractal media. Annals of Physics, 318(2): 286-307.

Telford W M N, Geldart L P, Sheriff R E. 1990. Applied Geophysics. Cambridge: Cambridge University Press.

Tivey M A, Dyment J. 2010. The magnetic signature of hydrothermal systems in slow spreading environments. Diversity of Hydrothermal Systems on Slow Spreading Ocean Ridges: American Geophysical Union, 188: 43-46.

Tivey M A, Rona P A, Schouten H. 1993. Reduced crustal magnetization beneath the active sulfide mound, TAG hydrothermal field, Mid-Atlantic Ridge at 26°N. Earth & Planetary Science Letters, 115(1-4): 101-115.

Tolstoy M, Waldhauser F, Bohnenstiehl D R, et al. 2011. Seismic identification of along-axis hydrothermal flow on the East Pacific Rise. Nature, 451(7175): 181-184.

Uglov B D. 2013. Geological-geophysical methods of allocation of circumstances, favorable for the deep sulfideores formation. Modern methods for study the composition of deep-sea polymetallic sulphides of the World ocean-M VIMS, Углов: 25-46.

von Herzen R P, Kirklin J, Becker K. 1996. Geoelectrical measurements at the TAG hydrothermal mound. Geophysical Research Letters, 23(23): 3451-3454.

Weekly R T, Wilcock W S D, Hooft E E E, et al. 2013. Termination of a 6 year ridge-spreading event observed using a seafloor seismic network on the Endeavour Segment, Juan de Fuca Ridge. Geochemistry Geophysics Geosystems, 14(5): 1375-1398.

Wilcock W S D, Archer S D, Purdy G M. 2002. Microearthquakes on the Endeavour segment of the Juan de Fuca Ridge. Journal of Geophysical Research, 107(B12): 1-21.

Wilcock W S D, Hooft E E E, Toomey D R, et al. 2009. The role of magma injection in localizing black-smoker activity. Nature Geoscience, 2(7): 509-513.

Wu T, Tao C H, Liu C, et al. 2015. Geomagnetic models and edge recognition of hydrothermal sulfide deposits at Mid-Ocean Ridges. Marine Georesources & Geotechnology, 34(7): 630-637.

Wynn J C, Grosz A E. 1986. Application of the induced polarization method to offshore placer resource exploration. Macromolecules, 35(19): 7172-7174.

Yu Y Q, Liu X L, Li H W, et al. 2016. The complete mitogenome of the Atlantic hydrothermal vent shrimp *Rimicaris exoculata* Williams & Rona 1986 (Crustacea: Decapoda: Alvinocarididae). Mitochondrial DNA, 27(5): 1-3.

4　洋中脊多金属硫化物勘查技术——羽状流及水体异常探测

通常情况下，海底热液流体的密度小于海水密度，热液流体喷出后迅速上升，并与海水发生混合作用，其热液组分相应地快速稀释到初始浓度的 10^{-5}～10^{-4}（Lupton et al.，1985）。混合后的流体在达到中性浮力之前可以上升至离海底数百米高度，并伴有侧向扩散，其侧向扩散范围可达数千千米（Baker and Massoth，1987；Speer and Rona，1989），形成羽状流。通过探测水体化学异常，追踪热液羽状流，进一步寻找海底热液区，并且根据羽状流的物理和化学异常梯度溯源海底热液喷口是开展硫化物勘探的一条可行途径。热液羽状流的温度、浊度及其化学组分与周围海水均存在很大差异（表 4-1）（Alt，2003）。海水中含量极其微小的化学成分，在热液中却能达到 mg/kg（即 10^{-6}）的数量级，如 Mn、Fe、H_2S、H_2 和 CH_4 等（Tivey，2007）。若探测区域的海水中上述物理参数或者化学元素组分具有较大正异常，就可以进一步追踪到海底热液。因此，水体异常探测被广泛应用于海底热液探测中，探测包含的参数甚广，初步概括至表 4-2。

表 4-1　全球热液流体与海水中各成分及其浓度（Alt，2003）

元素	轴向热液流体浓度	径向热液流体浓度	海水	元素	轴向热液流体浓度	径向热液流体浓度	海水
Li	411～1322μ	9μ	26m	B	451～565μ	570μ	416μ
K	17～32.9m	6.88m	9.8m	Al	4～20μ	—	0.02μ
Rb	10～33μ	1.12μ	1.3m	Mn	360～1140μ	7.8μ	0
Cs	100～202n	—	2n	Fe	750～6470μ	<0.1μ	0
Be	10～38.5n	—	0	Co	22～227μ	—	0.03n
Mg	0	0.098m	53m	Cu	9.7～44μ	—	0.01μ
Ca	10.5～55m	55.2m	10.2m	Zn	40～106μ	—	0.01μ
Sr	87μ	110μ	87μ	Ag	26～38n	—	0.02n
Ba	>42.6μ	—	0.14μ	Pb	9～359n	—	0.01n
SO_4^{2-}	0～0.6m	17.8m	28m	As	30～452n	—	27n
Si	14.3～22m	360m	0.05m	Se	1～72n	—	2.5n
P	0.5μ	0.3μ	2μ	Na	25.3～1254m	—	470n

μ，表示 μmol/kg；m，表示 mmol/kg；n，表示 nmol/kg；—，表示无数据

早期的羽状流探测主要通过 CTD 采水器获取海水，并在实验室中对水体进行 Mn、Fe、H_2S、H_2 和 CH_4 等化学成分的测定与分析。随着大洋深海原位探测技术的发展，可在“系留浮标”、“系留潜标”、ROV、AUV 和 HOV 等承载体上搭载多种传感器，在样品采集点对样品进行自动、连续分析，并将分析结果通过无线或有线系统进行实时传输。原位传感器作为海底热液区探测的手段之一，可以监测热液区域的空间和瞬时连续变化

的信息，真实反映热液活动演化的动态体系，同时还具有个体轻便、操作简单和高灵敏度等优点（曹志敏等，2005）。目前应用于热液活动研究的常规传感器包括温度、浊度、Eh、pH 等多种物理化学传感器，这些传感器单一或联合探测已成为我国西南印度洋多金属硫化物合同区资源调查的常规方法。

表 4-2　水体异常探测参数

类别	具体指标	发展情况
物理化学特征	温度	CTD 的温度传感器探测精度是 0.001℃。在热液探测过程中，温度变化受地形影响很大，需要通过地形校正观察温度异常情况
	浊度	浊度探测是热液探测过程中使用最为广泛的一种方式
	氧化还原电位	氧化还原电位的变化与喷口距离存在明显的关系，在距离热液喷口 1km 处，氧化还原电位异常会迅速消失，是用来追踪热液喷口位置的有效指标
气体组分	CH_4、H_2、H_2S、CO_2	通过探测海水中的气体组分来追踪热液流体是目前很常见的调查方式，其中甲烷探测最为普遍
溶解态离子	Mn^{2+}、Fe^{2+}	热液中铁和锰的含量都十分高。但锰的氧化速度较铁慢，可以在浮力平衡的羽状流中停留较长时间

4.1　温 度 探 测

4.1.1　探测原理

目前比较常见的温度探测设备包括温盐深传感器（CTD）、浊度探测仪器（MAPR）等。其中 CTD 是海洋调查中最常用的设备之一，可用于海水温度、盐度和深度等信息的探测。设备名称中的 3 个字母分别指：conductance（电导）、temperature（温度）和 depth（深度）。目前我国热液异常探测中用到的 CTD 包括 SBE 911 plus CTD 和 SBE 19 plus CTD（图 4-1）。其中 SBE 911 plus CTD 由主机 SBE9 和甲板单元 SBE11 组成，并且装有 24 个 8L 采水瓶。其测量的主要物理要素有电导率、温度和压力，技术指标见表 4-3。

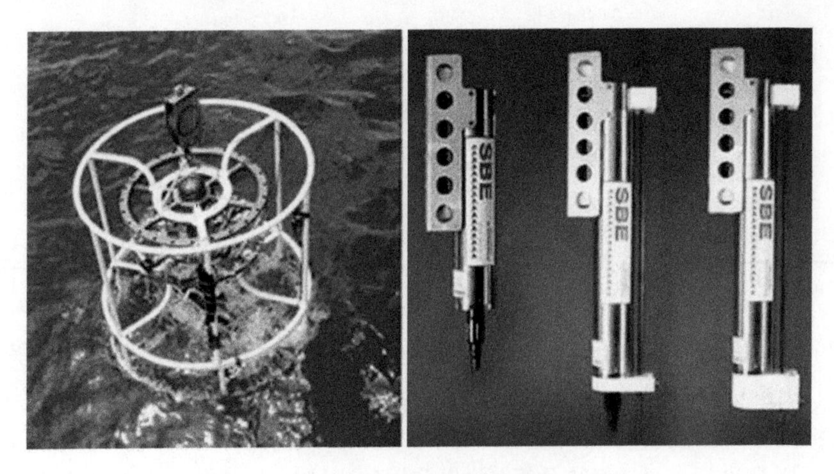

图 4-1　SBE 19 plus CTD

左图表示 CTD 在水下作业时的作业方式；右图是具体的 CTD 探测仪

表 4-3 SBE 911 plus CTD 各探头参数

	测量范围	初始精度	分辨率
电导率	0～7S/m	0.0003 S/m	0.00004 S/m
温度	–5～35℃	0.001℃	0.0002℃
压力	0～1500 psia[①]	0.015%×测量范围	0.0012%×测量范围

注：数据来源 https://geo-matching.com/uploads/default/m/i/migrationiimrwt.pdf

便携自容式海水热液柱自动探测仪（miniature autonomous plume recorder，MAPR）由美国国家海洋和大气管理局（National Oceanic and Atmospheric Administration，简称 NOAA）太平洋海洋环境实验室（PMEL）的 Baker 研究员领导的科研小组于 1995 年研制成功。该仪器可以搭载在拖缆上，与其他多种观测仪器同时作业，对大洋中脊及火山弧系统进行热液羽状流调查。多年来的实践证明，该仪器具有轻便、经济、耐用、自容及容易使用等特点，能够连续对海水的温度、压力和光学参数进行测量，曾经多次探测到沿大洋中脊分布的热液羽状流，为后来在洋中脊处发现新的热液喷口提供了关键的指导性观测数据。MAPR 包括 3 个探头，分别是温度、压力和浊度探头。图 4-2 展示了 MAPR 海上作业。

图 4-2 MAPR 实物图（国家海洋局第二海洋研究所，2011a）

4.1.2 方法技术

采用 CTD 探测海底洋中脊热液羽状流的方式有两种：①利用 SBE 911 plus CTD 直读模式来观测温度、浊度、氧化还原电位等的变化；②将 SBE 19 plus CTD 安装在摄像或光学拖体上，随拖体同时进行近底各要素观测。从实际观测效果看，第一种方式用于精确探测海底热液异常，第二种方式则用于相对更大范围内的探测。

浊度仪的作业方式同样也存在两种：①在进行深拖测线、CTD 站位调查时，将浊度仪加挂在光缆上，进行垂直层位的调查；②将浊度仪安装在摄像、光学拖体及潜器本体上，随拖体或潜器同时进行近底观测。

① psia 为非法定计量单位，1psia=6.89kPa

4.1.3 应用实例

Baker（2016）在东太平洋海隆上具有多个热液喷口的区域进行离底高度 60 米的水平拖曳探测，获取了温度、浊度和氧化还原电位探测数据。图 4-3a 图中黑色曲线代表氧化还原电位，展示了从基准值到最大的下降趋势。在 1 千米范围内多种传感器的响应被认为是单个热液喷口。在近底拖曳过程中，氧化还原电位的变动区域与红色曲线代表的温度异常区域很好的吻合，间接预示该区域存在热液羽状流。b 图中是高分辨的温度异常图，展示的是 a 图同样站位中，在 9.3778°N 存在温度异常，以及 2mV 的氧化还原电位异常，同样预测该区域存在热液活动。

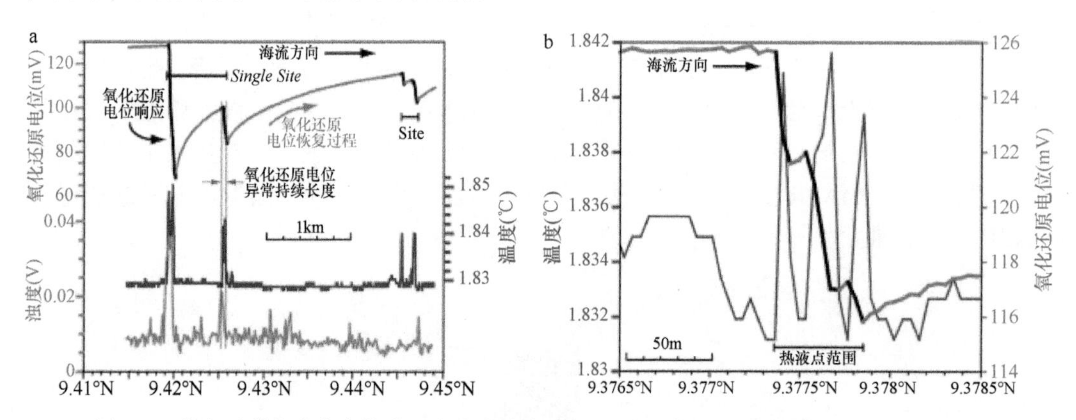

图 4-3 东太平洋海隆多个热液区上方离底高度 60m 水平拖曳测线数据（Baker，2016）

a. 温度、浊度和氧化还原电位探测数据；b. 温度异常的高分辨对比图

4.1.4 前景与展望

温度异常是热液羽状流探测过程中明确的示踪指标，存在温度异常的地方几乎都存在热液异常的现象。但是与其他示踪指标相比，温度异常的实际操作性不强。热液喷口流体的最大温度是周围海水温度的100倍及以上，但随着羽状流在非中性浮力层的稀释，探测热液羽状流的温度异常是极其困难的。这种困难在大西洋还会被扩大，因为大西洋海水的盐度变化随深度是负向增长的，中性浮力层的热液温度比周围海水的温度低。在热液流体到达中性浮力层（稀释程度最大）之前，如果 CTD 刚好探测到了正在上升的热液的温度异常，就可以精确地定位热液喷口的位置，不过这样的情况很少发生。

4.2 浊度探测

4.2.1 探测原理

浊度，是指样本液体的浑浊程度，即由于不溶物的存在而导致液体透明度的衰减程度（刘长华等，2008）。浊度测量在科学研究、工业生产、人类生活等诸多方面都有非常重要的意义，如水质评估、水域监测、细胞培养、营养素和微生物培养等（Baker，

1994）。

热液羽状流源于热液活动中快速喷出的流体，浊度异常是羽状流的重要标志，且浊度与温度之间具有紧密联系（Baker et al.，1994；Chin et al.，1998；Ishibashi et al.，1997；Mottl et al.，1998）。热液流体在扩散过程中与周围海水不断发生混合，浊度将迅速衰减，到达一定高度后趋于稳定。但在羽状流中性浮力层水体浊度较温度衰减更慢，而且与周围海水存在明显差别。浊度仪浊度测量基于反向散射原理，传感器发出的光传播到海水中的悬浮颗粒，并通过散射返回传感器；设备把接收到的光强度变化转化为电压变化，再经过一定的换算方法转化为海水浊度变化，其单位为 NTU。

4.2.2 方法技术

目前人们进行浊度测量的仪器（或方法）主要分为两大类：一类是利用光束在样本液中的透射光进行浊度测量，另一类是利用光束在样本液中的散射光进行浊度测量。如图 4-4 所示，第一类仪器（或方法）是透射法，即用光束通过一定厚度的待测液体，测量待测液中悬浮微粒对入射光的吸收和散射所引起的透射光强度的衰减量，来确定待测溶液的浊度。第二类（即散射法）是通过测量待测溶液的入射光束被溶液中的悬浮微粒散射所产生的散射光的强度来确定浊度的。由于两种方法在仪器、校准方法等方面有各自的特点，因而各有不同的测量范围。

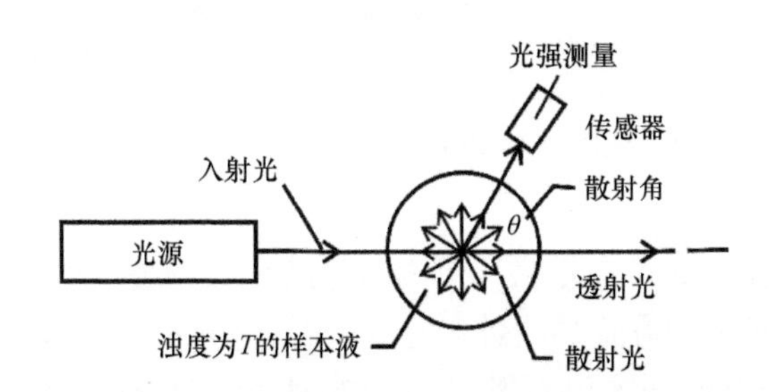

图 4-4 浊度测量方法示意图

利用透射光强度测量浊度，是通过测量样品液中颗粒物的阻碍作用造成的透射光强度的衰减程度来估计液体浊度。对于某指定光源而言，透射光强度随液体浊度呈指数衰减，然而，利用透光率测量容易受到颜色吸收或颗粒物吸收等干扰的影响，而且这种方法只在浊度不高的情况下才具有较为准确的测量结果。高浊度样本液（大于 1000NTU）的光路中存在很严重的散射现象，除了直接散射以外，还存在多种间接散射，这大大增加了浊度测量的难度（Bashirov et al.，1992）。随着浊度的增加，尽管透射光的强度减弱了，但是散射光的能量却逐渐增强，而且不同角度的散射光与液体的浊度存在密切联系，因此人们提出了利用散射光进行浊度测量的方法。

通过 90°散射光测量浊度需使用浊度计，浊度计发出光线，使之穿过一段样品，并从与入射光呈 90°的方向上检测有多少光被水中的颗粒物所散射。在样本液浊度较低情况下，散射光强度在散射角为 90°时随浊度呈线性变化（Bashirov et al.，1992），含有参量的求浊度（T）的公式如下：

$$T = k_1 \cdot I_{90} + k_2 \tag{4-1}$$

式中，I_{90} 表示 90°时的散射光强度；k_1 和 k_2 为待较准参量。理论上利用两组 T 和 I_{90} 列方程组即可确定参量的值，实际中则采取多组数据求平均值的方法，这样可以减少测量误差。浊度计既适用于野外和实验室内的测量，也适用于全天候的连续监测。可以设置浊度计，使之在所测浊度值超出安全标准时发出警报。当样本液的浊度较高时，散射光强度在散射角为 90°时与浊度不再存在线性关系，此时应当使用多角度估计法。

基于深拖技术的浊度仪羽状流探测通常采用锯齿式、原位式和阵列式三种工作方式（图 4-5）。其中，锯齿式工作方式中使用一个浊度仪，在测量船前进过程中不断收放拖缆，使浊度仪在整个羽状流里面以锯齿状轨迹前进。原位式是指将船动力定位在已知的热液喷口的海面上，把安装有浊度仪的拖缆垂直沉入海底，对热液喷口上方的垂直剖面进行定点测量。阵列式也称为拖曳式，把多个浊度仪以一定的间距依次挂绑在拖缆上，排列成一个 300～500m 长的浊度仪垂直阵列，这个长度范围基本可以涵盖热液羽状流的活动范围。

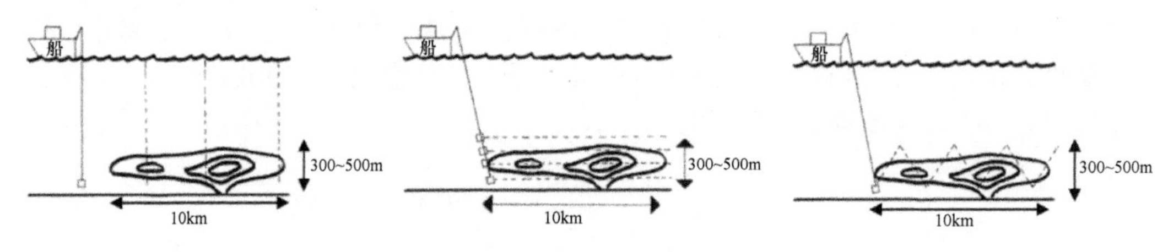

图 4-5　拖体与 MAPR 位置示意图（陈升，2016）

图中空心矩形示意 MAPR 传感器

锯齿式浊度仪工作方式可在较大范围内对热液羽状流进行探查，但是其缺点是数据覆盖率比较低。原位式工作方式主要针对已知位置的热液活动区，可以获得较小区域不同深度的水体资料，但不适合较大范围区域内的羽状流探查。阵列式工作方式结合了锯齿式和原位式工作方式的优点，把多个浊度仪同时加载到拖体及其缆绳上，既可以覆盖热液羽状流影响范围，又能够保证较高航速，提高了调查效率。

目前，中国大洋航次中的浊度调查主要使用阵列式工作方式，将 3～5 个浊度仪和其他仪器一同加挂在拖体及拖体上方 20～500m 的电缆上，通过拖曳测线，获取经过的多层海水的浊度和温度信息。

4.2.3　应用实例

通过探测热液羽状流的浊度异常，在全球海底发现了一系列的热液区。例如，陶春辉等（2017）通过分析在大西洋 13°～14°S 调查获得的浊度仪资料，展示了在驺虞热液区上方 100～250m 处存在明显的浊度异常（图 4-6），由图 4-6 可推测热液区的已知热液点和氧化还原电位（oxidation-reducx potential，ORP）最大异常之间的距离为 0.1～0.2km。

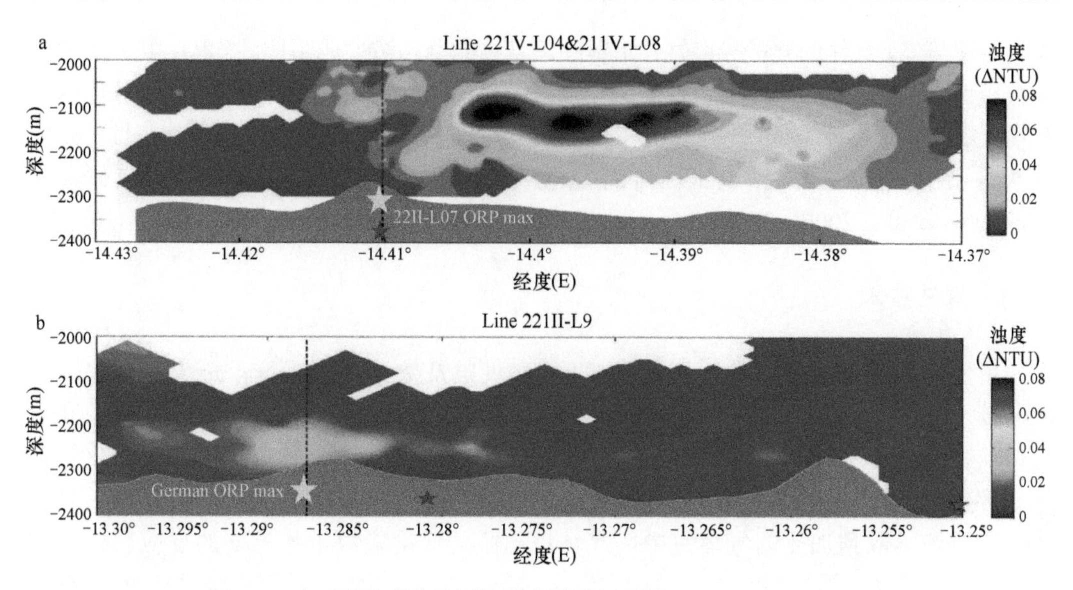

图 4-6 大西洋驺虞热液区的浊度异常剖面图（Tao et al.，2017）

4.2.4 前景与展望

目前，羽状流示踪指标的实时连续探测主要局限在浊度（光散射和透射）、氧化还原电位和温度三方面。在热液羽状流探测中，浊度是目前为止使用最为普遍的探测指标，细小颗粒物及含 Fe 的氧化物颗粒可以在羽状流中停留很长的时间，因此浊度异常可以沿着洋中脊主轴追踪几百千米。在实际海底热液探测过程中，通常将浊度异常与温度异常、氧化还原电位异常等指标相结合，综合预测热液喷口的位置。

4.3 甲烷探测

4.3.1 探测原理

传统溶解甲烷探测技术主要是利用气相色谱法对搜集的离散水样进行分析，但该方法在样品采集和保留过程中很容易受到污染或者甲烷逸失，导致测试结果产生误差。而且，该方法在实验室内的操作过程烦琐，分析时间较长，极大地限制了实时原位溶解甲烷浓度探测（Awashima et al.，2008；Boulart et al.，2008；Camilli et al.，2004；Reeburgh，2014）。

目前已经投入应用的原位溶解甲烷传感器的探测技术主要有 3 种类型：①利用半透膜进行气液分离后对气相的甲烷进行测量；②利用生物传感器技术进行测量；③利用光学技术进行测量（Boulart et al.，2010；Kröger and Law，2005；申正伟等，2015）。

德国 GKSS 研究中心和 Franatech 公司共同研制生产的商业甲烷传感器（METS）作为一种技术基本成熟的产品，已经在世界范围内广泛应用于海洋溶解甲烷的科学研究及商业领域。METS 传感器主要是利用第一种探测技术进行原位甲烷浓度测量。外界海水中的溶解气体可以通过由多孔烧结金属板支撑的硅橡胶半透膜渗入 METS 传感器探头腔中，并在腔内逐渐扩散。因此，在硅橡胶半透膜的内外两侧分别存在气相和液相气体，由亨利定律可知，气体的分压与该气体溶解在溶液内的摩尔浓度成正比，当其中某一侧的气体分压偏大时，该侧的气体便通过半透膜渗入到另一侧，直到半透膜两侧的气体分压达到平衡。METS 传感器基于这一理论基础，利用安装在探头腔中的 SnO_2 半导体甲烷传感器探头输出电压信号，根据电压信号的变化来判断渗入到半透膜内侧的甲烷气体浓度（Fukasawa et al.，2007，2008；Nam et al.，2005；Suess et al.，2007；申正伟等，2015）。

4.3.2 方法技术

甲烷探测器包括甲烷传感器（METS）和供电及数据存储系统，最大作业水深为 6000m。甲烷传感器探头上有涂有特殊材料活性层的半导体膜，它能够吸收甲烷及其他烷烃。烷烃的吸收引起活性层的交换反应，使活性层电导率发生变化，并直接转化为电压。活性层对甲烷的吸收需要在加热的气态环境中才能进行，这就需要溶解于海水中的甲烷通过膜扩散到加热的气体室中。气体进出膜的速度取决于传感器的反应和恢复时间，由于其速度较慢，相对于其他标准海水传感器来说，METS 需要更长的时间来反应和恢复。因此，探测时应保证其有足够的暴露时间，航速低于 2 节为宜，垂向速度不能超过 2m/s。在实际调查中，甲烷传感器可搭载在 CTD 垂直站位、深拖测线中进行，也可与其他化学、物理传感器集成为一体实现水下连续、实时观测，为检测热液中甲烷浓度异常提供新的观测手段。

4.3.3 应用实例

国内外近 10 年来对原位甲烷传感器开展了一系列的研究，并开始了商品化样机的生产。关于甲烷探测，比较典型的实例是 Cowen 等（2002）在胡安德富卡洋脊（JdFR）Endeavour 段的实际应用，其探测到甲烷浓度具有明显的变化（图 4-7）。周建平等（2011）在东太平洋进行的集成深拖测试中，证明 METS 传感器探测的甲烷浓度与 CTD 探测到的温度异常及浊度仪探测到的浊度异常位置相差不大。Gasperini 等（2013）在马尔马拉海东部先后进行了 3 个航次的调查，同时使用实验室气相色谱法和海底甲烷原位测试法，首次获得了该区域的溶解甲烷浓度数据。

4.3.4 前景与展望

METS 传感器的结构精巧、轻便、操作方便，已被广泛应用于海底热液探测与研究领域，可与 CTD（盐度、温度传感器）一起安装在 AUV 等装置上，进行原位探测。在小范围尺度的热液调查过程中（一般是 10km 范围内），甲烷是重要的示踪指标。然而，并不是所有的羽状流中都能探测到甲烷；在一些低温热液区产生的羽状流中会探测到甲烷，但不能同时探测到浊度或者金属元素异常。此外，与 ^3He 一样，在船上不能对甲烷含量进行实时探测，虽然甲烷可以通过水样进行测量，但是目前没有传感器可以实时准确地测量羽状流所在深度的甲烷含量。未来需要完善传感器数据传输功能，结合浊度传感器和温度传感器探测到的信息，从而对热液羽状流的异常特性进行实时追踪和解释。

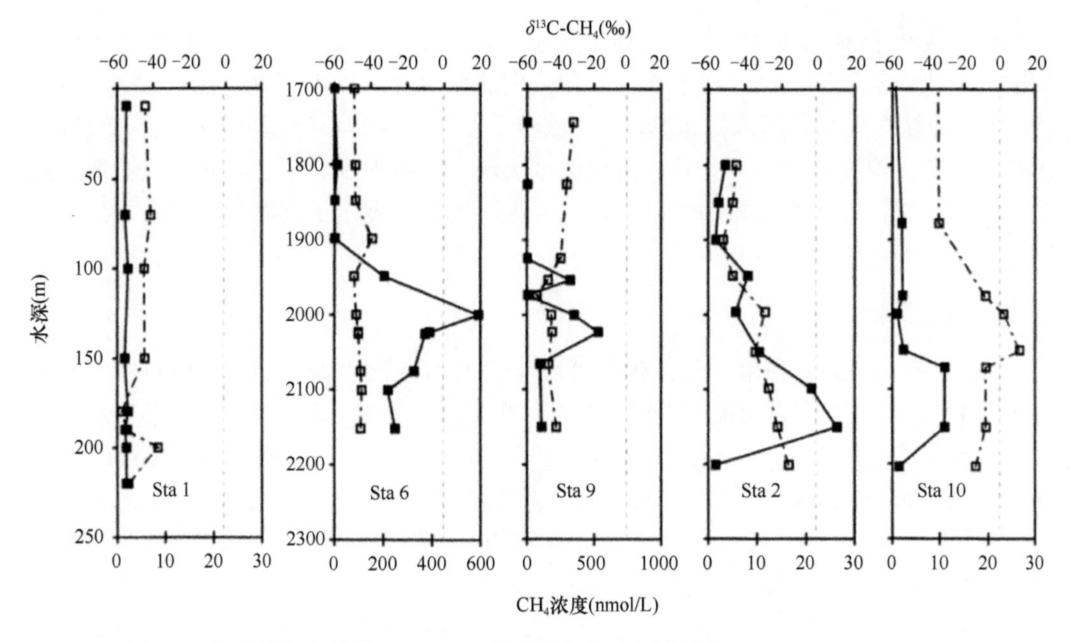

图 4-7 胡安德富卡洋脊 Endeavour 段甲烷浓度垂直剖面图（Cowen et al.，2002）

空心方块代表$\delta^{13}C-CH_4$，实心方块代表 CH_4 浓度，纵坐标为水深，单位为 m

4.4 流 速 探 测

4.4.1 探测原理

深海热液系统内及附近区域的海水流速是深入了解热液羽状流生成、发展和扩散过程不可或缺的观测要素。目前对海底热液系统流速观测主要包括两个方面：一是海底热液系统内热液流体流速观测，指的是对高温热液喷口喷出或低温热液区域弥散的热液流体流速进行高分辨率监测，从而推算中性浮力层位置，并估算海底热液系统向海洋输送的热通量和物质通量等要素；二是对海底热液系统周边环境背景场海水流速进行监测，了解热液羽状流的分布形态和扩散特点，为热液羽状流异常探测提供动力学依据，同时也为海底热液系统特有生物群落的全球迁移和繁殖提供背景流场。受限于高昂的观测成本和匮乏的观测手段，海底热液系统流速观测依然是研究热液活动的难点之一。近 40 年来，基于多种方法开发的海流测量设备被大量用于海底热液系统流速观测，并取得了一定的成果。

4.4.2 方法技术

4.4.2.1 机械转子/旋桨测流

1. 测流原理

机械转子/旋桨式海流计属于机械式流速测量设备，20 世纪 80 年代至 21 世纪初期，该类设备曾大量使用在海底热液系统周围海水的流速调查中。其工作原理是由海水流动推动内置转子/旋桨传感器转动，通过传感器角速度推算海水流速，同时借助随流定向的尾翼或内置磁罗盘确定海水流向。在长期的使用中，该类测流设备也暴露了测流精度低、无法有效观测海水低速流动、机械转子存在惯性和不能测量三维流速等缺陷，因此逐渐被其他测流设备所替代。目前机械式测流设备很少应用于海底热液系统周围海水流速观测，但凭其可靠的性能，常结合高清摄像装置用于高温热液喷口热液流体的初速度观测。

2. 应用实例

Little 等（1987）利用一条搭载在“Alvin”号载人潜水器上的观测链对东太平洋 10°55.73′N，103°40.6′W 热液区进行了调查，观测链上安装了温度计、采水装置和机械式测流设备等仪器。该类机械式测流设备是由美国伍兹霍尔海洋研究所（Woods Hole Oceanographic Institution）自行开发研制的旋桨式机械海流计，在水平和垂直方向各有两个机械扇叶，可以在“Alvin”号下潜作业期间同时获取调查区域内海水的水平流速和垂直流速。类似的旋桨式测流设备还有挪威 Aanderaa 公司研发的 RCM 系列机械式海流计（图 4-8），该型号海流计经过多次升级，凭借其较高的精度和稳定性，被广泛地应用于海底热液系统周边环境海水流速调查中。1997 年，在太平洋胡安德富卡洋脊（JdFR）Axial Volcano 热液区投放了一套短周期锚定潜标，在潜标离底 30m 和 150m 高度分别搭载了一台 Aanderaa 公司生产的 RCM-7 型机械海流计，获取了热液活动区域内多天的海水流动信息(图 4-9)；同年，在大西洋的 Rainbow 热液区也开展了类似的调查(Khripounoff et al.，2000)，4 套锚定潜标被布放在 Rainbow 热液区附近，包括一套短期潜标和 3 套长周期潜标，每套观测链上都安装了 Aanderaa RCM-7 型机械海流计用于观测调查区内海水流速（图 4-10，表 4-4）。两个热液区的海水流动观测数据均显示深海热液活动区内海水流动较弱且存在明显的潮周期变化现象。

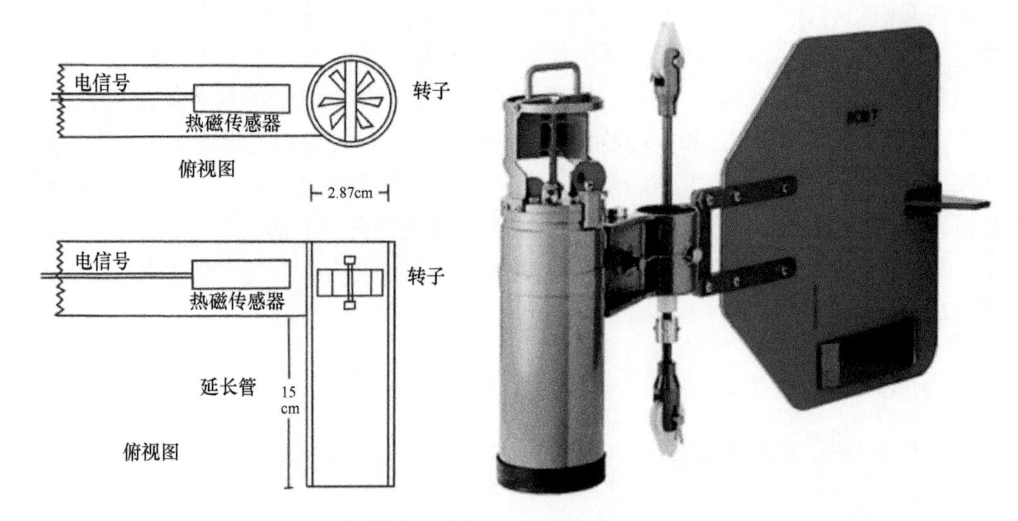

图 4-8　机械式测流装置（Converse et al.，1984）
左图为 Phoenix 机械涡轮测流设备结构图，右图为 Aanderaa 公司 RCM-7 型海流计

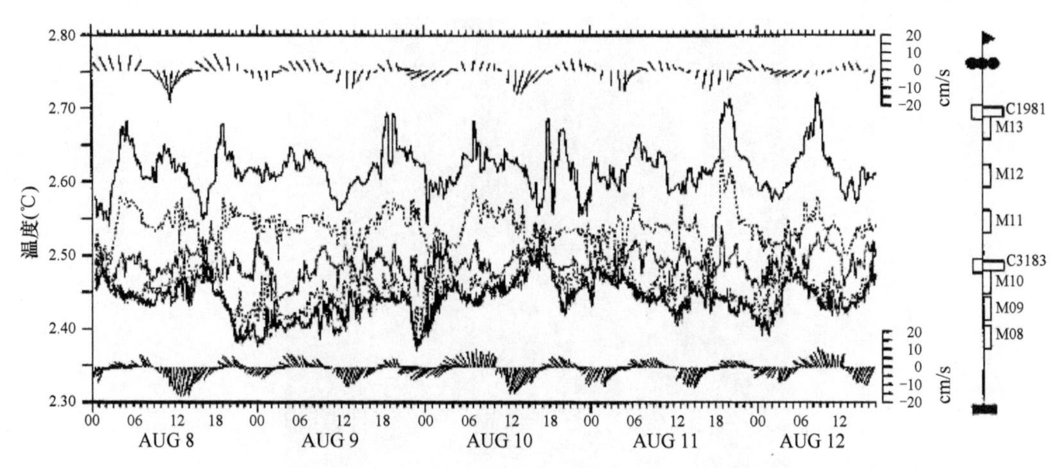

图 4-9 1997 年在胡安德富卡洋脊（JdFR）Axial Volcano 热液区投放潜标观测结果图，右侧为潜标结构示意图（Lavelle et al.，2001）

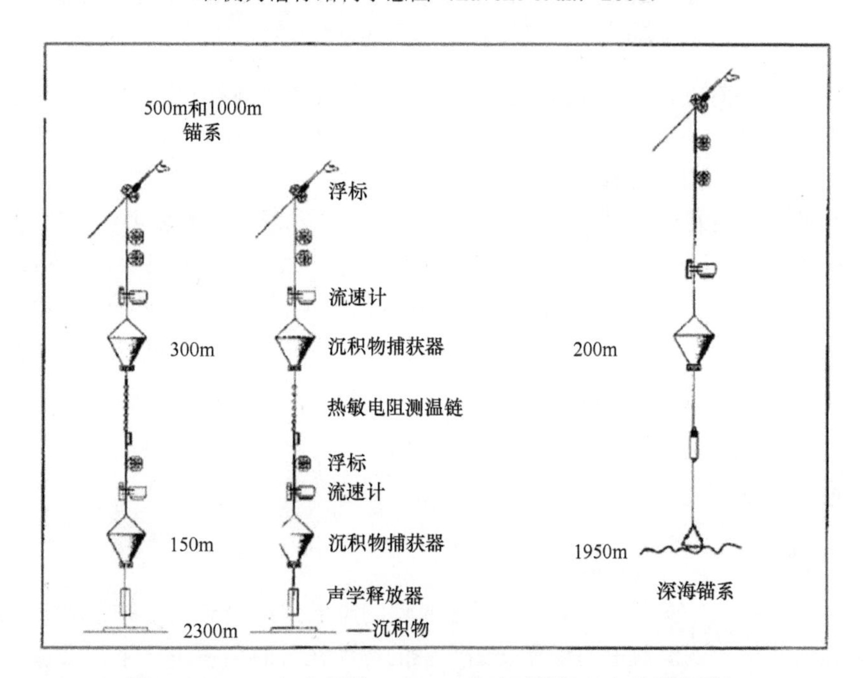

图 4-10 1997 年大西洋 Rainbow 热液区投放 3 套长周期潜标结构示意图（Khripounoff et al.，2000）

表 4-4 1997 年大西洋 Rainbow 热液区深层海水流速调查结果（Khripounoff et al.，2000）

锚系名称	采样时长（天）	离地高度（m）	余流方向	平均流速（cm/s）	最大流速（cm/s）	平均余流值（cm/s）
M Pelagic	304	210	310°	5	14	1.1
M500	304	310	005°	6	17	3.1
M500	304	160	020°	6	18	4.5
M1000	304	310	355°	6	17	1.5
M1000	304	160	355°	6	18	3.4

图 4-11　利用机械涡轮转子流速仪对胡安德富卡洋脊（JdFR）喷口流体喷发速度进行观测的示意图（Iorio et al.，2012）

机械式测流装置在测量海底热液系统喷口位置热液流体初速度时有着不可替代的作用。1981 年，Converse 等（1984）利用“Alvin”号载人潜水器搭载由美国 Phoenix 公司特制的机械涡轮转子式测流设备（图 4-8），对东太平洋海隆 21°N 区域的多个高温热液喷口热液流体喷发速度进行了测量，测得这些喷口热液流体喷出的初始流速为 70～210cm/s。1994 年，3 套装配了光学监测机械转子的“Medusa”热液系统监测装置在大西洋 TAG 热液区布放（Schultz et al.，1996），对区域内热液流速展开监测。2012 年，Iorio 等（2012）利用机械涡轮转子流速仪（图 4-11），对胡安德富卡洋脊 Endeavour 热液区的高温热液喷口热液流体喷发速度进行了观测，推算出高温热液活动喷口热液流体的流速为 10～200cm/s。

4.4.2.2　电磁方法测流

1. 测流原理

20 世纪 90 年代，基于法拉第电磁感应原理的电磁式海流计也曾被应用于深海热液系统的流速监测中，该仪器中的环形线圈产生的电流在传感器周围产生一个磁场，通过测量海水穿过磁场后所产生的电动势的差异便可以推算出海水流动的强度和方向。

$$E = \int (V \times B) \cdot \mathrm{d}l \tag{4-2}$$

式中，E 为电动势；V 为海水的流速；B 为磁感应强度；l 为电磁式海流计接收电极之间的等效距离。在实际应用中，电磁式海流计存在测流精度不高、操作烦琐且不适用于混合强烈区域的海水流速观测等缺点，近年来已经很少应用于海底热液系统流速观测中。

2. 应用实例

Schultz 等（1992）在 Endeavour 热液区利用电磁式海流计对低温弥散的热液流体垂直流速进行了 45 天的连续观测，所得数据经过后处理得到该区域内热液流体的垂直流速为 7～15cm/s。

4.4.2.3　声学海流计测流

随着声学测流技术的发展，越来越多的声学海流计用于海底热液系统流速的实际调查中，其中声学多普勒海流计和声学时差海流计是其中较为成熟的设备。

1. 声学多普勒海流计

1）测流原理

声学多普勒海流计利用声学多普勒效应，由换能器向海水发射固定频率的声波短脉冲信号，这些声波信号在水中遇到悬浮物散射体时将发生反射和散射形成回波，回波信号会被仪器换能器接收并进行分析。如果回波信号频率变高，则说明水中悬浮物与换能器之间距离变近；如果回波信号频率变低，说明水中悬浮物与换能器之间距离变远（图 4-12）。这一特性被称为声学多普勒效应。通过这一频率变化Δf，根据公式（4-3）（田淳等，2003）便可以推算出沿着波束方向的独立流速分量 V_0：

$$V_0 = \frac{C\Delta f}{2f_0\cos\theta} \tag{4-3}$$

式中，θ 为水流方向和接受声束之间的夹角；C 为声波在水中的流速，f_0 为发射源声源频率。各个沿波束方向的海水流速分量经过坐标转换后，成为大地坐标系的流速分量（图 4-13）。

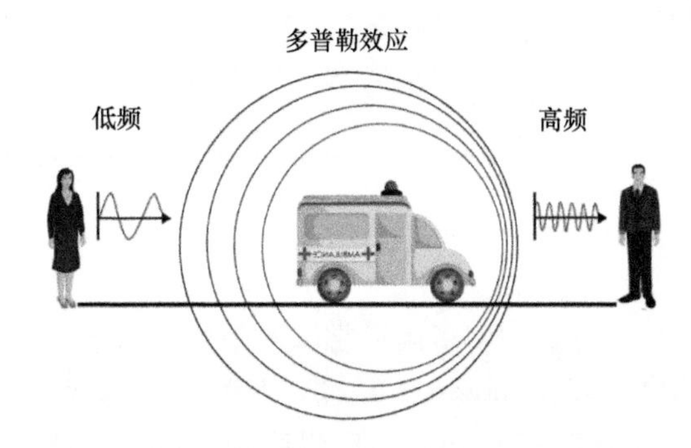

图 4-12　声学多普勒效应频率变化示意图

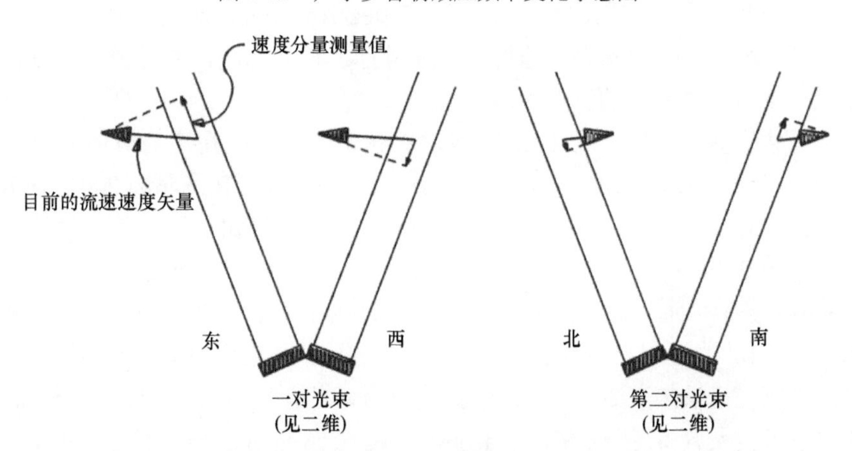

图 4-13　多普勒声学海流计波束坐标和大地坐标转换示意图
（数据来源：http://www.teledynemarine.com/rdi/）

声学多普勒海流计根据其功能和使用方法可以分为声学多普勒剖面海流计（acoustic doppler current profiler，ADCP）和声学多普勒单点海流计（acoustic doppler velocimeter，ADV）。声学多普勒海流计是目前在深海热液系统流速测量中应用最为广泛的仪器之一，目前主流的设备技术参数见表 4-5。

表 4-5　声学多普勒海流计技术参数

仪器名称	生产厂商	发射频率	最大测量范围	流速			流向		
				测量范围（cm/s）	测量精度	测量分辨率（cm/s）	测量范围	测量精度	测量分辨率
Seaguard	Aanderaa	1.9～2.0MHz	单点 5m 内	0～300	±0.15cm/s	0.01	0～360°	±1.5°	0.01°
ADV	Sontek	16MHz 10MHz 5MHz	单点 5m 单点 5m 或 10m 单点 18m	0～250 0～250 0～250	1%±0.5cm/s	0.01	0～360°	±2°	0.01°
Signature	Nortek	1000kHz 500kHz 250kHz 55～75kHz	30m 70m 200m 1500m	0～500	0.3%±0.5cm/s 0.3%±0.5cm/s 1%±0.5cm/s 1%±0.5cm/s	0.1	0～360°	±2°	0.01°
ADP	Sontek	1.5MHz 1.0MHz 500kHz 250kHz	15～25m 25～35m 70～120m 160～180m	0～1000	1%±0.5cm/s	0.1	0～360°	±2°	0.1°
ADCP	RDI	1200kHz 600kHz 300kHz 150kHz 75kHz	12m 50m 110m 340m 600m	0～1000	1%±0.5cm/s	0.1	0～360°	±2°	0.01°

注：数据来源 http://www.teledynemarine.com/rdi/

2）应用实例

20 世纪 90 年代末到 21 世纪初，多国科学家对胡安德富卡洋脊 Endeavour 热液活动区进行了多个航次的综合调查（Thomson et al.，2003），多套长周期锚定潜标被投放到热液区所在峡谷北部、中部和南部的热液喷口附近（图 4-14），潜标观测链上搭载了 RDI 公司生产的长量程声学多普勒剖面海流计和 Nortek Aquadopp 系列声学多普勒单点海流计（图 4-15），对海底热液系统周边海水流速进行了长期观测，通过观测的流速数据初步推测了 Endeavour 热液区的流场形态。

声学多普勒剖面海流计可以固定在锚定潜标上或者搭载在活动载体上对热液活动区周围较大范围内海水流速进行观测（图 4-16）。Thurnherr 和 Richards（2001）在 Rainbow 热液区通过搭载在 CTD 采水系统上的 RDI 300K 型 ADCP 进行了多个站位的观测，获取了调查区域内 2175～2225m 海水瞬时水平流速（图 4-17）；Keir 等（2008）在大西洋 Drachenschlund 热液区通过相同的方法对 2600～2800m 的海水流速进行了反复测量并确定主流向（图 4-18）。近年来随着水下自主潜器的成熟，将声学海流计安装在自主潜器上沿着预设探测轨迹记录热液活动区内海水流速成为行之有效的观测手段，Walter 等（2010）利用无缆水下机器人 ABE 搭载 ADV（acoustic doppler velocimeter）对 Drachenschlund 热液区进行了一个潜次的调查，得到了与 Keir 等（2008）类似的流速观测结果。

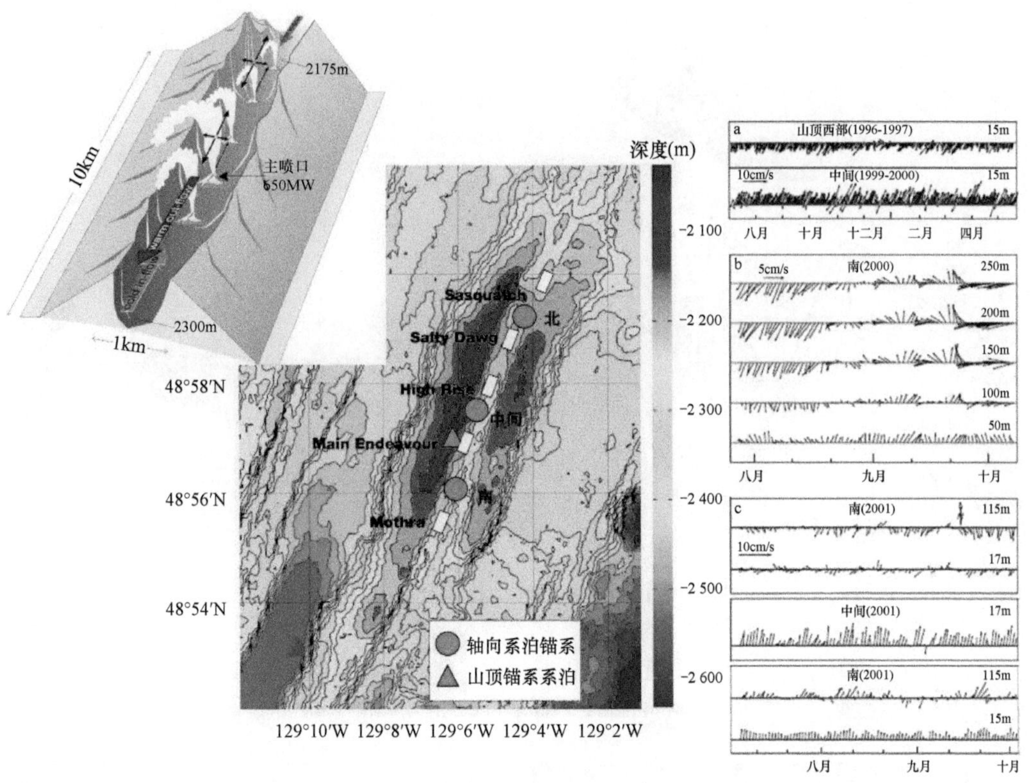

图 4-14　Endeavour 热液区潜标布放位置（左图）、海水流速（右图）和流场形态（左上小图）（Thomson et al.，2003）

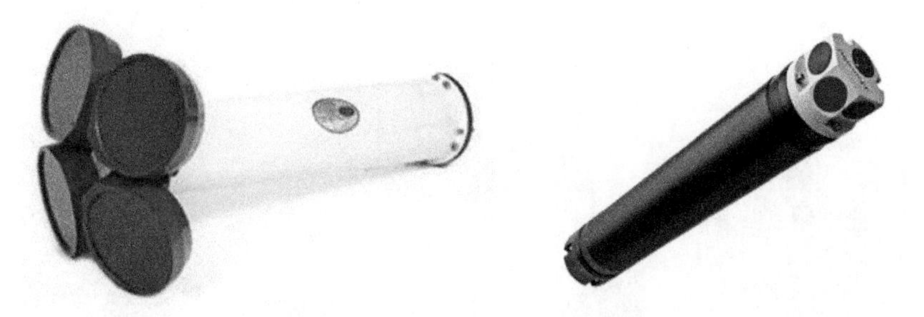

图 4-15　RDI 75K 长量程声学多普勒剖面海流计（左）和 Nortek Aquadopp 单点海流计（右）

2. 声学时差海流计

1）测流原理

声学时差海流计（MAVS）是最近 30 年才逐渐发展成熟的一种新型海流计，其原理是利用声波在顺流和逆流时传播速度的差异性来测量海水流速。假设声波顺流在固定距离 L 内传播时间为 $L/$（$C+V_0$），逆流时传播时间为 $L/$（$C-V_0$），两次传播的时间差为 $\Delta t = 2LV_0/(C^2 - V_0^2)$。由于声速远远大于海水流速，因此可以将时间差简化成 $\Delta t = 2L/(C^2 - V_0^2)$。因此只要测得声波来回传播的时间差，便可以推算出海水流速。因为声学时差海流计在测量湍流、缓流等海底热液系统特有的流态时可以保持较高精度和稳定性，因此比较适用于海底热液系统内低温热液弥散区内热液流体的观测。

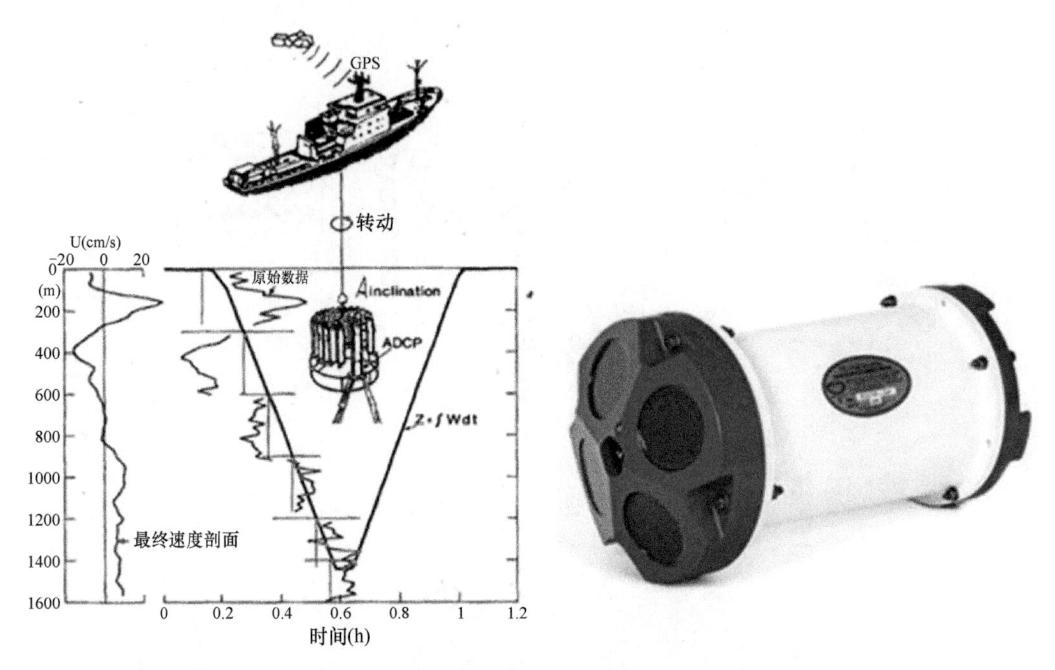

图 4-16　声学多普勒流速仪搭载在 CTD 上下放示意图(左)(Fischer J and Visbeck M，1993)和 RDI 300K 型 ADCP（右）(数据来源：http://www.indiamart.com/proddetail/workhorse-sentinel-adcp-13638997855.html）

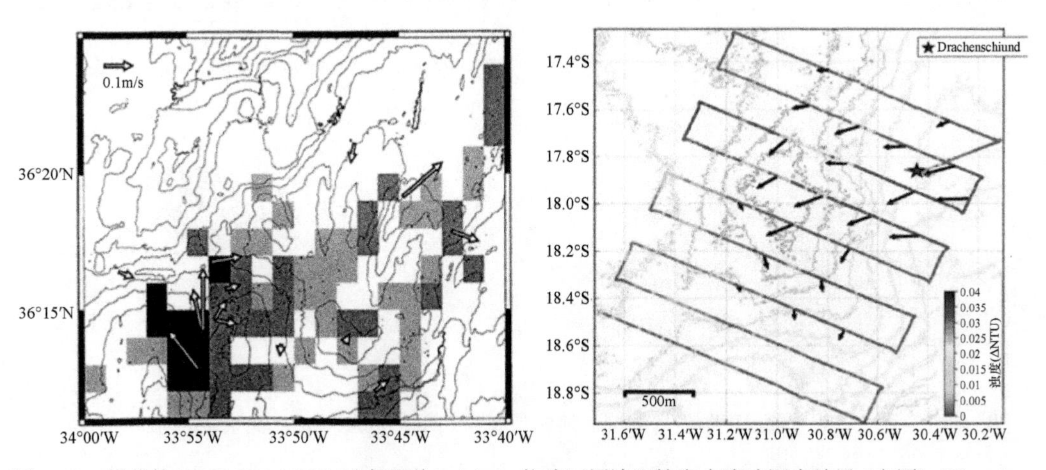

图 4-17　搭载的 RDI 300K ADCP 对大西洋 Rainbow 热液区周边环境海水流速调查结果（左图）(Thurnherr and Richards，2001）与搭载的 ADV 对大西洋 Drachenschlund 热液区周边环境海水流速调查结果（右图）（Walter et al.，2010）

2）应用实例

Johnson 等（2002）在胡安德富卡洋脊背部低温热液弥散区投放了一套深海热液观测系统（图 4-19），包括一套声学时差海流计（MAVS）和热敏电阻观测链。该系统可以连续监测低温热液弥散区内的热液流体垂直流速和温度变化，从而推算低温热液弥散区向海洋释放的热通量；Williams 等（2002）研制了一套带测量管的声学时差海流计（Pipe MAVS）（图 4-20）并在 Endeavour 热液区中心位置进行了应用；Veirs 等（2006）通过无缆水下机器人 ABE 搭载声学时差海流计的方式对 Endeavour 热液区的北侧和南侧的海水流场进行了连续观测，并和 Endeavour 热液区中心位置采集的数据进行了对比（图 4-21）。

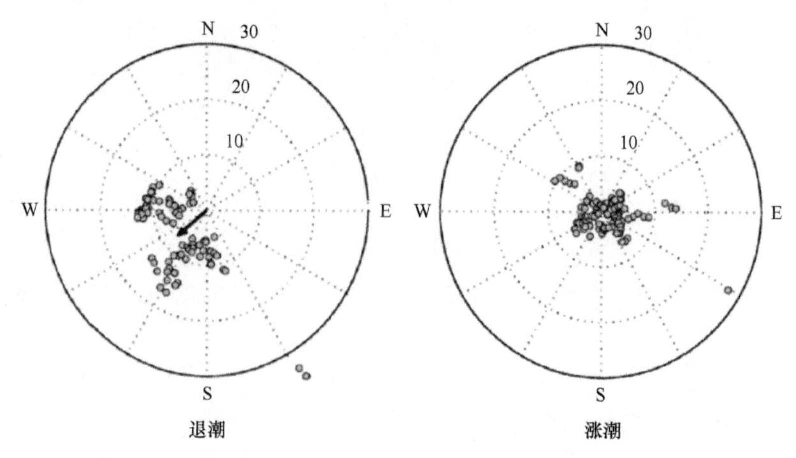

图 4-18　搭载的 RDI 300K ADCP 对 Drachenschlund 热液区周边环境海水流速调查结果（Keir et al.，2008）

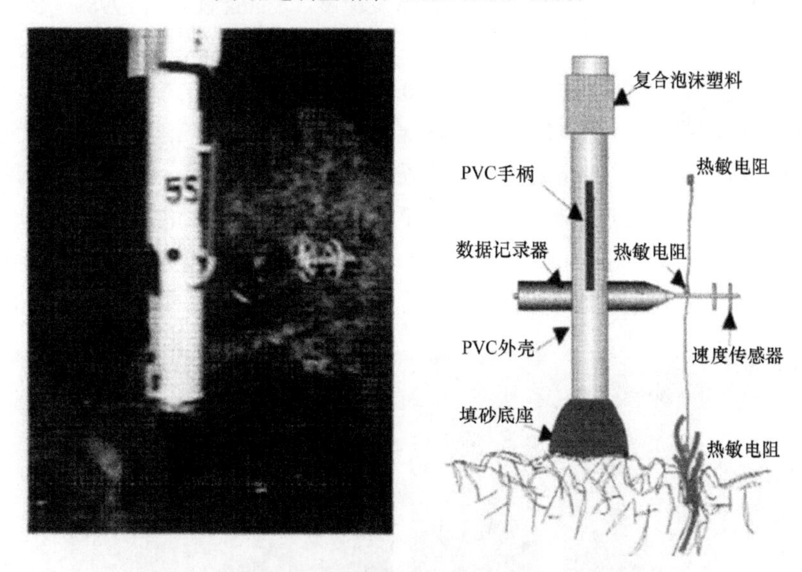

图 4-19　深海热液观测系统（Johnson et al.，2002）

图 4-20　Pipe MAVS（Williams et al.，2002）

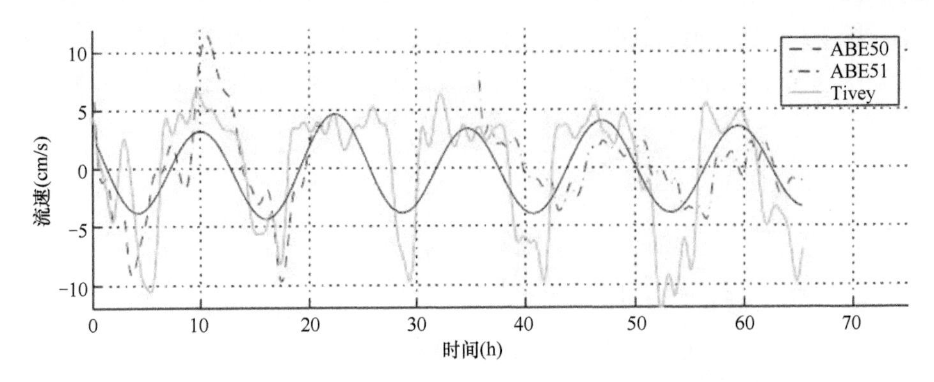

图 4-21　ABE 搭载 MAVS 测量海水流速和定点观测的 MAVS 测流数据对比（Veirs et al.，2006）

4.4.2.4　其他方法测流

1. 高清视像观测微粒轨迹测流

在对东太平洋中脊 9°50′N 的海底热液系统的调查中，高清摄像技术被应用于估算高温热液活动喷口和低温热液弥散区热液流体的喷发速度（Shank et al.，1998）。Ramondenc 等（2006）设计了一套配有刻度板的装置（图 4-22），用载人潜器放置在海底热液系统指定位置，通过高速高清摄像装置（每帧画面间隔 0.07s）记录海水中的微粒运动轨迹来推算热液流体的喷发速度（图 4-23，图 4-24），得到高温热液喷口和低温热液弥散区热液流体喷发速度分别为 15～40cm/s 和 3～5cm/s。类似的方法也被应用在 Endeavour 热液区的调查中，Iorio 等（2012）利用机械旋桨式的转速仪（图 4-25）对调查区域内高温热液喷口和低温热液弥散区热液流体流速进行了观测，通过高清视频摄像装置记录转动角速度，推算出高温热液活动喷口热液流体的流速为 10～200cm/s，低温弥散区热液流体的流速为 1～10cm/s。

图 4-22　深海热液系统热液流体喷发流速测量装置（Ramondenc et al.，2006）

2. 声学成像系统测流速

声学成像系统不但可以通过声波反射强度来刻画热液羽状流的形态，而且能利用多普勒效应测算热液羽状流中热液流体的流速（Iorio et al.，2012；Rona and Light，2011）。Xu 和 Iorio（2012）利用声学成像系统对 Endeavour 热液区 Dante 热液喷口上方 20m 左右的海水垂直流速进行了 10 天左右的监测，得到垂向海水流速变化特征（图 4-26）。

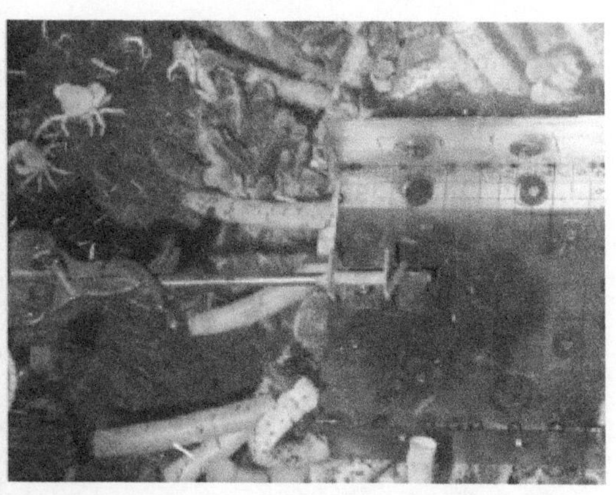

图 4-23　深海热液系统热液流体喷发流速测量装置在对高温热液喷口（左）和低温热液弥散区（右）进行测量（Ramondenc et al.，2006）

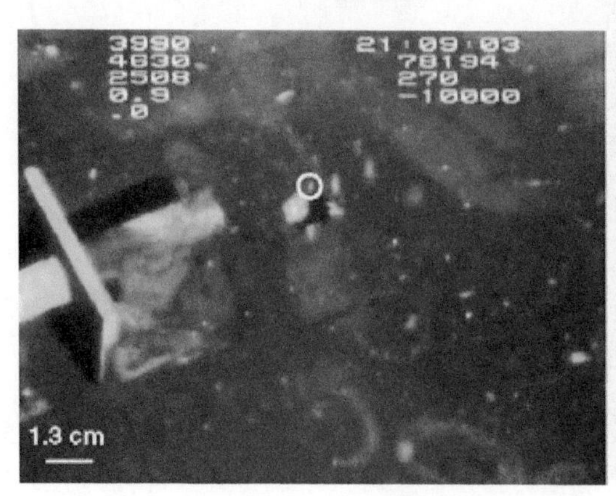

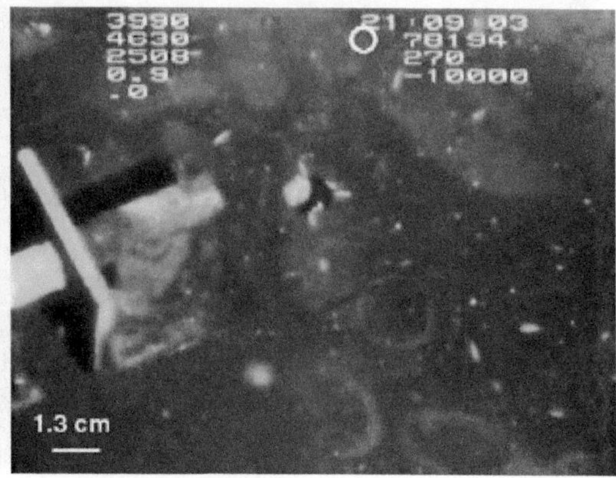

图 4-24　高速高清摄像装置记录的喷口附近同一个微粒运动轨迹（白色圆圈内）（Ramondenc et al.，2006）

图 4-25　测量热液流体喷速的机械旋桨式的转速仪（Iorio et al.，2012）

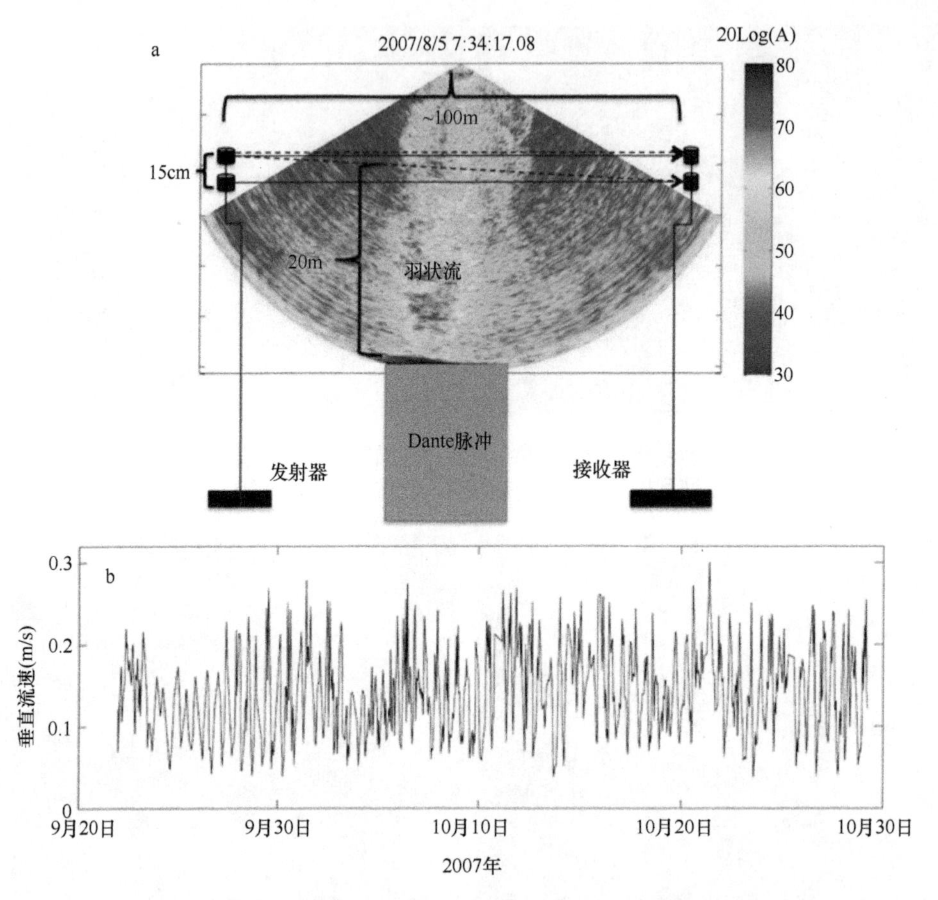

图 4-26　声学成像系统探测的热液羽状流形态（a）和测量的热液流体垂直流速（b）（Xu and Iorio，2012）

3. 热膜流速仪测流

Sarrazin 等（2009）研制了一套带双速度传感器的设备（图 4-27），用于监测大西洋中脊热液区热液弥散流。该设备除了可以通过高清摄像装置和流速转子测算热液流体

图 4-27　海底热液系统热液弥散流双速度传感器监测装置（Sarrazin et al.，2009）

流速外，还能通过测量装置内部通电加热的金属薄膜在水流中散失的热量来推算热液流体流速，测量结果表明，在大西洋中脊热液区热液弥散流的喷射速度为 1.1～4.9mm/s。

4. 光学方法测流

基于光学原理的新型热液弥散流流速测量方法也于近些年被应用到热液区弥散流流速的观测中。Mittelstaedt 等（2010）通过光学 DFV（diffuse flow velocimetry）技术对大西洋 Lucky Strike 热液活动区内的热液弥散流进行了测量。光学 DFV 技术的原理是光束源在热液弥散流体中传播时，由于介质性质的变化，光源在背景面上的投影也发生了位移（图 4-28），通过位移矢量可以计算得到热液弥散流的速度矢量分布特征（图 4-29）。

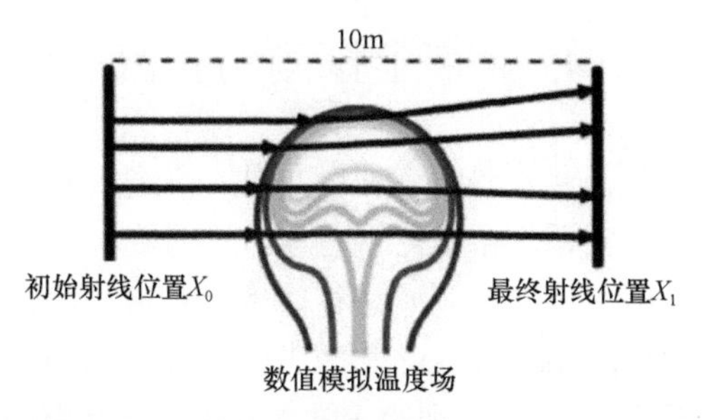

图 4-28 光线穿越热液弥散流体后发生变形示意图（Mittelstaedt et al.，2010）

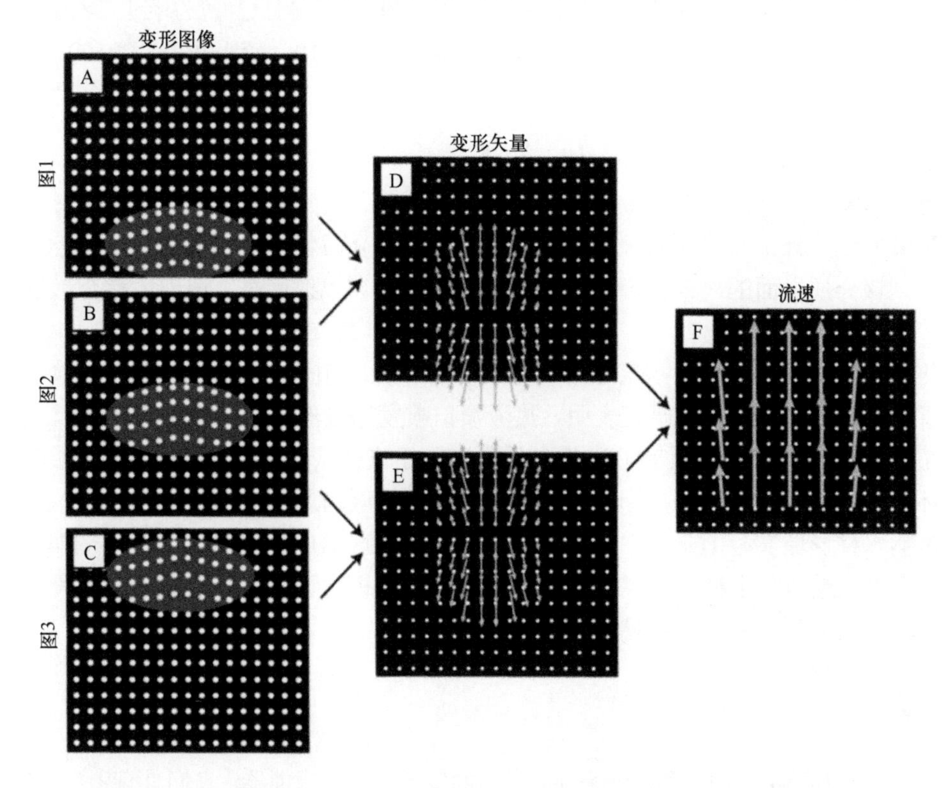

图 4-29 DFV 技术计算弥散热液流体过程示意图（Mittelstaedt et al.，2010）

4.4.3 前景与展望

目前通过以上各类方法，能够对深海热液系统的海水流速进行一定程度的探测，促进了热液羽状流探测技术的发展，提高了对热液羽状流的分布形态和与环境相互作用的认识。但在实际调查过程中，还存在着一些不足，主要体现为以下几点。

（1）观测空间分辨率较低，无法真实还原整个热液区热液流体的动力特点。

（2）受限于仪器电池容量，观测周期较短，无法进行长周期的热液区海水流速监测。

（3）对观测布放要求较高，通常需要 ROV 或者 HOV 等复杂设备的配合。

基于以上不足，相信在今后的深海热液系统调查中，越来越多的新方法和技术将会被应用到海水流速的观测中，促进更加全面地认识整个深海热液系统。

4.5 声学探测羽状流

声学在海底羽状流探测过程中扮演着举足轻重的角色。在水声学发展的进程中，声呐技术是发展最为成熟的，它适用于长距离通信，而且在浑浊的水中性能可靠。基于声呐系统的迅速发展，目前国内外已经开始进行海底羽状流声学探测的研究（Chadwick et al.，2014；Crone et al.，2013；Kumagai et al.，2010；Yoerger et al.，2001；李灿苹等，2013；李江海等，2004；夏建新等，2007）。利用声呐水柱影像探测海底羽状流就是研究方向之一（Clarke，2006；Colbo et al.，2014；阳凡林等，2013），并且已经应用到了多个热液区和冷泉区（Klaucke et al.，2006，2005；Kumagai et al.，2010；栾锡武等，2010）。

4.5.1 探测原理

海洋本身及其界面具有许多不同类型的不均匀性，其尺度小至灰尘，大至海水中的鱼群和海底上的峰峦与海底山脉。这些不均匀性形成介质物理性质上的不连续性，阻挡了辐射到该介质上面的一部分声能，并把这部分声能再辐射回去，该现象称为散射（乌立克，1972）。

热液羽状流的声学特征是气泡和颗粒散射的综合，而固态颗粒的存在为气泡的形成提供了更好的聚集性。相关研究表明，热液喷口喷发出气泡上升高度可达海底以上几百米甚至数千米，其分布范围也可达几十千米。由于气体或气-液混合的水体会比正常的水体环境产生更大的声阻抗，因此在水体散射信息里会有显示（胡杭民，2014）。

声呐水柱影像实际上是水中目标或对象受声波照射后的反向散射成像（图 4-30）。因此，可以通过声呐水柱影像寻找海底热液活动区。相比于传统的地球物理手段，该方法具有较高的探测效率（阳凡林等，2013）。

4.5.2 方法技术

侧扫声呐系统是一种主动声呐系统，左右两侧各有一个换能器，它们具有扇形指向性。

图 4-30 多波束声呐系统的水柱探测方法示意图（Lurton，2002）

系统按一定时间间隔进行脉冲的发射操作和反向散射信号的接收操作，对每次得到的一系列电脉冲信号进行处理，转换成数字信号，形成二维海底地形地貌声图（许枫和魏建江，2006）。海底热液喷口逸出的大量气泡遮蔽海底，从而形成一个强波阻抗界面，这个强波阻抗界面在侧扫声呐原始数据图像（即未通过斜距校正移除水体信号的图像）上形成亮斑异常。通过亮斑异常，可以判定海底热液喷口的存在。侧扫声呐可以成为海底热液喷口探测的有效方法。

多波束系统不仅可以快速获取调查海区的全覆盖高精度的海底地形图，而且可以采集海底反向散射强度数据进行地貌分析和底质分类（朱峰和于宗泽，2015），此外，有的多波束系统也同时记录了水体中的反向散射强度数据，从而可以进行多波束水柱影像探测（Jones，2003；Nakamura et al.，2015）。多波束水柱影像携带了波束从换能器到海底的完整信息，可用于探测从海面至海底的声照射目标，包括探测航道障碍物、水雷和海底突起物等海底目标，检视水下工程，也可探测鱼群、海洋内波、羽状气流等中底层水域固体或非固体目标（图 4-31）（Colbo et al.，2014；Weber et al.，2012；阳凡林等，2013）。

4.5.3 应用实例

2007 年 5 月，Kumagai 等（2010）利用搭载在 AUV-Urashima 上的侧扫声呐获得了一幅高质量的水柱影像图像（图 4-32）。该图为约 9min 时长的未经处理的侧扫声呐图像，其中每幅图的中线为 AUV-Urashima 的轨迹线。除了图 4-32d 外，其他三幅图的中间黑色部分均有识别出的水体散射信号。在图 4-32a 中很容易区分出一些呈灯丝状或圆弧状的散射信号，根据温度和水化学异常可以认为这些水柱中的强散射信号是喷口地区上涌的热液羽状流。图 4-32b 显示了许多雾状的反向散射，可能是弥散流。图 4-32c 记录到了一些非常微弱的信号。

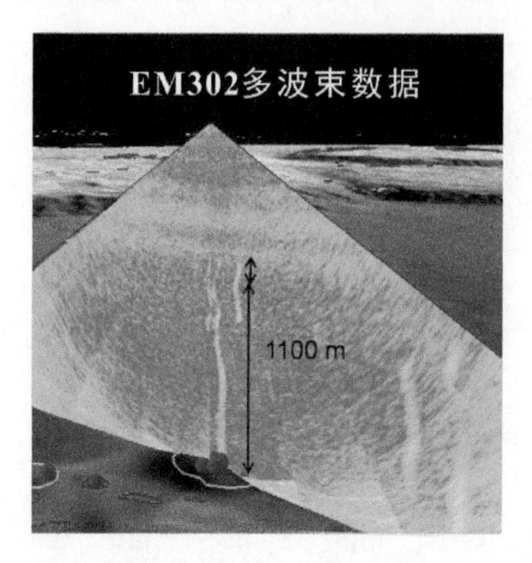

图 4-31　一个 30kHz 的多波束系统的水柱影像图（Weber et al.，2012）

图中的绿色细条带状的信号是由渗漏的气体形成

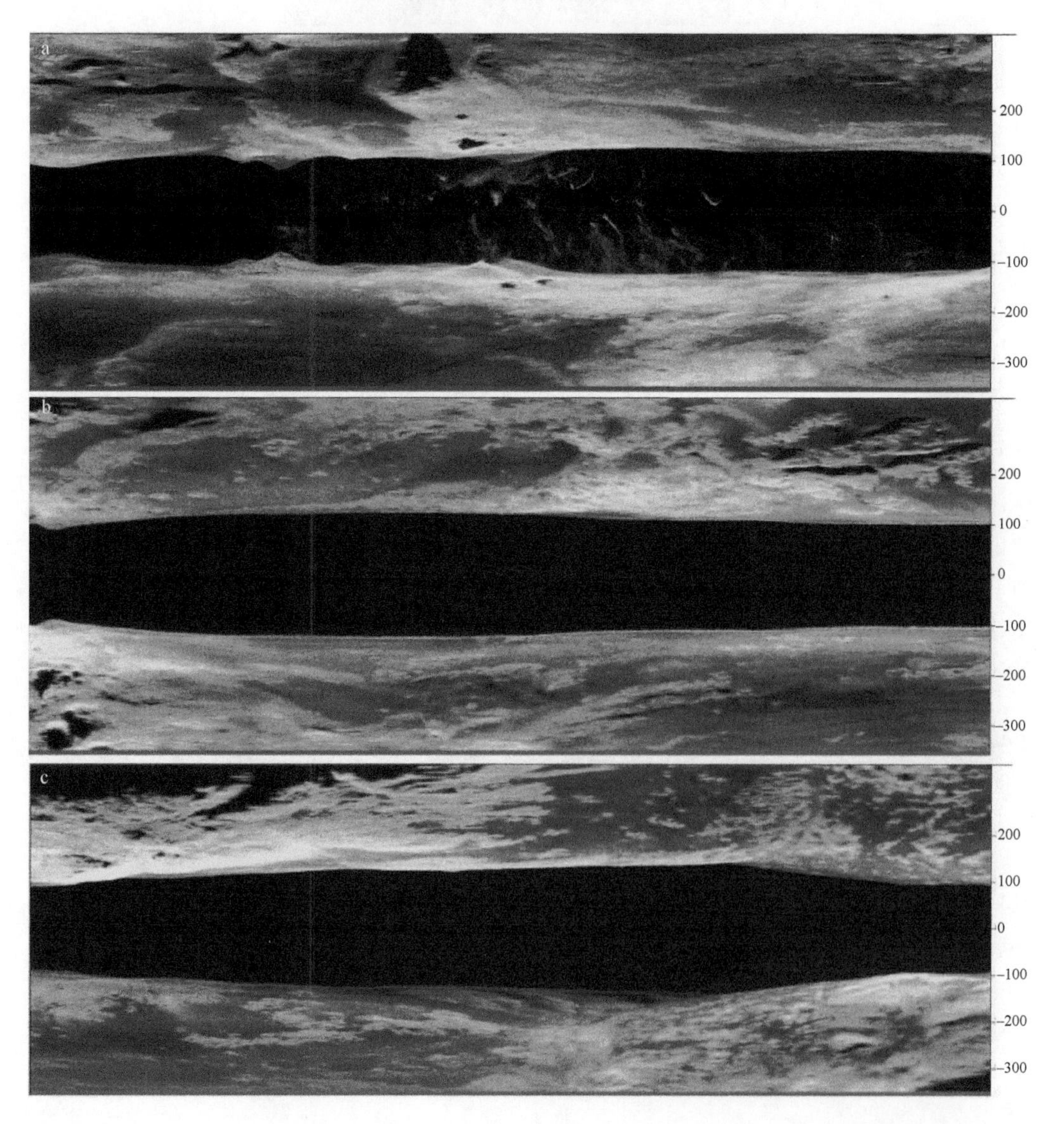

图 4-32 在热液区上方获得的典型的未经处理的侧扫声呐图像（Kumagai et al.，2010）
a. 类型 A，灯丝状；b. 类型 B，雾状；c. 类型 C，弱信号；d. 类型 D，无信号

4.5.4 前景与展望

尽管利用声呐水柱影像探测海底羽状流技术起步较晚，但是它展现出来的优越性使其成为海底采样工作开始之前的一项主要探测方法，尤其是在热液区调查探测中。下一步需要完善热液羽状流声学反向散射模型，结合声呐探测到的水柱影像信息，从而对热液羽状流的三维特性进行解释。

4.6 电化学传感器探测

4.6.1 探测原理

热液喷口喷出的流体通常富含硫化氢（H_2S）气体、亚铁离子（Fe^{2+}）及氢气（H_2），具有强还原性。玄武岩通过热液作用及水岩反应，释放游离的氢离子（H^+），从而具有酸性特征，见公式（4-4）和公式（4-5）。强酸性、还原性和高含量 H_2S 气体是衡量和区分热液流体及其扩散羽状流与周围海水的重要标志。因此，通过判断热液扩散流体的还原性及其水体中 H_2S 气体含量，可以帮助追踪和定位海底热液喷口。

$$Fe^{2+} + H_2S \longrightarrow FeS + 2H^+ \tag{4-4}$$

$$Mg^{2+} + \text{basalt(玄武岩)} + H_2O \longrightarrow Mg(OH)SiO_3 + H^+ \tag{4-5}$$

氧化还原传感器和 H_2S 电化学传感器能够分别用于测量热液扩散流体的氧化还原电位（Eh）和 H_2S 浓度参数，其实质是将水体的化学信号转化为电势信号进行实时在线测量。Eh 反映热液喷口发生的一系列化学氧化还原反应的最终结果，是衡量热液流体氧化性或还原性强度的重要指标：Eh 愈大，氧化性愈强；Eh 愈小，还原性愈强。

Eh 是反应过程中所有电子转移累积获得的最终综合电位值。测量海底热液羽状流的 Eh 及其变化，其意义在于探索和解释热液喷口及其喷出流体发生的一系列氧化还原反应。除此之外，海洋学家利用羽状流和海水在水平方向或垂直方向上的 Eh 空间差异（ΔEh）和温度或盐度等异常，追踪和定位活动的海底热液喷口（Connelly et al.，2012；Stranne et al.，2010）。典型的氧化还原反应见公式（4-6）（Whitfield，1974），Eh 的计算见公式（4-7）（Cammann，1979）。

$$\mathrm{Aox} + ne^- + m\mathrm{H}^+ = \mathrm{Ared} \tag{4-6}$$

$$\mathrm{Eh} = \mathrm{E}_0 + \mathrm{RT} / n\mathrm{F} \cdot \ln(\mathrm{Aox} / \mathrm{Ared}) - (2.303m\mathrm{RT} / n\mathrm{F}) \cdot \mathrm{pH} \tag{4-7}$$

式中，Aox 和 Ared 分别为元素氧化和还原形式的活性态，e^-指电子，n 和 m 为反应中电子和质子的数量；E_0 为标准条件下 Aox=Ared、pH=0 时的电极电位；R 为气体常数［8.3141J/（mol·K）］；T 为绝对温度；F 为法拉第常数（96 500C/mol）。测量 Eh 的实质是测定铂（Pt）惰性电极与标准氢参比电极的电位差。测量时，Pt 电极为电子交换提供场所（Whitfield，1974）。一般情况下，pE（$\mathrm{pE}=-\log_{10}a_{e^-}$）（Sillen，1965）［公式（4-8）］表示系统处于平衡状态时的氧化能力（即电子转移的能力）。

$$\mathrm{pE} = -k \times [\log(a_{\mathrm{ox}} : a_{\mathrm{Pt}_0}) - \log \mathrm{K}^0] - \mathrm{pH} \tag{4-8}$$

式中，a_{e^-}为氧化还原反应过程中电子的活度（即 pE）；a_{ox} 为氧化物或还原物的活度；a_{Pt_0} 为金属 Pt 活度；$\log\mathrm{K}^0$ 为标准状态下氧化还原反应过程的初始电位值；k 为反应系数。一般情况下，Eh 可由 pE 计算获得，即 $\mathrm{Eh} =(2.303\mathrm{RT/F})\cdot\mathrm{pE}$。

H_2S 气体是海底热液喷口常见的气体，它是辉石岩类或磁黄铁矿在酸性环境下与水中的硫酸根发生水岩反应的产物（Zierenberg et al.，2000），见公式（4-9）和公式（4-10），其含量为 1～100mmol/L（von Damm，2013）。H_2S 气体对于温度和海水的混合作用非常敏感，并且在海底地球化学和生物过程中扮演着非常重要的角色。探测 H_2S 气体含量无疑为寻找海底热液喷口提供了直接证据。

$$\begin{aligned}&\mathrm{Mg_{1.5}Fe_{0.5}Si_2O_6 + 0.083H^+ + 0.0416SO_4^{2-} + 0.5H_2O}\\&=\!=\mathrm{Mg_{1.5}Si_2O_5[OH] + 0.167Fe_3O_4 + 0.0416H_2S}\end{aligned} \tag{4-9}$$

$$\mathrm{Fe_7S_8 + 2H^+ + SO_4^{2-} =\!= 4FeS_2 + Fe_3O_4 + H_2S} \tag{4-10}$$

采用 Nernst 型离子选择电极（ion selective electrode，ISE）测定 H_2S 浓度，通过测定工作电极与参比电极之间的电位差来探测 S^{2-}与 HS^-的浓度，再根据标定公式推导计算出待测组分的浓度。其电位差的计算公式如下：

$$\mathrm{E}(mV)_{\mathrm{H_2S},T,P} = \mathrm{E}_0(mV)_{\mathrm{H_2S}} - 2.303\frac{\mathrm{RT}}{n\mathrm{F}} \times \log\left(\frac{f_{\mathrm{H_2S}}}{a_{\mathrm{H_2O}}}\right) \tag{4-11}$$

式中，$\mathrm{E_{0H_2S}}$ 为标准温压条件下的 H_2S 气体电势；$f_{\mathrm{H_2S}}$ 为 H_2S 气体的逸度；$a_{\mathrm{H_2O}}$ 为水的活度；n 为反应涉及的电子数量；R 为气体常数［8.3141J/（mol·K）］；T 为绝对温度；F 为法拉第常数（96 500C/mol）。

4.6.2 方法技术

Eh 主要采用 Eh 电极测量。Eh 传感器（图 4-33）探头利用铂金属丝（Pt）作为工作电极（Gillespie，1920；Whitfield，2003），银/氯化银（Ag/AgCl）作为参比电极（韩沉花等，2009）。探测 Eh 时，将 Eh 电极与多通道水下数据采集器连接（秦华伟，2012），现场使用前需采用蒸馏水浸泡至少 12h，在水下每隔 5s 采集一次数据。Eh 传感器采集的数据是相对值，未做任何校正，即 Eh 电极与 Ag/AgCl 半参比电极之间的相对电位差。

由于Eh传感器体积小、能耗少、可自容采集的数据，因此海上作业时，将Eh传感器搭载到深海摄像拖体和CTD等设备上，按照布设的测线进行拖曳式探测，获得原位、实时的Eh测线数据。同时根据摄像系统实时拍摄和摄像的海底照片与视像，观测海底热液蚀变岩石、受热液影响的沉积物及热液生物物种，再综合比对温度、浊度及其他异常，判断作业区域是否处于海底热液区或受其影响范围。

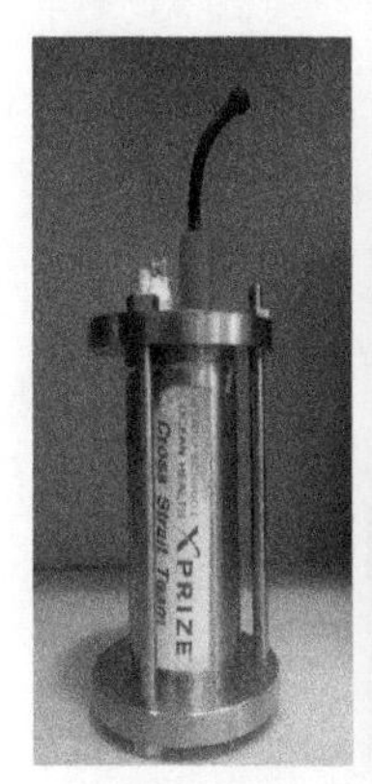

图4-33　Eh传感器外观及Eh电极与多通道水下数据采集器连接图

H_2S传感器探头的制作方法有很多种。Luther等（1996，2001）采用镀金甘汞固态伏安电极在热液活动区定量测定了H_2S和FeS的含量。Ding等（2001）和Luther等（1996）采用固态探头，用金、银硫化物电极首次在安得维尔地区水深2200m、370℃热液环境下探测了热液流体中溶解态H_2和H_2S的浓度。Ye等（2008）利用银/硫化银（Ag/Ag_2S）作为工作电极，银/氯化银（Ag/AgCl）作为参比电极，通过测定工作电极与参比电极之间的电位差，基于标定公式推导和计算S^{2-}与H_2S的综合浓度，其表现形式为：$Ag|Ag_2S|H_2S$，H^+，$H_2O|AgCl|Ag$。但是，Ag/Ag_2S电极的标定方法相对复杂，现场可操作性不强。其标定曲线目前仅依靠海上作业前在实验室的标定结果对数据进行校正。该H_2S传感器的探测范围是$1\sim10^{-7}$mol/L。

通常情况下，作业时将H_2S电极和Eh电极共同连接到多通道水下数据采集器上，现场使用前使用蒸馏水浸泡至少12h，在水下每隔5s采集一次数据。进行水化学探测时，通过分析和识别海水化学异常来追踪和定位海底热液区，并且通过区分强烈的或微弱的H_2S浓度正异常和Eh负异常来判断活动热液区或非活动硫化物区。

4.6.3　应用实例

Eh和H_2S电化学传感器不仅可以探测到正在活动的热液化学异常（Connelly et al.，2012；Stranne et al.，2010），如图4-34和图4-35所示，还可以探测到非活动硫化物区微弱的化学异常（Han et al.，2015）。利用Eh和H_2S传感器探测活动热液区和非活动硫化物区，其区别非常明显：活动热液区的水化学异常值与海水背景值的ΔEh高达50～150mV，ΔH_2S可达$10^{-6}\sim10^{-4}$mol/L，且持续时间较短（1～5min）；非活动硫化物区的水化学异常值与海水背景值的ΔEh较小（仅5～20mV），ΔH_2S往往低于10^{-6}mol/L，甚

至低于 H_2S 传感器的检测限，且稳定持续的时间较长（30～60min，甚至更长时间）。

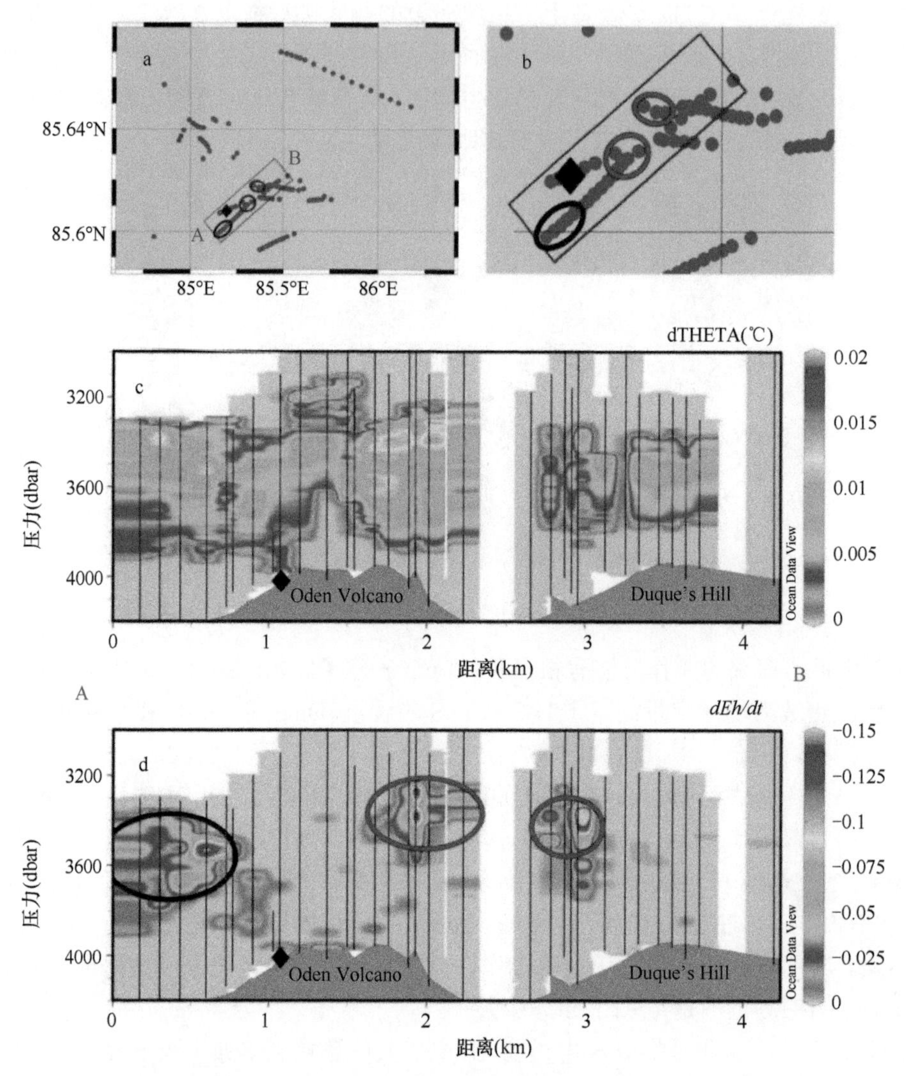

图 4-34　北冰洋 Gakkel 洋脊上的测线及温度和 Eh 异常的垂直剖面分布（Stranne et al.，2010）

a. 图是研究区域位置图；b. 对 a 图的作业区进行了放大；c 和 d 分别指 a、b 图中作业区的温度和 Eh 梯度分布变化情况；d 图中大写 A、B 代表剖面的起始点和终止点，右下角文字标识为采用 Ocean Data View 软件绘制

例如，在北印度洋中脊 3.69°N/63.83°E 探测到的持续了近 1h 的 Eh（ΔEh=15mV）和 H_2S（约 1μmol/L）弱异常（图 4-36）。对弱异常进行追踪，在附近布放两个电视抓斗地质取样站位，结果分别采集到了上覆薄层热液铁锰氧化物层的热液蚀变玄武岩和热液多金属沉积物。

4.6.4　前景与展望

Eh 和 H_2S 电化学传感器因其体积小巧、灵敏度高、操作方便等特点，已被广泛应用于海底热液探测与研究领域，并利用探测到的强烈或微弱的 Eh 负异常和 H_2S 正异常

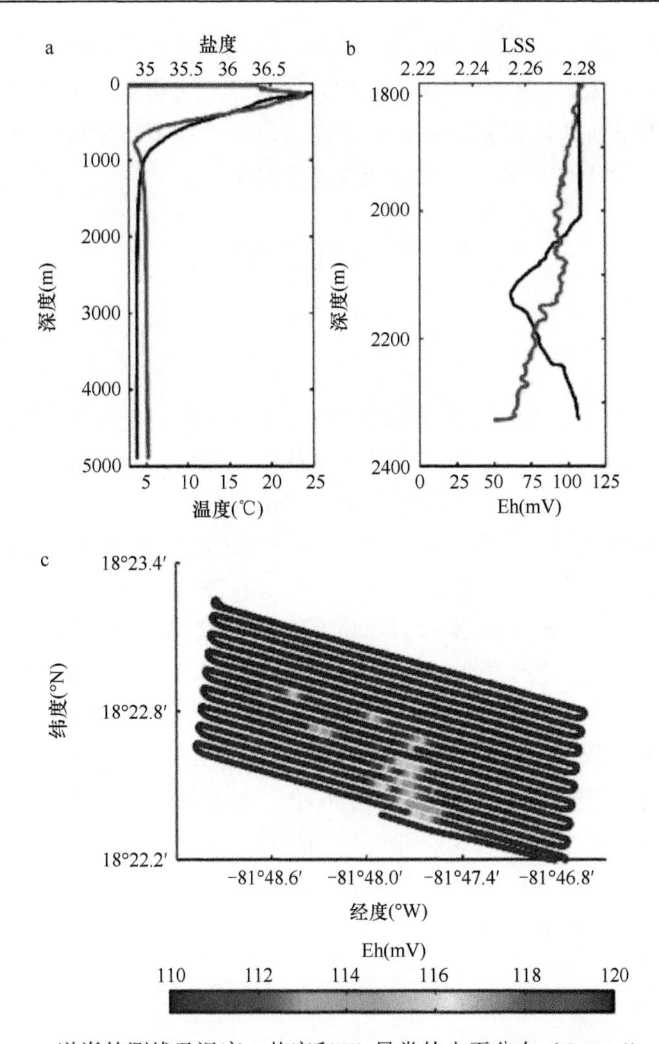

图 4-35　Cayman 洋脊的测线及温度、盐度和 Eh 异常的水平分布（Connelly et al.，2012）

a. 盐度-温度随深度变化曲线；b. LSS-Eh 随深度变化曲线；c. Eh 在经度纬度平面内的分布变化

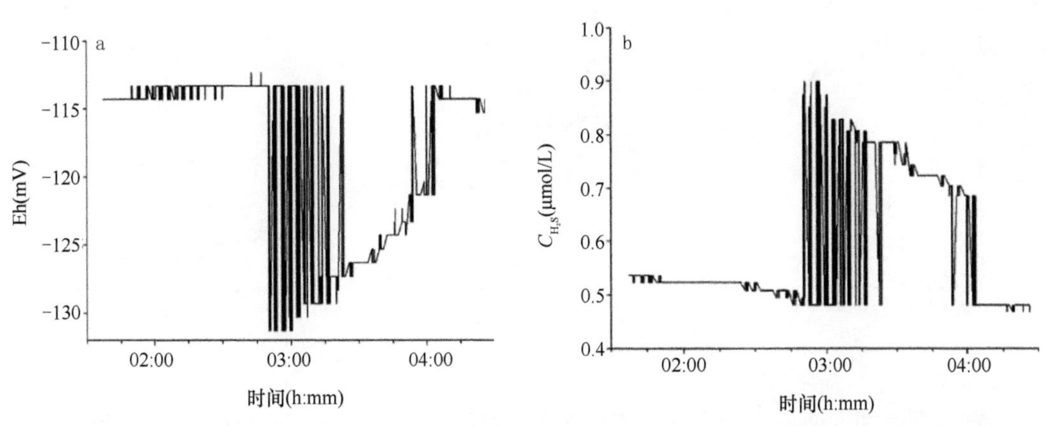

图 4-36　中国大洋 26 航次在北印度洋中脊（63.83°E/3.69°N）

a. 探测到的 Eh；b. H_2S 弱异常

来寻找海底活动热液区或非活动热液区。然而，电化学传感器普遍具有信号漂移、长期稳定性差等缺点，需要和其他传感器（光学）和测量方法获得的结果结合起来分析和研究。例如，在寻找和探索海底热液时，如果结合温度、浊度、甲烷传感器及电、磁法仪等其他探测手段进行综合判断，可以大大提高工作效率。

4.7 金属元素和 ^{3}He

4.7.1 探测原理

利用元素及其同位素指标对海底热液喷口的探测主要是基于它们在热液中具有异常高的含量。其中 Fe、Mn 等金属元素及 ^{3}He 和甲烷是最为常用的指标。甲烷在前面章节中已进行了介绍，这里主要介绍 Fe、Mn 和 ^{3}He。

实验表明，在高温高压条件下，海水可以将玄武岩中的 Fe、Mn 等元素淋滤出来（Bischoff and Dickson，1975）。因此热液中 Fe、Mn 含量很高，是相对海水最为富集的金属元素（Gurvich，2006）（图 4-37）。Mn 的氧化速度较 Fe 慢，可以在浮力平衡的羽状流中停留较长的时间，因此在距热液喷口 80～150km 处 MnO_2 的氧化颗粒才达到最大值。大约 80%的 Mn 在距热液喷口几百千米范围内沉淀下来，而羽状流中残留的 Mn 的含量仍旧高于背景值数倍（Lavelle et al.，1992），因此在距离热液喷口很远的地方都能探测到 Mn 的异常（Klinkhammer et al.，1986），这对寻找新的热液喷口十分有帮助。尽管热液中也有很高的 Fe 含量，但其离开热液喷口后会比 Mn 先氧化成颗粒态沉入海底。因此在探测热液喷口方面 Mn 比 Fe 更常用。但在很多热液活动区，可同时探测到 Fe 和 Mn 含量的异常（Chin et al.，1992；Resing et al.，2015；Saito et al.，2013）。

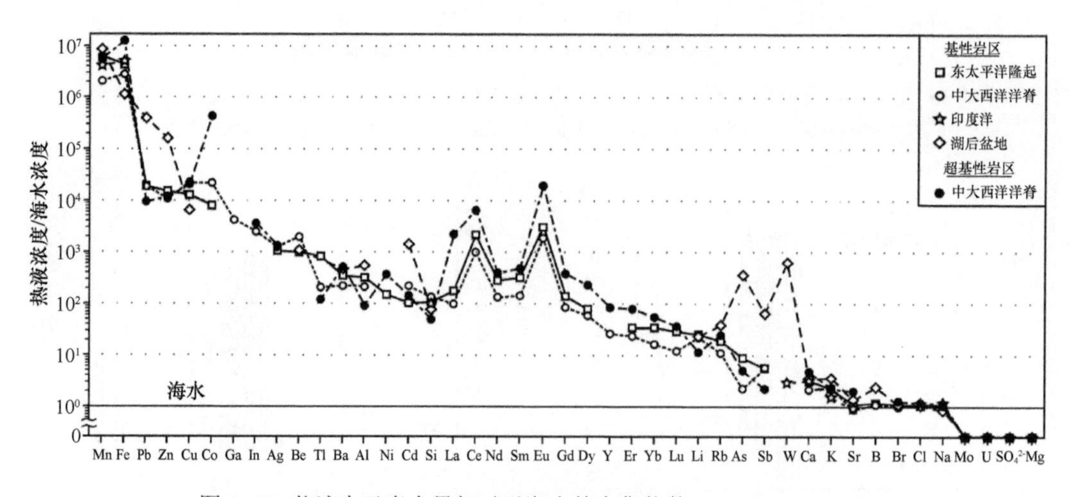

图 4-37　热液中元素含量相对于海水的富集倍数（Gurvich，2006）

氦有 ^{3}He 和 ^{4}He 两个稳定同位素。^{3}He 一般认为来自宇宙星云，在地球形成时被包裹在地球内部，然后通过海底火山或热液活动释放至海水。地幔具有高的 $^3He/^4He$ 值（是大气的 8 倍）。热液中 ^{3}He 的浓度是周围海水的 10^3～10^4 倍（Lupton，1990）。现在

已证明 ^{3}He 富集现象普遍存在于洋中脊热液活动区（Lupton et al.，2004）。通过模型计算，发现热液 ^{3}He 的输出通量和洋中脊的扩张速率呈线性相关（Dutay et al.，2004；Farley et al.，1995）。因大西洋中脊扩张速率较慢，且北大西洋表层水下沉所造成的稀释作用较强，故太平洋比大西洋具有更强的 ^{3}He 异常（Lupton，1998）。

4.7.2 方法技术

通过测定海水中 Fe、Mn 和 ^{3}He 的含量，可以对热液活动进行探测。海水中 Fe 和 Mn 含量的测量方法主要有分光光度法、原子吸收法和电感耦合等离子体质谱法。^{3}He 的测量必须通过密封采样，带回陆地实验室后将样品中的氦收集起来，然后用惰性气体质谱进行测定。原子吸收法和质谱法只能在实验室完成。分光光度法对 Fe、Mn 的测量尽管精度稍低，但它可以实现原位测量，这对于热液喷口的探测十分重要。鉴于 Mn 在寻找热液喷口中的重要作用，不少研究者开发了海水中 Mn 的原位探测技术，下面着重对该技术进行介绍。

Johnson 等（1986a，1986b）首次基于分光光度法，建立了一个化学传感器"Scanner"，成功地实现了深海营养盐、Mn 和 Fe 等元素的原位测定（Chin et al.，1992；Coale et al.，1991；Johnson et al.，1986a，1986b）。该仪器对 Mn 的检测限为 20nmol/L。Massoth 等（1998，1991）在"Scanner"的基础上建立了第二代化学传感器——"SUAVE"，将 Mn 的检测限降低至 10nmol/L。Klinkhammer（1994）建立了一个更灵敏的 Mn 原位分析仪——"ZAPS"。ZAPS 是一个光纤分光计，是将固体化学和光电倍增管检测技术相结合，对荧光进行检测的一种原位分析方法。它极大地降低了 Mn 的检测限（低至 0.1nmol/L）。海水中 Mn 的浓度一般为 1nmol/L 左右，因此该技术可以探测任何海域的 Mn 异常。Okamura 等（2001）基于化学发光法，开发出了"GAMOS"型 Mn 原位分析仪。它通过流动注射技术，根据 Mn 在碱性条件下催化发光氨与 H_2O_2 之间的反应来检测化学发光以测定 Mn 的含量，对 Mn 的检测限为 0.23nmol/L。最近，Meyer 等（2016）结合了"Scanner"的化学反应原理和 METIS （METals In Situ，一种金属元素原位测量仪）的硬件，研制出最新一代 Mn 原位测量仪（图 4-38）。该系统具有高的流速、混合速率和显色速率，可以获得高分辨的数据。

化学原位探测技术也存在其他离子的干扰及温度、压力校正等问题。由于海底热液喷口探测主要关注水体中 Mn 浓度的异常，即 Mn 浓度的相对变化而非绝对浓度，因而化学原位探测技术在海底热液喷口寻找研究中仍具有应用潜力。

4.7.3 应用实例

目前为止，绝大多数已发现的海底热液喷口，都曾开展过水体中溶解态 Fe、Mn 和 ^{3}He 的分析研究，为这些热液喷口的寻找提供了重要的信息。Clarke 等（1969）首次在东太平洋海岭深层水中发现 ^{3}He 富集，并认为其来源于海底扩张中心。该研究为热液区水体化学异常探测拉开了序幕。随后一系列研究进一步证实了 ^{3}He 异常和热液活动之间的关系（Jenkins et al.，1978）。Klinkhammer 等（1977）首次在 Galapagos 裂谷水柱中发现溶解态 Mn 含量异常。随后他们在中大西洋中脊裂谷水柱中也发现溶解态 Mn 的异常（Klinkhammer et al.，1985）。最近 Saito 等（2013）和 Resing 等（2015）分别在南大西洋和东太平洋海隆发现明显的 Fe 和 Mn 含量异常（图 4-39，图 4-40）。

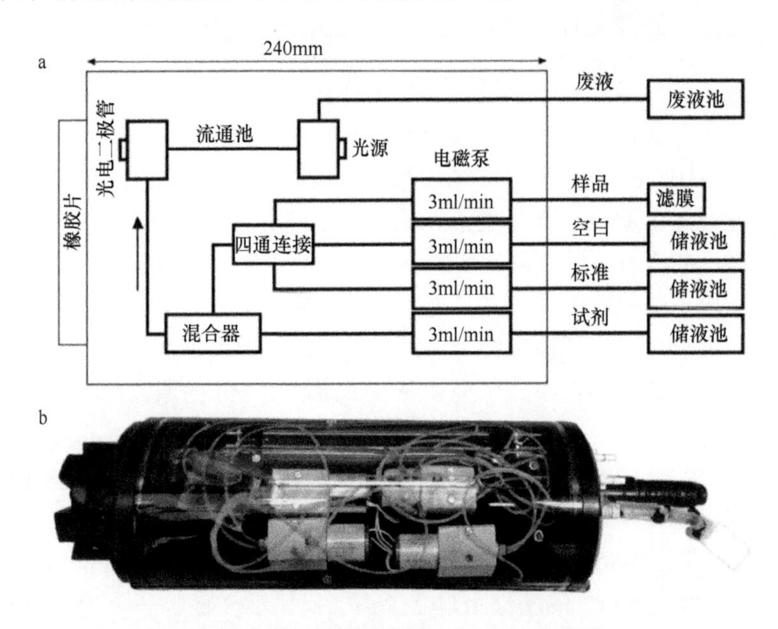

图 4-38　METIS 型海水溶解态 Mn 原位测量仪的原理（a）及实物图（b）（Meyer et al.，2016）

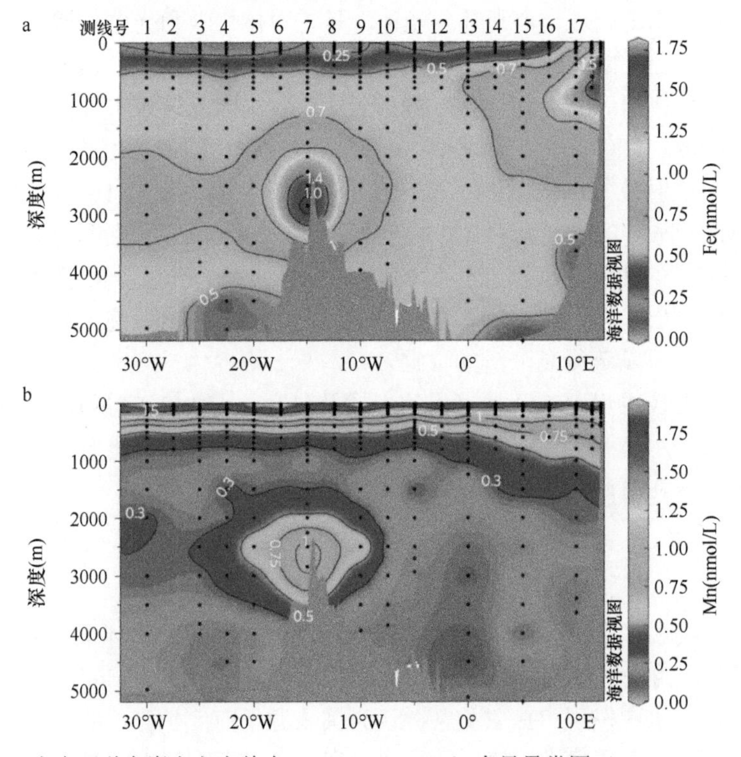

图 4-39　南大西洋中脊上方水体中 Fe（a）、Mn（b）含量异常图（Saito et al.，2013）

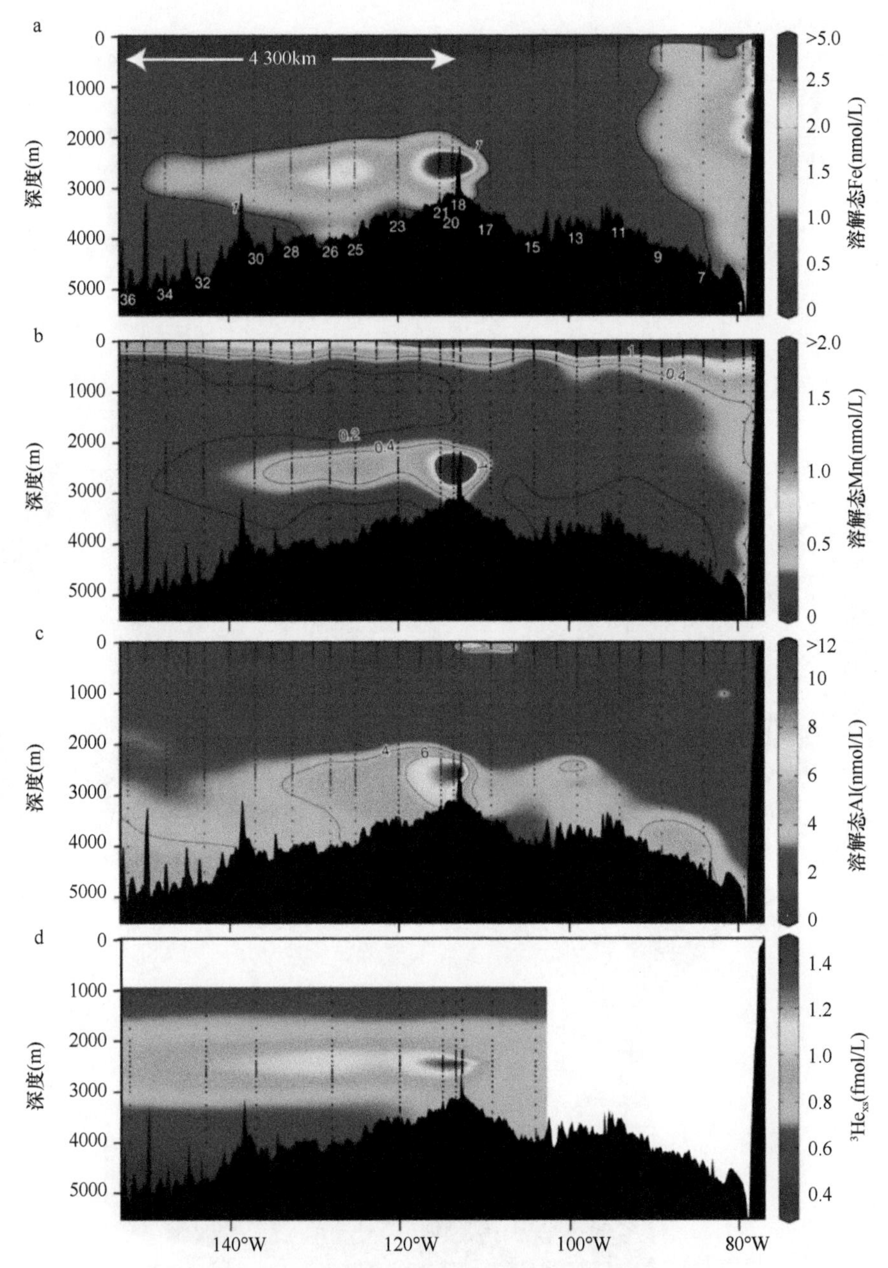

图 4-40 东太平洋扩张中心上方水体化学指标异常图（Resing et al.，2015）

a. 溶解态 Fe；b. 溶解态 Mn；c. 溶解态 Al；d. 过剩 ^{3}He（$^3He_{xs}$）

目前，几乎在所有的热液活动区附近的水柱中都能探测到溶解态 Mn 和 ^{3}He 的异常。因此溶解态 Mn 和 ^{3}He 在寻找新的热液活动方面具有重要的作用。例如，Edmonds 等（2003）基于溶解态 Mn、温度和浊度数据，首次在超慢速扩张的北冰洋中脊探测到热液活动。他们的结果显示溶解态 Mn 比浊度具有更强的异常特征（图 4-41）。Winckler 等（2010）根据 ^{3}He 含量异常，并结合水文资料，预测南大洋和南太平洋也存在海底热液喷口（图 4-42）。

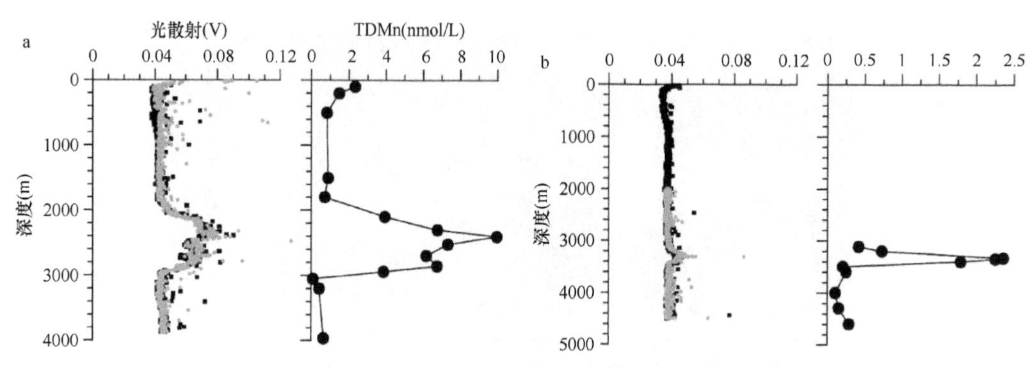

图 4-41　北冰洋超慢速扩张中心上方水柱中散射（浊度）及总 Mn 含量的异常图（Edmonds et al., 2003）

a. 位于 86°N，85°E；b. 位于 85°59′N，24°42′E

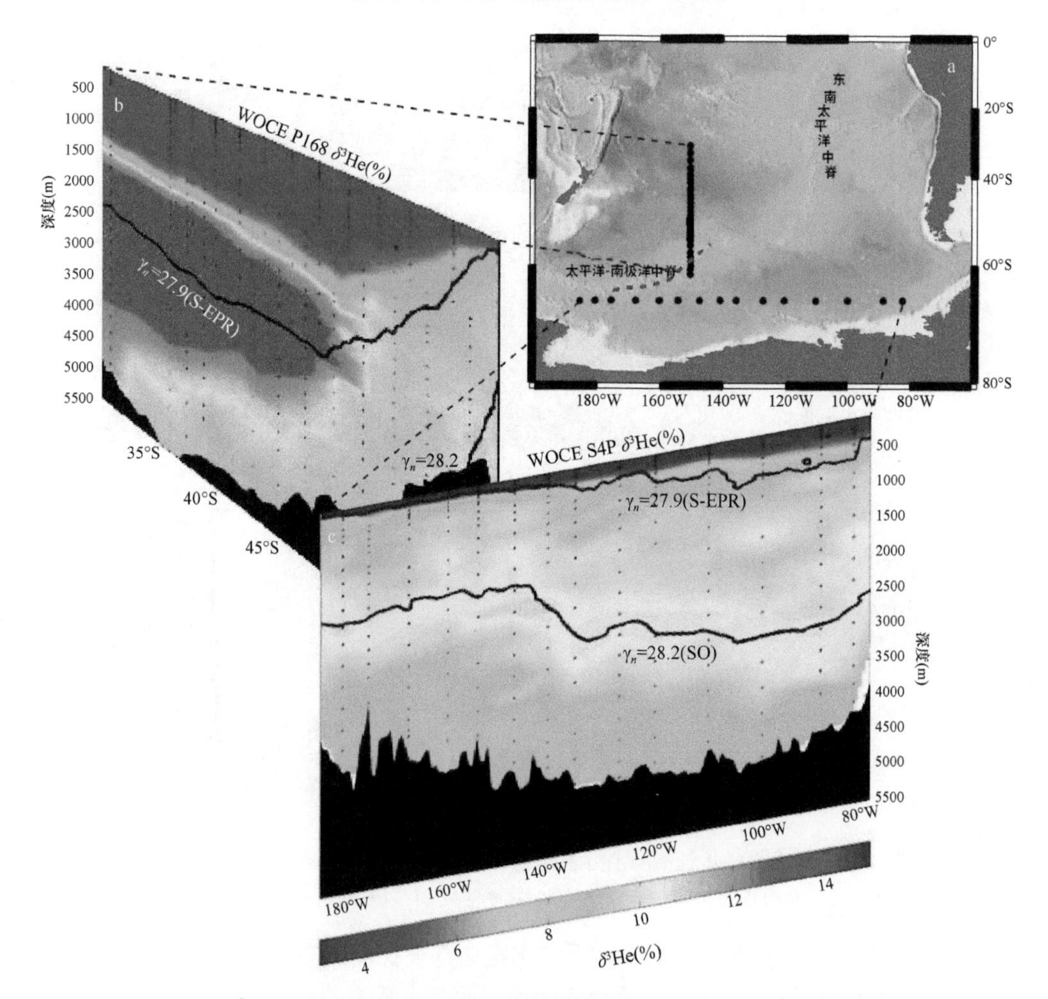

图 4-42　^{3}He 对南太平洋和南大洋热液活动的指示（Winckler et al., 2010）

a. 黑点为 WOCE 采样站位；b. P16S 断面 ^{3}He 含量指示南太平洋热液活动；c. S4P 断面 ^{3}He 含量指示南大洋热液活动

4.7.4　前景与展望

Fe、Mn 和 ^{3}He 由于在热液中的富集倍数远高于温度和浊度，因此它们的有效探测距离较温度和浊度远。这对捕捉目标、缩小范围十分有帮助。现在已有一些原位测量海水 Mn 含量的化学传感器，但尚未商品化。海水中元素含量的化学传感器具有十分广阔的应用前景，已吸引了众多研究，也取得了众多成就（Varney，2000），相信未来传感器的商品化问题一定能得到解决。另外，除了可用于探测海底热液喷口外，热液系统 Fe、Mn 和 ^3He 研究还具有更广泛的意义。

Fe、Mn 作为海水中含量较低的营养元素，海底热液向海洋输送了大量的 Fe、Mn，这对海洋元素平衡、海洋生产力及气候变化方面都具有重要的影响。热液向海洋的 Mn 输入通量为 6.85×10^9kg/a（German and Angel，1995），大约占海洋 Mn 输入总通量的 90%（Glasby，1988）。河流向海洋的 Mn 输入通量仅为 0.27×10^9kg/a（Elderfield and Schultz，1996）。海底热液中 Fe 含量为 0.75～6.47mmol/kg（Elderfield and Schultz，1996）。尽管热液输入的 Fe 会很快被氧化形成颗粒物沉入海底，但 Sander 和 Koschinsky（2011）认为有机质可以络合并固定热液中的金属元素。借助地球化学模型研究，进一步认为这种络合作用会增加热液向海洋的金属元素输入通量，估计热液输入可以分别占深海溶解 Fe 和 Cu 贮库的 9%和 14%。Yücel 等（2011）发现热液中黄铁矿纳米粒子可以占到热液滤液（颗粒小于 200nm）中 Fe 的 10%，认为这些黄铁矿纳米粒子在热液喷发前就已形成。黄铁矿纳米粒子沉降速度比大颗粒慢，也比 Fe（II）和 FeS 更抗氧化，因此可以传输更远的距离，参与更广泛的循环。同时，由于 Fe、Mn 氧化物具有很强的吸附性，热液中 Fe(II)被氧化形成的 $Fe(OH)_3$ 颗粒会吸附海水中的 HPO_4^{2-}、CrO_4^{2-}、VO_4^{2-}、$HAsO_4^{2-}$ 及稀土元素（REE），并随 $Fe(OH)_3$ 的沉降被清除到下面的多金属沉积物中，从而影响海水中这些元素的贮量。

^3He 在洋中脊热液活动研究中具有十分独特的作用，主要体现在以下几个方面：①由于氦具有化学惰性，^3He 可以示踪热液的稀释及散布过程。②根据热液 ^3He 输出通量及 ^3He 热量的比值可以估算热液的热量输出通量。但不同热液喷口 ^3He 热比值变化较大，为 5.2×10^{-18}～75×10^{-18}mol/J，给估算造成了较大误差。Jean-Baptiste 等（2004）估算 Rainbow 热液区喷口 ^3He 的输出通量为（12.3±3）$\times10^{-9}$mol/s，并由此估算出热液流体和热量的输出通量分别为（490±220）kg/s 和（1320±600）MW。而根据热液羽状流中 ^3He 的贮量及其输入通量，估算出热液羽状流的停留时间为 20 天左右。同时，也可根据热液流体中任何物质和 ^3He 的比值计算出这些物质的热液输出通量。③由于 ^3He 稳定、保守且具有简单的边界条件，因此可以根据热液输出的 ^3He 在大洋中的分布来示踪大洋环流。例如，Lupton（1998）根据太平洋多个热液活动区 ^3He 的分布获得了大洋环流特征，与 Reid（1986）基于 2500dbar 的空间高度异常（steric height anomaly）获得的结果很好地吻合。

4.8 悬浮体矿物颗粒

4.8.1 探测原理

海底热液从喷口喷出时，高温热液中大量金属硫化物矿物颗粒被羽状流带到大洋水体中，然后扩散到较大的海洋空间，形成悬浮硫化物矿物颗粒分布异常。不同喷发阶段的羽状流所携带的硫化物矿物有显著差异，这些矿物颗粒组分具有不同性质的热液羽状流的特点，其分布与热液喷口的空间位置密切相关，矿物颗粒在大洋水体中的溶蚀变化与它们在水体中的存留时间有关。因此，悬浮硫化物矿物颗粒含有丰富的热液羽状流信息，可以应用于洋中脊硫化物的勘探（Feely et al.，1992；杨作升等，2006）。

大洋悬浮颗粒矿物的颗粒细小，一般在 1～10μm，需要扫描电镜（SEM）和能谱仪（EDS）联用（图 4-43），才能对悬浮颗粒矿物形貌、表面结构、元素成分和物相进行分析。

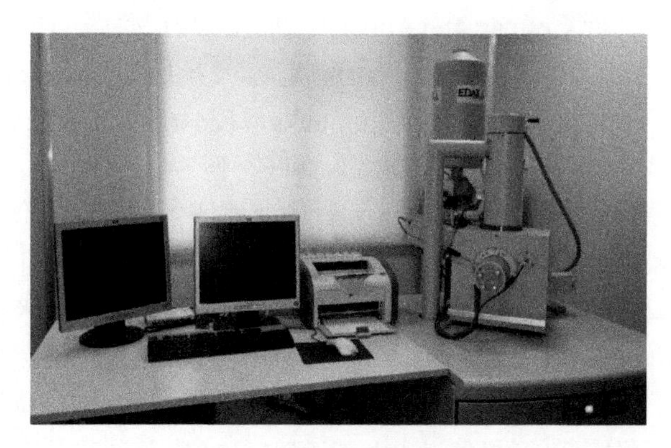

图 4-43 扫描电镜和能谱仪

4.8.2 方法技术

利用 CTD 分层采集悬浮颗粒水样，随船用事先称重的双层微孔滤膜抽滤水样，抽滤体积为 3000～5000ml。滤膜洗盐后保存并称重，获得悬浮体总量。

将悬浮体样品滤膜中心位置剪取一部分，粘在扫描电镜样品台上进行扫描电镜观察和能谱仪分析。扫描电镜提供的是矿物颗粒的形态，能谱分析给出的是其元素组分，二者均不能直接用于矿物物相鉴定，所以必须将二者结合，运用矿物晶体学和矿物地球化学的知识进行鉴定。

鉴定过程一般需要经过两个步骤。首先，根据能谱分析得出的矿物元素的原子数百分比，查看硫化物金属元素和硫元素的比例，初步判识硫化物矿物的化学式。然后根据扫描电镜给出的矿物颗粒的晶体习性和其他形态特征，包括矿物整体形态、晶面数量、晶面交角、解理特征及其交角等，判识其所属晶系，再与其化学式对照，做出矿物物相鉴定。如果出现数种金属元素类质同象替换情形，则将它们的原子数百分比加和，再与硫原子数百分比对照后进行鉴定。当矿物颗粒很小或出现溶蚀时，要充分考虑其整体形态和晶面交角的晶系属性（Sun et al.，2014）。

由于热液成矿不同阶段如高温、中温和低温各阶段所生成的矿物组合不同，在鉴定出某个站位的各种悬浮硫化物矿物物相后，根据其矿物组合与热液成矿不同阶段的矿物组合特点进行对比，判识热液羽状流的性质和成矿阶段特点。实际应用中，可以对全部站位悬浮矿物颗粒的数量和组分在水体剖面上的分布特征进行对比，分析热液活动异常区的空间位置和可能的特点。

4.8.3 应用实例

黄铁矿（FeS_2）和白铁矿（FeS_2）的理论化学组成均为46.67%的Fe和53.33%的S，只根据能谱分析结果无法区分这两种矿物，但二者的晶体习性有明显区别。黄铁矿属等轴晶系，常见单形为立方体、五角十二面体、八面体及偏方复十二面体，聚形常见。集合体呈粒状、致密块状、浸染状、草莓状（图4-44）（国家海洋局第二海洋研究所，2014，2015a，2015b）。白铁矿则属于斜方晶系，晶体通常呈板状（图4-45），与黄铁矿明显不同（国家海洋局第二海洋研究所，2015b）。

2010年，中国大洋21航次对西南印度洋中脊活动热液区和非活动硫化物区附近两个站位水体剖面中悬浮颗粒硫化物的矿物组合和数量对比研究发现，活动热液区附近站位水体中硫化物以硫化锌组分为主，有少量的黄铜矿和黄铁矿，矿物组合为“铁闪锌矿-黄铁矿-黄铜矿”，铁闪锌矿和黄铁矿两种矿物的出现，推测该多金属硫化物可能经历了高温和中高温两个成矿作用阶段。矿物数量多、粒度大，在1472m水层和2085m水层出现硫化物颗粒相对高含量异常分布（图4-46a），闪锌矿表面新鲜清晰、晶形较好（图4-47），可能是近期热液活动的产物，进而表明该站海域近期曾有比较强烈的热液活动（孙晓霞，2011）。根据文献报道，该区活动热液区块状硫化物和烟囱体的硫化矿物主要是黄铁矿和闪锌矿，闪锌矿普遍存在含Fe高值带，显示有高温和温度较低的两期成矿阶段（叶俊等，2009）。

非活动硫化物区附近站位水体中的多金属硫化物数量明显要少，黄铜矿略多于磁黄铁矿，也有一定数量的闪锌矿和黄铁矿，矿物组合为“黄铜矿-磁黄铁矿-闪锌矿-黄铁矿”，据此可推测硫化物以高温成矿作用为主，成矿作用不止一次，温度会有所不同。所发现的四面体与五角十二面体聚形的闪锌矿，表面已受到一定侵蚀，并有一些附着物（图4-48），闪锌矿颗粒较小且不规则，表明热液喷出颗粒物已在水体中存留了较长时间。闪锌矿、磁黄铁矿和黄铁矿在水柱垂向分布中较为均匀（图4-46b）。据此可推测本站所处海区过去存在过中性漂浮热液羽状流，可能时间久远，其中的硫化物颗粒物已较均匀地扩散到大洋水体中，但仍可明显地看到羽状流标志性颗粒物的影响，与所处位置存在非活动硫化物区的特点有明显的对应性（孙晓霞，2011）。

4.8.4 前景与展望

热液活动区悬浮体颗粒硫化物矿物异常探测技术，具有采样较容易、覆盖面较广、耗费较低等优点，并且可获得活动热液区热液羽状流可能的喷口概位和非活动硫化物区的概位、羽状流的性质和存留时间等多种信息，因此，不失为一种判识和追踪热液羽状流与热液活动远景区的新途径，具有较好的应用前景。随着扫描电镜和能谱分析技术的不断改进和智能化，有可能得到更广泛的应用。

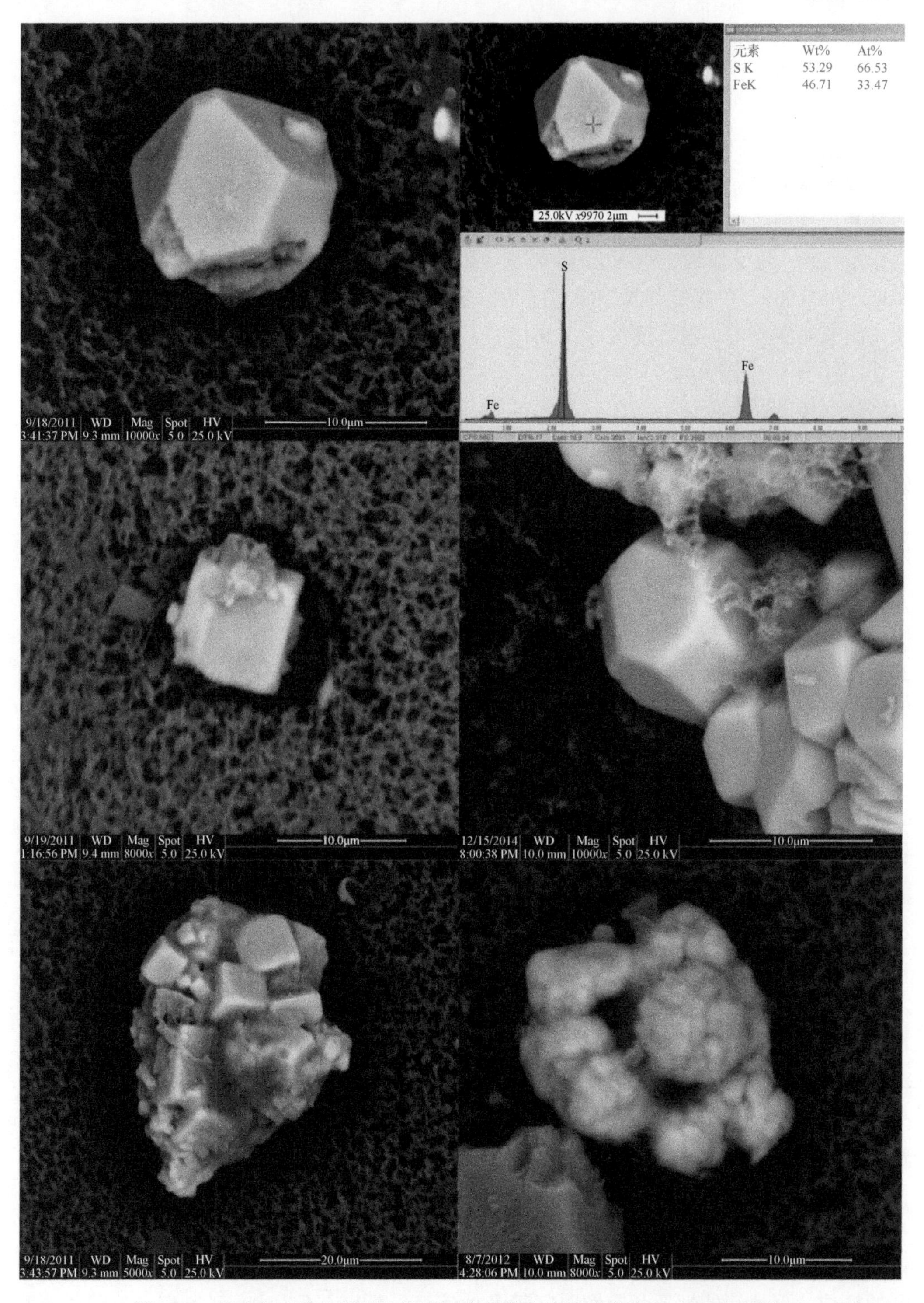

图 4-44 西南印度洋中脊活动热液区多种形态的悬浮黄铁矿（FeS_2）颗粒

（国家海洋局第二海洋研究所，2014，2015a，2015b）

注：一般电子从高能量向低能量要发生电子跃迁，会产生 K、L、M、N 等不同特征 X 射线的线系。K 指的是特征 X 射线的 K 线系，SK 表示的是 S 元素的 K 线系，如果元素后面跟的是 L 或 M，则分别表示该元素的 L 线系或 M 线系（下同）

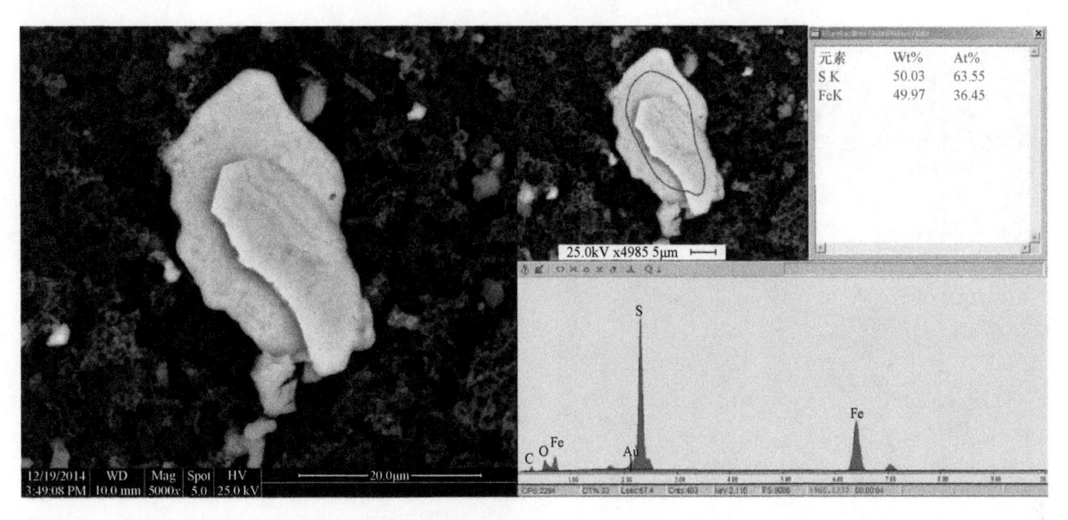

图 4-45 西南印度洋中脊活动热液区板状悬浮白铁矿(FeS_2)颗粒(国家海洋局第二海洋研究所,2015b)

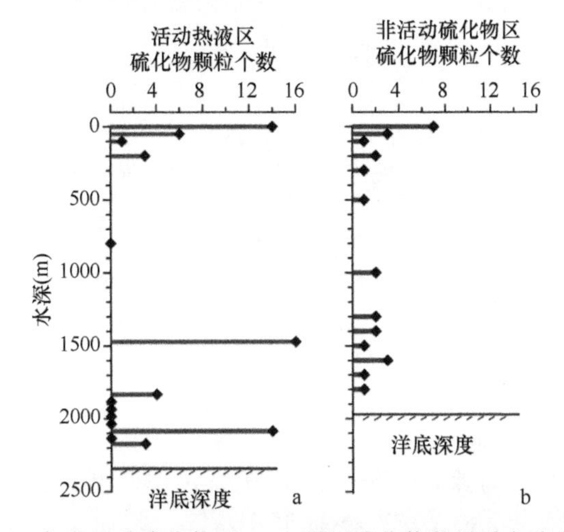

图 4-46 活动热液区(a)与非活动硫化物区(b)悬浮硫化物数量垂向分布对比(孙晓霞,2011)

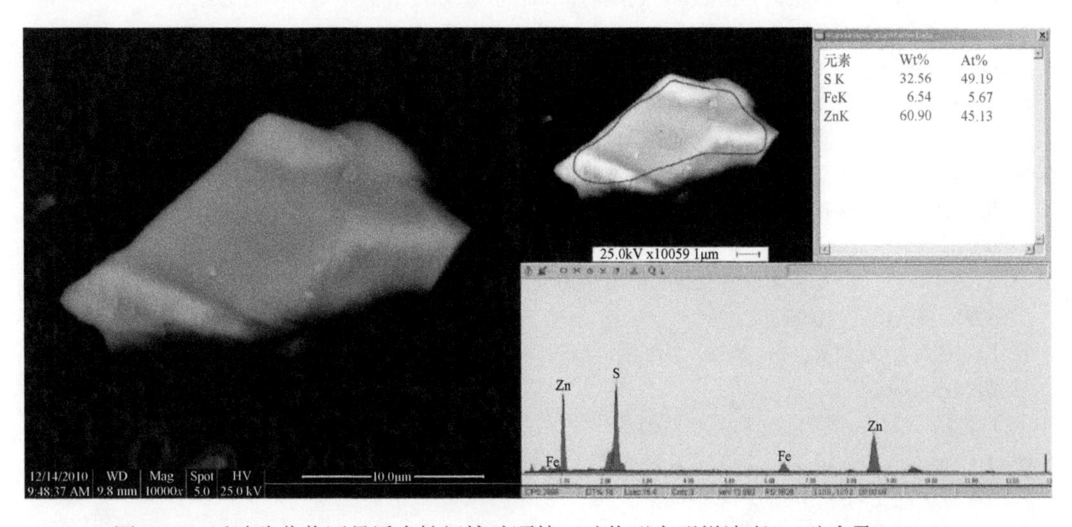

图 4-47 活动硫化物区悬浮含铁闪锌矿颗粒(矿物形态明锐清晰)(孙晓霞,2011)

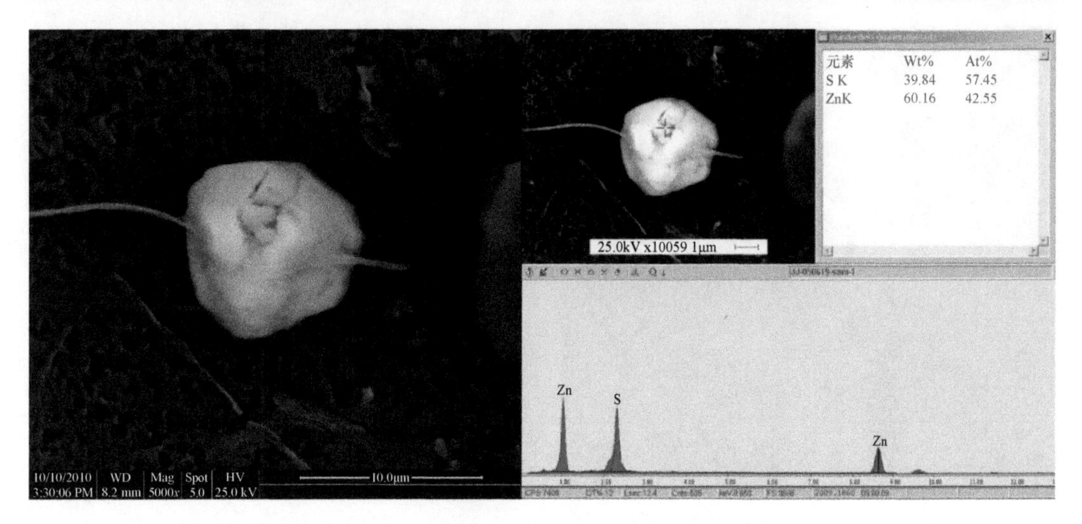

图 4-48 非活动硫化物区悬浮闪锌矿颗粒（棱角模糊，表面出现明显的溶蚀）（孙晓霞，2011）

参 考 文 献

陈升. 2016. 洋中脊热液羽状流找矿标志研究. 长春: 吉林大学博士学位论文.

曹志敏, 安伟, 于新生, 等. 2006. 现代海底热液活动异常条件探测关键技术研究. 高技术通讯, 16(5): 545-550.

国家海洋局第二海洋研究所. 2011a. 中国大洋第 20 航次现场报告.

国家海洋局第二海洋研究所. 2011b. 中国大洋第 22 航次第 7 航段现场报告.

国家海洋局第二海洋研究所. 2012. 中国大洋第 26 航次第 6 航段现场报告.

国家海洋局第二海洋研究所. 2014. 中国大洋第 20 航次报告.

国家海洋局第二海洋研究所. 2015a. 中国大洋第 26 航次报告.

国家海洋局第二海洋研究所. 2015b. 中国大洋第 30 航次报告.

韩沉花, 潘依雯, 叶瑛. 2009. 基于聚二甲基硅氧烷胶与 Zn-Al 型水滑石复合膜为离子载体的溶解二氧化碳电极及其性能标定. 热带海洋学报, 28(4): 35-41.

胡杭民. 2014. 基于声学的海洋热液. 冷泉探测技术研究. 杭州电子科技大学硕士论文.

李灿苹, 刘学伟, 赵罗臣. 2013. 天然气水合物冷泉和气泡羽状流研究进展. 地球物理学进展, 28(2): 1048-1056.

李江海, 牛向龙, 冯军. 2004. 海底黑烟囱的识别研究及其科学意义. 地球科学进展, 19(1): 17-25.

刘长华, 汪小妹, 殷学博. 2008. 浊度计在现代海底热液活动调查中的应用. 海洋科学, 32(1): 70-73.

栾锡武, 刘鸿, 岳保静, 等. 2010. 海底冷泉在旁扫声纳图像上的识别. 现代地质, 24(3): 474-480.

秦华伟, 应崎伟. 化学传感器链的集成及其在龟山岛海底热液区的实际应用. 科技传播, 2012(8): 205-206.

孙晓霞. 2011. 赤道东太平洋水体及西南印度洋热液活动区水体悬浮颗粒矿物研究. 青岛: 中国海洋大学博士学位论文, 103-106.

申正伟, 孙春岩, 贺会策, 等. 2015. 深海原位溶解甲烷传感器(METS)的原理及应用研究. 海洋技术学报, 34(5): 19-25.

田淳, 刘少华. 2003. 声学多普勒测流原理及其应用. 郑州: 黄河水利出版社.

王晓媛, 曾志刚, 刘长华, 等. 2007. 东太平洋海隆 13°N 附近热液柱的地球化学异常. 中国科学(D 辑: 地球科学), 37(7): 974-989.

乌立克. 1972. 工程水声原理. 北京: 国防工业出版社.

夏建新, 李畅, 马彦芳. 2007. 深海底热液活动研究热点. 地质力学学报, 13(2): 179-191.
许枫, 魏建江. 2006. 第七讲: 侧扫声纳. 物理, 35(12): 1034-1037.
阳凡林, 韩李涛, 王瑞富, 等. 2013. 多波束声纳水柱影像探测中底层水域目标的研究进展. 山东科技大学学报(自然科学版), 32(6): 75-83.
杨作升, 范德江, 李云海, 等. 2006. 热液羽状流研究进展. 地球科学进展, 21(10): 999-1007.
叶俊, 石学法, 杨耀民. 2009. 西南印度洋超慢速扩张脊 49.5°E 热液区热液硫化物成矿作用研究. 矿物学报, 29(S1): 382-383.
周建平, 陶春辉, 金翔龙, 等. 2011. 集成深拖与 AUV 对洋中脊热液喷口的联合探测. 热带海洋学报, 30(5): 81-87.
朱峰, 于宗泽. 2015. EM122 多波束测深系统在大洋多金属结核资源调查中的应用. 海洋地质前沿, 31(9): 66-70.
Alt J C. 2003. Hydrothermal fluxes at Mid-Ocean Ridges and on ridge flanks. Comptes Rendus Geoscience, 335(10-11): 853-864.
Awashima Y, Saito H, Hoaki T, et al. 2008. Development of Monitoring System on Methane Hydrate Production. Oceans, 1-7.
Baker E T, Feely R A, Mottl M J, et al. 1994. Hydrothermal plumes along the East Pacific Rise, 8°40′ to 11°50′N: plume distribution and relationship to the apparent magmatic budget. Earth & Planetary Science Letters, 128(1-2): 1-17.
Baker E T, Massoth G J. 1987. Characteristics of hydrothermal plumes from two vent fields on the Juan de Fuca Ridge, northeast Pacific Ocean. Earth & Planetary Science Letters, 85(1-3): 59-73.
Baker E T. 1994. A 6-year time series of hydrothermal plumes over the Cleft segment of the Juan de Fuca Ridge. Journal of Geophysical Research: Solid Earth, 99(B3): 4889-4904.
Bashirov A E, Eppelbaum L V, Mishné L R. 1992. Improving Eötvös corrections by wide-band noise kalman filtering. Geophysical Journal of the Royal Astronomical Society, 108(1): 193-197.
Bischoff J L, Dickson F W. 1975. Seawater-basalt interaction at 200℃ and 500 bars: implications for origin of sea-floor heavy-metal deposits and regulation of seawater chemistry. Earth and Planetary Science Letters, 25(3): 385-397.
Boulart C, Connelly D P, Mowlem M C. 2010. Sensors and technologies for in situ dissolved methane measurements and their evaluation using Technology Readiness Levels. Trac Trends in Analytical Chemistry, 29(2): 186-195.
Boulart C, Mowlem M C, Connelly D P, et al. 2008. A novel, low-cost, high performance dissolved methane sensor for aqueous environments. Optics Express, 16(17): 12607-12617.
Camilli R, Bingham B, Jakuba M, et al. 2004. Integrating *in-situ* chemical sampling with AUV control systems. Oceans, 1: 101-109.
Cammann K. 1979. Working with Ion-Selective Electrodes. SPRINGER-VERLAG.
Chadwick Jr W W, Merle S G, Buck N J, et al. 2014. Imaging of CO_2 bubble plumes above an erupting submarine volcano, NW Rota-1, Mariana Arc. Geochemistry Geophysics Geosystems, 15(11): 4325-4342.
Chin C S, Johnson K S, Coale K H. 1992. Spectrophotometric determination of dissolved manganese in natural waters with 1-(2-pyridylazo)-2-naphthol: application to analysis *in situ* in hydrothermal plumes. Marine Chemistry, 37(1-2): 65-82.
Chin C S, Klinkhammer G P, Wilson C. 1998. Detection of hydrothermal plumes on the northern Mid-Atlantic Ridge: results from optical measurements. Earth & Planetary Science Letters, 162(1): 1-13.
Clarke J E H. 2006. Applications of multibeam water column imaging for hydrographic survey. Hydrographic Journal, 120: 1-33.
Clarke W B, Beg M A, Craig H, et al. 1969. Excess ^{3}He in the sea: evidence for terrestrial primordial helium. Earth & Planetary Science Letters, 6(3): 213-220.
Coale K H, Chin C S, Massoth J G. 1991. *In-situ* chemical mapping of dissolved iron and manganese in hydrothermal plumes. Nature, 352(6333): 325-328.

Colbo K, Ross T, Brown C, et al. 2014. A review of oceanographic applications of water column data from multibeam echosounders. Estuarine Coastal & Shelf Science, 145(5): 41-56.

Connelly D P, Copley J T, Murton B J, et al. 2012. Hydrothermal vent fields and chemosynthetic biota on the world's deepest seafloor spreading centre. Nature Communications, 3(620): 1-9.

Converse D R, Holland H D, Edmond J M. 1984. Flow rates in the axial hot springs of the East Pacific Rise (21°N): implications for the heat budget and the formation of massive sulfide deposits. Earth & Planetary Science Letters, 69(1): 159-175.

Cowen J P, Wen X, Popp B N. 2002. Methane in aging hydrothermal plumes. Geochimica Et Cosmochimica Acta, 66(20): 3563-3571.

Crone T J, Wilcock W S D, Mcduff R E. 2013. Flow rate perturbations in a black smoker hydrothermal vent in response to a Mid-Ocean Ridge earthquake swarm. Geochemistry Geophysics Geosystems, 11(3): 153-164.

Ding K, Seyfried Jr W E, Tivey M K, et al. 2001. *In situ* measurement of dissolved H_2 and H_2S in high-temperature hydrothermal vent fluids at the Main Endeavour Field, Juan de Fuca Ridge. Earth & Planetary Science Letters, 186(3): 417-425.

Dutay J C, Jean-Baptiste P, Campin J M, et al. 2004. Evaluation of OCMIP-2 ocean models' deep circulation with mantle helium-3. Journal of Marine Systems, 48(1-4): 15-36.

Edmonds H N, Michael P J, Baker E T, et al. 2003. Discovery of abundant hydrothermal venting on the ultraslow-spreading Gakkel ridge in the Arctic Ocean. Nature, 421(6920): 252-256.

Elderfield H, Schultz A. 1996. Mid-Ocean Ridge hydrothermal fluxes and the chemical composition of the ocean. Annual Review of Earth & Planetary Sciences, 24(1): 191-224.

Farley K A, Maier Reimer E, Schlosser P, et al. 1995. Constraints on mantle ^{3}He fluxes and deep-sea circulation from an oceanic general circulation model. Journal of Geophysical Research: Solid Earth, 100(B3): 3829-3839.

Feely R A, Massoth G J, Baker E T, et al. 1992. Tracking the dispersal of hydrothermal plumes from the Juan de Fuca Ridge using suspended matter compositions. Journal of Geophysical Research: Solid Earth, 97(B3): 3457-3468.

Fischer J, Visbeck M. 1993. Deep velocity profiling with self-contained ADCPs. Journal of Atmospheric and Oceanic Technology, 10(5): 764-773.

Fukasawa T, Hozumi S, Morita M, et al. 2007. Dissolved methane sensor for methane leakage monitoring in methane hydrate production. Oceans, iEEE. 2007: 1-6.

Fukasawa T, Oketani T, Masson M, et al. 2008. Optimized METS sensor for methane leakage monitoring. Oceans 2008-MTS/IEEE Kobe Techno-Ocean. iEEE, 2008: 1-8.

Gasperini L, Polonia A, Bianco F D, et al. 2013. Gas seepage and seismogenic structures along the North Anatolian Fault in the eastern Sea of Marmara. Geochemistry Geophysics Geosystems, 13(10): 204-218.

German C R, Angel M V. 1995. Hydrothermal fluxes of metals to the oceans: a comparison with anthropogenic discharge. Geological Society London Special Publications, 87(1): 365-372.

Gillespie L J. 1920. Reduction potentials of bacterial cultures and and of waterlogged soils. Soil Science, 9: 199-216.

Glasby G P. 1988. Manganese deposition through geological time: dominance of the post-Eocene deep-sea environment. Ore Geology Reviews, 4(1): 135-143.

Gurvich E G. 2006. Metalliferous Sediments of the World Ocean. Berlin: Springer-Verlag: 962-963.

Han C H, Wu G H, Ye Y, et al. 2015. Active hydrothermal and non-active massive sulfide mound investigation using a new multi-parameter chemical sensor. In Chan K.: Testing and Measurement: Techniques and Applications-Chan. London: CRC Press, 183-186.

Iorio D D, Lavelle J W, Rona P A, et al. 2012. Measurements and Models of Heat Flux and Plumes from Hydrothermal Discharges Near the Deep Seafloor. Oceanography, 25(1): 168-179.

Ishibashi J, Wakita H, Okamura K, et al. 1997. Hydrothermal methane and manganese variation in the plume over the superfast-spreading southern East Pacific Rise. Geochimica et Cosmochimica Acta, 61(3): 485-500.

Jean-Baptiste P, Fourré E, Charlou J, et al. 2004. Helium isotopes at the Rainbow hydrothermal site (Mid-Atlantic Ridge, 36°14′N). Earth & Planetary Science Letters, 221(1): 325-335.

Jenkins W J, Edmond J M, Corliss J B. 1978. Excess ^{3}He and ^{4}He in Galapagos submarine hydrothermal waters. Nature, 272(5649): 156-158.

Johnson H P, Hautala S L, Tivey M A. 2002. Survey studies hydrothermal circulation on the Northern Juan de Fuca Ridge. Eos, Transacitions American Geophysical Union, 83(8): 73-79.

Johnson K S, Beehler C L, Sakamoto-Arnold C M, et al. 1986a. *In-situ* measurements of chemical distributions in a deep-sea hydrothermal vent field. Science, 231(4742): 1139-1141.

Johnson K S, Beehler C L, Sakamoto-Arnold C M. 1986b. A submersible flow analysis system. Analytica Chimica Acta, 179: 245-257.

Jones C D. 2003. Water-column measurements of hydrothermal vent flow and particulate concentration using multibeam sonar. Journal of the Acoustical Society of America, 114(4): 2300-2301.

Keir R S, Schmale O, Walter M, et al. 2008. Flux and dispersion of gases from the “Drachenschlund” hydrothermal vent at 8°18′S, 13°30′W on the Mid-Atlantic Ridge. Earth & Planetary Science Letters, 270(3-4): 338-348.

Khripounoff A, Comtet T, Vangriesheim A, et al. 2000. Near-bottom biological and mineral particle flux in the Lucky Strike hydrothermal vent area (Mid-Atlantic Ridge). Jounnal of Marine Syetems, 25(2): 101-118.

Klaucke I, Sahling H, Weinrebe W, et al. 2006. Acoustic investigation of cold seeps offshore Georgia, eastern Black Sea. Marine Geology, 231(1-4): 51-67.

Klaucke I, Weinrebe W, Sahling H, et al. 2005. Mapping deep-water gas emissions with sidescan sonar. Eos, Transactions American Geophysical Union, 86(38): 341-346.

Klinkhammer G P, Bender M, Weiss R F. 1977. Hydrothermal manganese in the Galapagos Rift. Nature, 269(5626): 319-320.

Klinkhammer G P, Elderfield H, Greaves M, et al. 1986. Manganese geochemistry near high-temperature vents in the Mid-Atlantic Ridge rift valley. Earth & Planetary Science Letters, 80(3): 230-240.

Klinkhammer G P, Rona P, Greaves M, et al. 1985. Hydrothermal manganese plumes in the Mid-Atlantic Ridge rift valley. Nature, 314(6013): 727-731.

Klinkhammer G P. 1994. Fiber optic spectrometers for in-situ measurements in the oceans: the ZAPS probe. Marine Chemistry, 47(1): 13-20.

Kröger S, Law R J. 2005. Sensing the sea. Trends in Biotechnology, 23(5): 250-256.

Kumagai H, Tsukioka S, Yamamoto H, et al. 2010. Hydrothermal plumes imaged by high-resolution side-scan sonar on a cruising AUV, Urashima. Geochemistry Geophysics Geosystems, 11(12): 1-70.

Lavelle J W, Cowen J P, Massoth G J. 1992. A model for the deposition of hydrothermal manganese near ridge crests. Journal of Geophysical Research, 97(C5): 7413-7427.

Lavelle J W, Wetzler M A, Baker E T, et al. 2001. Prospecting for hydrothermal vents using moored current and temperature data: axial volcano on the Juan de Fuca Ridge, Northeast Pacific. Journal of Physical Oceanography, 31(3): 827-838.

Little S A, Stolzenbach K D, von Herzen R P. 1987. Measurements of plume flow from a hydrothermal vent field. Journal of Geophysical Research, 92: 2587-2596.

Lupton J E, Delaney J R, Johnson H P, et al. 1985. Entrainment and vertical transport of deep-ocean water by buoyant hydrothermal plumes. Nature, 316(15): 621-623.

Lupton J E, Pyle D G, Jenkins W J, et al. 2004. Evidence for an extensive hydrothermal plume in the Tonga-Fiji region of the South Pacific. Geochemistry Geophysics Geosystems, 5(1): 241-262.

Lupton J E. 1990. Water column hydrothermal plumes on the Juan de Fuca Ridge. Journal of Geophysical Research, 95(B8): 12829-12842.

Lupton J. 1998. Hydrothermal helium plumes in the Pacific Ocean. Journal of Geophysical Research: Oceans, 103(C8): 15853-15868.

Lurton X. 2002. An introduction to underwater acoustics: principles and applications. Springer Science Berlin Heidelberg. Springer.

Luther G W, Rickard D T, Theberge S, et al. 1996. Determination of metal (Bi) sulfide stability constants of Mn^{2+}, Fe^{2+}, Co^{2+}, Ni^{2+}, Cu^{2+}, and Zn^{2+} by voltammetric methods. Environmental Science & Technology, 30(2): 671-679.

Luther G, Glazer B, Hohmann L, et al. 2001. Sulfur speciation monitored *in-situ* with solid state gold amalgam voltammetric microelectrodes: polysulfides as a special case in sediments, microbial mats and hydrothermal vent waters. Journal of Environmental Monitoring Jem, 3(1): 61-66.

Massoth G J, Baker E T, Feely R A, et al. 1998. Manganese and iron in hydrothermal plumes resulting from the 1996 Gorda Ridge Event. Deep Sea Research Part Ⅱ Topical Studies in Oceanography, 45(12): 2683-2712.

Massoth G J, Milburn H B, Johnson K S. 1991. UAVE (submersible system used to assess vented Emissions) approach to plume sensing: the Buoyant Plume Experiment at Cleft Segment, Juan de Fuca Ridge, and plume exploration along the EPR 9-11°N. EOS, Transactions American Geophysical Union, 44(72): 234.

Meyer D, Prien R, Dellwig O, et al. 2016. A multi-pumping flow system for *in-situ* measurements of dissolved manganese in aquatic systems. Sensors, 16(2027): 1-15.

Mittelstaedt E, Davaille A, van Keken P E, et al. 2010. A noninvasive method for measuring the velocity of diffuse hydrothermal flow by tracking moving refractive index anomalies. Geochemistry, Geophysics, Geosystems, 11(10): 1-18.

Mottl M J, Wheat G, Baker E, et al. 1998. Warm springs discovered on 3.5 Ma oceanic crust, eastern flank of the Juan de Fuca Ridge. Geology, 26(1): 51-54.

Nakamura K, Kawagucci S, Kitada K, et al. 2015. Water column imaging with multibeam echo-sounding in the mid-Okinawa Trough: implications for distribution of deep-sea hydrothermal vent sites and the cause of acoustic water column anomaly. Geochemical Journal, 49(6): 579-596.

Nam S H, Kim G, Kim K R, et al. 2005. Application of real-time monitoring buoy systems for physical and biogeochemical parameters in the coastal ocean around the korean peninsula. Marine Technology Society Journal, 39(2): 70-80.

Okamura K, Kimoto H, Saeki K, et al. 2001. Development of a deep-sea in situ Mn analyzer and its application for hydrothermal plume observation. Marine Chemistry, 76(1): 17-26.

Ramondenc P, Germanovich L N, von Damm K L, et al. 2006. The first measurements of hydrothermal heat output at 9°50′N, East Pacific Rise. Earth & Planetary Science Letters, 245(3-4): 487-497.

Reeburgh W S. 2014. Global Methane Biogeochemistry. Treatise on Geochemistry, 4: 71-94.

Reid J L. 1986. On the total geostrophic circulation of the North Atlantic Ocean: flow patterns, tracers, and transports. Progress in Oceanography, 16(1): 1-61.

Resing J A, Sedwick P N, German C R, et al. 2015. Basin-scale transport of hydrothermal dissolved metals across the South Pacific Ocean. Nature, 523(7559): 200-203.

Rona P, Light R. 2011. Sonar images hydrothermal vents in seafloor observatory. EOS, Transactions American Geophysical Union, 92(20): 167-170.

Saito M A, Noble A E, Tagliabue A, et al. 2013. Slow-spreading submarine ridges in the South Atlantic as a significant oceanic iron source. Nature Geoscience, 6(9): 775-779.

Sander S G, Koschinsky A. 2011. Metal flux from hydrothermal vents increased by organic complexation. Nature Geoscience, 4(3): 145-150.

Sarrazin J, Rodier P, Tivey M K, et al. 2009. A dual sensor device to estimate fluid flow velocity at diffuse hydrothermal vents. Deep Sea Research Part Ⅰ Oceanographic Research Papers, 56(11): 2065-2074.

Schultz A, Delaney J R, Mcduff R E. 1992. On the partitioning of heat flux between diffuse and point source seafloor venting. Journal of Geophysical Research Solid Earth, 97(B9): 12299-12314.

Schultz A, Dickson P, Elderfield H. 1996. Temporal variations in diffuse hydrothermal flow at tag. Geophysical Research Letters, 23(23): 3471-3474.

Shank T M, Fornari D J, von Damm K L, et al. 1998. Temporal and spatial patterns of biological community development at nascent deep-sea hydrothermal vents (9°50′N, East Pacific Rise). Deep Sea Research Part Ⅱ Topical Studies in Oceanography, 45: 465-515.

Sillen L G. 1965. Oxidation: state of earth's ocean and atmosphere: A model calculation on earlier states: the

Myth of probiotic soup. Arkiv for Kemi, 24, 5: 431.

Speer K G, Rona P A. 1989. A model of an atlantic and pacific hydrothermal plume. Journal of Geophysical Research, 94(C5): 6213-6220.

Stranne C, Sohn R A, Liljebladh B, et al. 2010. Analysis and modeling of hydrothermal plume data acquired from the 85°E segment of the Gakkel Ridge. Journal of Geophysical Research: Oceans, 115(C6): 1-17.

Suess E, Han X, Greinert J, et al. 2007. Methane Sensor Deployment for Deep-sea Observations. Portland Gas Hydrate Observatories Workshop.

Sun X X, Yang Z S, Fan D J, et al. 2014. Suspended zinc sulfide particles in the Southwest Indian Ridge area and their relationship with hydrothermal activity. Chinese Science Bulletin, 59(9): 913-923.

Tao C H, Chen S, Baker E T, et al. 2017. Hydrothermal plume mapping as a prospecting tool for seafloor sulfide deposits: a case study at the Zouyu-1 and Zouyu-2 hydrothermal fields in the southern Mid-Atlantic Ridge. Marine Geophysical Research, 38(1-2): 3-16.

Thomson R E, Mihaly S F, Rabinovich A B, et al. 2003. Constrained circulation at Endeavour ridge facilitates colonization by vent larvae. Nature, 424(6948): 545-548.

Thurnherr A M, Richards K J. 2001. Hydrography and high-temperature heat flux of the Rainbow hydrothermal site (36°14′N, Mid-Atlantic Ridge). Journal of Geophysical Research, 106(C5): 9411-9426.

Tivey M K. 2007. Generation of seafloor hydrothermal vent fluids and associated mineral deposits. Oceanography, 20(1): 50-65.

Varney M S. 2000. Chemical Sensors in Oceanography. Boca Raton: CRC Press.

Veirs S R, McDuff R E, Stahr F R. 2006. Magnitude and variance of near-bottom horizontal heat flux at the Main Endeavour hydrothermal vent field. Geochemistry, Geophysics, Geosystems, 7(2): 1-5.

von Damm K L. 2013. Humphris, S. E., Zierenberg, R. A., Mullineaux, L. S., & Thomson, R. E. (2013). Controls on the Chemistry and Temporal Variability of Seafloor Hydrothermal Fluids. Seafloor Hydrothermal Systems: Physical, Chemical, Biological, and Geological Interactions. American Geophysical Union, 91: 222-247.

Walter M, Mertens C, Stöber U, et al. 2010. Rapid dispersal of a hydrothermal plume by turbulent mixing. Deep Sea Research Part Ⅰ Oceanographic Research Papers, 57(8): 931-945.

Weber T, Mayer L A, Beaudoin J, et al. 2012. Mapping gas seeps with the deepwater multibeam echosounder on Okeanos Explorer. Oceanography, 25(S1): 54-55.

Whitfield M. 1972. The electrochemical characteristics of natural redox cells. Limonlogy and Oceanography, 17(3): 383-393.

Whitfield M. 1974. Thermodynamic Limitations on the Use of the Platinum Electrode in Eh Measurements. Limnology & Oceanography, 19(5): 857-865.

Williams A J, Bjorklund T, Zemanovic A. 2002. Pipe MAVS, a deep-ocean flowmeter. Oceans, 2: 713-716.

Winckler G, Newton R, Schlosser P, et al. 2010. Mantle helium reveals Southern Ocean hydrothermal venting. Geophysical Research Letters, 37(5): 137-147.

Xu G, Iorio D D. 2012. Deep sea hydrothermal plumes and their interaction with oscillatory flows. Geochemistry, Geophysics, Geosystems, 13(9): 174-187.

Ye Y, Huang X, Pan Y, et al. 2008. *In-situ* measurement of the dissolved S^{2-} in seafloor diffuse flow system: sensor preparation and calibration. Journal of Zhejiang Universityence A, 9(3): 423-428.

Yoerger D R, Murray P G, Stahl F. 2001. Estimating the vertical velocity of buoyant deep-sea hydrothermal plumes through dynamic analysis of an autonomous vehicle. IEEE/RSJ International Conference on Intelligent Robots & Systems, 4: 1794-1802.

Yücel M, Gartman A, Chan C S, et al. 2011. Hydrothermal vents as a kinetically stable source of iron-sulphide-bearing nanoparticles to the ocean. Nature Geoscience, 4(2): 367-371.

Zierenberg R A, Adams M W W, Arp A J. 2000. Life in extreme environments: hydrothermal vents. Proceedings of the National Academy of Sciences, 97(24): 12961-12962.

5 洋中脊多金属硫化物勘查技术——地球物理探测

在洋中脊多金属硫化物矿床的勘查中，地球物理探测是唯一能够对海底地质体以下进行识别观测的技术，并且在实际应用中发挥着越来越重要的作用。本章详细论述了重力、海底声学、OBS、多道地震、视像探测、电法和磁法等地球物理方法在洋中脊多金属硫化物勘查中的原理和应用，对不同方法解决的问题进行分析，同时也对搭载各类光学传感器的摄像拖体在识别硫化物矿体中的应用做相关介绍。

5.1 重 力 探 测

5.1.1 探测原理

重力探测是以地壳中不同岩石、矿石之间密度差异为基础，通过观测与研究天然重力场的变化规律以查明地质构造和寻找矿产的一种地球物理勘探方法（罗孝宽和郭绍雍，1991）。重力探测对于寻找硫化物而言是一种间接方法。在海洋区域地质构造研究领域，重力异常主要反映了海底地形的变化、大地构造、地壳厚度及岩浆供给情况等，主要用于解决区域构造问题，并结合硫化物的赋存条件为其勘探范围提供判断依据。对于硫化物找矿而言，重力主要应用于前期阶段的远景区圈定。当然，更高分辨率的重力数据也为勘探阶段寻找矿化体或矿体提供有力依据。例如，在海底观测的高精度重力异常，其短波长部分反映的主体就是硫化物矿体。

5.1.2 方法技术

针对硫化物勘查，重力探测方法可分为卫星重力探测（卫星测高技术）、船载重力探测和海底重力探测。其数据量的覆盖范围依次减小、分辨率依次提高。近年来快速发展的卫星测高技术，为勘探程度较低的海洋区域地质调查提供了全覆盖的重力数据，但其空间分辨率较低，目前仅限于大尺度深部构造的研究。Sandwell 等（2014）结合了 CryoSat-2 和 Jason-1 两个卫星的数据发布了最新的全球海洋重力模型及其垂向梯度（图 5-1），结合了部分船测数据，在分辨率和精度方面都有一定提升，并在墨西哥湾利用重力垂向导数直接找到了一些隐伏的构造，如古洋脊和隐伏的板块边界。

船载重力测量相对于星载观测具有更高的分辨率和精度，但是覆盖范围较小，一般是走航式的单条测线观测。目前船载重力仪多采用 LaCoste & Romberg 重力仪，与陆地上使用的相对重力仪（如 CG-5）原理类似，为了克服测量船运动不稳定性，需要将其搭载在一个陀螺平台上，是全自动走航式重力仪，如 Micro-g LaCoste S-162 型海空两用重力仪，其主要参数指标见表 5-1，实物图和原理图见图 5-2，利用一个零长弹簧感应地下物质所产生的引力效应，通过测量用于维持弹簧平衡的补偿电压来达到测量重力的目的。基于测线交点差的大小评估，可以获得 1mGal①或更佳的海上作业精度。

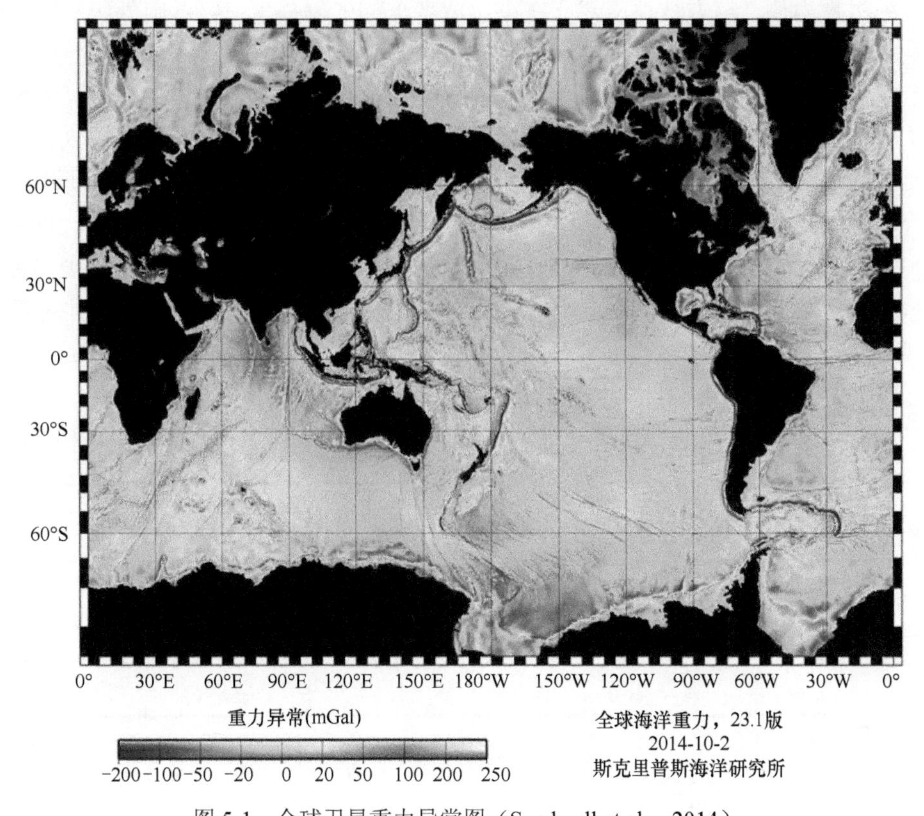

图 5-1　全球卫星重力异常图（Sandwell et al.，2014）
（数据来源：http://topex.ucsd.edu/grav_outreach/index.html#gallery）

表 5-1　海空两用相对重力仪参数

分辨率（mGal）	静态误差（mGal）	精度（mGal）	采样频率（Hz）
0.01	0.05	≤1.0	1

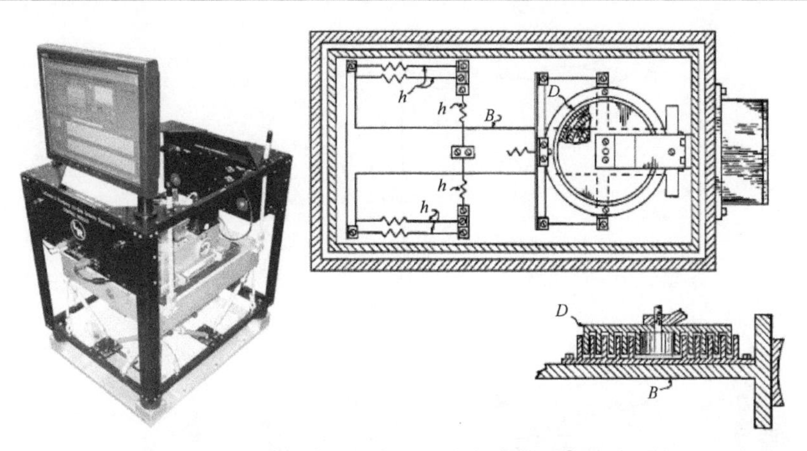

图 5-2　Micro-g LaCoste S-162 型海空两用相对重力仪实物图②及原理图（Lacoste，1967）

① 1Gal=1cm/s^2
② Micro-g LaCoste Air-Sea Gravity Meter–System II：instruction manual，2006（http://www.microglacoste.com）

在海洋进行相对重力观测，必须首先建基点网，以消除观测的积累误差、零点漂移并传递绝对重力值。重力基点应建立在港口或者岛屿的码头上，停靠国外码头时，则与国际重力标准基点网（IGSN）（1971）基点网联测（Morelli，1974）；每次比对基点时，应测定仪器相对基点的高程。重力测量应垂直于测区区域构造走向设计测线，以阐明区域地质构造的特征。对于海上重力观测的不同目的及不同调查阶段，有不同的观测要求，观测要求与调查阶段见表 5-2，比例尺在 1∶1 000 000～1∶500 000 的重力观测称为重力概查，用于了解区域地质情况，查明构造线方向，发现构造带；比例尺在 1∶200 000～1∶100 000 的重力观测称为重力普查，用于发现局部构造，确定其大致的界限与范围；比例尺为 1∶50 000～1∶25 000 的重力观测可以进一步查明局部构造，明确其轮廓（刘光鼎，1978）。

表 5-2 重力测量阶段（刘光鼎，1978）

比例尺		基点精度（mGal）	观测点控制范围（km^2）	测线间距（km）	普通点精度（mGal）
概查	1∶1 000 000	±0.4	100～50	10～7	±4.0
	1∶500 000	±0.2	25～12.5	5～3	±2.0
普查	1∶200 000	±0.1	4～2	2～1.5	±1.5
	1∶100 000	±0.1	1～0.5	1.0～0.5	±0.8
详查	1∶50 000	±0.05	0.25	0.3～0.2	±0.4
	1∶25 000	±0.05	<0.25	0.2～0.1	±0.2

由于船载重力仪在海面观测的有效信号较弱，随后发展了海底重力测量技术，但只能进行单点测量而难以进行面积性观测，导致观测所耗费的时间更多。海底重力仪包含两部分：重力仪器包和声呐仪器包，通过软缆连接。声呐仪器包中有压力计、CTD 仪器、向下扫描的声呐及用来定位重力仪的声学发射和接收机。声呐盒通过同轴电缆连接到测量船上的控制系统，当仪器抵达海底后，调平和调零由船上操作，重力测量精度可达 10～20μGal（Hildebrand et al.，1990）。系统装置见图 5-3。

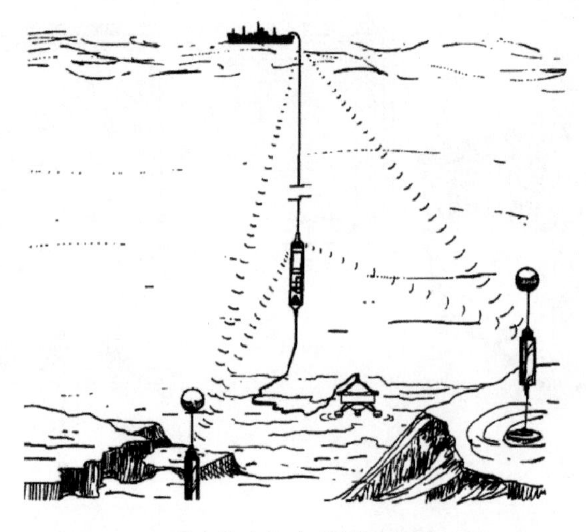

图 5-3 LaCoste & Romberg 重力仪在海底观测示意图（Hildebrand et al.，1990）

重力勘探，除了利用重力仪采集重力数据外，还需要对观测数据进行相应的校正，得到与勘探目标体有关的重力异常。为了方便进行地质解释，还需做进一步处理，如线性信号提取、异常源深度估计、密度反演成像等。一般的数据处理流程及方法见图 5-4。

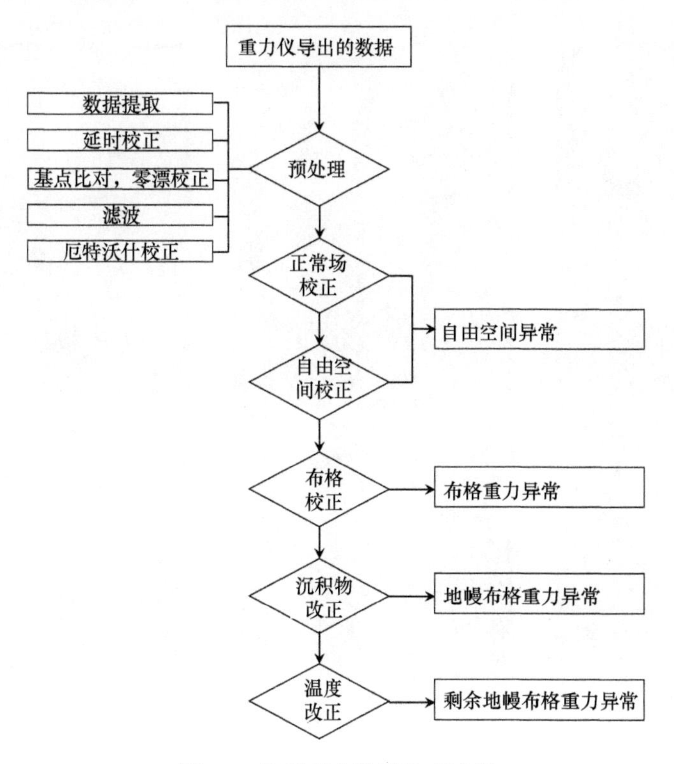

图 5-4　海洋重力数据处理流程

自由空气重力异常是对原始观测数据进行正常场（参考椭球体）校正、自由空间校正和厄特沃什（Eötvös）校正后获得的异常，主要反映海底地形和地壳密度不均一性；从自由空气重力异常中去除海水与海底地形的影响得到布格重力异常，主要反映海底以下的密度不均匀体或构造分布。计算过程参见《海洋调查规范　第 8 部分：海洋地质地球物理调查》（GB/T 12763.8—2007）第 9 节。地幔重力布格异常（图 5-5）是将布格校正从地表扩展到莫霍面进行地壳重力效应计算（Kaban et al.，2014），地壳的重力效应计算相当于将横向变化的地壳用一个均质多层地壳参考模型代替。目前可用的全球地壳模型为 Crust1.0（Laske et al.，2013）。如果利用温度改正模型在地幔重力布格异常的基础上减去岩石圈冷却效应，则得到剩余地幔布格重力异常（Kuo and Forsyth，1988）（图 5-5），反映的是地幔密度结构。

5.1.3　应用实例

与陆地重力测量不同，海洋重力测量在硫化物调查中是一种间接方法。因为硫化物分布范围不大，其剩余质量较小，并受周围岩石、地质构造等地质干扰因素，以及采集过程中噪声干扰的影响，而且海洋重力观测很难有陆地那样平稳的观测平台，对于船载重力仪而言，由于观测点与目标体之间的距离很大（如西南印度洋可达 4km），获得的深部信号较弱，因此很难从重力异常中直接反映出硫化物的存在。海洋重力测量的主要作用是反演地壳厚度、解决深部构造问题及为岩浆活动问题提供参考资料。

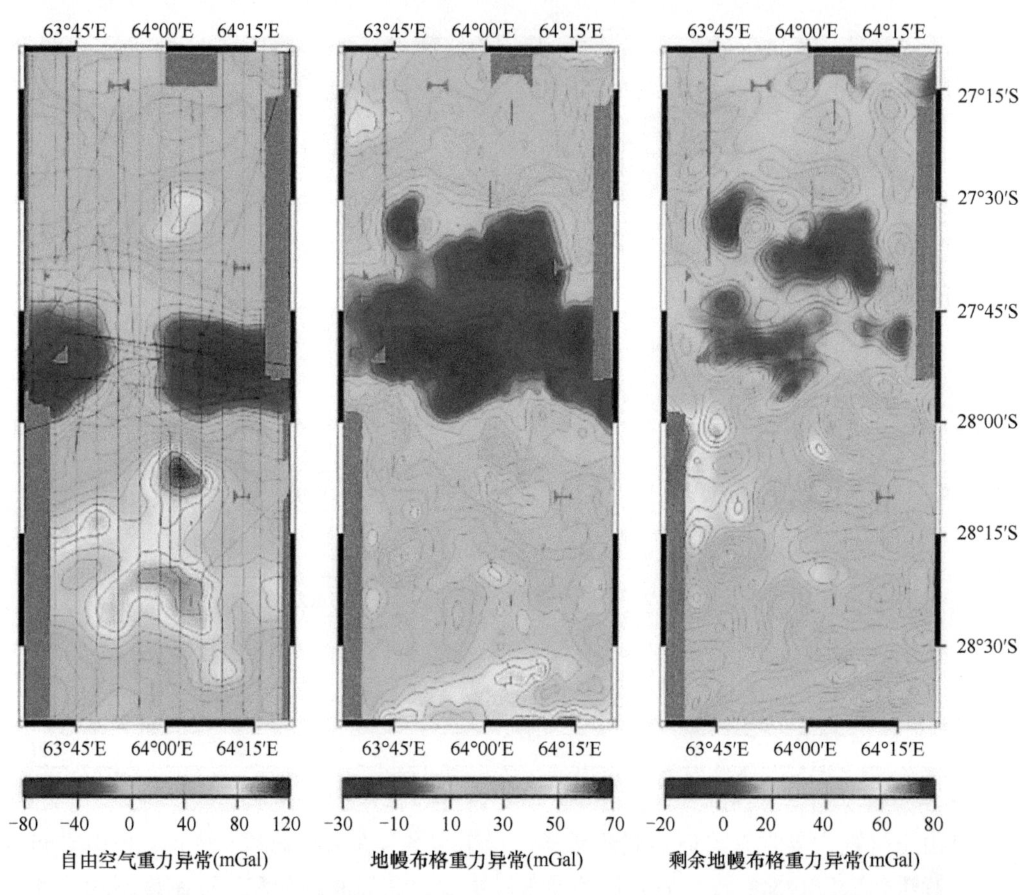

图 5-5　西南印度洋中脊 64°E 区域的自由空气重力异常（FAA）、地幔布格重力异常（MBA）及剩余地幔布格重力异常（RMBA）（Searle and Bralee，2007）

5.1.3.1　卫星重力观测

卫星重力数据覆盖范围广，近年来发布的卫星重力模型的精度也有所提高。例如，Sandwell 等（1997）发布的全球重力模型（FAA-V18.1）在地形平坦地区精度可达 2mGal，在地形起伏较大区域可达 4mGal（张涛等，2013）。通过正演计算去除已知模型（地形和沉积物厚度）的影响，得到地幔布格重力异常（mantle Bouguer anomaly，MBA）主要反映地壳厚度的变化和地幔温度的不均一性。然后利用温度模型正演去除岩石圈冷却效应造成的重力效应，得到剩余地幔布格重力异常（RMBA）（图 5-6），最后采用下延的方法反演出地壳厚度。大尺度的 RMBA 反映了西南印度洋中脊（SWIR）A 区（37.78°S，49.65°E，见图 5-6 左图红色五角星）所在一级洋中脊段（Indomed-Gallieni 转换断层）和 Marion- Del Cano-Crozet 区域之间的重力低值带，推断为热点-洋中脊相互作用的路径，西南印度洋中脊（SWIR）与 Crozet 热点相互作用产生的强的岩浆活动为 A 区热液喷口提供了丰富的热源。在A区热液喷口区，隆起地形和减薄地壳导致了明显的非均衡状态，其剩余地形均衡异常特征与转换断层内角相似，磁力数据表明A区南侧存在一个约7km×15km的磁性体减薄区，推断为拆离断层的构造减薄区域。A区强烈的构造活动可以为热液喷口提供充分的水循环通道，可能形成较大的热液硫化物矿床（张涛等，2013）。

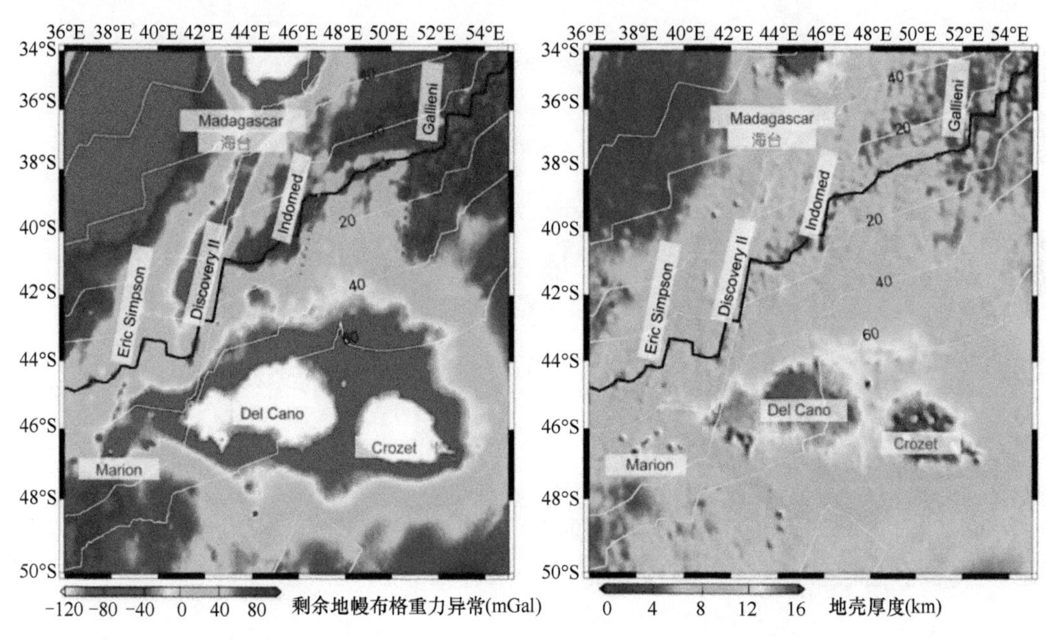

图5-6 剩余地幔布格重力异常（左）和反演的地壳厚度（右）（张涛等，2013）

5.1.3.2 船载重力观测

船载重力观测为硫化物勘探提供间接信息，如供岩浆供给信息、隐伏断裂信息等。比较经典的应用是利用重力数据进行的中大西洋洋中脊岩浆集中供给研究，对重力数据经布格校正、沉积物校正及地壳模型和岩石圈冷却效应校正后，得到地幔布格重力异常（图5-7），发现每个脊段的扩张中心都对应了地幔重力布格异常低值，而且脊段的长度与地幔布格重力异常成反比、与海水深度成正比（Lin et al.，1990）。

法国于1995年10月开展了Gallieni航次，在超慢速扩张西南印度洋中脊进行了综合地球物理探测，其测线分布见图5-7a。其中，重力测量采用Bodenseewerk KSS 30型重力仪，自由空气重力异常的交点差平均值为0mGal，均方差为3mGal（Sauter et al.，2001），地幔布格重力异常计算中采用了5km厚的洋壳模型（Rommevaux-Jestin et al.，1997）。综合地幔布格重力异常、扩张中心的磁异常数据及多波束地形数据发现，在距离超过15km的不连续带存在洋壳减薄和火山变少的特征。类比推测，在更小的非转换不连续带，其洋壳厚度和火山发生量变化都较小或者无变化。这些不连续带通常是低缓地形脊段和陡变地形脊段的边界，前者对应较小的MBA低异常，后者对应较大的MBA低异常，推测这类岩浆作用较弱的脊段的岩浆供给受近地表过程的控制。图5-8展示了岩浆供应模式与地壳厚度和非转换不连续带的关系。

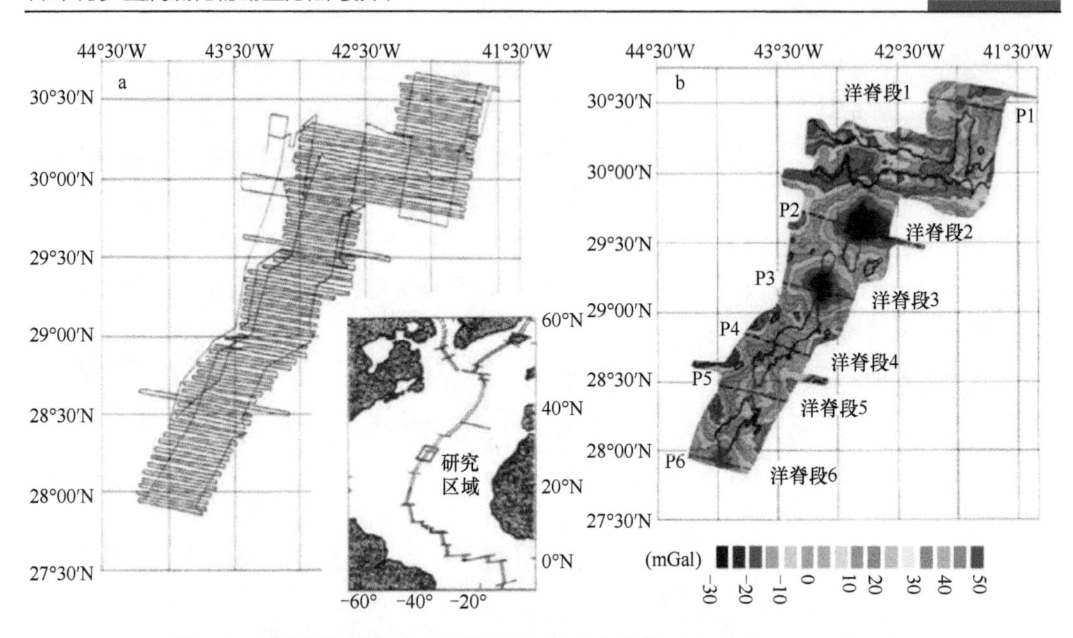

图 5-7 重力测线分布（a）及地幔布格重力异常（b）（Lin et al.，1990）

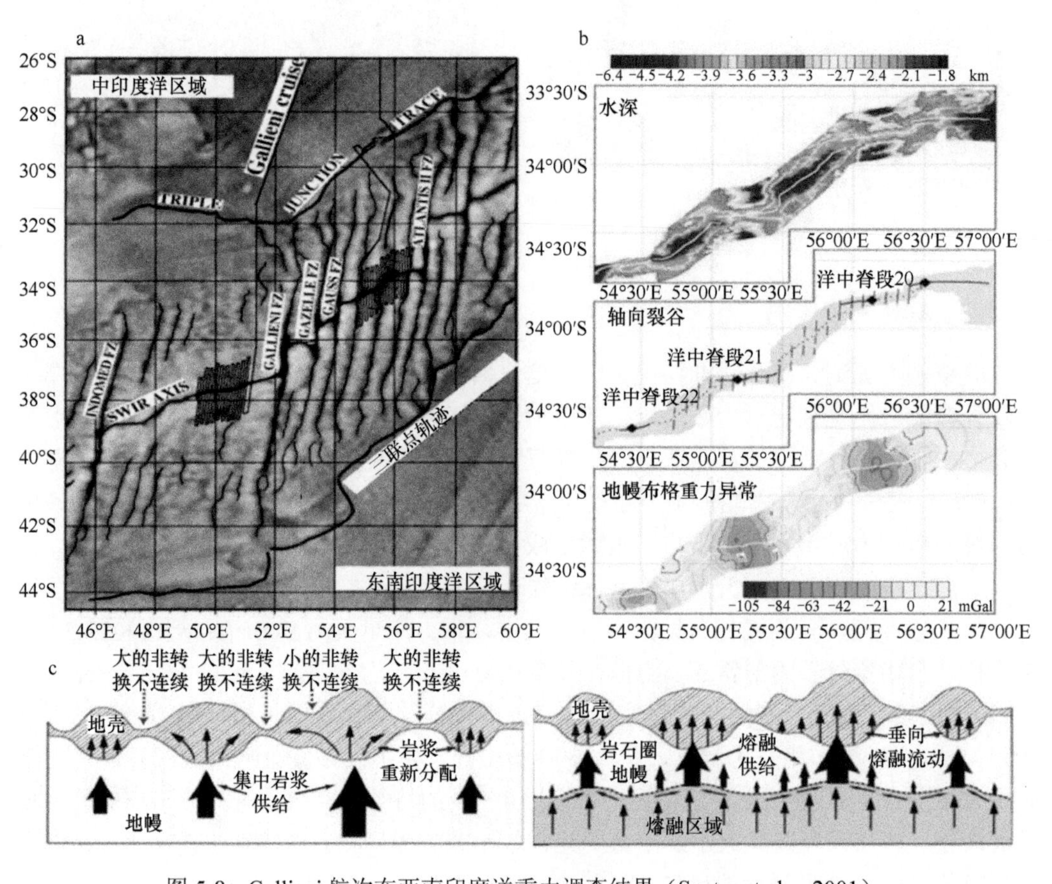

图 5-8 Gallieni 航次在西南印度洋重力调查结果（Sauter et al.，2001）

a. 测线分布；b. 54°～56°E 测区的水深、轴向裂谷分布和地幔布格重力异常；c. 洋壳增生及岩浆供给模式

5.1.3.3 海底重力观测

早在 1979 年，在东太平洋隆起扩张中心（21°N）探测中就使用了海底重力观测方法，总共在海底布设 20 个观测点，观测仪器采用 LaCoste-Romberg model G 重力仪，剖面总长 6km（Macdonald and Luyendyk，1981），在扩张轴和热液区显示了 1.5mGal 的剩余布格低值异常。理论模型反演显示，此异常受上层 2km 含有岩墙和流体的洋壳约束，受更深处的岩浆房的影响较小。根据合理的地质模型推测，这可能是由上层地壳中的断裂掺杂高温海水造成的（Luyendyk，2012），后期的海底重力观测既要沿着扩张中心也要与其交叉，有利于揭示负的剩余布格重力异常与热液区的相关性。

在海底和海面重力联合观测下，直接获取硫化物引起的重力异常信号的典型例子是 1993 年的 REM Leg 2 航次在胡安德富卡洋中脊（JdFR）的重力观测，测线和测站布放见图 5-9。船载重力仪采用 LaCoste（S38），海面观测测线长度 50km，线距 5.5km，最终获得 700km 海面重力测线数据。海底重力仪采用 LaCoste & Romberg 海底重力仪（Hildebrand et al.，1990），共布设了 57 个海底重力观测点（图 5-9）。海面重力观测数据经过正常场校正和 Eötvös 校正及综合调差，最终得到交点差为 2～3mGal 的自由空气重力异常。但是海底重力观测不是在大地水准面上，而是通过自由海水校正对其进行高度改正，使用的自由海水梯度值为 0.222mGal/m，固体潮和海潮采用 NLOADF 软件包进行校正，最终获得的自由海水重力异常精度为 0.2mGal（Ballu et al.，1998）。

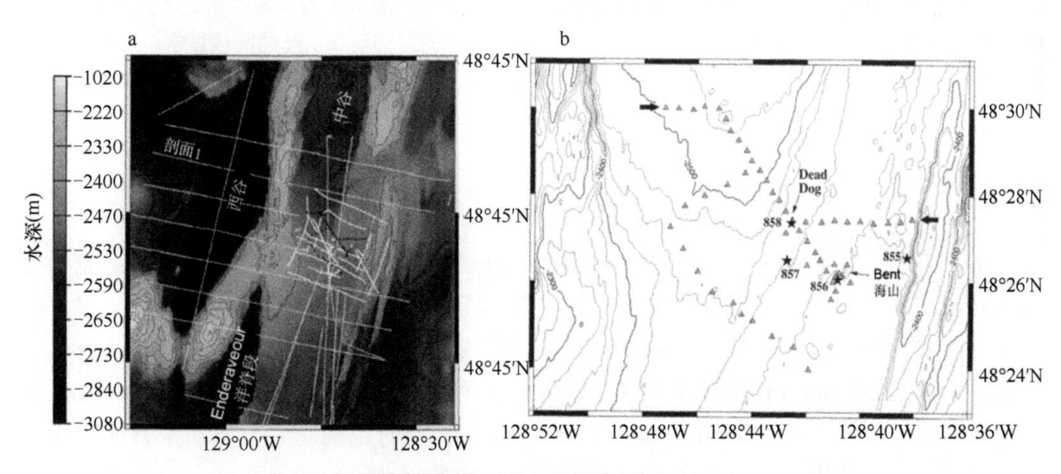

图 5-9 胡安德富卡洋脊海底重力观测实例（Ballu et al.，1998）

a. 重力测线（白色线点）；b. 测站（黑色三角形）分布

浅而小的密度异常源形成的重力场短波长成分随距离迅速衰减，在海面上难以观测到这种微弱的重力信号。对于深部场源，不论是在海面还是在海底观测，与场源的距离都相近，因此在海面也可以观测到相同的长波长重力信号。海面重力观测数据反映海底深部密度变化，而海底重力观测数据对浅部场源更敏感。短波长的重力异常反映的主体是硫化物，而较宽频的异常反映的则是岩化沉积物。为了更好地反映浅部硫化物产生的重力异常，将海面观测的重力异常进行向下延拓处理，然后将其从海底重力数据中减掉，得到剩余异常（图 5-10a）。在剩余异常图中发现了 3 个明显的重力正异常，结合其他地球物理资料解释为：①硫化物，已有钻孔资料验证（ODP 856 站），其深度分布为 120～180m；②由岩化沉积物和硫化物共同形成的区域异常；③上层沉积物岩化的标志（Ballu et al.，1998）。

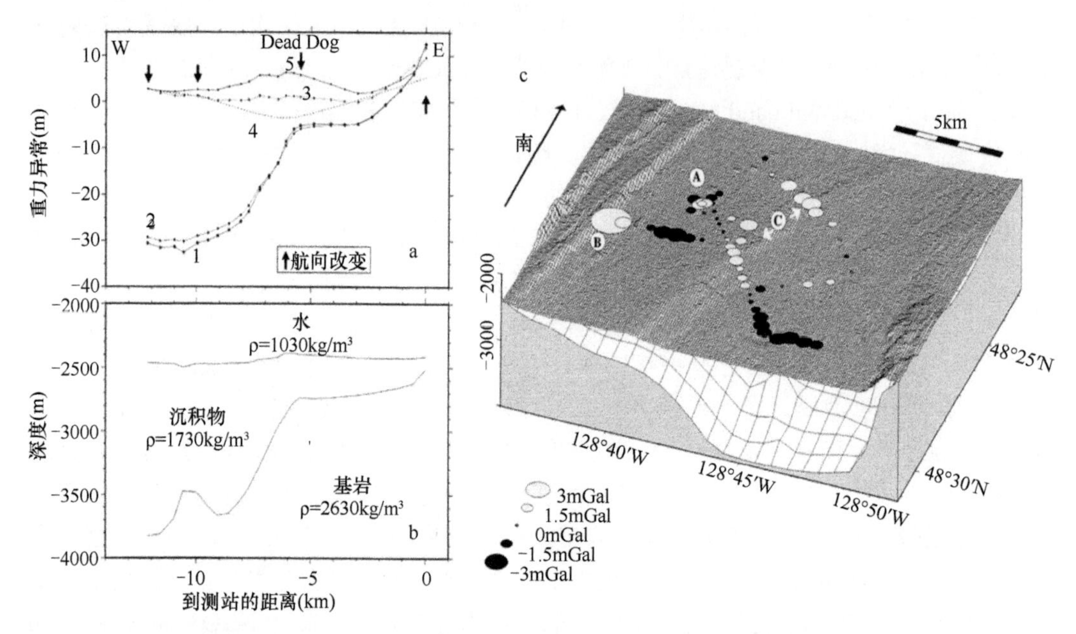

图 5-10　a. 海底重力观测剖面（位置见图 5-9b 中两个粗的黑色箭头），图中呈现了不同测站的重力异常，曲线 1 表示自由空气重力异常，曲线 2 表示布格重力异常，曲线 3 表示基底异常（去除地形、沉积层-基岩界面的影响），曲线 4 表示从海面重力数据中估计的深部场源引起的区域异常，曲线 5 表示从基地异常中减去区域异常得到的剩余异常；b. 水层和沉积层，表示水-沉积物-基岩分层结构图和各层的密度；c. 海底地形、沉积层和剩余异常三维视图（Ballu et al.，1998）

5.1.4　前景与展望

重力方法在陆地勘探（如三维地质填图、金属矿勘查、油气勘探等）中已是成熟的地球物理技术，除了传统的勘探应用，现在甚至可以利用微重力、时变（4-D）重力监控火山活动、地下水及油气的运移状态、注水检测及二氧化碳封存等（Ferguson et al.，2008；Krahenbuhl and Li，2012）。这一系列的应用主要依赖于高精度（3μGal）、高分辨率的重力仪及观测系统（Krahenbuhl et al.，2011），同时也表明了重力勘探方法在找矿中可以发挥关键作用。对于海底热液系统及硫化物勘探而言，重力及重力梯度联合观测及搭载于近底观测平台（如 AUV 或深海空间站）进行定点时变观测或者移动走航观测是未来发展的必然趋势。深海移动观测平台搭载的重力观测对仪器所处位置和速度有很高的要求，在提高硬件水平的基础上也需发展新的数据处理和解释的方法（Araya et al.，2015；Kinsey et al.，2008）。

5.2　海底声学探测

在海水中，可见光和电磁波衰减严重、传播距离有限，难以满足人类探测海底的需求；相比之下，声波在海水中的传播性能要好得多，可以进行水下长距离传输，因此声学探测技术是进行海底探测的主要手段之一（Robert，1983；金翔龙，2004；刘晓东等，2015）。

5.2.1 探测原理

海底多金属硫化物往往伴生于海底热液活动，因而寻找正在活动的或非活动的热液区是海底多金属硫化物矿探测的直接且有效的步骤（Tao et al.，2014）。季敏和翟世奎（2005）通过对全球典型热液区地形环境特征的系统分析和对比研究，发现热液活动最突出的特征是出现在大洋高地形的低洼部分，少数出现在低地形的较高部位。姚会强等（2011）对不同海底多金属硫化物矿区域的地形特征进行了总结：从慢速扩张洋中脊到快速扩张洋中脊，海底多金属硫化物发育的地形特征从洋脊轴部的裂谷区域到洋脊地堑的顶部区域及远离洋脊的海山之上。在有沉积物覆盖的洋中脊，由于沉积物覆盖，热液区域主要发育在小突起之上。船载多波束系统可以获取全覆盖的海底水深信息，反映出海底地形特征，结合侧扫声呐和浅地层剖面等资料，可对海底地形地貌类型进行分级和分类，进而针对硫化物矿床有关的地形环境进行详细探测。

海底热液区往往具有一些特有的微地形地貌标志，如烟囱体、硫化物丘体、海底裂隙等。其中，烟囱体由于形成过程的不同，其大小各异，形态多变，呈筒状、柱状、尖塔状和蘑菇状等，可具凸缘。单个烟囱体高度从几厘米到几十米、直径从几厘米到几米不等，其内通常具有流体通道，容易被后期沉淀的矿物充填。烟囱体顶部可形成树枝状分叉，具有喷口结构。多个烟囱体聚集分布、成群产出可构成烟囱体群。烟囱体坍塌后可堆积成硫化物丘体，其上可以有新的烟囱体形成或老的烟囱体残余。硫化物丘体主要由坍塌的烟囱体及其碎块、块状硫化物等堆积而成，在其内部存在着早期矿物被后期矿物交代、穿插的现象，形成脉体和网脉体，大多存在于蚀变的岩石中。丘体的规模大小不一，高度从几十厘米到几十米，直径从小于 1m 到几百米（Rona and Scott，1993；郑翔，2015）。将多波束、侧扫声呐及浅剖等声学系统搭载到遥控水下潜水器（Remotely Operated Vehicle，ROV）、自治水下机器人（Autonomous Underwater Vehicle，AUV）、载人潜器（Human Occupied Vehicle，HOV）或深拖设备上进行海底与其地下构造探测，获得高分辨率的测深、侧扫及浅剖数据，从而可以研究海底微地形地貌特征（Rouse，1991；徐建等，2011；周建平等，2011）。

在开放的海底环境中，黑烟囱 97%的金属元素将会散失到周围海水中而难以形成硫化物的堆积，因此地质盖层在现代海底块状硫化物矿床的形成过程中起到了非常重要的作用（Fouquet，2003）。另外，有观点认为围岩为现代海底块状硫化物矿床的形成提供了一定物质来源，因此围岩类型对热液区的影响主要表现在对物质成分和含量的控制（Hannington et al.，2005，2010；Herzig and Hannington，1995）。多波束声呐系统和侧扫声呐等可以全覆盖扫测海底，提取与底质属性相关的海底反向散射数据，进而反演海底底质类型及其分布状况（Innangi et al.，2015；Parnum and Gavrilov，2011；唐秋华等，2014）。

5.2.2 方法技术

用于海底浅层声学探测的设备主要包括侧扫声呐系统（sidescan sonar system，SSS）、多波束测深系统（multibeam echosounder system，MBES）和浅地层剖面系统（sub-bottom profiler system，SPS）等三个系统，分别用于直观反映海底地貌形态、描绘海底地形特征和获得海底浅部地层结构信息。这三种探测技术的工作原理基本相似（图 5-11），只是由于探测的目标不同而存在差异。

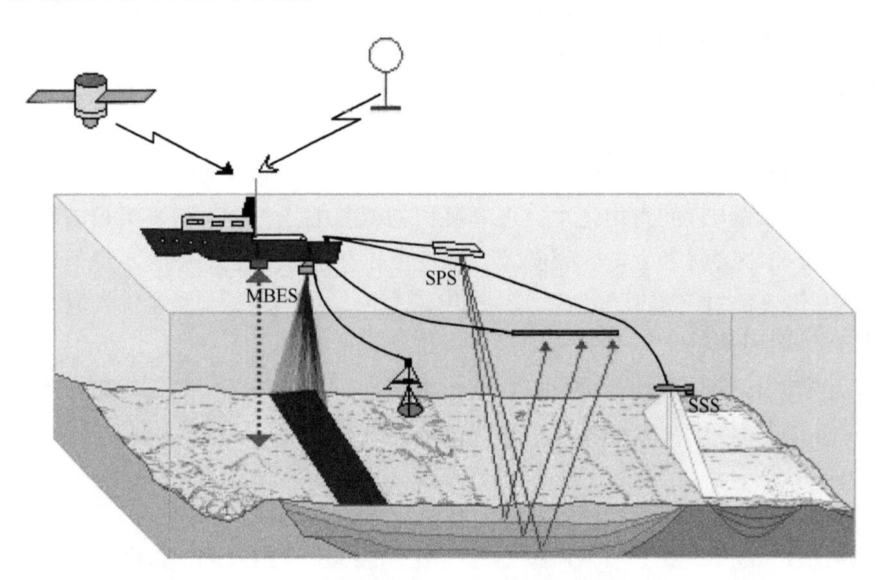

图 5-11　海底浅层声学探测示意图

（数据来源：https://woodshole.er.usgs.gov/operations/sfmapping/images/sfm_all.jpg）

SSS 为侧扫声呐系统；MBES 为多波束测深系统；SPS 为浅地层剖面系统

5.2.2.1　侧扫声呐技术

侧扫声呐技术起源于 20 世纪 50 年代末，现在已经成为应用最为广泛的声学探测技术之一。自 1960 年世界首台实用型侧扫声呐系统于英国海洋科学研究所问世以来，美国、法国等也相继开始研究侧扫声呐系统。最初的侧扫声呐系统是船载式的，60 年代中期开始出现拖曳式侧扫声呐，大大提高了探测分辨率。1970 年英国海洋科学研究所又研制出适合大洋使用的 Gloria 侧扫声呐，作业距离可达 20km 以上（陈卫民，1996）。80 年代以后，计算机技术的广泛应用极大地促进了侧扫声呐的发展（Asplin and Christensson，1988；Thomas and Hussong，1989）。到了 90 年代，一系列数字化侧扫声呐的出现使侧扫声呐技术上了一个新台阶（许枫和魏建江，2006）。

侧扫声呐系统是一种主动声呐系统，左右两侧各有一个换能器，它们具有扇形指向性。当发射的声脉冲与海底特征地形相互作用时，形成一些朝向源的“反向散射”，并被换能器接收。距离换能器近的反向散射波先被接收，距离远的后被接收，并通过换能器转换成一系列的电脉冲信号。系统按一定时间间隔进行脉冲的发射操作和反向散射波的接收操作，对每次得到的一系列电脉冲信号进行处理，转换成数字信号后呈一条横线显示。将每次得到的横线数据纵向排列，就构成了二维海底地形地貌声图，通过计算机进一步对声图进行数据处理形成海底地貌灰度图，从而对海底地貌信息进行识别和判断（李勇航等，2015；许枫和魏建江，2006）。一般情况下，当海底是硬的、凸起的、粗糙的界面时，反向散射强；当海底是软的、凹陷的、平滑的界面时，反向散射弱；被遮挡的海底不产生反向散射波，距离换能器越远反向散射越弱。

5.2.2.2 多波束测深技术

大多数扫描测量声呐系统（包括“多波束探测”）的萌芽可以追溯到20世纪50～60年代美国海军研究署资助的军事研究项目（Tyce，1986）。70～80年代多波束测深技术迅猛发展，1976年诞生了第一台多波束扫描探测系统，简称SeaBeam系统，于1977年3月安装在法国国家海洋开发中心（Centre National Pour l’Exploitation des Oceans，CNEXO）的“Jean Charcot”号船上，于1979年7月安装在美国国家海洋和大气管理局（National Oceanic and Atmospheric Administration，NOAA）的“Surveyor”号船上，并进行了多次测深试验，试验结果表明，多波束测深技术的潜力和价值十分明显，它使得大范围海域的全覆盖测深成为可能（李家彪，1999）。之后，许多制造公司纷纷进入这一领域，研制出不同型号的多波束测深系统（陈卫民，1996），从而使海底地形探测技术日益完善，向着高精度、智能化、多功能的组合式探测系统方向发展。

多波束测深原理是利用发射换能器阵向海底发射宽覆盖扇形的声波，并由接收换能器阵对海底回波进行窄波束接收（李家彪，1999；李家彪等，2001）。通过发射、接收波束相交在海底与船行方向垂直的条带区域形成数以百计的照射脚印，对这些脚印内的反向散射信号同时进行到达时间和到达角的估计，再进一步通过获得的声速剖面数据由公式计算就能得到该点的水深值（李海森等，2013）。

5.2.2.3 浅地层剖面技术

浅地层剖面仪是由回声测深仪演变而来的。早期所使用的声源频率大部分是12kHz。在20世纪60年代末期，发现了3.5kHz声波具有较大的穿透深度，能够显示更深的沉积物声学反射特征，并可以清楚解析海底微地形。80年代末期，连续变频声呐理论出现，利用调频信号方式加上信号自检法，提高了浅地层剖面仪的分辨率，获得了质量更好的海底浅地层剖面图像（姜小俊，2009）。90年代以来，计算机技术的快速发展，促进了许多新型浅剖系统的问世（谷明峰和郭常升，2006）。我国从20世纪70年代开始研究浅地层剖面仪，主流技术和设备水平与国外的发展几乎处于同一水平，成功研制了多个性能优良的浅地层剖面仪（陈卫民，1996；朱光文，1999）。

浅地层剖面技术是探测海底沉积特征、海底浅层结构和海底表层矿产分布的重要手段，它的工作原理与侧扫声呐和多波束测深相似，区别在于浅地层剖面系统发射脉冲的频率较低、能量较大，具有较强的穿透能力，能够有效地穿透至海底数十米（金翔龙，2007）。浅地层剖面仪可提供调查船正下方的垂直剖面信息，能够准确反映海底不同深度底层的结构特征。发射的高能低频声脉冲穿入海底，部分能量由底层深部各个声学反射界面反射回来被换能器接收，并转换成数字信号，依次按时间函数的形式进行记录，构成一幅连续的地层剖面图（陈卫民，1996）。

5.2.3 应用实例

5.2.3.1 船载多波束

1. 测深数据的应用实例

中国“大洋一号”科考船在 2004 年安装了深水多波束系统 SIMRAD EM 120。SIMRAD EM 120 系统的工作频率为 12kHz，最大覆盖扇面为 150°，每次发射可得 191 个波束，每个波束最窄可达 1 度，测深范围在 20～11 000m，在分辨率、覆盖宽度和测量精度等方面处于当时世界先进水平。相位测量与振幅测量的结合使用使系统的测量精度在中央波束处最大达 50cm 或均方根的 0.2%，2000m 水深之内条幅覆盖宽度可达水深的 5 倍以上，而在更深的海区一般可以达 20km。

中国大洋 34 航次第 3 航段主要工作集中在西南印度洋脊合同区 50.5°E 区，设置多波束系统的开角为 30°，以获得更加精细的地形数据。本航段共完成了 16 条多波束测线及 10 条摄像测线，利用这 26 条测线重新绘制了该区地形（图 5-12a）。该区域附近中央

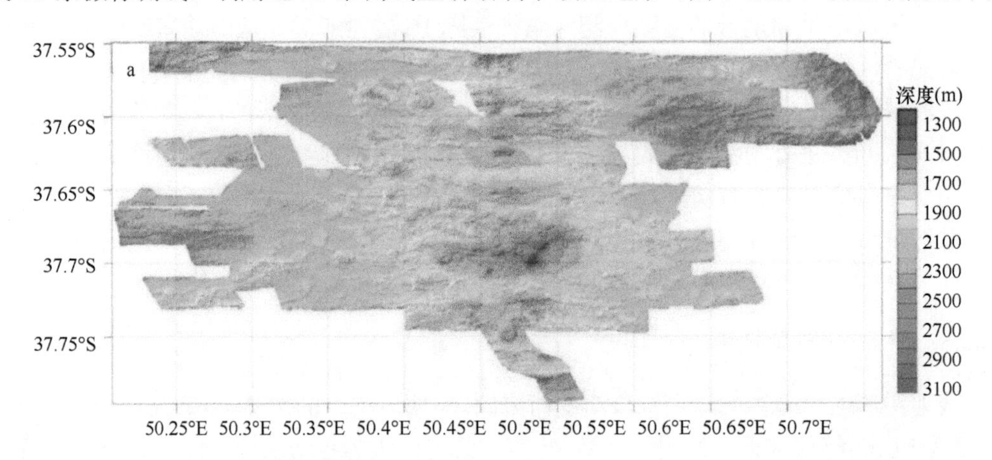

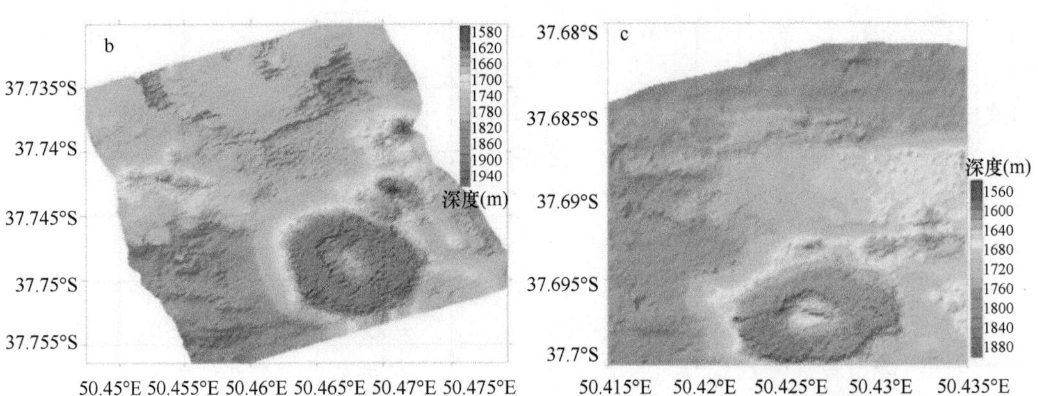

图 5-12 中国大洋 34 航次第 3 航段利用 EM 120 多波束系统获得的地形图
（国家海洋局第二海洋研究所，2016）
a. SWIR 50.5°区域的地形图；b 和 c. 发现的两处环状海底火山地形图

裂谷完全消失，最浅部分轴脊深度小于 1300m，两边的裂谷带均各发育两个深度达 3000m 的凹槽。同时，在该区域发现了两处环状海底火山。两座火山中心水深为 1670～1680m，火山高度均在 60～70m（图 5-12b，c）。

2. 反向散射强度数据的应用实例

多波束声呐系统不仅能够记录高分辨率的测深数据，还可以记录声波反向散射信息。Stewart 等（1994）通过研究了胡安德富卡洋脊的测深数据和反向散射数据的统计学特征和谱特征，定量分析了该洋脊三个不同地质类型区域的底质属性。Keeton 和 Searle（1996）等对洋中脊上首次进行的 EM12 调查所获得的反向散射强度与测深数据进行了融合分析，显示了利用从反向散射数据中获得的重要地质信息对测深所获得的信息进行补充的可能性（Keeton and Searle，1996）。随后，Sauter 和 Mendel（1997）利用西南印度洋中脊（SWIR）57°～70°E 的 Simrad EM12 反向散射强度数据揭示了这个超慢速扩张洋中脊的沿轴区段特征。近年来国内外许多学者尝试把多波束的声散射特性应用于洋底多金属结核的探测，并取得了一定的成果。Tao 等（2013a）对多波束反向散射强度数据进行深入研究与分析，利用东太平洋的一块多金属结核区域的多波束垂直入射反向散射数据和含角度的反向散射强度数据分别获得了一个估计多金属结核覆盖率的统计公式。

中国大洋 21 航次第 3 航段在东太平洋海隆附近的“宝石山”热液区进行了深入调查。该热液区面积约 12km²，地形较为平坦，地形本身对多波束声呐的反向散射强度产生的影响较小，是应用多波束声呐对热液区底质进行研究的理想“实验区”。利用“宝石山”热液区经改正处理的反向散射强度数据，形成该区域的底质声呐图像，反向散射强度值的变化通过声呐图像的灰度表现（图 5-13a）。通常，依据海底反向散射强度的大小划分不同沉积物类型，如岩石的散射强度比砂大（张国堙等，2012），砂的散射

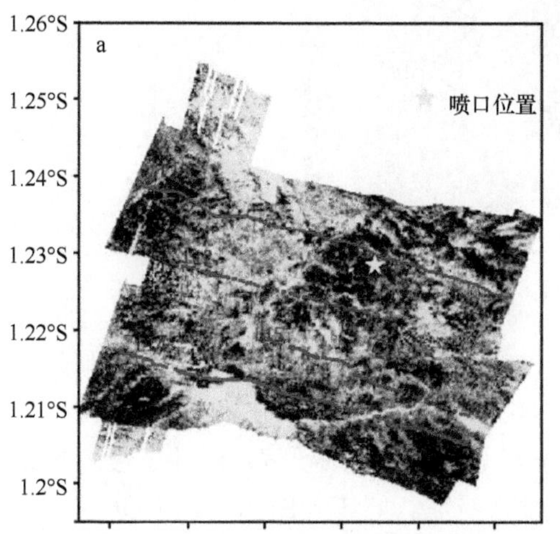

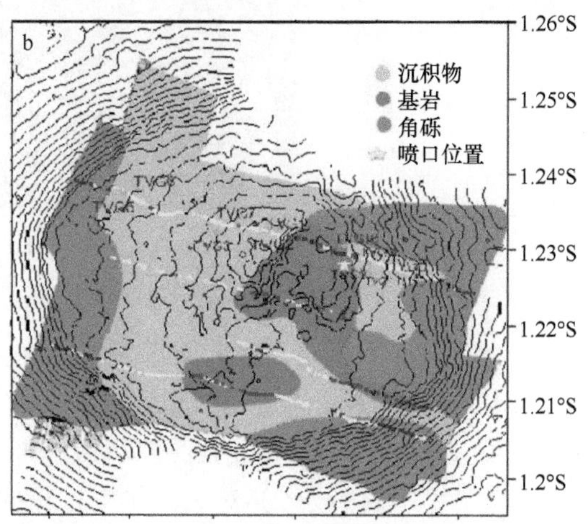

图 5-13 “宝石山”热液区底质声呐图像（a）（张国堙等，2012）及“宝石山”热液区底质分布示意图（b）

a. 红线表示研究测线，黄色五角星指示烟囱位置，图中深色区域代表强反向散射区域，浅色区域代表弱反向散射区域；b. 黄色为沉积物，橙色为基岩，蓝色为角砾

强度又大于淤泥（Fernandes and Chakraborty，2009），声呐图像的灰度变化表现底质属性的差异。对4条测线的摄像资料及电视抓斗的取样资料进行分析，获得该4条测线对应的海底底质特征（图5-13b）。该区域底质包含玄武质基岩、角砾玄武岩及热液沉积物等类型。通过摄像拖体拖缆补偿进行位置校正，获得对应于同一位置底质的摄像资料与多波束系统中央波束的声呐资料。比对摄像资料与声呐图像，检验声呐图像的灰度变化与摄像底质资料的一致性，研究声呐图像的有效性。分别对该区域的4条测线的摄像资料，与多波束中央波束声呐图像的灰度进行比对研究。综合海底摄像资料、电视抓斗取样资料及多波束声呐图像可得出，“宝石山”热液区喷口区域广泛分布岩石，坡脚区域广泛分布砾石，热液喷口西侧广泛分布沉积物。

5.2.3.2 近底声学探测之TOBI

拖曳式海底探测仪（TOBI）是由英国海洋科学研究所迪肯实验室于1989年研发的深拖声呐系统，主要用于地球物理调查，探测海底及其地下构造（Huggett and Millard，1992；Rouse，1991）。TOBI的最大拖曳深度为6000m，距离海底的高度是400m，其搭载了侧扫声呐（左舷频率为32.15kHz，右舷频率为30.37kHz）和频率为7.5kHz的高分辨率浅剖仪等声学设备（图5-14）（Murton et al.，1992；Searle，2013）。Bas等（1995）系统探讨了精细处理TOBI数据的算法，促进了利用TOBI进行海底探测研究与应用。

图5-14　英国国家海洋中心研制的拖曳式海底探测仪（Searle，2013）

图中两个长的水平管道中安放着声学传感器；其他仪器在框架内部

TOBI首先被应用于中大西洋洋中脊海域。Lawson等（1996）基于TOBI的高分辨率侧扫声呐的调查、近底拍照和拖网采样的地球化学分析，开展了在中大西洋Kane转换断层北边两个相邻、但相反扩张片段的中谷底火山地质的详细研究，估计了慢速扩张洋中脊的大、小区段边界对火山作用过程的相对重要性。同年，Blondel（1996）利用Azores南部中大西洋洋中脊的TOBI侧扫声呐数据，通过纹理分析量化了该区域沿轴部的构造作用与火山作用的关系，表明随着与Azores三联点的距离增加，新生火山的活动逐渐减少。之后，在CD（Charles Darwin）76航次中，利用TOBI获得了位于27°～30°N段（Atlantis转换断层）的中大西洋脊轴部裂谷侧扫声呐图，Briais等（2000）对此进行了研究：两侧扫声呐条带的镶嵌图提供了一个轴部裂谷和一个沿着超过6个MAR的二级区段的内侧裂谷壁的连续图像，可用于构造与火山作用分析，揭示了该洋脊区域的一个段内和段间的高度变化特征，并区分了火山形态的三种类型，即丘状火山或火山脊、光滑的平顶火山和熔岩流。

2000年以后，TOBI进入了西南印度洋中脊海域。2002年，Sauter等（2002）利用西南印度洋中脊的TOBI侧扫声呐图像（图5-15），揭示了超慢速扩张洋中脊轴带的复杂火山/构造的内在关系，并提供了沿轴的岩浆分布证据。Sauter等（2004）通过对西南印度洋中脊63°40′～65°40′E段的TOBI侧扫声呐图的分析，指出了该区域具有局部强烈聚集的岩浆活动和较长的非岩浆增生脊段。随后，Gomez等（2006）基于西南印度洋中脊的TOBI侧扫声呐图，对两个差异较大区域的轴谷内的变形进行了分析，将59°E附近一个波纹状表面地貌解释为一个早期的拆离断层。

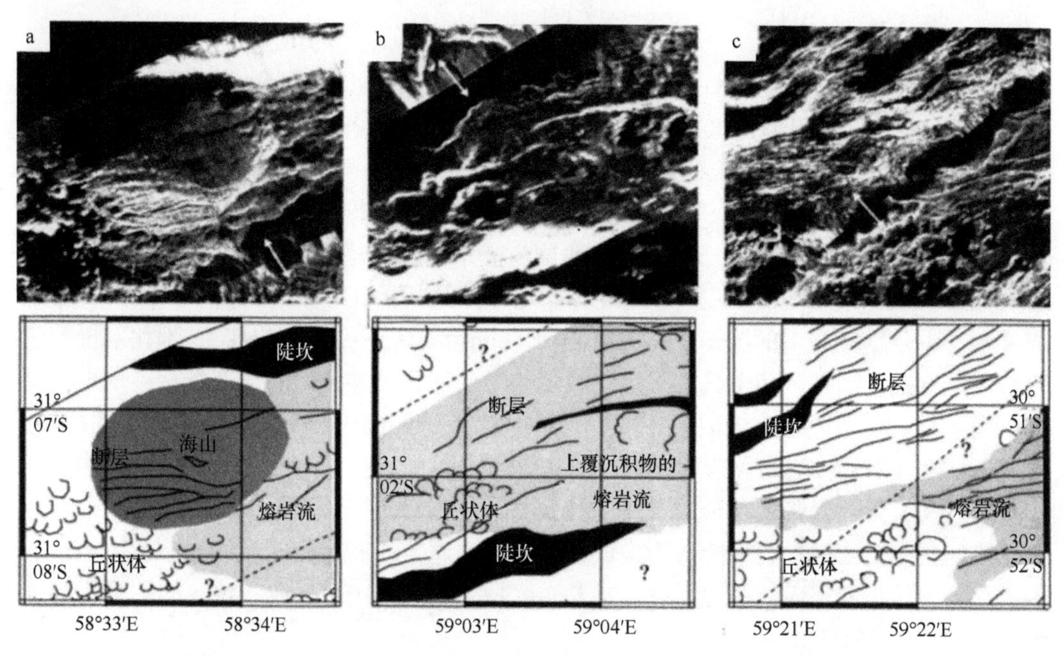

图5-15 SWIR 58°39′～60°10′E洋脊段TOBI侧扫声呐图及其定义的不同类型的地形（Sauter et al.，2002）

5.2.3.3 近底声学探测之AUV-Urashima

AUV可以更大限度地接近海底，是海底探测的理想平台。它不仅能够进行小尺度测深成像，还能获得高分辨率的侧扫图。AUV-Urashima是由日本海洋研究开发机构（JAMSTEC）于1998年研制的自主式水下潜器，它配备有一个400kHz的多波束测深系统（MBES）、一个120kHz的侧扫声呐系统（SSS）和一个1～6kHz的浅剖仪（图5-16）（Kumagai et al.，2010；Tamura et al.，2000）。AUV-Urashima目前主要应用于马里亚纳海槽热液区的调查中。

2009年6-7月，通过AUV-Urashima高分辨率磁法探测在一个名为Pika的已知热液区附近发现了一个低磁化强度异常区域。在这个低磁化强度区域内，利用AUV-Urashima

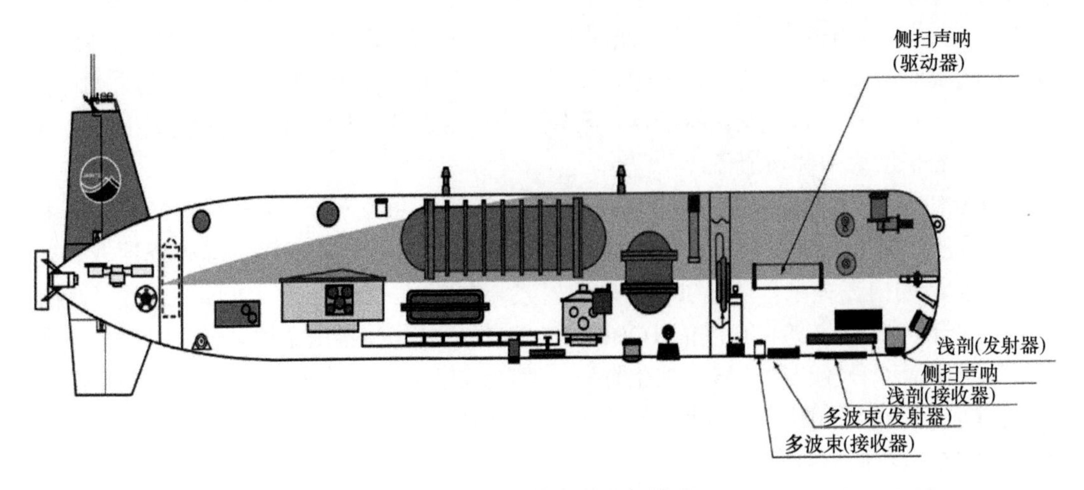

图 5-16　AUV-Urashima 的结构图及搭载声学设备说明（Kumagai et al.，2010）

侧扫声呐和多波束测深系统探测到热液羽状流的声学信号和 10m 量级的烟囱状高地形。2010 年 8 月利用 Shinkai 6500 载人潜器进行了海底观测，确定了这个新的热液喷口区，命名为 Urashima 热液区（Nakamura et al.，2013）。Yoshikawa 等（2012）通过 AUV-Urashima 采集的近底条带图像数据和 Shinkai 6500 载人潜器获得的潜水观测数据，首次描绘了详细的区域尺度地形特性与南部马里亚纳海槽热液系统地貌特征，研究了在这个区域内构造与火山控制热液系统的机制。Asada 等（2015a）利用 AUV-Urashima 对 Yokoniwa 隆起［位于中印度洋脊南部的一个非转换偏移（non-transform offset，NTO）地块］进行了侧扫声呐观测，确定了两个具有强反向散射信号的地形类型：一个地形类型显示出典型的火山特征，另一个似乎与橄榄岩出露对应；同时也探测到一些小的类似烟囱状的构造。利用 AUV-Urashima 的高分辨率声学观测揭示了沿着中速扩张的南部马里亚纳海槽的新生火山带（大量的岩浆流动形成了快速扩张类型轴的高级形态）的火山地形及其构造特征，该区域主要由两种类型的地形构成：高反向散射的波浪起伏地形占据着新生火山带的大部分地区，低反向散射地形散布在整个区域的各个地方，形成各种各样的测深特征（Asada et al.，2015b）。

此外，Asada 等（2015c）利用 AUV-Urashima 获得的测深图和侧扫图，总结了南部马里亚纳海槽离轴的 Archaean 热液区［图 5-17（A）］的地质特征。Archaean 热液区位于高约 60m 的锥形丘上，该丘表面有波浪起伏的表面纹理，具有强反向散射强度［图 5-17（B）a～d］，通过 Shinkai 6500 载人潜器进行可视化观测发现该丘表面大量覆盖硫化沉淀物。侧扫声呐和多波束数据探测到沿着该锥形丘脊有声影区特性的小型构造［图 5-17（B）a～d］。通过海底可视化观测确定这些小型构造的位置。小型构造在侧扫声呐图像上的分布对指示海底烟囱是非常有用的。这个锥形丘南边海底的表面有着粗糙细长的纹理，纹理的发育方向为 NE-SW［图 5-17（B）e，f］这个方向与背景海底坡度的走向一致。可视化观测揭示了较老的被沉积物覆盖的熔岩管的存在。这种特性的纹理出现在 Archaean 丘周围的海底，它们的分布没有显示出与现在的扩张轴或 Archaean 丘有何关系，说明离轴的火山作用在更南边存在的可能性较大。

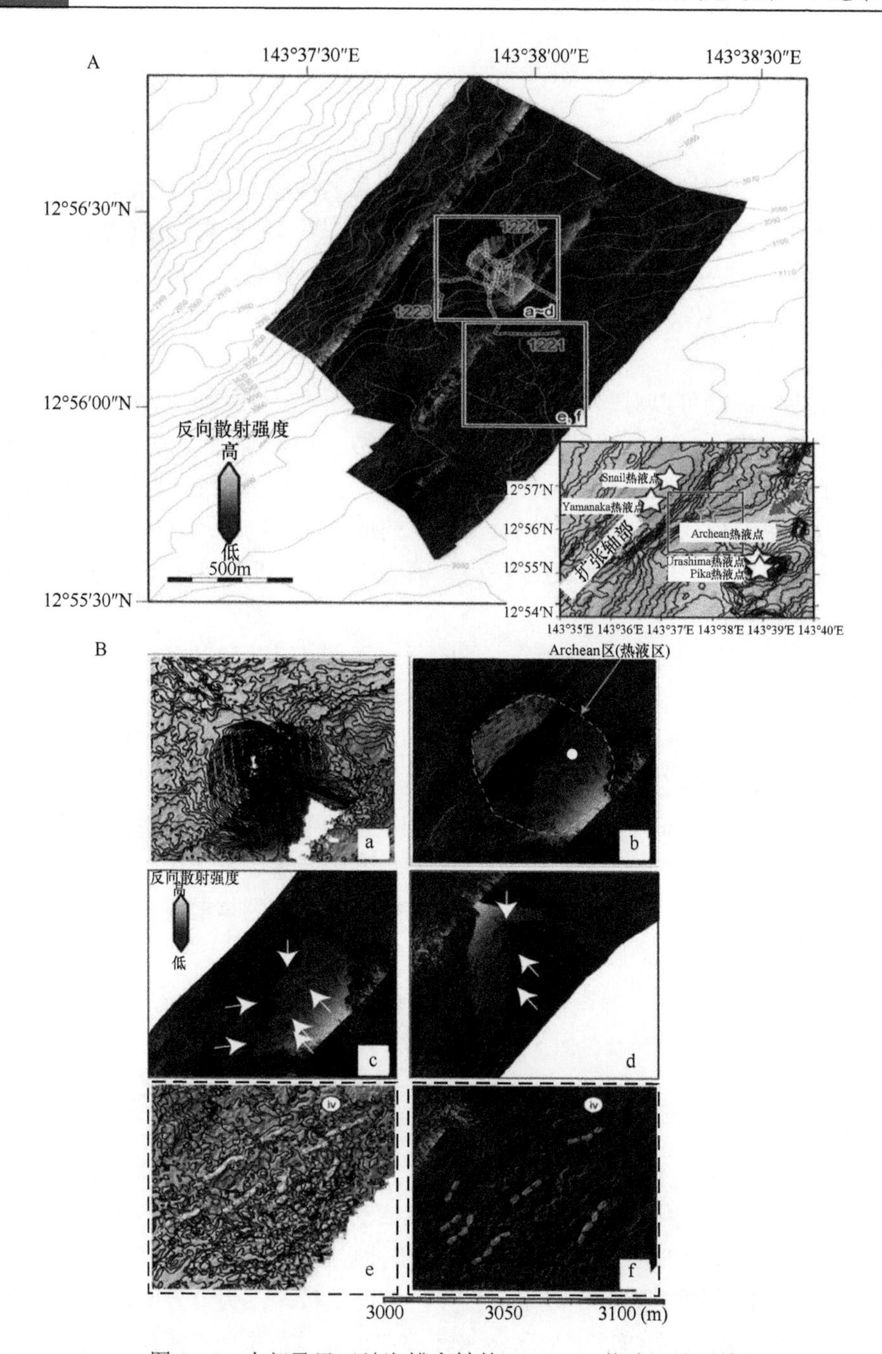

图 5-17 南部马里亚纳海槽离轴的 Archaean 热液区地质特征

（A）利用搭载在 AUV-Urashima 上的 Edgetech2200 系统（120kHz）获得的 Archaean 热液区及其周围海底的侧扫声呐图像。深色表示较低的反向散射强度。虚线为 2010 年 YK10-11 航次中 Shinkai6500 深潜器的航迹线。蓝线和注释为利用搭载在 R/V Yokosuka 上的 Seabeam2112 系统（11kHz）获得的背景水深，用来参考。方框为图（B）的位置。右下方的插图为这个区域内的几个热液区的位置图，五角星指示在轴上和离轴的热液区。（B）侧扫声呐图和测深图的详细视图；a. 利用搭载在 AUV-Urashima 上的 Seabat7125 系统（400kHz）获得的测深图。b. Archaean 区硫化物丘的侧扫声呐图。c. Archaean 区硫化物丘南部的单条带侧扫声呐图。d. Archaean 区硫化物丘北部的单条带侧扫声呐图。图 c 和图 d 中的白色箭头指示有声影特性的小构造。e. 位于 Archaean 区硫化物丘南边海底的测深图，白色透明虚线指示了几个具有粗糙细长纹理特征的代表例子的发育方向。f. 位于 Archaean 区硫化物丘南边海底的侧扫声呐图像，同样，白色透明虚线指示了几个具有粗糙细长纹理特征的代表例子的发育趋势（Asada et al.，2015c）

5.2.4 前景与展望

海底浅层声学探测技术是近数十年快速发展起来的探测海底浅部结构信息的技术，已经在当代海底科学研究、海底资源勘查等方面发挥出极其重要的作用（金翔龙，2007）。利用多波束、侧扫声呐系统等对海底进行探测是海底多金属硫化物勘查中一项不可或缺的工作。因为对从海底探测获取的地形地貌进行分析，可以有效地缩小勘查范围，提高勘查效率。

通过近底声学探测可以对热液区微地形地貌进行研究。利用近底测深数据，绘制研究区高分辨率微地形图，建立研究区的高精度海底数字地形模型（DTM），分析热液区地形分布特征；利用近底侧扫数据，绘制研究区的高分辨率微地貌图，结合微地形图，对火山、构造和热液特征的地球物理场及火山、构造、地球物理场之间的空间关系进行量化分析。从而根据研究区微地形地貌特点，确定研究区地形及地貌识别参数，圈定可能存在热液喷口的范围。

热液区的近底声学探测已经开展了大量的研究工作，研究者多集中在利用高分辨率的测深图和侧扫图获得海底微地形地貌信息，结合地质采样和视像资料，对热液区进行地质解释（Asada et al.，2015c；Ferrini et al.，2008；Tao et al.，2014）。然而，对热液区利用声反向散射进行底质分类的研究工作并不多。由于该研究方法主要应用于浅海环境或深海底质类型分布状况简单的环境中，而热液区地形特征和底质类型分布状况非常复杂，因此将该方法应用在热液区存在一定的困难与挑战，需要更多的研究与探索，如需要研究热液区底质的不同类型和属性，需要建立热液区海底的声散射模型，需要提出一种针对热液区海底底质分类的反演算法等。

5.3 OBS 探测

5.3.1 探测原理

海底活动热液区或硫化物赋存区通常是岩浆活动剧烈、地质结构较为特殊的区域，在地震学上具有特殊的性质。一方面，活动热液区通常在高温区，地壳的岩石密度和地震波传播速度与周围介质之间存在一定的差异，即波阻抗差；另一方面，海底活动热液区的岩浆活动和地质构造活动较为活跃，热液流体在运移过程中或是断层等地质构造在活动过程中会引发小规模的地震活动。这些特殊性为海底地震仪（ocean bottom seismometer，OBS）勘探方法在硫化物勘探中的应用提供了条件。

OBS 方法是一种间接的海底多金属硫化物勘探方法，其主要原理是通过对洋中脊及热液活动区地下深部结构的探测，获取热液区中等尺度地质体的形态、结构。该方法可以通过对区域内地震活动性的调查，确定热液流体和特殊地质构造的活动规律，为海底热液多金属硫化物资源调查提供基础性数据。

5.3.2　方法技术

5.3.2.1　系统介绍

OBS 是一种将检波器直接放置于海底对振动信号进行观测的设备。OBS 的发展经历了一个较漫长的过程，自从 Ewing 和 Vine（1938）在大西洋开展地震勘探试验以来，地震学家一直在努力发展 OBS，但是在早期遭遇了许多陆地地震仪研制中没有遇见的困难，如水下压力较大、缺乏足够的供电、没有无线电或光信号进行通信和数据传输。因此，OBS 要求必须有一个压力舱、电池、稳定的内置时钟、稳定紧凑的地震传感器和数据记录器。20 世纪 60 年代，许多国家都开始发展 OBS（Shimamura et al.，1977；Sutton et al.，1965）。到 80 年代，自动上浮式的 OBS 研制成功并被用于实际的海底观测，这也成为日后海底地震观测的标准（Shinohara et al.，2012）。

1. 系统组成

不同型号的 OBS 系统外观各异，但是其单元组成或组件基本相同，如图 5-18 所示。通常包括如下几个主要单元。

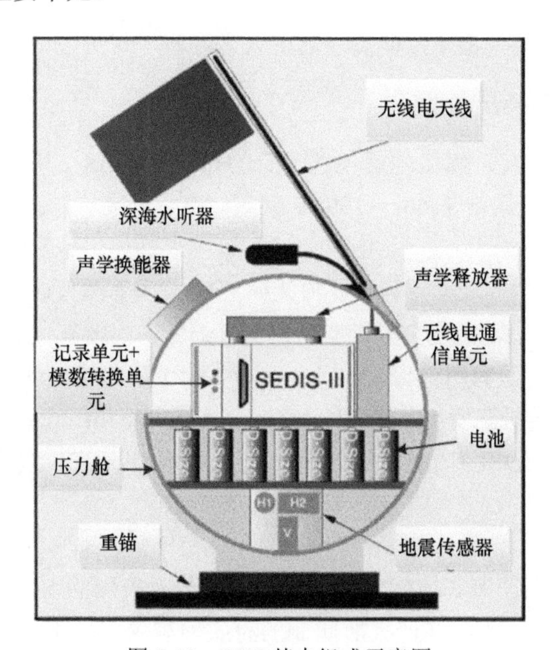

图 5-18　OBS 基本组成示意图

1）传感器单元

传感器单元由 3 个正交的地震检波器和 1 个水听器组成，其中地震检波器包含 2 个水平分量和 1 个垂直分量。目前，新型的地震检波器在 OBS 着底后倾斜的情况下可以实现自动调平。地震检波器通过高黏度硅油阻尼与玻璃浮球接触以达到耦合的目的。

2）模数转换单元

模数转换单元是将模拟的电信号转换成数字信号的装置。模数转换过程中通常需要进行一定的数字滤波。目前 OBS 常用的是 24 位的数模转换器。

3）记录单元

记录单元用于将经过数模转换后的数字信号记录在存储单元上。

4）声学释放器

为了对着底后的 OBS 进行定位及在回收 OBS 时将 OBS 与重锚脱离，通常在 OBS 顶部安装声学应答器，以进行声学通信。

5）压力舱

OBS 全部电子设备都安装在一个玻璃球里，并被放进一个球状的塑料外壳中，玻璃球相当于一个压力舱。

6）电池

OBS 的电池有充电电池和干电池两种。相对而言，充电电池使用更加方便，无须拆球更换电池，但是其稳定性不如干电池。

7）无线电通信单元

OBS 在释放后上浮至水面时，可以在船舶上接收其发出的无线电信号，确定所在的位置。

8）重锚

在 OBS 底部需安装重锚，以便其能够沉入海底。

2. 代表性 OBS 及其技术指标

根据记录频带的宽度，海底地震仪通常分为短周期 OBS（基频通常是 1～5Hz）和长周期 OBS（频带宽度通常是 60s～100Hz）。

1）短周期 OBS

短周期 OBS 种类繁多，世界各主要海洋研究机构几乎都有该类设备（图 5-19）。随着 OBS 部件的成熟化，其制造成本和难度也越来越低。比较有代表性的短周期 OBS 包括美国斯克里普斯海洋研究所（Scripps Institution of Oceanography，SIO）的 L-Cheapo 型、美国伍兹霍尔海洋研究所（Woods Hole Oceanographic Institution，WHOI）的 D2 型、德国 Geopro 公司的 SEDIS IV 型、法国 Sercel 公司的 MicrOBS 型等，其主要技术指标如表 5-3 所示。

2）长周期 OBS

目前，国际上长周期海底地震仪种类较少，主要有美国的 SIO、WHOI 和 Lamont-Doherty 地球观测所等三大海洋研究所研制的海底地震仪，日本东京大学地震研究所自研的海底地震仪，英国 Güralp 公司和德国 KUM 公司的长周期海底地震仪及中国科学院地质与地球物理研究所研制的长周期海底地震仪（图 5-20）。常见长周期海底地震仪的主要技术指标如表 5-4 所示。

5.3.2.2 探测方法

根据 OBS 接收信号的来源及工作方式的不同，可将洋中脊硫化物的 OBS 探测方法分为主动源 OBS 勘探和被动源 OBS 勘探。

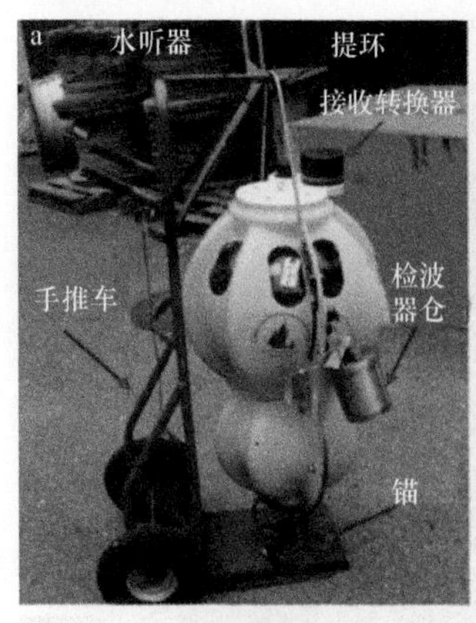

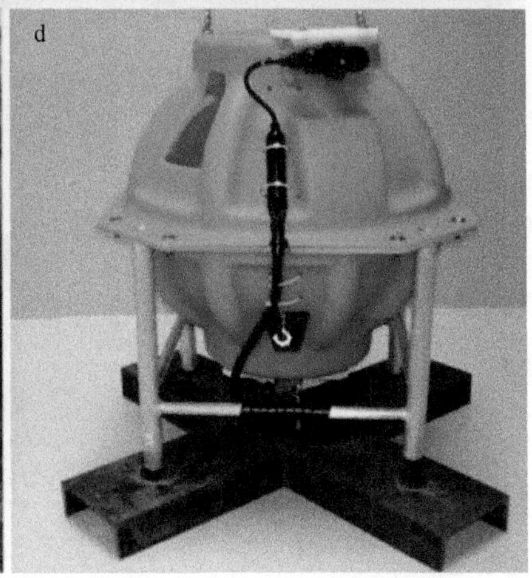

图 5-19 国际上几种常见的短周期 OBS

a. WHOI 的 D2 型；b. SIO 的 L-Cheapo 型；c. Geopro 公司的 SEDIS IV 型；d. Sercel 公司的 MicrOBS 型

表 5-3 常见短周期海底地震仪的主要技术指标

机构/厂家	仪器型号	传感器型号	基频	工作时长	最大工作水深（m）
SIO	L-Cheapo	Sercel L-28 地震计，High Tech HTI-90-U 水听器	地震计基频 4.5Hz，水听器 50mHz～15kHz	未知	6000
WHOI	D2	Geospace GS-11D 地震计，High Tech HTI-90-U 水听器	地震计基频 4.5Hz，水听器 50mHz～15kHz	在采样率为 100Hz 时，碱性电池可工作 1 个月，锂电池可工作 8 个月	6000
Geopro 公司	SEDIS IV	SM6 B-Coil 地震计，High Tech HTI-1 水听器	地震计基频 4.5Hz，水听器 3Hz～20kHz	约 1 个月	6000
Sercel 公司	MicrOBS	地震计未知，High Tech HTI-90-U 水听器	地震计基频 4.5Hz，水听器 50mHz～15kHz	约 1 个月	5000

1. 主动源 OBS 勘探

主动源 OBS 勘探通常是由可控震源（如气枪）在海水面以下一定深度激发地震波，经由海水传播到海底以下，经过地壳、地幔或其他地层、构造的反射、折射后被 OBS 接收到（图 5-21）。由于使用的是人工震源，因此称为主动源 OBS 勘探，其地震波传播

图 5-20　几种常见的长周期海底地震仪

a～d 依次为日本东京大学地震研究所、美国 Lamont-Doherty 地球观测所、德国 KUM 公司和中国科学院地质与地球物理研究所生产的宽频带长周期海底地震仪

表 5-4　常见长周期海底地震仪的主要技术指标

机构/厂家	地震计型号	频带宽度	工作时长	最大工作水深（m）
东京大学地震研究所	CMG-3T（Güralp 系统公司）	120s～50Hz	＞1 年	6700
Lamont-Doherty 地球观测所	L-4C（Mark Products 公司）	100s～1Hz	＞1 年	6700
WHOI	Trillium 120（Nanometrics 公司）	120s～10Hz	＞1 年	6700
SIO	CMG-3T（Güralp 系统公司）	120s～50Hz	＞1 年	6700
德国 KUM 公司	CMG-40T（Güralp 系统公司）	60s～100Hz	＞1 年	6000
中国科学院地质与地球物理研究所	CZS-Ⅱ（重庆地质仪器厂）	30s～100Hz	≤1 年	6700

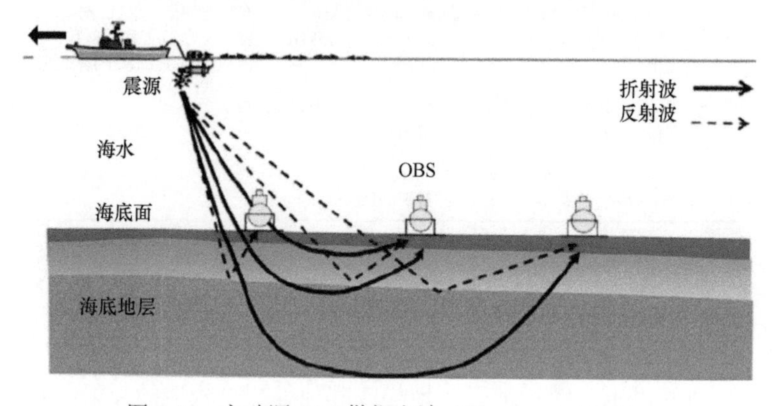

图 5-21　主动源 OBS 勘探方法（Kasahara，2010）

路径遵循波动理论，主动源OBS反映的是海底岩性波阻抗（波阻抗=速度×密度）分布的特征。根据经典的地震波动理论，若海底界面两侧的岩性存在波阻抗差异时，地震波在传播过程中会在界面处产生反射波、折射波等，通过OBS接收到的不同类型的波场信息便可以反演出海底构造。

使用主动源OBS对洋中脊硫化物进行勘探是一种间接的勘探方法，因为硫化物在主动源OBS记录到的地震信号上并不能得到直接的反映，从本质上说这种技术方法是通过寻找与多金属硫化物成矿或海底热液活动有关的地质结构异常（如岩浆房、拆离断层或其他断层）来实现的。具体来说，通过OBS记录到海底的人工源反射或折射地震波信号，并进行层析成像反演，获得海底的二维或三维速度（纵波或横波）结构，寻找速度异常带或速度间断面。例如，岩浆房（或岩浆运移通道）在速度剖面上常表现为低速带，而不连续的速度间断面往往反映拆离断层或其他断层。

2. 被动源OBS勘探

被动源OBS勘探与主动源OBS勘探差异较大。洋中脊的板块运动、构造活动或是岩浆活动等过程中都会产生大量的天然地震，并且其能量会从震源中心向周围传播、扩散，使用OBS接收这些信号便可对海底进行研究。由于接收的是天然地震信号，震源的信息是未知的，因此称为被动源OBS勘探。对洋中脊区，尤其是存在热液区（或硫化物区）的区域，热液活动或是地下小型构造（如断层）活动会引发频繁的微震（图5-22），被动源OBS被广泛用于微地震活动调查。在记录到足够多微震的情况下，可对微震活动性分布进行研究，从而获取热液流体的活动通道或是小型构造的分布位置。天然地震波动的传播同样遵循经典的波动理论，只是过程更加复杂，研究难度更大。

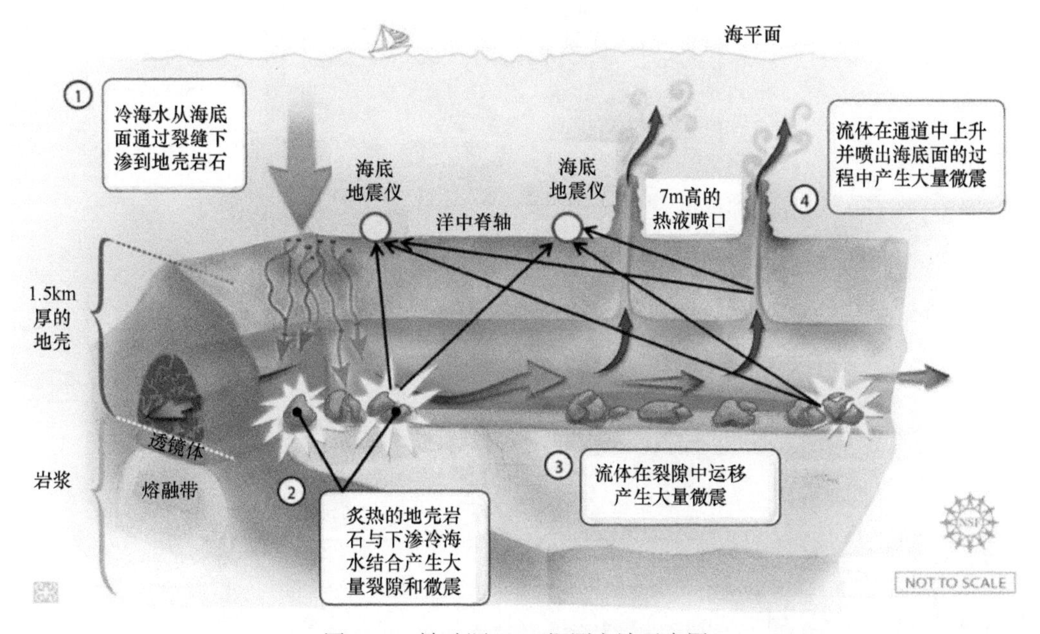

图5-22 被动源OBS探测方法示意图

（数据来源：https://www.nsf.gov/discoveries/disc_summ.jsp?cntn_id=110976&org=nsf）

与人工源 OBS 类似，使用被动源 OBS 进行洋中脊硫化物的勘探也是一种非直接的勘探方法，其本质是通过寻找与多金属硫化物成矿或热液形成有关的构造（或微构造）来实现的。热液流体和岩浆在海底通道中运移，海底活动断层，如拆离断层在运动时都会产生一定的震动，通过 OBS 记录下这些震动，再对激发这些震动信号的震源进行精确的定位。一般情况下，定位后的震源都集中在岩浆运移通道、断层或裂隙周围，只要获得这些震源的分布信息，便可间接推断出与洋中脊硫化物成矿相关的构造，并进一步推断硫化物矿的可能分布区域。

5.3.3 应用实例

5.3.3.1 主动源 OBS 探测

一直以来主动源 OBS 方法都在洋中脊结构调查中起着重要的作用，为人类认识洋中脊热液活动热源及岩浆活动提供了重要证据。本节将以大西洋中脊 TAG 热液区的调查为例，介绍主动源 OBS 勘探在洋中脊活动热液区和硫化物勘探中的应用。TAG 热液区由 1 个低温弥散区、5 个非活动硫化物堆积体及 1 个活动的热液喷口区组成，这也是迄今为止在海底发现的最大热液硫化物矿（Rona et al.，1986）。

2003 年 10～11 月，在 TAG 洋脊段采用主动源 OBS 开展了 3 条折射地震剖面勘探试验。试验中使用的震源为由 20 杆气枪组成的枪阵，气枪容量总计 8760 立方英寸①。激发的间距为 350m，OBS 的布放间距为 4.5km，记录时的采样率为 125Hz。其中测线 1 和测线 3 相互平行，测线 2 作为联络线，垂直于前两条测线（图 5-23）。

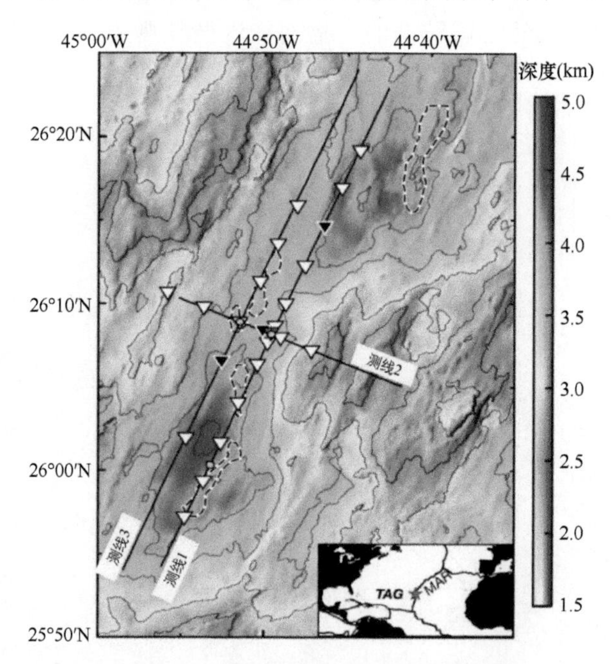

图 5-23 OBS 台阵地震调查区海底地形图及放炮测线（Canales et al.，2007）

三角形为 OBS，红色三角形表示 TAG 热液海山。虚线代表新生火山区

① 1 立方英寸=16.3871cm³

测线 1 位于洋中脊中央裂谷的东侧，穿过 TAG 热液海山的上方（图中红色三角表示），测线 3 位于测线 1 西面约 3.5km 处，穿过新生火山区上方，而测线 2 则垂直于洋脊轴。

通过炮点激发时间和位置校正、OBS 位置校正、OBS 钟漂校正、增益恢复、滤波及预测反褶积、水深静校正等预处理后，得到地震记录剖面图。本次采集最大震源-检波器的偏移距为 50km，数据信噪比较高，在偏移距 40km 处的体波初至依然清晰（图 5-24）。通过走时反演方法，获得三条测线的二维 P 波速度剖面。反演时使用的一维初始速度模型如图 5-25 所示。

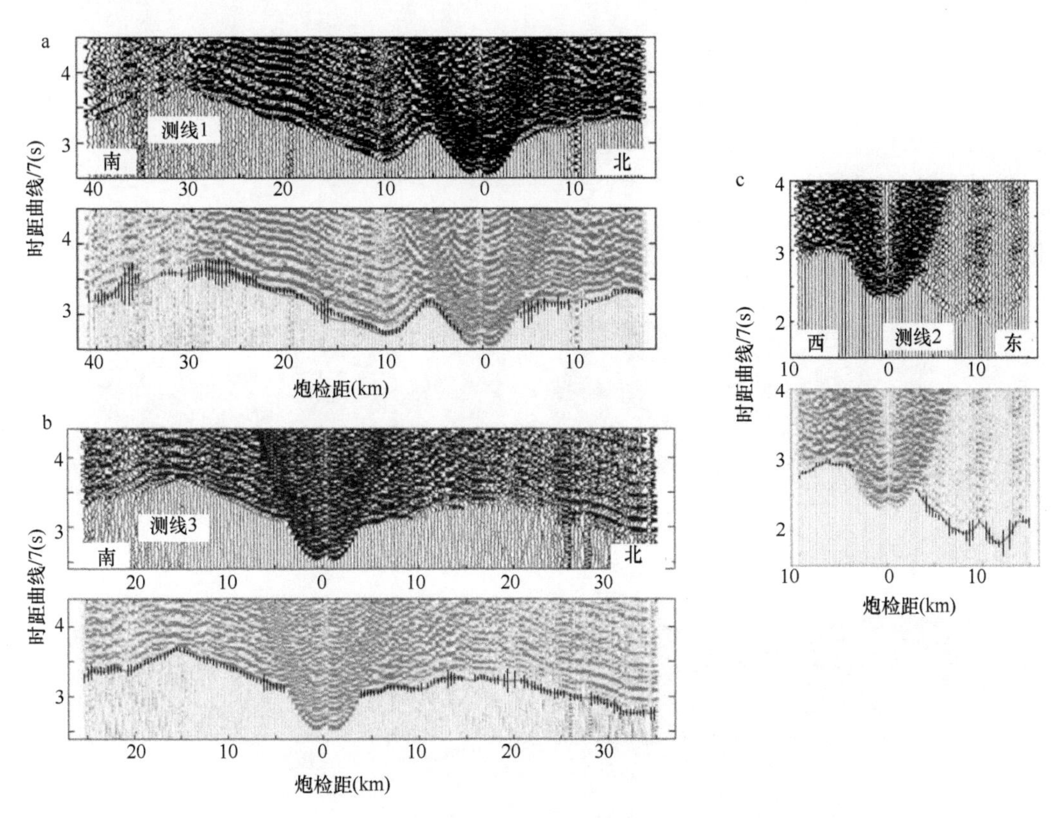

图 5-24　地震记录剖面实例

a. 图 5-23 中测线 1 黑色三角形所表示的 OBS 记录到的地震剖面，该数据经过 5-20Hz 的带通滤波，并且振幅也根据显示的需要进行了放大；下图显示的是拾取走时以及根据二维速度模型计算得到的走时（红色线）；b. 和 c. 为图 5-23 中测线 3 和测线 2 黑色三角形所表示的 OBS 记录到的地震剖面（Canales et al.，2007）

反演得到的二维速度模型见图 5-26。结果表明，沿着测线 1 有一个约 20km 长的高速（大于 6.5km/s）区域。测线 1 的中心位于本洋脊段水深最浅之处（TAG 活动热液海山北面 3.75km）。在这个区域内，发现从海底深度 1km 延伸至 5km 处存在着高速异常（6.7km/s），但是速度梯度变化很小。在测线北端地震速度依然较高，此处的地幔速度在 4km 深处大于 7.5km/s，而在测线南端速度则从海底面的约 3km/s 增加到 3km 深度的 6km/s。

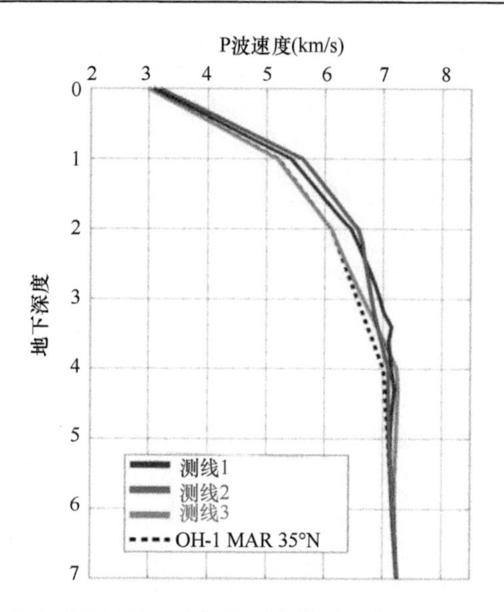

图 5-25　折射波反演时使用的一维初始速度模型（Pablo Canales J et al.，2013）

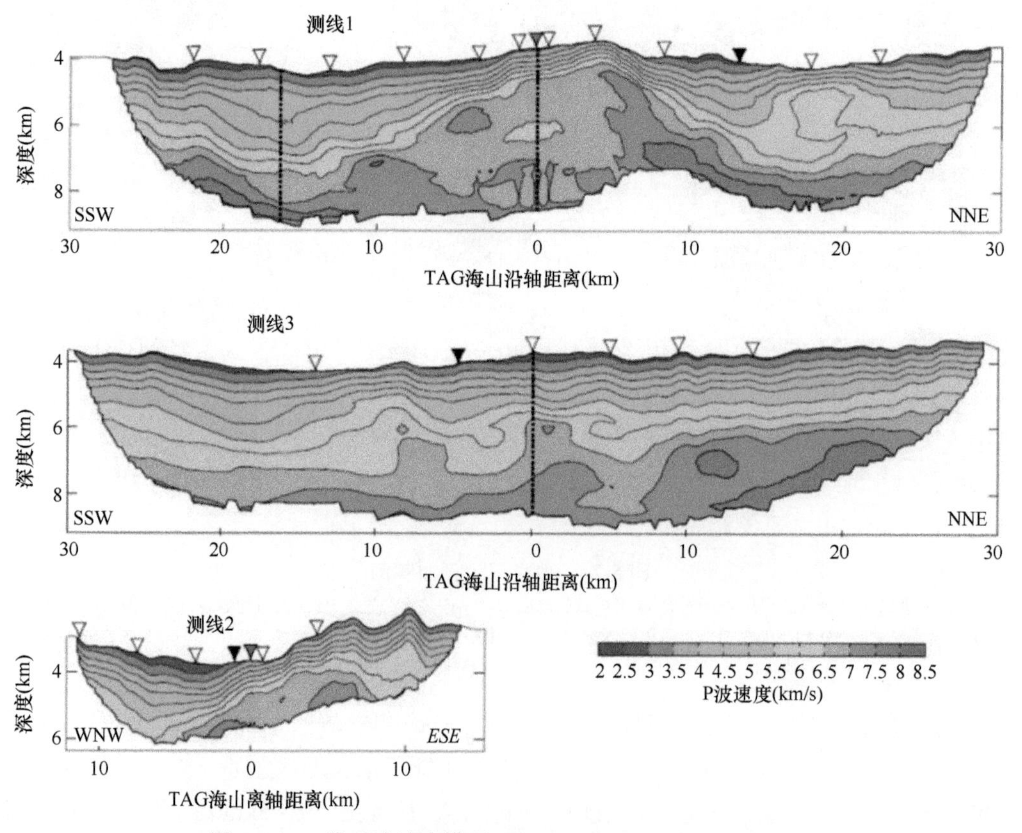

图 5-26　二维反演速度模型（Pablo Canales J et al.，2013）

沿着测线 3 的速度模型没有显示出明显的水平方向速度异常，与测线 1 水平方向速度变化较大形成鲜明的对比，虽然两条测线之间仅相距约 3.5km。结果表明沿轴裂谷的地壳速度结构存在强烈的变化，这些变化在测线 2 上也可找到证据。同时，测线 2 上的速度结构还说明垂直于洋脊存在着非对称性。也就是说，中央裂谷的东侧为高速，而西侧的地壳表现为低速。

图 5-27 为 TAG 洋脊段水深和二维速度扰动模型，从中可以看到在浅部（小于 4km 深度）有一个断层。沿测线 1 的三角形高速区和微地震的分布一致，同时与沿轴的负磁异常相吻合。这些空间上的相关性使得我们可以将沿测线 1 中心的高速体解释为拆离断层的下盘。而在垂直洋脊方向上，速度大于 6km/s 的下地壳岩石出现在裂谷东面的浅层区域。上述结果表明，存在一个沿拆离断层的抬升过程，这也解释了为什么剖面 1 和剖面 3 之间有较大的地震速度差异，并且会在剖面 2（垂直洋脊方向）的高速下盘岩石和低速上盘岩石之间产生一个倾斜界面。因此，图 5-26 和图 5-27 的高速和低速区域之间的边界代表了地壳上部的拆离断层表面和断层面。该拆离断层为热液循环的热源提供了通道。

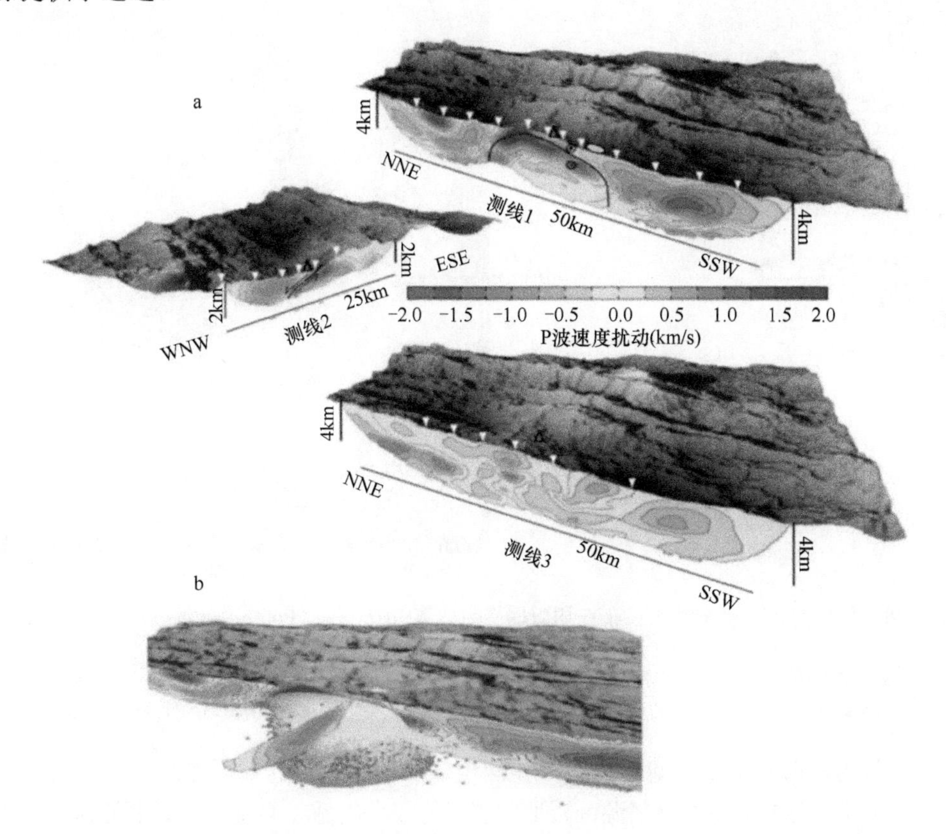

图 5-27 TAG 洋脊段水深和二维速度扰动模型（Pablo Canales J et al.，2013）

a. 水深三维视图及 TAG 洋脊段二维速度扰动模型，三角形表示 OBS 的位置；b. TAG 洋脊段水深三维倾斜视图及测线 1 和测线 2 的速度扰动模型，半透明的黄色面为断层面的三维表示，与沿地震测线的高速异常及微地震活动性一致

5.3.3.2 被动源 OBS 探测

本节将以慢速扩张洋中脊的 TAG 热液区/多金属硫化物富集区的微地震活动研究为例，对被动源 OBS 的热液区勘探进行说明。

大西洋中脊的 TAG 热液区（26°N）是目前世界上最大和研究最多的海底热液区之

一。在该热液区有1个高温活动热液区、1个低温活动热液区及7个非活动热液区，并且拥有世界上已发现的最大的海底多金属硫化物矿床（直径200m，高50m）。人们使用了各种地球物理手段对该多金属硫化物矿进行调查和研究，如多道地震、磁法、重力等方法，对该多金属硫化物矿的形态、结构有了一定的了解，但是对海底热液循环及矿体的形成过程等动力学机制方面缺乏足够的认识。为了解决这一问题，2003年6月至2004年2月，美国科学家以TAG热液区的高温热液活动区为中心，布放了13台短周期海底地震仪（4通道，基频4.5Hz，使用该参数的海底地震仪主要是为了记录到高频的微地震信号），记录了9个月的海底地震信号（图5-28）。

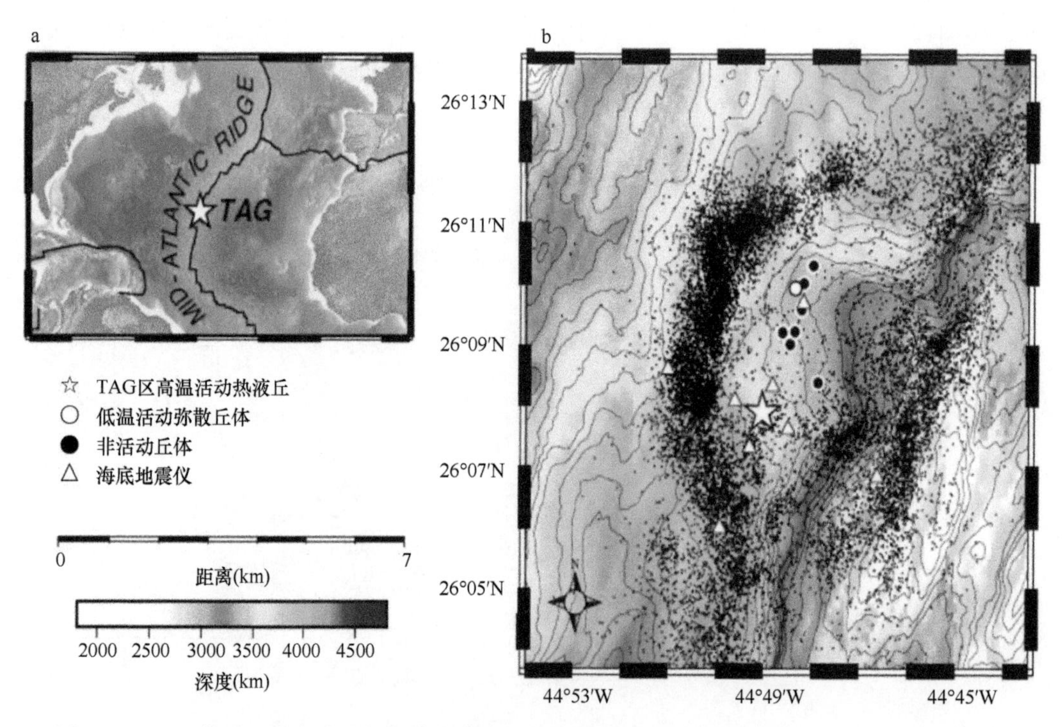

图5-28 TAG热液区海底地震仪布放和微地震定位震中分布图（Pontbriand and Sohn，2014）

五角星为高温热液区，三角形为海底地震仪

a. 大西洋中脊26°N TAG洋脊段区域位置图；b. TAG洋脊段水深及微地震震中（黑色点）分布图（deMartin et al.，2007），该热液区位于活动拆离断层的上盘，由热液遗迹和具有活动性的矿体组成

一般认为，海底多金属硫化物矿是在两个热液循环系统的共同作用下形成的，一个是主循环系统，用于从深部岩浆源区提取热量，另一个次循环系统，将海水带到浅部的矿体处用于冷却矿体（Sleep，1991），但是对这两个循环系统几何形态的研究一直是难点。

deMartin等（2007）尝试通过微地震方法勾勒出主循环系统的几何形态；利用13台海底地震仪一共探测并定位了19 232个微地震，震中的分布主要集中在热液区的西面（图5-29）。TAG热液区的高温热液循环需要来自岩浆的热源，但是对人工源地震速度模型和微震震中分布剖面图（图5-29）的分析排除了TAG热液区下方存在洋壳岩浆房的可能。这表明新生火山下方一定存在一个深部的熔融体，其可能在一个大角度正断层的根部。来自该熔融体的辉长岩结晶在延伸过程中会富集在正断层的下盘。热液流体可以流过浅部的正断层上盘，但是它们必须在洋壳深度的拆离断层集中，而且必须渗入7km以下从断层的底部吸收足够的高温热能。

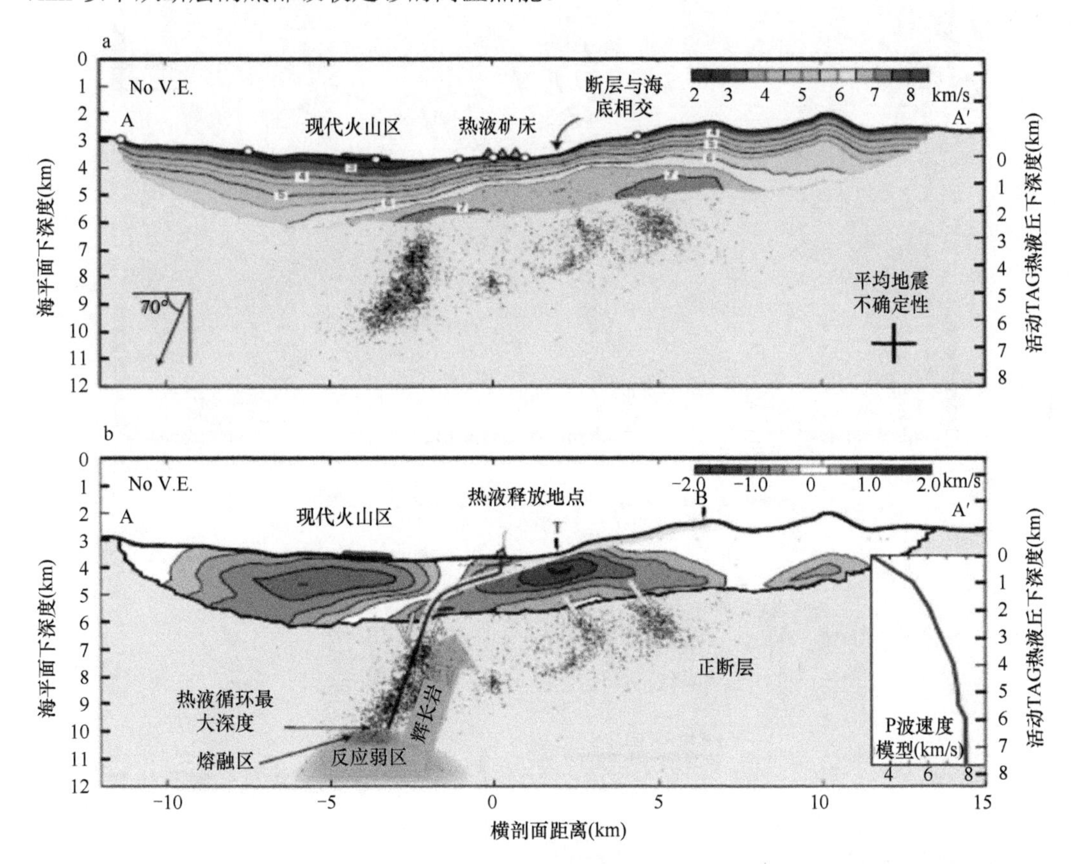

图 5-29 通过微地震获取的 TAG 热液区深部热源循环示意图（deMartin et al.，2007）

a. P 波速度模型和距横截面 1km 范围内的地震事件震源分布；b. TAG 热液区地壳增生，变形和热液循环的图解模型，震源和 P 波速度模型被用来定义地震震源

在 TAG 热液区，硬石膏的沉积和溶解在多金属硫化物的形成和演化过程中起着关键的作用，尤其是活动硫化物海山下硬石膏的几何形态和如何延伸基本上是未知的，同时这也是次循环系统的主要循环通道（即热液循环的通道）。为了对次循环系统的几何形态及循环通道进行研究，Pontbriand 和 Sohn（2014）利用 deMartin 等（2007）使用的 13 台海底地震仪中的其中 5 台，即以 TAG 热液区高温热液海山为中心 200m 直径范围内布放的海底地震仪（图 5-30）。由于采用了极小的台站间距（平均 98m），因此可以记录到极微小的地震信号。这 5 台海底地震仪共探测到 32 078 个微地震，地震的评价震级为–1（M_L 震级），并对其中的 6207 个地震进行了精确的定位（图 5-31）。地震震中主要分布在热液海山的西南方向，且多集中在 3650～3800m 的深度。

通过对地震定位的结果进行进一步的分析，Pontbriand 和 Sohn（2014）认为这些微地震可能是由反应驱动型（reaction-driven）的裂隙引起的，并建立了相应的模型（图 5-32）。该模型描述了活动性的硬石膏沉积区，而且每一个地震事件的大小也与源区沉积的硬石膏增加的体积直接相关。通过微地震震中分布的剖面图，绘制了次循环系统的海水循环通道。

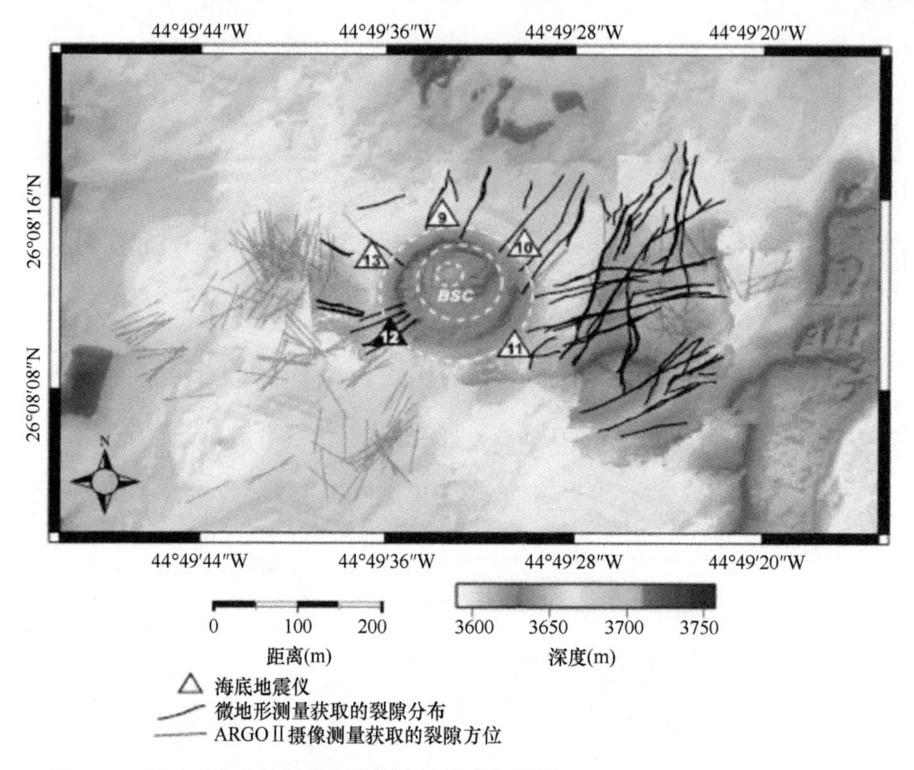

图 5-30　用于研究次循环系统的海底地震仪位置图（Pontbriand and Sohn，2014）

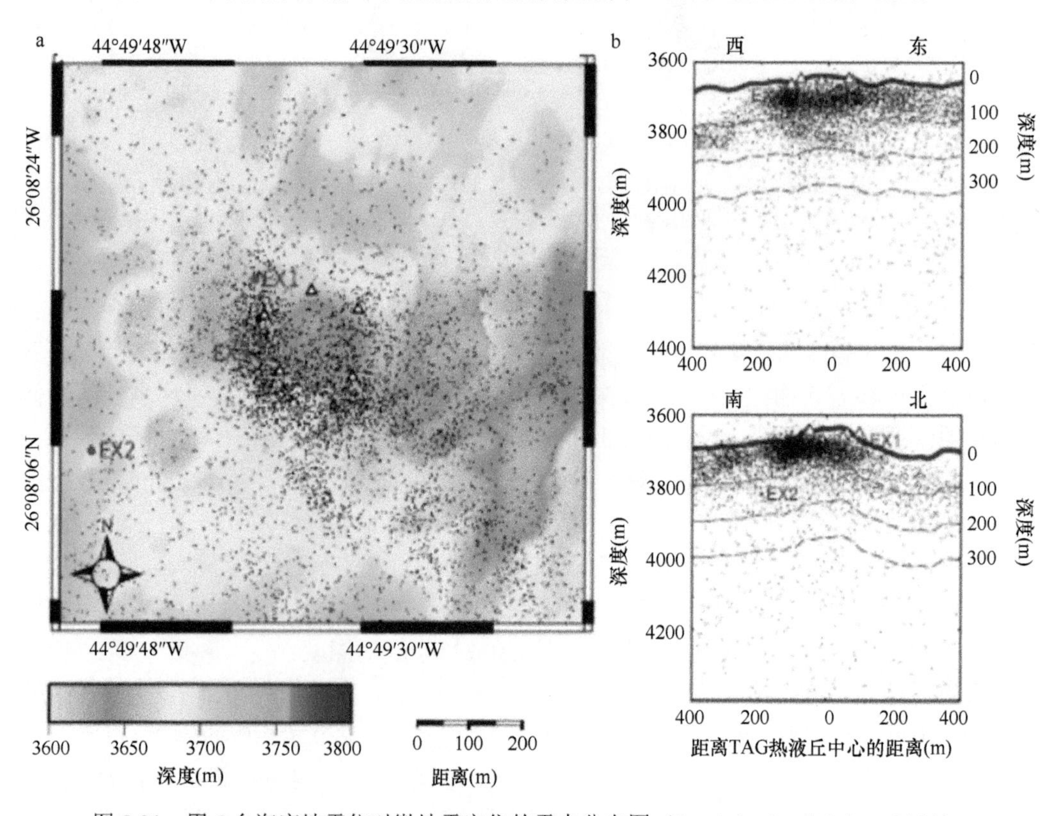

图 5-31　用 5 台海底地震仪对微地震定位的震中分布图（Pontbriand and Sohn，2014）

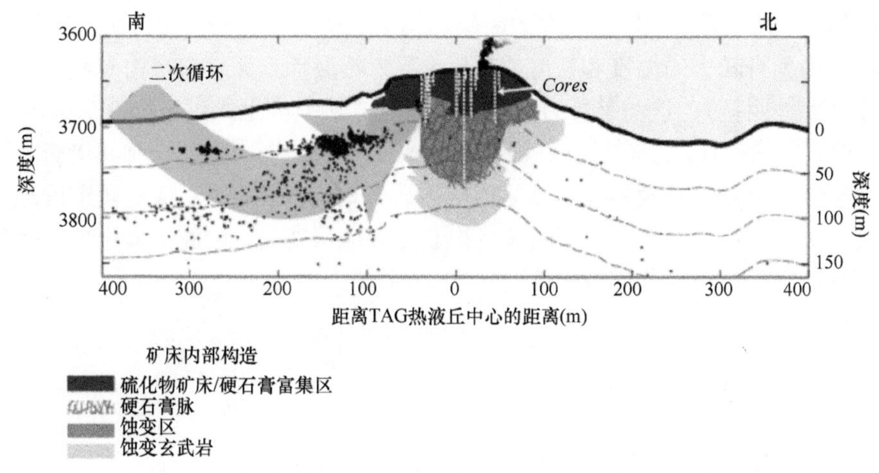

图 5-32　根据微地震定位结果绘制的 TAG 热液区次循环系统流体循环通道模型（Pontbriand and Sohn，2014）

以上的实例表明，天然地震可以在海底多金属硫化物矿勘探和海底热液循环的研究中起到积极的作用，能够解决一些动力学方面的问题，弥补其他方法的不足。

5.3.4　前景与展望

人工源 OBS 勘探发展较快，主要体现在数据处理和解释手段上。过去，人工源 OBS 主要是利用 P 波进行海底地质构造的成像，并未充分挖掘数据的潜力，目前，科学家正在努力摆脱这一现状，开始利用 S 波、P-S 转换波等多波信息进行层析成像。同时，根据海底地震数据的特点，积极发展全波形反演技术，充分利用振幅信息，避免了单一走时信息在数据解释时的缺陷。此外，各向异性分析方法的引入也为深入研究海底构造活动及流体活动提供了一种手段。

被动源 OBS 勘探在过去主要是通过海底天然地震定位信息来研究海底构造活动及流体运移规律的，目前随着长周期海底地震仪数量的逐步增多及其性能的改善，人们开始使用天然地震数据进行层析成像，获取比人工源 OBS 勘探更深部的海底构造信息。特别是近年来，随着背景噪声成像技术的发展，该技术也被成功地引入洋中脊海底构造勘探中，取得了不少成果。

总的来说，OBS 勘探朝着主动、被动观测同步开展，并向数据处理手段多元化、综合化及联合反演等方向发展。此外，在仪器发展方面，为了弥补海洋地震观测仪器数量少、覆盖面窄等现状，李家彪院士提出的美人鱼（MERMAID，Mobile Earthquakes Recording in Marine Areas by Independent Divers）计划的开展为今后全球海底地震勘探提供了一种解决方案。

5.4　多道地震探测

5.4.1　探测原理

海底多金属硫化物赋存的热液活动区岩浆活动剧烈，热液循环造就了热液活动区独特的地壳结构。热液活动区广泛发育的断层和构造破碎带是比较常见的弹性界面；另外，岩浆房与周围具有较大的温度和密度差异，表现为热液活动区岩浆房内外不同的地震波传播速度（或波阻抗），这种差异为多道地震探测方法的应用提供了物性基础。

和 OBS 方法一样，多道地震在海底多金属硫化物勘探中也是一种间接类方法，其主要原理是通过对洋中脊及热液活动区内部地质结构的探测研究，能够较准确地探测活动区弹性界面的深度和形态，判断断裂、构造面和地层变化，为海底多金属硫化物资源远景靶区的圈定提供帮助与支持。

5.4.2 方法技术

5.4.2.1 系统介绍

探测系统总体构架如图 5-33 所示，数据采集一般使用走航式作业，过程如下：根据海水的流速、流向和采集船的动力牵引速度，选择合适的震源系统激发地震波，选择适当偏移距并在水面下一定深度拖挂多道电缆，水鸟负责电缆深度和位置控制，在采集系统的控制下接收经海底及其以下介质传播之后反射回来的多道地震信号，并进行实时显示和存储；与此同时，导航定位系统同步进行测点定位，确保采集系统能够按照预定测网进行测量。各个系统相互协作，共同完成海上多道地震数据采集任务。从系统组成上看，多道地震系统主要包括以下几个子系统：①震源系统；②数字电缆与采集系统；③拖缆控制系统；④综合导航系统。

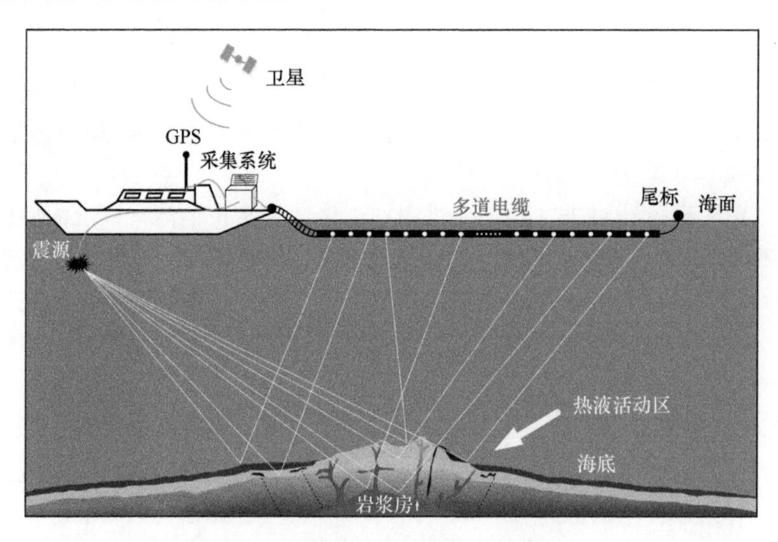

图 5-33　海洋多道地震勘探示意图

1. 震源系统

震源系统是地震勘探中用于激发地震信号的系统。海上多道地震勘探常用气枪阵列、电火花震源等非炸药震源来实现，气枪震源子波频率低、穿透深度大，是满足宽频带、大能量、高效、重复性好、绿色环保等要求的良好震源（刘必灯等，2011）。基于气枪的震源系统主要由以下部分组成：①空气压缩机，用来压缩空气，形成的高压空气通过储气瓶等输往气枪；②气枪枪阵，由气枪和枪架组成，通过气枪腔中高压气体的瞬间释放爆炸能量，产生地震波往海底传播；③枪控，用于控制各杆气枪在同一时刻同步触发，进行气枪状态的质量监控，并与地震设备、导航定位系统进行通信，收发数据。目前，全球气枪制造公司主要有三家：Bolt 公司、Sercel 公司及 ION 公司（李海军和戴丽丽，2014），其中以 Sercel 公司的 G 枪（图 5-34）应用最为广泛。

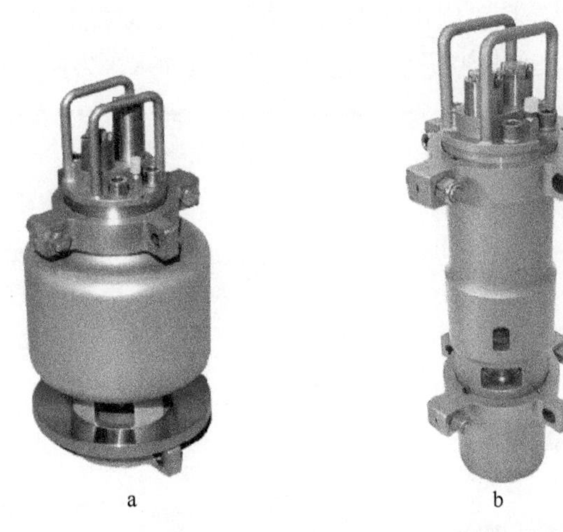

a　　　　b

图 5-34　Sercel 公司生产的 G 枪

（数据来源：http://www.sercel.com/products/Lists/ProductSpecification/MarineSources_brochure_Sercel_CH.pdf）

a. G.GUN II 520；b. GI.GUN 210 枪。G 枪枪型相同，容量为 40～520in³①，工作压力为 3000psi②，重量约 55kg；GI 枪最大的特点是消除了气泡效应，容量为 45in³、105in³、150in³ 和 250in³，压强为 1000～3000psi，重量约 74kg

2. 数字电缆与采集系统

数字电缆与采集系统是用于海洋地震勘探的信号接收与记录系统。具体功能为：①多道电缆中的检波器接收震源激发并通过海底及海底地层界面反射的地震波；②多道电缆将采集到的反射信号传送到数据处理数字包，经过滤波或合成处理后，传输到地震记录系统；③记录系统把地震信号记录到磁带或磁盘上，并进行数据备份；④在数据采集过程中，通过数据质量控制系统来监控数据的质量及采集过程的状态是否正常。

法国 Sercel 公司生产的 Seal 428 采集系统是一款全新的大容量、高分辨率地震数据采集系统，专为实现海上拖缆采集应用而设计。支持极长的偏移记录，同时支持的拖缆数量也不受限制，从而提高了设备的施工效率和数据质量。设备采用业界唯一一款真正的固体拖缆 Sentinel®及 Sercel 推出的拖缆导向和控制系统 Nautilus®，两者的结合实现了出色的噪声压制性能，从而使 Seal 428 拥有了当今同类产品中最卓越的工作效率及可以采集最高品质的地震数据的能力。

3. 拖缆控制系统

拖缆控制系统是用于控制水下工作电缆状态的系统，主要功能如下：①通过控制水下设备，进而控制地震信号接收电缆在水中沉放的深度、电缆形态、电缆之间的距离等；

① $1in^3=1.638\ 71\times10^{-5}m^3$
② $1psi=6.894\ 76\times10^{3}Pa$

②实现水下电缆能够按照预定的深度、路线和形状移动，减少水流、风浪等外界因素对电缆的影响。本子系统对于高质量地震数据资料采集具有十分重要的意义。

拖缆控制功能主要通过安装于电缆上的设备（如水鸟）来调节拖缆在水下的姿态和沉放深度。ION 公司生产的拖缆控制系统（图 5-35）主要由船载设备和水下设备两部分组成。其中，船载设备包括定位控制系统、工作站（安装软件）、手持测试器等，水下设备主要是水鸟，包括声学鸟和罗经鸟（比声学鸟增加了罗经航向功能），此外还有速度计、计程仪声波测距及 DigiFIN 等其他控制设备，完成电缆垂直和水平方向上的定位与控制功能。

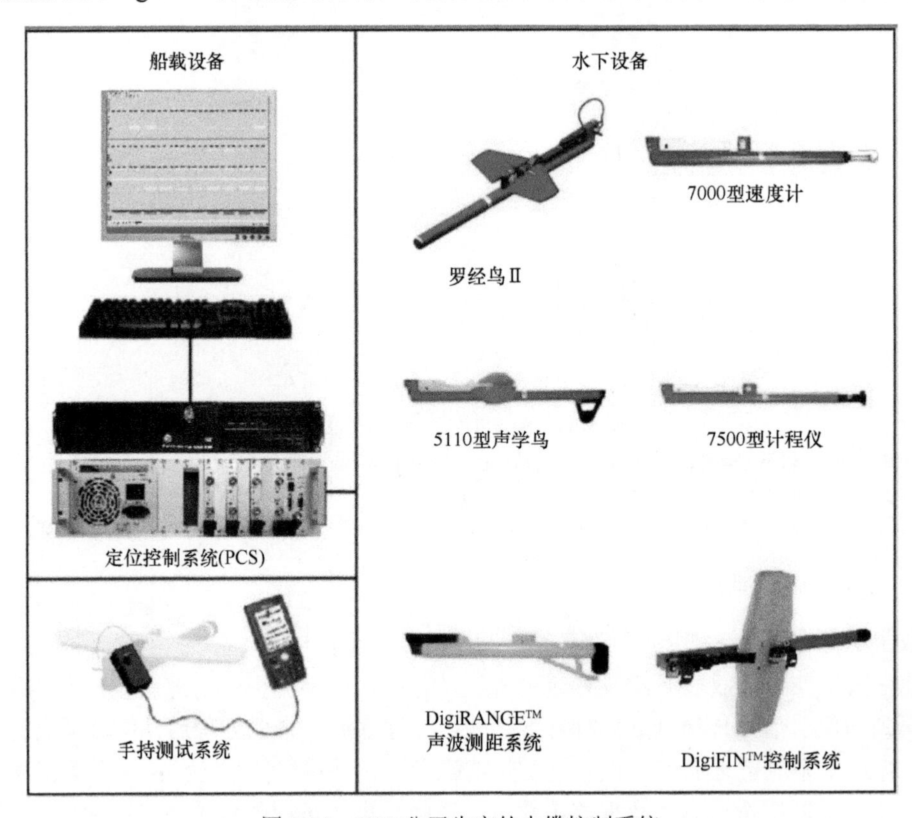

图 5-35　ION 公司生产的电缆控制系统

（数据来源：https://www.iongeo.com/content/documents/Resource%20Center/Brochures%20and%20Data%20Sheets/Data%20Sheets/Marine%20Systems/Positioning/MIS_TowedStreamer_Positioning_System_DS_080330_rev1.pdf）

4. 综合导航系统

综合导航是海洋调查工作尤其是海洋地球物理调查工作中必不可少的关键一环。海洋地震勘探野外采集一般都是基于两个假设：①船行驶的航迹与设计测线完全吻合；②地震拖缆在工作过程中始终处于直线状态，并且与设计测线重合。受前方障碍物、舵手操控、海况、惯性等因素的影响，要满足上述条件有时候会遇到很大的困难，这种情况下高精度的导航定位系统就显得尤为重要，其能够提高数据采集的质量，提高采集效率。

GPS 差分定位具有全球覆盖、全天候和精度高的优点，能够为船舶导航和要求较高的勘探工作提供实时的高精度定位（Ashkenazi et al.，1997），在此基础上发展起来的综合导航系统满足了各种勘探工作对导航精度的要求。此外，导航系统还需要能接收电缆尾标定位系统、缆源跟踪定位系统、水下声学定位系统的数据并进行平差计算，具有对导航数据、震源数据、电缆罗盘和漂浮电缆定深器水鸟数据的实时质量监控能力。ION 公司生产的 Orca 综合导航系统是业界领先的可视化导航系统，能够为二维、三维和四维地震数据采集提供一种简单有效的导航解决方案，其主要功能如图 5-36 所示。

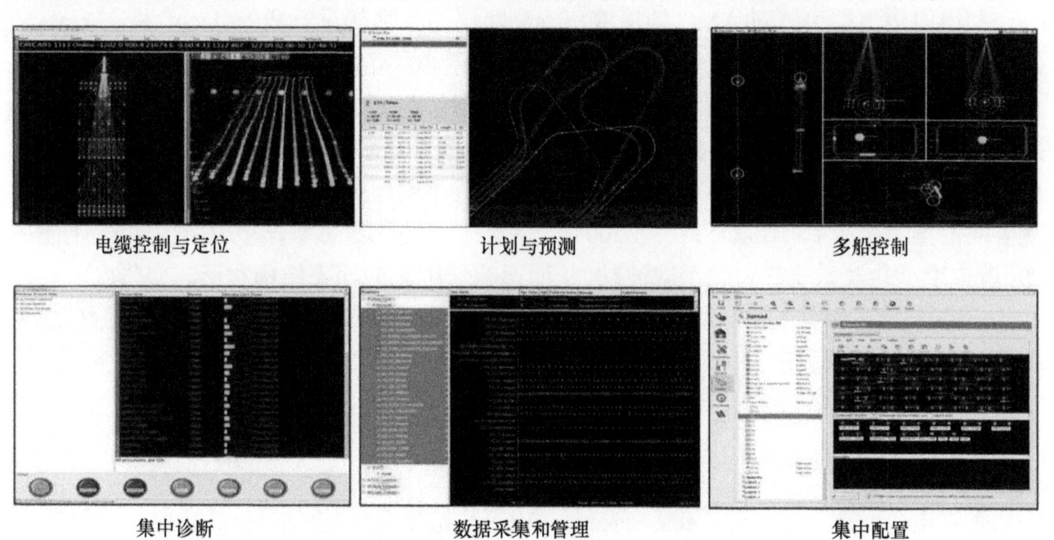

图 5-36 ION Orca 综合导航系统的主要功能（据 Orca 系统说明书整理）

5.4.2.2 探测方法

海底多金属硫化物的调查和海底热液活动具有紧密的相关性，而海底热液活动的研究是以洋中脊地壳结构特征研究为前提的，多道地震可以在洋中脊及热液活动区的地壳结构研究中发挥重要作用，进而为多金属硫化物勘探提供前提条件。利用多道地震可以从以下四个层面开展洋中脊多金属硫化物勘查。

1. 洋中脊地壳构造特征探测

多道地震可以用于研究洋中脊地壳内部构造，特别是轴向洋中脊及其两侧的结构（Carbotte et al.，2008），获取的达到百米级别空间分辨率的多道地震剖面可以用于揭示地壳厚度和结构变化（Arnulf et al.，2014a，2014b；Barth and Mutter，1996），为寻找洋中脊热液活动区和多金属硫化物矿区奠定基础。

2. 热液活动区岩浆房构造探测

由于热液活动区喷口下面的轴向岩浆房（axial magma chamber，AMC）为热液活动提供了物质来源，因而 AMC 成为寻找海底多金属硫化物的重点目标。受岩浆活动、压力及其他各种因素的综合影响，AMC 内部各区域的熔融性有所不同，其内部地震波传播速度也就有着相应的差异，该差异在多道地震剖面上表现为比较清晰的、较强的 AMC 反射特征（Becker et al.，2010；Detrick et al.，1987；Singh et al.，2006；van Ark et al.，2007，2004），与上覆地层反射相比具有显著的极性反转。在多道地震剖面上，海底以下时间最小（即深度最小）的反射可以解释为AMC的顶部，沿洋中脊（段）走向发育数千米或数十千米，剖面反射的时间逐渐增加（深度加大）。通过对该反射特征延伸距离的追踪可以研究热液活动区的范围，对多金属硫化物的勘查具有重要的指导意义。

3. 洋中脊热液循环结构探测

利用多道地震可以对AMC的深度、拆离断层的特征等进行成像（van Ark et al.，2007），并且可以有效地识别熔岩、火山碎屑和强烈的热液活动（Becker et al.，2010），还可以对层2A、2B及AMC附近发育的断层和裂谷边界断层进行精细描绘（Arnulf et al.，2014a；Combier，2007；Seher et al.，2010；Singh，2011；Singh et al.，2006）。研究表明，层2A的厚度和岩浆体深度具有正相关性，即该层厚度由岩浆体的压力和推动岩浆到表面的推力所控制（Blacic et al.，2004），且其厚度变化会影响洋中脊侧面熔岩流的分布，造成整个热液系统的岩浆供应波动，从而影响洋中脊的地壳结构和形态变化（Canales et al.，2005）。在深入了解AMC结构和热液系统结构的基础上，可以建立热液系统的结构模型，进而揭示清晰的岩浆活动过程及其与热液活动之间的关系（Canales et al.，2006），为预测海底多金属硫化物矿区的分布提供帮助。

4. 硫化物矿区精细结构探测

垂直电缆地震（Vertical Cable Seismic，VCS）起源于海上军事目标监测，于1987年应用于海洋地震勘探（图5-37）。上方放置浮球，用于拉直电缆，下方用锚固定于海底。震源可以应用调查船载的空气枪震源或者近底拖曳声源，垂直电缆上挂载的水听器用于接收海底反射地震信号。电缆底部具有释放装置，作业结束之后与锚脱离，完成设备回收。

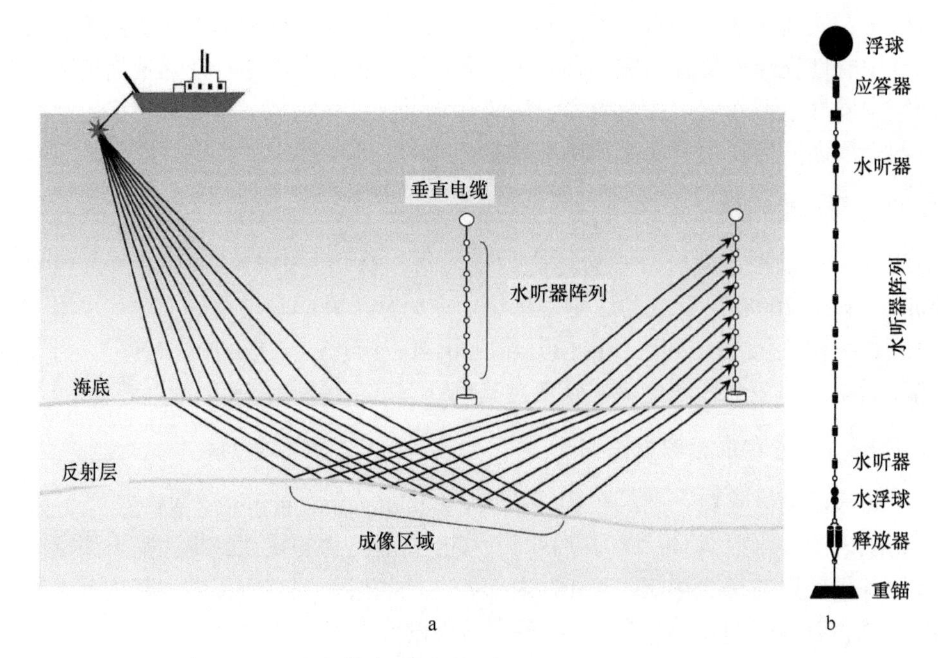

图5-37　垂直电缆地震探测方法（Asakawa，et al.，2014）

a. 海上工作方法；b. 系统结构模型

由于垂直电缆布设在接近于探测目标区的海底，因而该方法的分辨率较高，一般应用于常规地震勘探（当然也包括其他方法）确定目标区范围之后的精细勘探中。实际应用中，通常布设多条电缆，完成一定范围内的硫化物矿区精细地质结构探测。该方法甚至可以描绘出矿体范围，在资源量评估中发挥出一定的作用。

总之，利用多道地震方法可以对洋中脊地壳结构、AMC 结构和热液循环结构进行探测，最终建立热液系统结构模型，提高对岩浆作用和热液活动之间关系的认知，为揭示热液区多金属硫化物的成矿作用、赋存状况及最终的硫化物资源勘查提供理论支持。

5.4.3 应用实例

5.4.3.1 洋中脊热液区地壳结构探测

近年来，国际上使用多道地震探测方法在洋中脊热液活动区做了大量调查，针对不同地区研究目标的特点，设计对应的观测参数，开展了相应的多道地震调查，如表 5-5 所示。这些地震调查使人们对相应地区的海底洋壳结构、岩浆作用和热液循环过程有了清楚的认识，大大推动了洋中脊多金属硫化物勘探的进步和发展。

下面以 2005 年中大西洋中脊 Lucky Strike 火山多道地震探测活动（表 5-5 第 4 项）为例，介绍多道地震在探测洋中脊热液活动区的应用情况（Singh et al.，2006）。大西洋中脊的扩张速率为 22mm/a（Cannat et al.，1999），属于慢速扩张洋中脊，Lucky Strike 火山位于该洋中脊 Lucky Strike 段的中心。Lucky Strike 火山是中大西洋脊轴最大的中央火山之一，宽约 6km、长 15km。断层边界轴线裂谷发育完好，宽 15～20km，水深从火山顶的 1600m 下降到该区段的边缘地区 4000m，其他地区的海底形态以断层控制的深海丘陵为主。重力数据表明，火山以下的地壳比较厚；高分辨率测深数据显示，平行于洋脊发育了两大断层，并深入到火山区域，形成了一个轴向裂缝。火山之巅的热液区为中大西洋区域最大的热液区之一（＞1km^2），具有众多的热液喷口，热液温度高达 324℃（Langmuir et al.，1997）。

中速和快速扩张洋中脊下方中心的地壳岩浆房可以在地震剖面上比较容易地识别，但受海底粗糙地形和海底散射的影响，慢速扩张洋中脊中心下方的岩浆房却很难被确认。人们尝试将三维多道地震探测方法用于该热液活动区岩浆房的探测。海上三维多道地震数据采集于 2005 年 6～7 月，采集地点位于 Lucky Strike 火山和热液喷口区的上方（图 5-38）。观测系统参数如下，数字水听器拖缆长 4.5km，道间距为 12.5m，拖缆深度为 15m。震源为 18 个气枪组成的阵列，工作容积为 2594in^3，放置在水面以下 12m 处，子波带宽为 8～50Hz。记录长度为 11s，采样率为 2ms。测线长 18.75km，共 39 条测线，测线间距为 100m，三维测区覆盖面积为（18.75×3.8）km^2。炮间距为 37.5m。船速为 4.5 节，炮线大致垂直于洋中脊（109°方位角）。另外，沿轴炮线 Line 1011 激发时对震源参数做了稍许改变，使用 5638in^3 的气枪阵列作为震源，炮间距为 75m。

图 5-39 展示了火山正上方的地震剖面。西南方的 Line 8 位于火山上方最平坦的区域，可以看到一条位于海底以下约 1.3s 附近的约 4km 宽反射同相轴。极性和层 2A 相反，具有负速度异常，解释为轴向岩浆房（axial magma chamber，AMC）反射特征。可以看到，

表 5-5 近年国际上在洋中脊热液活动区开展的多道地震探测活动观测系统对比

探测年份	热液活动区	测线描述	震源性质与激发	炮距（m）	道数/缆深	道距（m）	覆盖次数	气枪数/容量（in^3）	记录长度（s）	采样率（ms）	资料来源
1997	Malaguena-Gadao 洋脊	—	间隔 9s 或 18s（>5km 深），8.1kn	37.5	6/—	25	2	—	—	2	Becker et al.，2010
2002	Juan de Fuca 洋中脊	23 条线，长 16.4～73.3km（横），30～40km（纵）	源深 7.5m 深，频率 2～100Hz	37.5	480/10	12.5	81	—/300 5	10.24	2	van Ark et al.，2007；Canales et al.，2005；Canales et al.，2006；Carbotte et al.，2008
—	Galapagos 扩张中心	16 条线，每条 10km	～405 00 炮，15s 间隔～4.5kn	35～38	480/—	—	80	10/443 8	—	—	Blacic et al.，2004
2005	中大西洋中脊 Lucky Strike 段	18.75km，39 条，测线间距 100m	源深 12m，4.5kn	37.5/75（沿轴炮线）	360/15	12.5	—	18/259 4，沿轴炮线：563 8	11	2	Singh et al.，2006
2008	Tonga Arc 的 1 号火山的火山口	12×6 测网，每条约 12km	—	12.5	108/—	12.5	54	8/690	—	—	Kim et al.，2013
2011	Alaska 近海洋壳	370 0km 长	3～125Hz	62.5	2 条，636/—	12	64	36/660 0	22	2	Bécel et al.，2015

注："—"表示信息不详

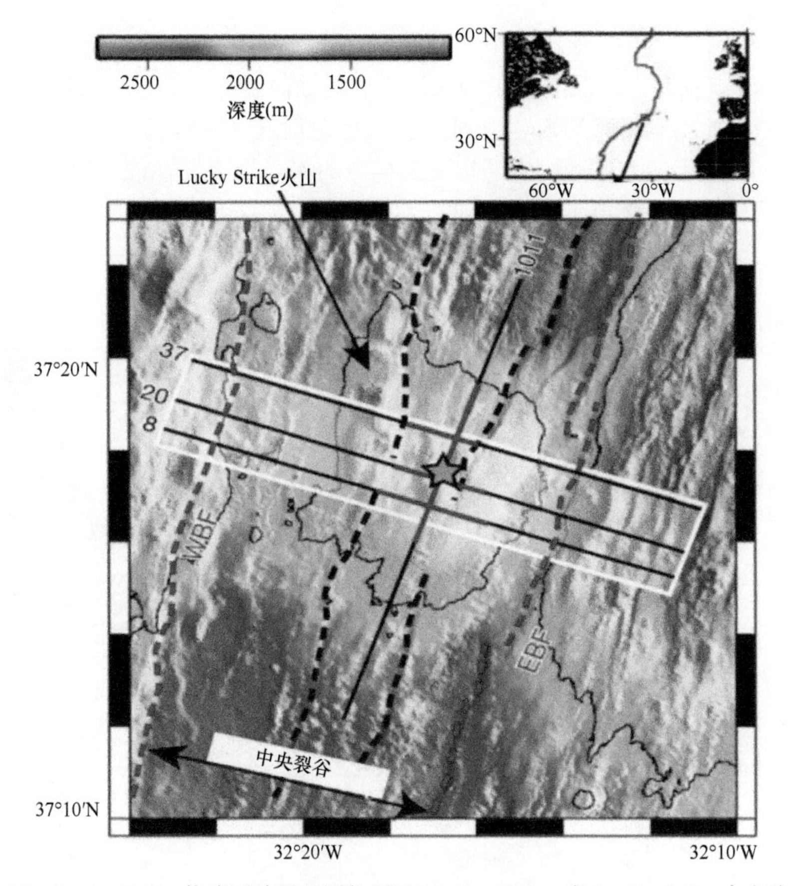

图 5-38　Lucky Strike 热液区地震观测位置及 Median Valley 和 Lucky Strike 火山地形图

黑色等值线为 2000m 水深，蓝星表示 Lucky Strike 热液区，红色虚线表示 Median Valley 边界断层（WBF 和 EBF），黑色虚线为地堑（新裂缝）边界断层，白色矩形表示三维地震的区域，黑色实线表示研究中所用的地震测线（8、20、37、1011），红色实线表示被观测的轴向岩浆房（axial magma chamber，AMC）；引自（Singh et al.，2006）

反射同相轴向洋中脊中部倾斜，并与轴向裂谷边界断层陡坡大体一致，解释为轴向裂谷边界断层（EBF 为东边界断层，WBF 为西部边界断层），在热液区内界定地堑的一些小断层也可以看到，一直延伸到层 2A。EBF 附近反射特征很强，在 AMC 后面还延续了 0.6s，可以断言 EBF 至少到达了 AMC 的深度，WBF 附近反射并没有延伸至 AMC 以下，说明该地区的陡倾构造稍浅。Line 20 跨越了火山的中心，与 Line 8 显示的结果相比，层 2A 稍厚（0.55s）、AMC 稍微有点窄（3.5km），热液区发育延伸至层 2A 底部的断层构造。Line 37 横贯火山裂口的北部，层 2A 在地堑底最浅（0.5s），在火山脊下面最厚（0.65s）。AMC 向北逐步变窄，在 2.8km 的范围内从 4km 减少为 2.5km。剖面中观察到一个向西倾斜的良好同相轴，解释为从东部的地堑壁向下渗透的断层。Line 1011 是穿过整个火山构造的沿轴测线。层 2A 大约为海底以下 0.5s，在火山以下稍微加深（0.65s），AMC 沿轴大约延伸 7km。还观测到层 2A 以下几个近水平的反射特征，可能是由冷冻的裂缝或者平行于洋脊的断层（如地堑边界断层）引起的。

通过三维多道地震探测方法在慢速扩张的中大西洋脊 Lucy Strike 区域找到了岩浆房，对理解慢速扩张洋中脊岩浆和构造的相互作用具有重要意义。地震反射从岩浆房的顶部（Lucy Strike火山和热液区的中心下方）位于海底以下约3km，沿轴向延伸7km，宽度为 3～4km。同时，还观测到了刺入岩浆房的轴向裂谷及其边界断层，以及截断了火山构造的一组内部倾斜断层，清晰刻画了该大型AMC的构造特征。由此可知，多道地震探测对认识超慢速扩张洋中脊的岩浆和构造的相互作用具有重要的意义，从而为热液型多金属硫化物勘查奠定了理论基础。

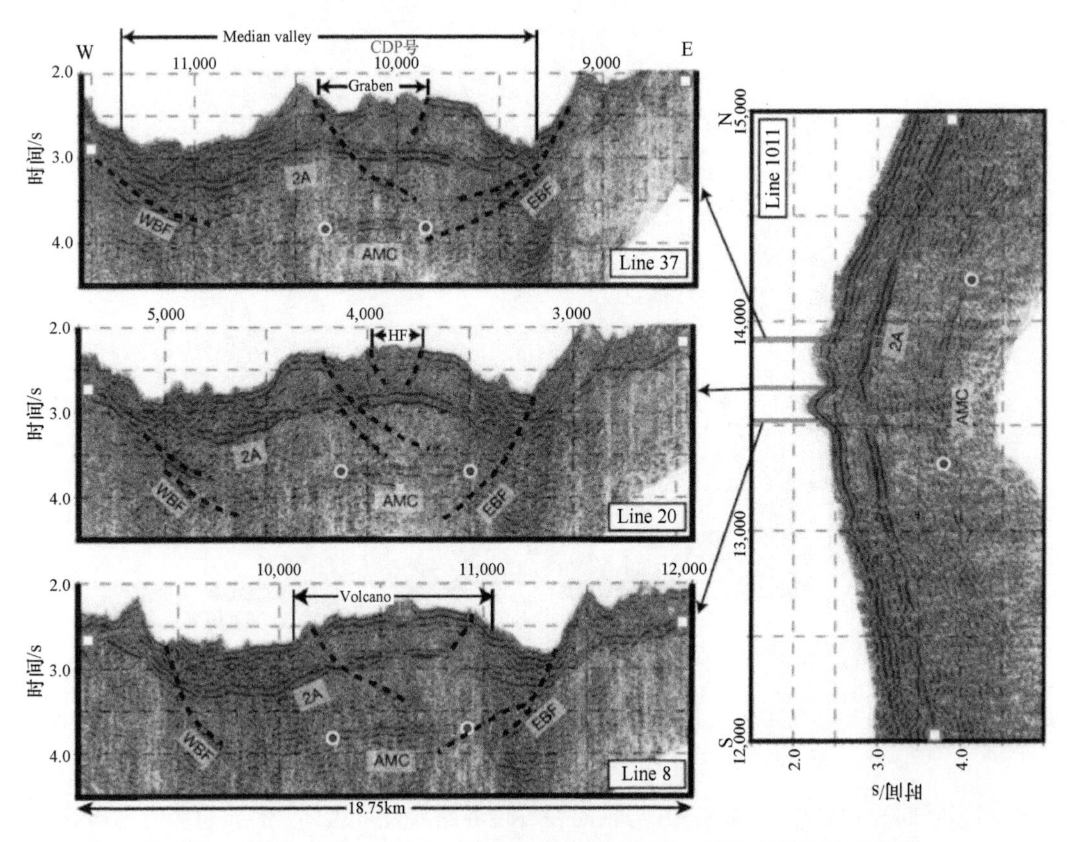

图5-39　轴向岩浆房（AMC）和断层的地震成像结果（跨域脊轴的地震剖面）

蓝色和红色波纹分别表示正负振幅，红色圆圈表示AMC的范围，蓝色方块表示层2A，黑色虚线表示主要断层。该AMC的宽度从南（4km）到北（2.5km）有所减小，但AMC延续三维地震边界（1011线）以北约3km处地堑以下（HF，热液喷口区，CMP共中心点道集）。引自（Singh et al.，2006）

5.4.3.2　硫化物矿区精细地质结构探测

垂直电缆地震是一种针对空间有限区域的高分辨率三维地震勘探方法，在日本政府启动的硫化物调查开发项目中提出，并在海底硫化物勘探中获得了应用。2010年日本制造了自主VCS数据采集系统。2011年和2013年，日本使用GI枪和高压电火花震源在Izena Cauldron区（硫化物潜力区）进行VCS调查，获得了高分辨率地震成像，并在大型国际会议中报道了相关应用成果。

这里以2013年日本在冲绳海槽硫化物前景区探测为例说明垂直地震勘探方法的效果。目标区水深为1500～1600m范围内，勘探区范围为4km×4km，采集参数如表5-6所示，炮线分布如图5-40所示，其中在靠近目标区附近加密炮线（炮线间距由200m减小至100m）。

对探测数据进行了叠前深度偏移处理，沿着3条垂直电缆提取一条探测剖面(图5-41)，可以看出海底以下30～40m的位置具有强反射，通过解释得到了硫化物矿床范围。由此可知，垂直电缆地震方法对于精细探测与海底以下百米范围内的硫化物矿体成像具有较好的效果。

表5-6 垂直电缆地震采集参数（Asakawa et al.，2014）

采集参数	指标值
震源类型	AAE Delta-Sparker
震源能量	12000 joule
炮间距	12.5m
炮线数量	28
测线长度	4500/4000
测线间距	200m/100m
电缆数量	3
电缆间距	100m

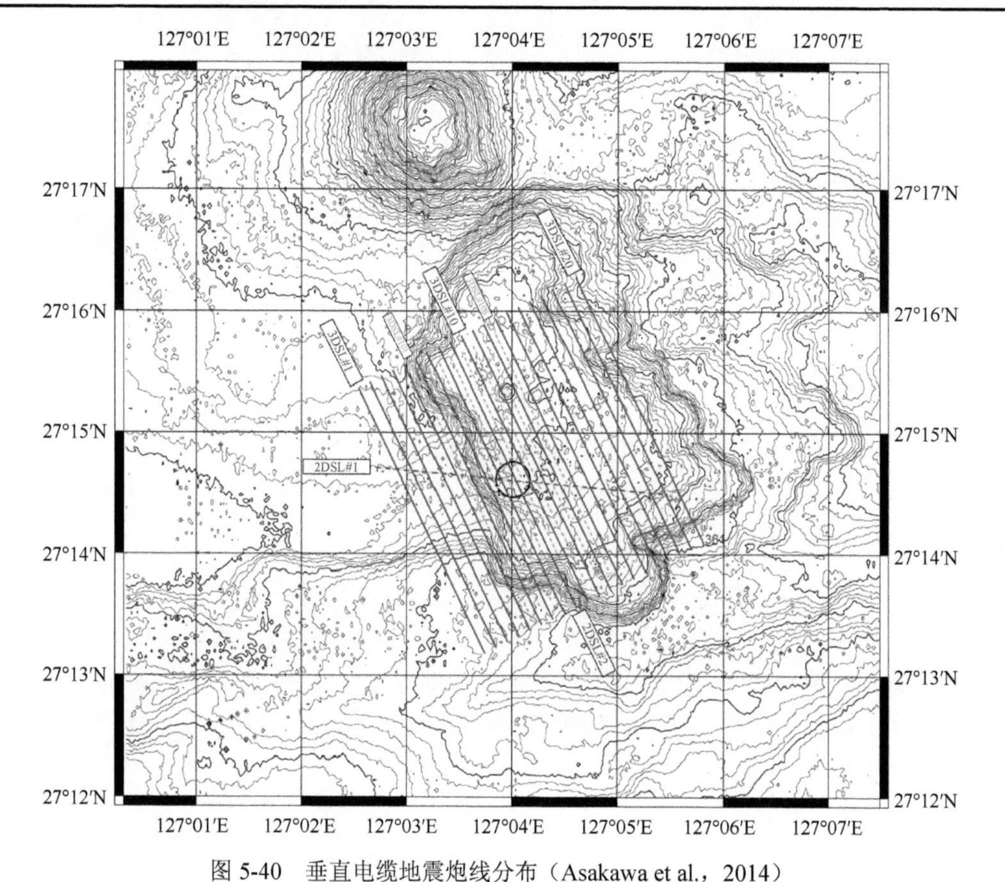

图5-40 垂直电缆地震炮线分布（Asakawa et al.，2014）

5.4.4 前景与展望

作为分辨率最高的一类地球物理方法，多道地震在洋中脊及热液区地质构造探测中占据着重要地位，为基于构造间接开展热液活动区探测提供了重要技术手段。深拖地震

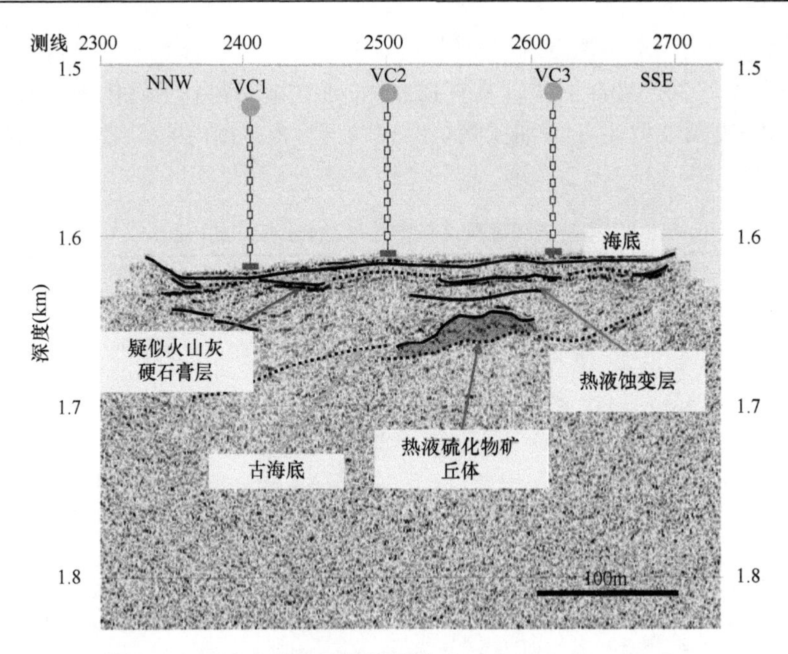

图 5-41　垂直电缆地震探测结果（Asakawa et al.，2014）

是一种将震源和接收电缆置于海底附近的一种高分辨率地震技术，垂直分辨率可以达到 1m 左右，有望在热液循环通道探测中发挥重要作用（Asakawa et al.，2017），垂直地震技术也开始在硫化物勘探中获得尝试性应用（Asakawa et al.，2015）。然而，多道地震系统相比于其他方法较为复杂，实际调查任务中需要投入更多的人力、物力，对其在多金属硫化物调查中应用造成了一定的障碍。随着国际上对海洋权益的日益重视，各国用于海洋调查与研究的投入也持续增加，这也为多道地震的应用提供了契机。

5.5　视 像 探 测

5.5.1　探测原理

在海洋中进行视像探测是一种传统而且基础的调查方法。自从海底照相技术于 1939 年在美国开始应用（Ewing et al.，1967）以来，水下视像探测技术很快便得到广泛的应用。视像探测的基本原理如下：利用一系列的透镜将光线折射聚集在胶片或者 CCD 光学感应介质上，胶片或者 CCD 存储的信号通过某种方式，把光学信号还原，最后用相片或者显示器显示。

水对光能量的衰减是很严重的，光在水中传输时的能量按指数规律迅速地衰减，为了获得深海海底的视像资料，只能在距离目标很近且使用辅助光源的条件下才能实现（孙传东等，1998）。通常，海底视像系统包括成像系统与辅助光源两部分，海底视像技术是一种可以直观地对海底地貌、底质类型、海底热液区分布范围及生物群落等进行观察的手段。

5.5.2　方法技术

目前，在国内外可用于海底视像观测的设备主要有海底摄像拖体、电视抓斗及潜水器搭载的海底视像系统（张汉泉等，2005）。这几种设备都先后应用于海底多金属硫化物的调查。其中，海底摄像拖体是应用较为广泛且作为海底多金属硫化物调查的常规探测手段的一类设备。

摄像拖体是拖曳式近底观测设备，依靠船舶拖曳作业。海底摄像拖体利用万米同轴缆或者光电复合缆完成电能和信号在调查船与水下摄像拖体之间的传输，整套系统包括成像单元、辅助光源及离底高度计，并且可以在摄像拖体上搭载热液异常探测传感器，在海底视像探测的同时进行热液羽状流探测（图 5-42）。摄像拖体探测中，调查船沿预设测线以 1～1.5 节速度直线定速航行，通过绞车操作使摄像拖体保持离底 3～5m 高度前进。通过拖体上高清成像单元将海底视频图像传输至调查船，从而完成海底情况观察的直接观测和视频录制。这种系统除了向调查船上的甲板显控单元实时传输压缩后的水下视频信号外，水下单元可通过甲板单元操作人员控制，同步存储比压缩信号清晰数倍的水下视频原始信号。水下单元回收至调查船甲板后，可以下载水下存储的高清视频数据，获得海底高清视像资料。

图 5-42　海底摄像拖体（国家海洋局第二海洋研究所，2016）

摄像拖体在拖曳作业中，需要在调查船上持续监视拖体距离海底的高度，操作人员需要不断地进行收放缆以控制拖体，避免由于海浪及海底地形的起伏造成拖体触底。如果缺乏精确的地理坐标，单纯的海底图像难以作为海底科学与资源探测的实用资料，因而在摄像拖体上一般还搭载水下定位系统，以获得海底视像资料匹配的地理坐标。

5.5.3　应用实例

海底视像系统作为近底观测的设备，通常搭载在拖体、抓斗及潜水器上面进行探测作业。其中，摄像拖体探测是我国大洋航次中应用广泛的海底多金属硫化物调查方法。在实际作业中，沿测线观察并记录下多种地形地貌、底质类型及海底生物等，设计测线均有不同程度的海底地形高差，故海底摄像中可见坡度不等的上下坡。坡顶通常为枕状玄武岩，局部覆盖白色沉积物。山坡上半部多为沉积物，缓坡中下半部为沉积物区和岩石角砾带交替出现，陡坡则于坡底见碎石角砾区。山坡与平缓地区过渡带，底质以沉积物为主，黑色火山玻璃碎屑含量由多到少，岩石角砾逐渐减少至完全平缓地区，发育沉积物，多生物活动痕迹。水动力较强地区，沉积物表面可见波痕。部分地区沉积物中可见固结者，呈块状、层状或板片状，但总体分布较为局限。测线作业中，偶见断层、陡坎及其他构造现象，部分典型海底照片见图 5-43。

图 5-43　海底底质照片（国家海洋局第二海洋研究所，2015）

a. 海底热液沉积物；b. 海底热液蚀变角砾；c. 海底枕状玄武岩；d. 海底裂隙

5.5.4　前景与展望

海底视像探测是海洋调查中的多学科交叉技术，随着激光技术、光电池及 CCD 技术的诞生，光学探测系统获得了全面发展。近年来，随着光电技术结合及遥感技术的不断升级改进，探测精度大大提高，并且作业方式不断改进，针对海底表层及水体要素的探测，将会进入精细探测阶段，光学探测技术将进一步发挥其高精度的优势，促进视像探测的发展。

5.6　电 法 勘 探

5.6.1　探测原理

电法勘探，是指利用岩矿石电磁学性质的差异来探测地下地质体的一种方法，电磁场的分布特征受岩石电性参数的影响，通过研究电磁场的时间和空间分布特征可以反演出不同电性参数岩矿石的分布，进而解决相关的地质、矿床等问题（李金铭，2005）。海洋电法中涉及的主要电性参数有电阻率（ρ）、与电化学性质相关的激发极化率（η）及电化学活动等。不同的地质对象其分布深度、电磁学性质均有差异，在实际勘探时应选用不同的场源（人工或天然电磁场）和观测装置来探测目标地质体的差异（中南矿冶学院物探教研室，1980）。电法勘探的变种很多，本节以多金属硫化物勘探为主，适当介绍国外的先进技术，着重介绍在深海环境下电法勘探的技术经验和应用实例。

多金属硫化物与其围岩的电磁学性质差异是电法勘探的基础。以电阻率（ρ）和极化率（η）为例，深海环境下典型的块状硫化物较其围岩（多为玄武岩）表现出低电阻率和高极化率的特征，见表 5-7。

表 5-7　多金属硫化物电性特征

岩性	平均视电阻率ρ（Ω·m）	平均视极化率η（mV/V）
块状硫化物	2.33	112
斑状玄武岩	52.08	7.06
致密块状玄武岩	296.79	5.45

电磁场在良导体中衰减很快，由于强导电海水的存在，海洋中电法的研究一直被认为没有应用前景而未得到较大的关注。近几十年来，随着海底热液喷口的发现（Corliss et al.，1979），电法也渐渐得到了研究者的青睐；同时技术的进步与投入的加大，使貌似不可逾越的海水这一巨大阻碍也逐步被移除，尤其是进入 21 世纪以后，电法在海底油气勘探中起到了巨大的作用（Constable and Srnka，2007；Key，2012）。理论和实践表明，电法可以有效地运用于海底多金属硫化物勘探中（Chave and Cox，1982；Goto et al.，2011；Hölz et al.，2015；Schwalenberg et al.，2016；Swidinsky et al.，2012）。将电法运用到海底多金属硫化物探测中比在陆地上电磁方法找矿具有以下优势（熊威等，2013）：①海水是一个低通滤波器，高频电磁信号严重衰减，各种天然、人工干扰场源衰减殆尽，这对海底微弱信号观测极为有利；②海水的含盐度相差较小，接收电极和测量电极所处环境均匀稳定，电极噪声极小，供电电极与海水的接触阻抗非常小，可以进行大电流供电，这是在陆地上难以做到；③海洋可进行拖曳式连续测量，发送和接收电磁信号均可在海中（或海底）进行，从而可实现大面积快速测量（汤井田等，2004）。

从原理上电法可以分为传导类与感应类两种（傅良魁，1961；日丹诺夫，1990）。

（1）传导类电法。传导类电法是指通过接地电极观测由人工或天然场源在大地中因传导作用差异而产生异常电流场的一组方法，主要包括：①直流电阻率（direct current，DC）法；②激发极化（induced polarization，IP）法；③自然电位（self-potential，SP）法等。

直流电阻率法遵循欧姆定律，通过接地电极直接向海底通直流电流，探测地下电流场的分布，从而计算海底的视电阻率变化。直流电阻率法是古老的电法勘探方法，在深海环境下需要结合 ROV 或 AUV 等水下装置在海底进行探测。受地形、接地条件等影响较大。

激发极化法是利用硫化物的激发极化效应进行矿体圈定的电法勘探方法，有极化异常体存在时，向海底接通随时间变化的交流电，极化体会历经充放电的过程，放电过程在时间域表现为二次电压的衰减，在频率域表现为接收电压的相位移动，原理如图 5-44 所示。

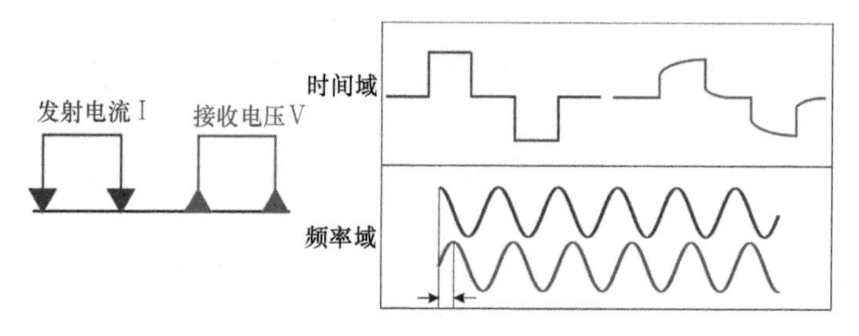

图 5-44 激发极化法工作原理（李金铭，2005）

自然电位法的工作原理：地下存在着天然电磁场，在地面上任意两点都能观测到天然电场所形成的电位差。金属导体（电子导体）上部位于氧化带，下部位于还原带，金属导体上部发生氧化作用，失去电子而带正电，围岩则获得电子而带负电。金属导体下部位于还原带，导体的电化学反应与上部相反，即导体得到电子而带负电，围岩失去电子而带正电（李金铭，2005）。在导体与围岩之间，其上部与下部就形成了符号相反的电位跳跃。这样，在导体上下部形成电位差，产生电流。围岩中电流从四周流向导体，在导体上方的地面进行电位测量，将获得负电位异常（图 5-45）。

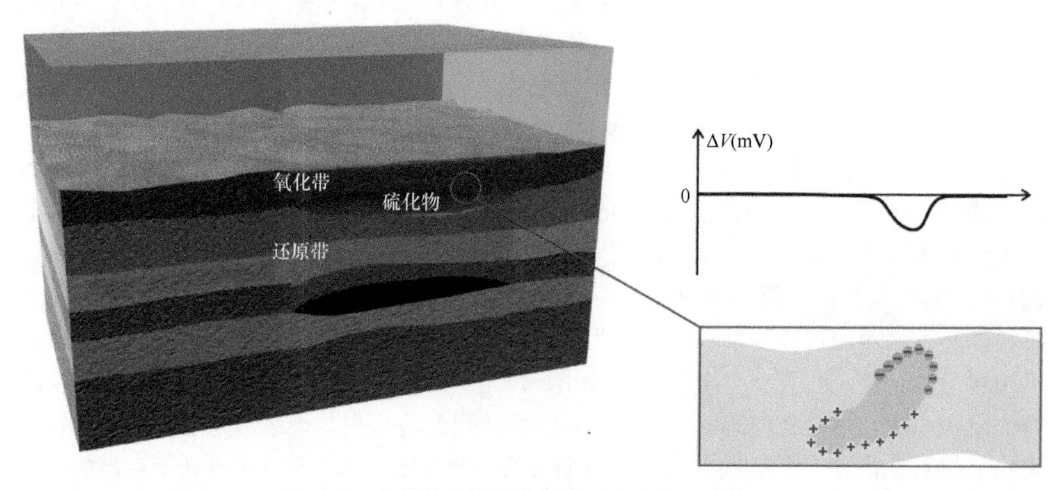

图 5-45 自然电位法工作原理（李金铭，2005）

ΔV. 电位差

（2）感应类电法。感应类电法是指通过在地面接收地质体内电磁感应形成的二次场，进而研究地下电性结构的一类电磁方法，主要包括：①可控源电磁法（controlled-source electromagnetic method，CSEM）；②瞬变电磁法（transient electromagnetic method，TEM）等。相比于传导类电法对电阻率变化过于敏感、接收信号微弱、探测深度浅等多方面的缺点，感应类电法可以在场源能量不大或无须场源的情况下完成较大深度的电性结构研究。

在多金属硫化物勘探中，典型的感应类电法是瞬变电磁法。瞬变电磁法是一种建立在电磁感应原理基础上的时间域人工源电磁探测方法。在海底，利用发送回线 Tx（磁源）发送一次脉冲磁场 H_1（通常称为一次场），在一次场切断的瞬间，由于作用在水底良导体上磁通的变化，在良导体中激励起感应涡流 i_2，它是随时间衰变的涡流场，从而激励起随时间变化的感应电磁场 H_2（通常称为二次场）。由于二次场包含有海底良导体形状、大小、位置及导电性等丰富的地电信息，在一次脉冲磁场的间歇期间，利用水底接收线圈 Rx 观测二次场 H_2（或称响应场），通过对这些响应信息的提取和分析，从而达到探测海底低阻体的目的（图 5-46）。

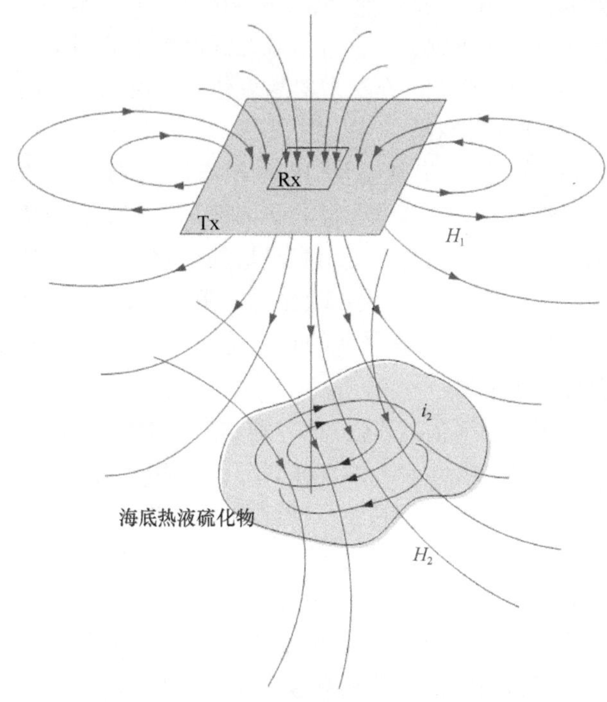

图 5-46 瞬变电磁法工作原理（李金铭，2005）

Tx. 磁源；Rx. 接收线圈；H_1. 一次场；H_2. 二次场

传导类和感应类电法的具体优缺点如表 5-8 所示。

表 5-8 海洋电法优缺点分析

海洋电法		优点	缺点
传导类电法	直流电法	快速、大范围高阻探测是可行的	对海底多金属硫化物矿探测有不足；在地形复杂的洋中脊区域开展大面积高效调查工作较为困难；探测深度浅
	激发极化法	能高效快速地在海洋环境中发现硫化物引起的极化率异常	在地形复杂的洋中脊区域开展大面积高效调查工作较为困难；探测深度浅
	自然电位法	装置简单，效率高，成本低；可以实现快速、大面积的连续测量	设备、相应算法及资料解释需要进一步完善
感应类电法	可控源电磁法	探测深度较深、对深部电性研究效果较好	设备、相应算法需要进一步完善
	瞬变电磁法	对低阻异常的区分能力较好，测量方法既快又简单，更适于海底复杂环境下勘查工作实施的需要，能提高海上的工作效率	三维解释理论需要进一步研究完善

由于硫化物本身的三维赋存特点以及埋深较浅的分布特征，用于多金属硫化物勘探的电磁法主要以人工场源为主，目前国际上研究机构和矿业公司应用的主要电法勘探方法有直流电法、激发极化法、瞬变电磁法和自然电位法等。

（1）直流电法。Francis（1977）设计了一套拖曳式温纳装置，用于在近岸浅海区探测硫化物矿。该硫化物矿由地质资料指示向海底延伸，利用该装置进行快速拖曳作业（速度 10 节），完成了超过 2000km 的测线。为了克服高导海水的影响，发射电流达到 2000A，同时利用浅层剖面仪对海底地形进行一定的校正，最终发现了几处成规模的只可能由于硫化物赋存而引起的低阻异常，但这些结果缺少拖网或钻孔资料验证。

随后，Francis（1985）又研制了一套可搭载在深潜器上的温纳装置，将电极置于长 50m、垂直连接到深潜器的电缆上，在深潜器靠近作业点时电缆由尾部重块作用首先坐底，深潜器保持航向的同时缓慢着陆，最终电缆平铺于海底进行工作，之后深潜器上升 100m 使电缆垂直进行补充测量。该装置于 1984 年搭载在“Cyana”载人潜水器上，并在东太平洋海隆已知热液区进行了 4 次试验，热液区周围有多金属硫化物出露。两次试验位于山顶附近的硫化物区，两次落底于山脚平坦的枕状玄武岩。测到的玄武岩电阻率约是海水电阻率的 40 倍，符合测井结果；硫化物电阻率比玄武岩低 1～2 个数量级。同时，也进行了自然电位测量，在电阻率最低的硫化物处测到最大 10mV 的自然电位异常，而在玄武岩区未见自然电位异常。

von Herzen 等（1996）利用了与“Cyana”潜水器上类似的设备（Francis，1985），将其搭载于“Alvin”号深潜器上，对北大西洋 TAG 丘状体进行了两个潜次的试验（Becker et al.，1996；von Herzen et al.，1996）。第一次使用间距约 20m 的 6 个电极组成的长 150m 的电缆平铺于海底面进行电阻率测量，第二次使用 50m 的电缆进行垂向自然电位移动式测量。结果显示，TAG 区硫化物电阻率约为 0.2Ω·m，与周围枕状玄武岩（2.2Ω·m）相差 1 个数量级，这与 EPR 获得的观测结果相近（Francis，1985）。深潜器在慢速移动过程中测得整个丘状体上方自然电位异常平均为 3.7mV，在一定程度上反映了硫化物的矿化/氧化作用。

Goto 等（2008）介绍了一套针对海底天然气水合物的拖曳式直流电装置。用直流电阻率法寻找储层的顶界面，从而弥补地震剖面的不足。直流电装置由 8 个供电电极与一对接收偶极组成，长 160m 的电缆拖挂在拖体后方，拖曳高度 5m，拖体最大工作水深达到 6000m。在水合物出露区进行近底拖曳试验，探测到高阻异常，最大探测深度可达 100m，该结果表明利用直流电进行快速、大范围高阻探测具有可行性。

（2）激发极化法。Wynn（1988）、Wynn 和 Grosz（1986）介绍了激发极化法及其在近岸金属矿调查的运用。他们使用 1 个 4Hz 偶极源和 3 个非极化 Ag-AgCl 电极，沿海底拖曳测量，每 4s 记录一次观测波形和源波形间的相位角。结果显示，除 5mrad 的背景噪声外，观测到了 15mrad 以上的异常，该异常特征与当地富含钛铁矿等重金属矿的沉积物相符。另外，根据模型计算，沉积层上的钛铁矿含量超过 10%。

杜华坤（2005）对陆地海相硫化物矿标本测试发现，海底多金属硫化物相对围岩具有较高的激电效应；通过模型数值计算和水槽实验，认为激发极化法能有效勘查和评价海底多金属硫化物，且地形对激发极化法影响很小。引入了以伪随机特殊波形电流为场源的偶极-偶极海洋伪随机激电法，能高效快速地在海洋环境中发现热液硫化物引起的极化率异常。

Nakayama 等（2011）对海底多金属硫化物岩心样品测试了电阻率和极化率，发现测试的岩心样品具有比陆上同样由海底热液沉积形成的黑矿更高的激发极化效应，且来自小笠原区域和冲绳区域的样品电阻率有很大的差异。此外，Goto 等（2011）利用 ROV 搭载电极对伊豆-小笠原群岛一处已经发现的热液喷口附近进行了直流电试验，稳定获得了海底视电阻率与激发极化率的分布。高极化率范围要比低阻区大，初步认为是直流电法对高品质海底多金属硫化物矿探测存在不足，而极化率能更有效地辨别这些高品质矿体。因此，极化率被认为在海底多金属硫化物探测中具有更高的可信度。

（3）自然电位法。Corwin（1973，1976）介绍了自然电位法，并将其应用到近岸硫化物调查中。对于拖曳式自然电位调查，干扰主要来源于波浪及电缆切割地磁场产生的极化电场，前者为高频干扰，可以通过滤波及近底拖曳来减少，后者可以通过精确导航减少。Corwin 用间距 10～100m 的 Ag-AgCl 电极探测到了最大 300mV 的自然电位异常。Brewitt-Taylor（1975）将类似的近底自然电位设备应用到深海调查中，使用 50m 间距的 Ag-AgCl 电极，虽然没有形成最终的结论性成果，但此次试验为深海自然电位的应用打下基础。自然电位作为一种最简单的装置，在海洋电法试验中时常出现，Francis（1985）和 von Herzen 等（1996）的研究都获得了硫化物自然电位异常。

Sudarikov 和 Roumiantsev（2000）利用 RIFT 拖体设备在大西洋中脊（14°45′N）Logatchev 热液喷口周围进行了调查，获得了相关的自然电位（SP，Self Potential）、Eh、H_2S 异常数据。调查结果表明，喷口处 Eh 存在显著的极小值异常（图 5-47），SP 异常虽然不如 Eh 异常显著，但是也较明显，其他位置负的 SP 异常更多是硫化物的反映。

Heinson（1999）介绍了一种用于浅海探测的自然电位和磁力仪联合观测系统，如图 5-48 所示。SP 系统 8 个电极被拖曳在调查船下方长度为 3m、直径为 40mm 的聚乙烯管后。测量数据通过发射器传送到船上及拖体上的记录系统。电极由非极性的 Ag-AgCl 组成，形成水平的偶极子，长度为 3～12m。最小的梯度测量记录为 0.3μV/m，采样率为 24Hz。与直接记录电位数据不同，双电极记录电位梯度，即电场数据。根据设计，该系统适用于浅海海域调查，测量过程电极离海底 20m 以内。拖体上有位置传感器、声学应答器记录拖体离底的高度，避免与海底的碰撞。利用该系统在澳大利亚艾尔半岛南部大陆边缘海域进行了自然电位和磁法测量，调查结果表明，自然电位法可以结合海洋磁法勘探对金属矿床进行调查，特别是在对非铁磁性矿物的探测中（Heinson et al., 2005）。

此外，鹦鹉螺矿业在 Solwara 矿区进行资源评价过程中同样使用了自然电位设备，主要目的是在前期对矿区的高温热液流体与多金属硫化物矿体产生的氧化还原电位异常进行探测。自然电位法对活动的热液喷口和海底出露的多金属硫化物矿体探测效果明显，对非活动的喷口及被沉积物覆盖的多金属硫化物矿体探测同样有效（Nautilus Minerals，2007；汪建军，2017）。

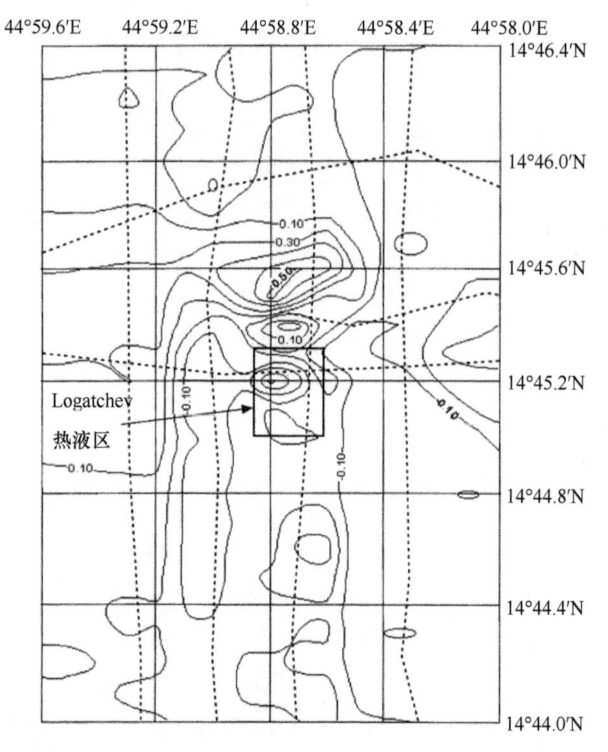

图 5-47　自然电位异常剖面（离底 35m）（Sudarikov and Roumiantsev，2000）

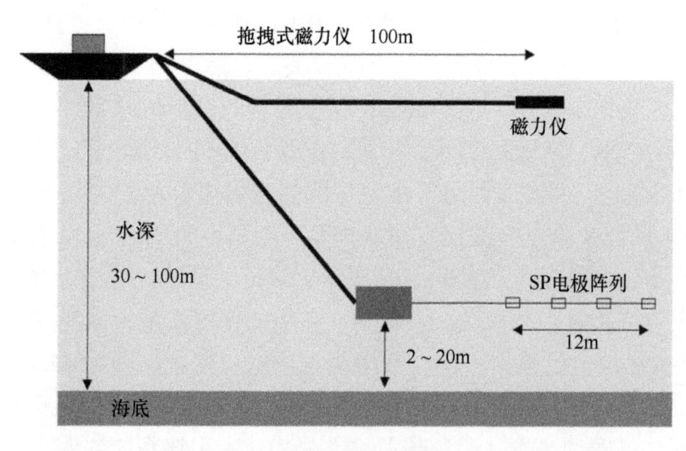

图 5-48　磁力仪与 SP 探测仪器示意图（Heinson，1999）

（4）可控源电磁法（CSEM）。Young 和 Cox（1981）在东太平洋海隆 21°N 利用 CSEM 测得了海底面以下 2km 至上地幔的平均电导率为 0.004S/m。Cheesman 等（1987）探讨了时域电磁法（也称瞬变电磁法，TEM）在各种系统参数下对低阻体的灵敏度问题。Evans 等（1994）在东太平洋海隆 13°N 进行了 CSEM 探测，发现海底 50～1000m 电阻率逐渐增加，根据电阻率推算的孔隙率比 DSDP 504B 钻孔中测井数据大 20%；利用 TAG 热液区地质模型进一步进行了 TEM 正演模拟，结果表明，TEM 有能力分辨热液喷口下方的热液流体通道。Cairns 等（1996）利用“Alvin”号载人潜水器搭载的设备对 TAG 热液区进行了 TEM 试验，得到的电导率为 1.4～15.9S/m，高于海水的电导率。此外，Sinha

等（1998）在雷克雅未克洋脊对一处正在进行岩浆活动的轴部火山开展了名为 Ramesses 的综合地球物理研究，通过 CSEM 观测到了岩浆体所显示的低阻异常区。Macgregor 等（2001）通过地震与电磁的联合解释，将由低速带组成的低阻异常区解释为岩浆房。

近年来，来自日本的研究小组引领了海底多金属硫化物电磁探测方向。Goto 等（2009）通过模型计算，对磁测电阻率法、常规可控源电磁法与直流电阻率法对硫化物探测的可行性进行了综合分析。Imamura 等（2011，2010）提出了利用两台 AUV 开展海底 CSEM 研究的方法，通过 2.5 维模拟计算验证了该方法的有效性。由于实际作业过程中热液区复杂地形的影响，长收发距装置很难使用。Nakayama 等（2011）设计引入回线源 TEM 方法，三维模拟和水槽试验都证明了其有效性，利用 ROV 搭载的 TEM 装置在 Hakurei 探测到了 SMS 低阻异常响应。Goto 等（2013）先后完成了 AUV 搭载的 CSEM 试验研究和实际测量，在 SMS 出露区和火山口盆地均发现了低阻体。Teranishi 等（2013）提出了三维全波形反演方法，并指出利用多分量偶极发射与接收可以提高反演的分辨率。

此外，前人也开展了一些 SMS 电磁勘探研究（Swidinsky et al.，2012；Jang and Kim，2015），他们通过模拟计算介绍了回线源 TEM 对海底热液沉积探测的可行性。近年来，由中国大洋协会牵头，成功研制了一套近底拖曳式 TEM 系统，它对海底多金属硫化物探测的有效性已经在多个航次中得到了验证。首次海试位于南海，目标是已知输油管道与光缆，之后在大西洋、北大西洋、西南印度洋中脊等已知热液区进行了多次试验（Xiong et al.，2015；Tao et al.，2012，2013b）。

5.6.2 方法技术

如前文所述，电法在多金属硫化物勘探中有许多变种，目前我国已储备的方法主要是瞬变电磁法和自然电位法，并且自主研发了适用于深海复杂地质条件的拖曳式瞬变电磁探测系统和自容式自然电位探测装备。

5.6.2.1 瞬变电磁探测

瞬变电磁探测系统使用近底拖曳式作业模式，调查船通过同轴缆与仪器舱进行通信，仪器舱通过脐带缆对线圈拖体发出指令及采集数据并通过仪器舱返回（图 5-49）。

图 5-49　瞬变电磁探测系统装置及水下工作示意图

系统整体可以分为三个部分：甲板单元、仪器舱单元及线圈拖体单元（图 5-50）。甲板单元由专用监控计算机、甲板电源、混合通信机组成；水下仪器舱单元由主控计算机、数据采集与储存、水下实时数据通信组成，还包括照明灯、摄像头、高度计等重要部件，亦可搭载超短基线信标、CTD 及其他化学传感器；水下线圈拖体则由发射线圈与接收线圈组成。

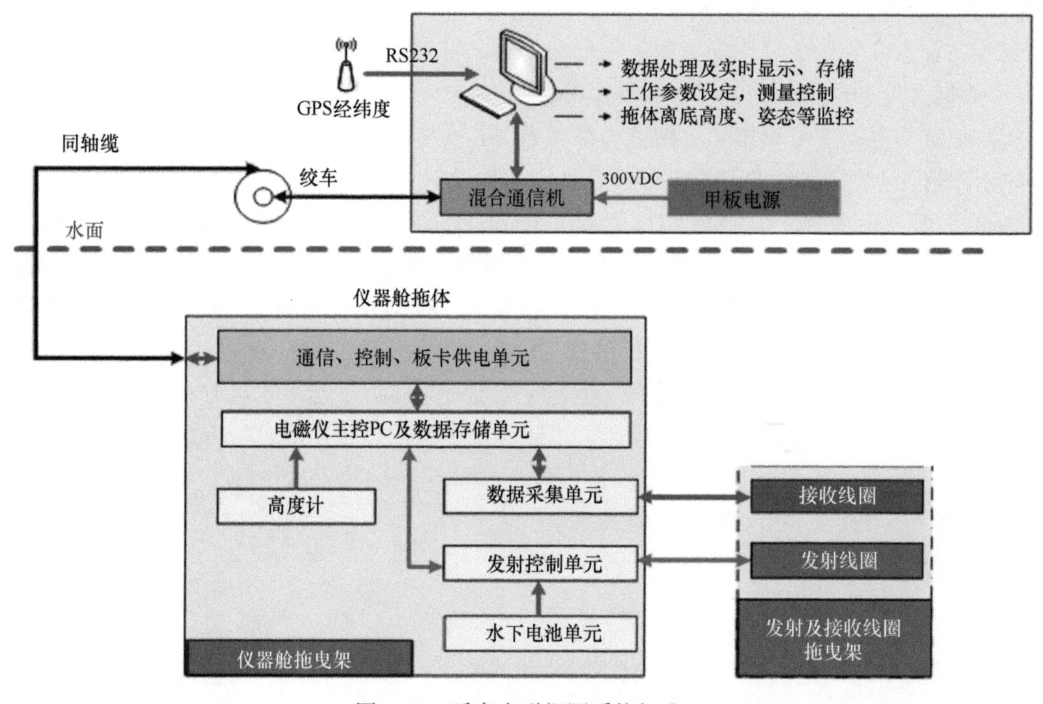

图 5-50　瞬变电磁探测系统组成

瞬变电磁法野外工作装置主要有同点装置、偶极装置和大回线定源装置。大回线定源装置也称为框-回线装置，具有探测深度大、工作效率高的优点，但其体积效应强，过大的体积明显不适宜在深海作业。

偶极装置也称分离回线装置，其异常响应的曲线形态都比较复杂，对矿体形状、产状、规模、埋深等的响应较灵敏，对导体有较好的分辨能力，可以提供产状和形态等多方面的信息（Chessman et al.，1987）。但偶极装置是极距较小的动源装置，在深海条件下极距和发送磁矩都不可能很大，因而高度的改变、极距的改变、地形的变化都会对偶极装置所观测到的剖面形态产生影响。

同点装置中又有重叠回线和中心回线之分。相对于偶极装置，同点装置对任何形态导体的耦合均呈最佳状态，发送磁矩可以相对增大，具有较高的接收电平和较大探测深度，异常幅值强且形态简单。一般来说，重叠回线由于 Rx 框大，在某一固定深度范围内，大立体角所包含的地电体体积大，异常由该范围内的组合地电体感生，有利于发现异常；中心回线立体角所包含的地电体体积受限，有利于对浅部地电体的分辨。对小回线而言，只要 Rx 的有效面积相等，两者的异常剖面曲线及时间谱就完全重合。现行 TEM 探头直径约 1.5cm，长 50～70cm，有效面积约 2000m^2，内装 10 倍前置放大器，这将产生完全可避免的装置噪声；而重叠回线完全可以在达到相同有效面积时规避装置噪声。故而在深海条件下，重叠回线是比较好的工作装置选择（北京先驱高技术开发公司，2011）。

瞬变电磁探测系统指标见表 5-9，实际作业过程中为确保设备安全且能获得更好的数据，控制作业高度 50m，拖曳速度保持在 2 节以下。工作装置为重叠回线源，线圈大小为 1.96m×0.75m，发射线圈、接收线圈分别为 10 匝、40 匝，发射电流大小为 20A，采样间隔为 5s。前后拖体舱体均采用绝缘材料以减少影响。

表 5-9 瞬变电磁探测系统技术指标

项目	指标值
工作水深	≤4500m
工作海况	≤4 级海况
探测深度	0～100m
数据传输	同轴缆或光电复合缆
工作高度	离底 0～50m
拖曳速度	1～4 节
仪器舱拖体尺寸	2.1m×0.6m×0.8m（长×宽×高）
仪器舱拖体质量	850kg
线圈拖体尺寸	2.8m×1.0m×0.8m（长×宽×高）
线圈拖体质量	320kg

5.6.2.2 自然电位探测

海洋自然电位调查观测方式的选择需要权衡考虑海水深度、环境、深拖仪器、异常探测灵敏度、探测效率等因素。在海底多金属硫化物区进行自然电位调查，适合采用梯度排列的方式，测量电极距离为 15～30m，系统离底高度为 30～50m。

2012 年，我国自主研制了一套自然电位探测系统。系统使用近底拖曳式工作方式，整体工作方式参考瞬变电磁探测设备，只是将仪器舱后方连接的线圈拖体及脐带缆改为装有 4 个不极化电极的电缆，末端用阻尼伞保持电缆笔直，电极距如图 5-51 所示，布放装置如图 5-52 所示，采集到的数据为多组电极之间的电位差，即ΔV_{AB}、ΔV_{BC}和ΔV_{CD}。归一化之后的电极距可以反映电位梯度的变化，电位梯度的变化能很好地反映极化体的轮廓信息，确定极化体的边界。

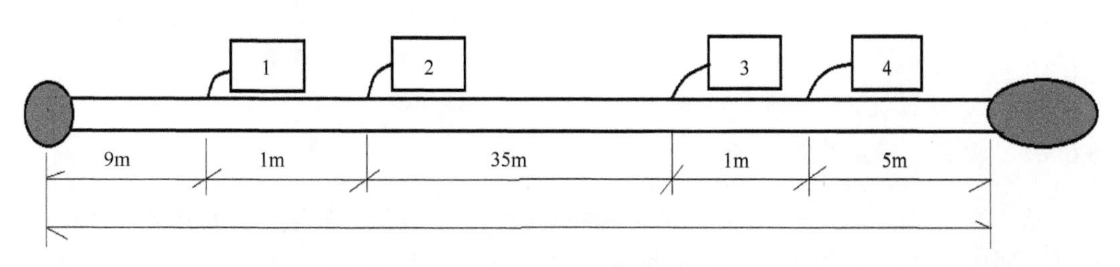

图 5-51 自然电位探测系统电极距参数

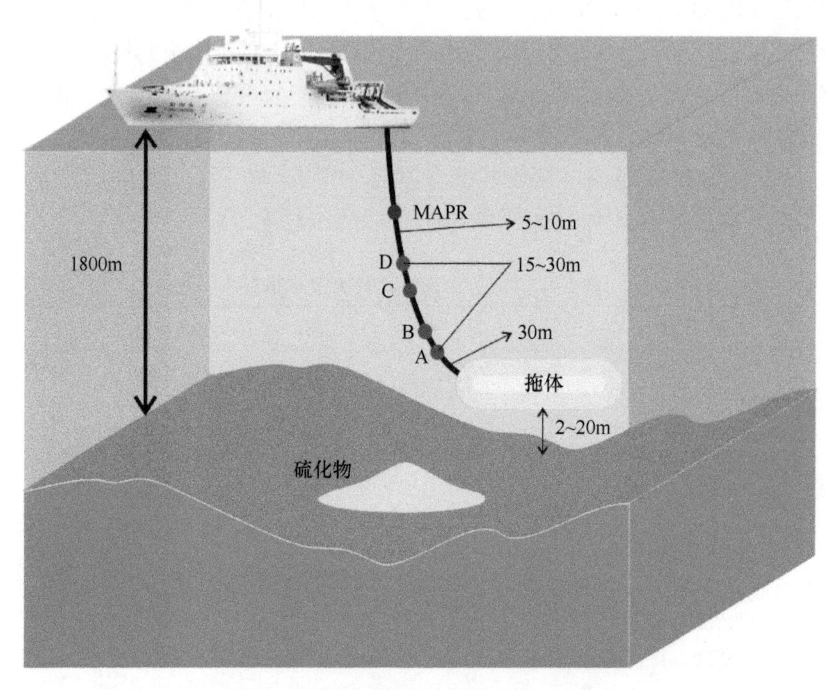

图 5-52　自然电位探测系统电极布放装置

自然电位探测系统组成与瞬变电磁探测系统类似，由三部分组成，其技术指标如表 5-10 所示。

表 5-10　自然电位探测系统技术指标

项目	指标值
工作水深	≤6000m
工作海况	≤4 级海况
探测深度	60m
数据传输	同轴缆或光电复合缆
分辨率	0.01mV
拖曳速度	1～4 节
仪器舱拖体尺寸	2.1m×0.6m×0.8m（长×宽×高）
仪器舱拖体质量	850kg

5.6.3　应用实例

5.6.3.1　瞬变电磁法应用实例

近年来，海洋电磁法在多金属硫化物的勘探和资源评价中的地位愈发重要，其在海底矿区的有许多成功的案例，其中将电磁法大规模商用的当属鹦鹉螺公司（OFEM，Ocean Floor Electromagnetics）。2007～2009 年，鹦鹉螺公司在西太平洋马努斯弧后盆地的Solwara矿区进行了频率域电磁法勘探，Solwara 1矿区的所金属硫化物以黄铜矿为主，黄铜矿与其他块状硫化物相比具有更高的电导率，由于频率域电磁法的穿透深度有限，探测深度在3m左右，因此只能确定浅层硫化物的分布范围，图5-53为鹦鹉螺公司2007～2008年在Solwara 1综合探测成果，电磁法圈出了黄铁矿的平面分布（红色为高导体，对应黄铜矿）。该方法的局限性在于其穿透深度有限，只能反映浅表层（3～6m）的硫化物分布，且对富Zn的硫化物和堆积体贵金属不敏感（Lipton，2012）。

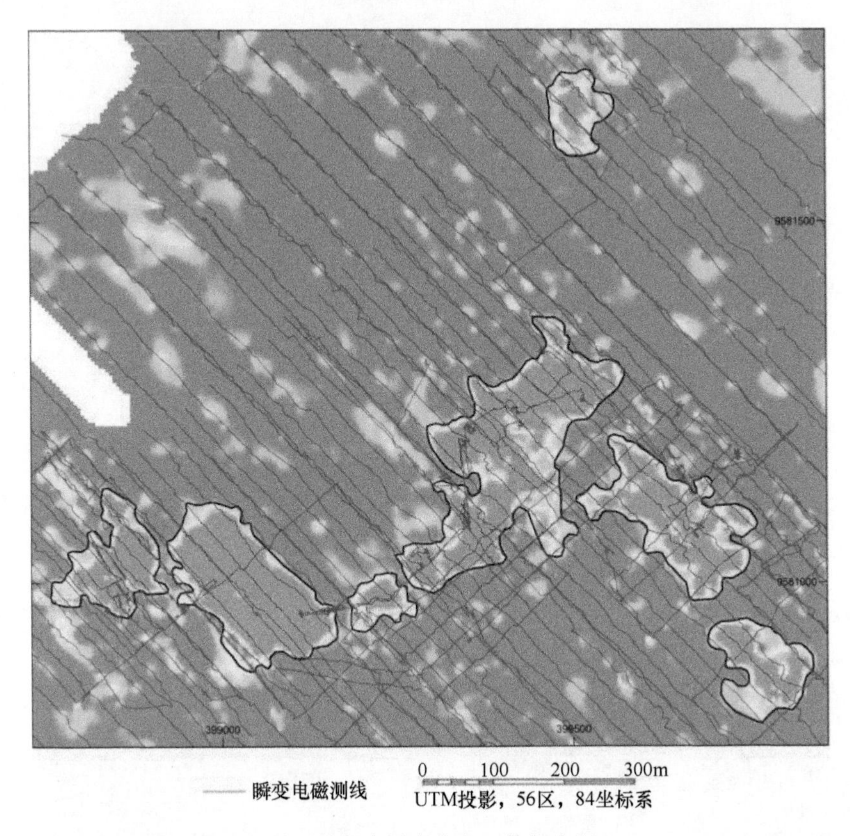

图5-53　鹦鹉螺公司在Solwara 1矿区的视电导率分布（数据来源：http://www.nautilusminerals.com/irm/content/pdf/SL01-NSG-DEV-RPT-7020-001_Rev_1_Golder_Resource_Report.pdf）

2012年，中国大洋26航次第2航段在北大西洋中脊TAG热液区进行了电法作业，获取了瞬变电磁测线数据。经后期数据处理发现，由于海水对海底热液矿床及其围岩的侵蚀作用，海底岩石的电阻率表现为异常的低值。测线及解释见图5-54。

在850～1280段，电阻率横向变化不均匀，在1080～1120段纵向呈现低阻管状形态，浅部低阻横向展布，逐渐延伸变窄，并在深部呈现纵向低阻展布，据此推测该区为多金属硫化物矿堆。在4370～4850段和6000～6800段，电阻率呈现横向变化不均匀，4520～4580段和6420～6500段具有1080～1120段类似的特征，且浅部低阻体与深部低阻管状体连通，据此推测该区为多金属硫化物矿体。

在已知矿区的资源评价方面，瞬变电磁不仅可以提供硫化物的平面展布、纵向上估计硫化物的三维结构，而且在隐伏硫化物的勘探上也可以发挥更重要的作用。德国

GEOMAR海洋研究所利用拖曳式回线源TEM装置，首先在大西洋TAG热液区进行了标定测试，并于2017年在地中海Palinuro 海山进行了瞬变电磁测量，并反演了地下空间的电导率（图5-55）。反演数据与有硫化物钻孔位置有很好的对应性，除此之外还在沉积物覆盖层（约10～15m）下发现了未探明的硫化物（Hölz，S，2018）。

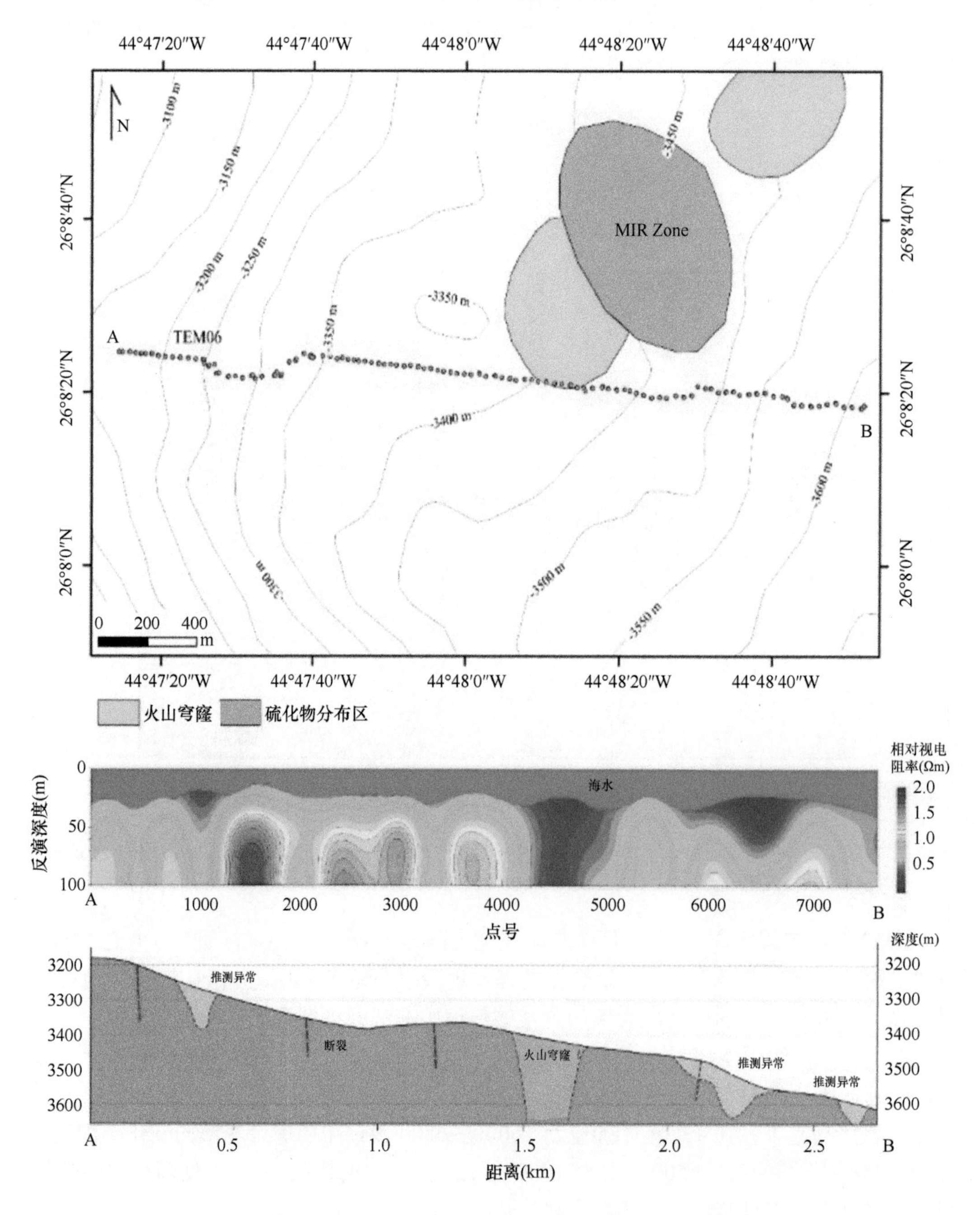

图5-54 大西洋TAG区顺变电磁某测线响应剖面、反演电阻率断面和地质推断断面图（国家海洋局第二海洋研究所，2012）

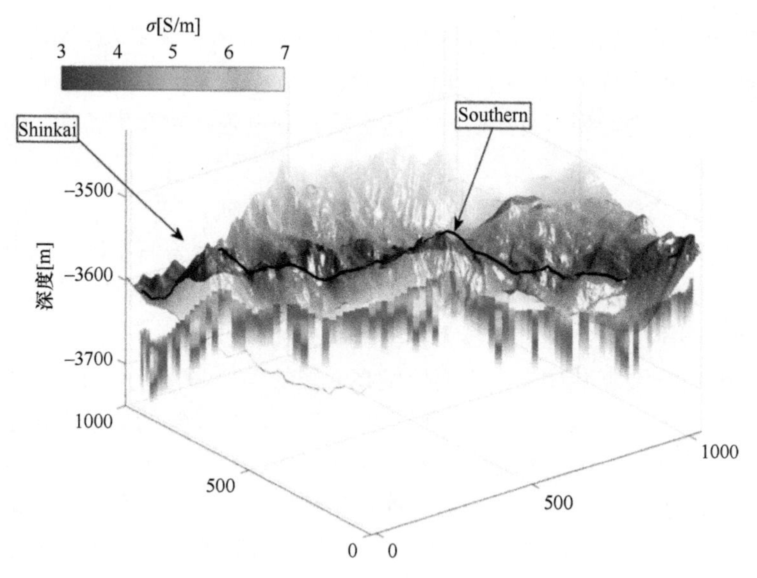

图 5-55 瞬变电磁在 TAG 区反演剖面（Hölz S. et al.，2018）
（Shinkai 和 Southern 海山西侧有明显的低阻异常）

5.6.3.2 自然电位法应用实例

2016 年，大洋 43 航次在西南印度洋硫化物合同区进行了自然电位试验。采集的数据经处理后得到自然电位异常，如图 5-56 所示，灰色标记为可能对应的硫化物，其中在 18:45～19:00 观测到明显的自然电位异常，反映了海底硫化物出露，并得到了摄像拖体的验证。

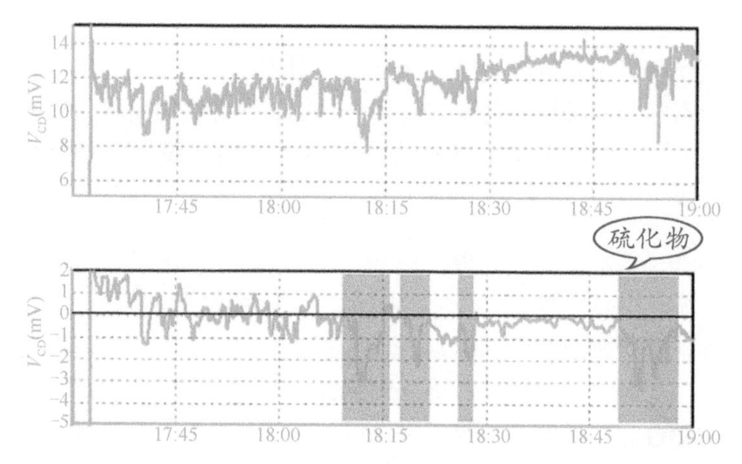

图 5-56 自然电位异常剖面（国家海洋局第二海洋研究所，2017）

5.6.4 前景与展望

电法探测在深海多金属硫化物的勘探和资源评价中扮演着重要的角色。世界各国也正在积极研究适用于硫化物勘探满足深海作业环境的电法装备，如日本东京大学搭载

ROV 或 AUV 的深海电磁装备、德国不来梅大学 Golden Eye 瞬变电磁装备、德国亥姆霍兹基尔海洋研究中心（GEOMAR）的重叠回线瞬变电磁装备。我国在瞬变电磁装备研发方面也处于国际先进行列，自主研发的拖曳式瞬变电磁系统在大西洋、印度洋均有所应用。

但就目前而言，多金属硫化物电法仍面临着重重挑战。

（1）多金属硫化物的电性参数研究不够完善。电阻率随岩石孔隙度、温度的变化明显，深海环境下硫化物的岩电性质与实验室测量结果存在差异；硫化物的某些电性参数，如极化率的理论还不完善，是世界各大实验室研究的热点问题。

（2）海水对电磁波衰减严重，需要研发高性能的发射和接收装置。

（3）深海环境下，尤其是热液区地形条件复杂，数据采集的质量不稳定；由于地形和洋流的影响，仪器的姿态不稳定，需相应的校正方法。

（4）缺少适用于深海复杂环境的数据处理和解释方法。虽然全空间理论已经早有研究，但目前实际用于处理和解释的算法基本还是层状模型的拟高维反演方法，高维的（2.5D/3D）反演解释方法尚处于理论研究阶段。

未来我国多金属硫化物电法勘探应由普查（2D 剖面测量）转向精细勘探（3D 面积测量），为资源定量评价提供相应的依据。研发相应的海底电磁发射和接收装置，与 ROV 和 AUV 等水下装置结合，实现近底三维勘探。加强物性测量的实验室建设，为硫化物勘探寻求新的且有效的电法勘探评价方法。深入研究高维的数据处理和解释方法，为硫化物资源定量评价提供理论依据。

5.7 磁法勘探

磁法勘探一直是海洋地球物理调查的一项传统内容，多用于圈定磁性岩体、划分岩性区、推断构造形态和位置等地质问题。近年来，随着磁力仪的发展（如精度、灵敏度的提高等），以及调查平台的多样化，磁法勘探成为寻找海底磁性矿产中不可替代的地球物理勘探手段。

5.7.1 探测原理

热液活动的存在一般需要热源的驱动，循环的热液流体及作为循环通道的断裂系统与其磁异常有着很强的相关性（Humphris and Mccollom，1998）。例如，硫化物的基底类型有玄武岩、超基性岩与碳酸盐岩等类型，可尝试用磁异常特征来区别其基底类型；而不同的基底类型，其热源供给方式也可能存在差异（Humphris and Cann，2000）。断层、断裂等构造常为热液循环提供热液通道，可根据磁异常推断和分析相关构造，以寻找新的热液区，进而对已知热液区的热液通道进行研究。此外，由于热退磁与化学作用可能改变岩石的磁性特征（Johnson et al.，1982；Tivey，1994），可以尝试用磁力资料研究矿区的空间结构。

多金属硫化物成因矿床具有分布面积小、立体分布的特点。其剖面仅有几百米甚至几十米的小尺度磁异常等地球物理特征信息，只有在近海底调查时可获取。直到近海底调查技术（如深海拖体、HOV、AUV 等）出现后，将磁力仪搭载到其上进行近海底磁异常观测，利用磁法勘探多金属硫化物才成为可能。

深拖磁测由于其离海底较近，可获取较小尺度的壳层磁异常。对磁异常产生的可能原因（如矿物成分的不同、热液蚀变、断裂构造作用等）进行讨论分析，构建简单的地质模型（如将目标地质体几何形态视为简单的圆柱体、球体等），在一定假设基础上（如不变的地磁倾角与地磁偏角、一定的磁性壳层厚度等），对磁测资料进行磁化强度等反演。结合其他勘探调查资料进行综合分析，可探讨热液硫化物区的热源机制与成矿条件等（吴涛，2017）。

因 AUV 具有定位精度高、航行稳定的特点，能实现多金属硫化物区的精细磁异常全覆盖探测。据此可以建立较为复杂的热液矿化地磁模型，通过现有的物性与地质资料等对模型进行约束，构建合理的目标函数，利用各种优化智能的反演方法对模型进行定量或半定量的磁性参数反演，对热液区亚细磁性构造进行预测，以达到对硫化物矿产资源进行评价的目的（吴涛，2017）。

5.7.2　方法技术

海洋磁法勘探的模式极具多样化，根据其搭载的调查平台不同，可分为常规的卫星磁测、航空磁测、船载磁测与近底磁测等。由于其调查范围、高度与精度的不同，其研究目的及能解决的地质问题也不同。以下就多金属硫化物调查运用到的船载磁测与近底磁测进行介绍。

5.7.2.1　船载磁测

船载磁测是目前海上地球物理调查中常规的调查项目之一，一般是随船航行连续作业。图 5-57 为“大洋一号”G880 磁力系统连接简图，工作时将探头安装在拖曳平台上拖曳在船后，通过磁力接口转换器将探头连接到船上的仪器主体部分，仪器主体与记录仪连接，在航行中进行测量。测点数视航速而定，一般通过调节磁力仪采样频率，以保证 100m 范围内有 4 个或 5 个测点，以便对百米宽的磁异常也能提取有效的磁异常信息。数据采集前，应进行如下海上试验工作。

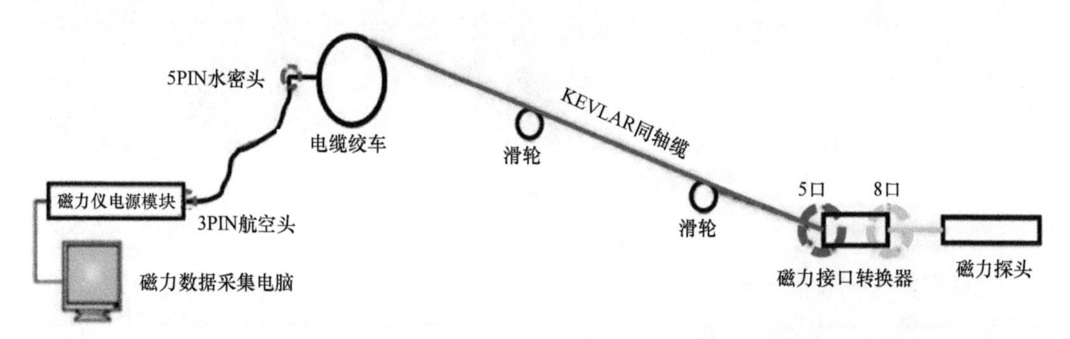

图 5-57　“大洋一号”船 G880 磁力系统连接简图

数据采集前需要明确船体磁性对磁测结果的影响，因此需要进行船体与探头之间拖曳距离对磁测结果影响的试验。具体方法如下，首先让船只沿同一条测线往返拖曳航行，并不断改变拖曳距离，在距离增加的情况下，记录的抖动度不变，探头布放的距离应大于使抖动度不变的最小距离。一般船体长100m、吨位5000t的测量船拖曳长度为300～500m。此外，除拖曳距离试验外，还应进行方位磁测数据采集，常选择在平静磁场区进行。先在海面8个方位布放固定的无磁性浮标，船依次沿这8个方位驶过浮标，记录探头经过浮标时的测量数值和时间，经磁日变校正后做出方位曲线图，进行船体影响校正。此外，船只航行时，拖曳于船后的磁探头随涌波上下浮动，会增加仪器的噪声，影响测量精度，因此需要进行探头沉放深度试验，以确定磁探头合理的拖曳深度。

船载磁测多为测线型，其磁测资料多用于圈定破碎带、断裂带。断裂的产生会使地层的产状、岩石的磁性有所改变。此外，断裂构造可能伴有岩浆活动，因而沿断裂两侧可能具有不同的构造特点，这些因素都会引起磁异常。当测线垂直洋脊时，还可以用于磁条带的研究等。

5.7.2.2 近底磁测

人们可以拖体、AUV、ROV和HOV为调查平台（图5-58），搭载各仪器进行海底调查研究。近底磁测，就是将磁力仪搭载在拖体或潜器上进行的一项高精度地球物理调查手段。其中，深拖磁测多是随作业船进行走航式调查，可对探测区域进行初步的实时分析，以即时指导勘探调查的进行，并可能直接发现探测目标。其缺点是受船舶运动和海流影响大，水下定位精度差，不可能进行一定面积的海底全覆盖探测（周建平等，2011）。近底磁测主要针对的是洋脊增生、洋壳结构等洋脊尺度（几千米甚至几十千米）问题，由于其离海底较近，可获取较小尺度的壳层磁异常。而潜器配有精确稳定的导航系统，如AUV还能在海底进行自主式探测，获取多种高精度的异常信息与图像资料（German et al., 2008）。基于AUV调查平台，近底磁测可用于几十至几百米范围的磁性参数与精细结构的研究。此外，潜器借助长基线等定位手段实现了高精度的海底定位。

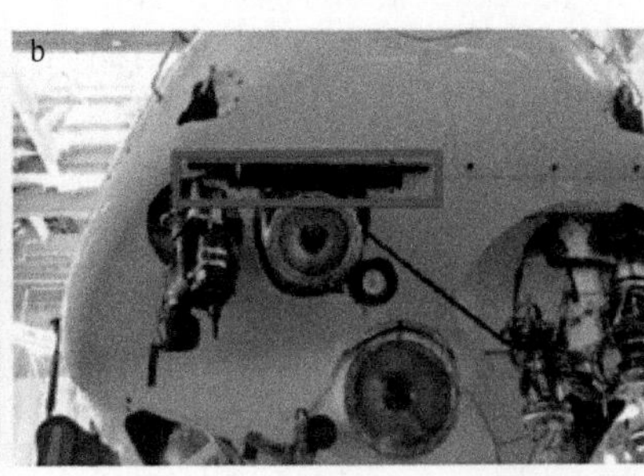

图5-58 近底磁测调查平台

a. 拖曳平台；b.“Shinkai 6500”HOV（Fujii et al., 2013）；c.“潜龙二号”AUV；红色方框为各自磁力仪安置位置

近底磁测数据反映的是各地质体的综合信息，为了提取与探测对象有关的信息，根据近底地磁数据的特征，按图5-59的流程，对磁测数据进行有针对性的转换与预处理，以减小非探测对象对有效信息的影响。

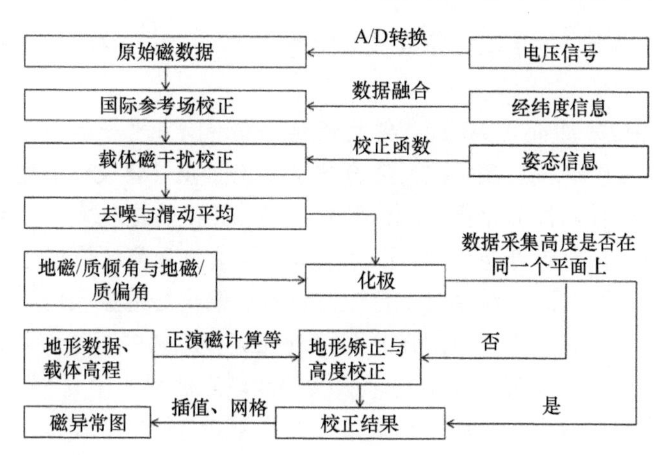

图 5-59　近底磁测预处理流程（Tao et al.，2017）

5.7.3　应用实例

基于深拖磁测资料，Kleinrock 和 Humphris（1996）利用搭载有三分量磁力仪的 DSL-120 侧扫深拖，在 TAG 热液区获取了大量近底磁测数据。Tivey 等（2003）对该组近底磁测资料进行了以上各流程的处理分析，得到了其磁异常与磁化强度分布，见图 5-60。其磁异常结果揭示新火山口的轴向位置磁化强度最高，呈不对称性分布，偏向西边磁条带中心；而 TAG 区东边裂谷墙处磁化强度低，呈现很好的线性规律；由于调查精度不够，未发现壳层与热液沉积物间的磁化强度有明显规律。

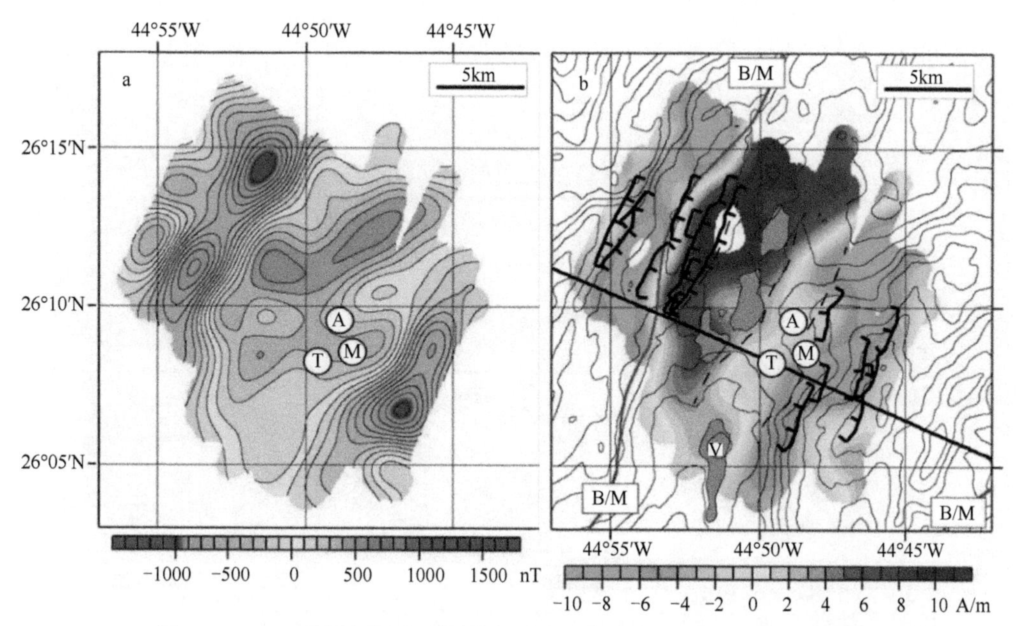

图 5-60　TAG 热液区近底磁异常与磁化强度分布（Tivey et al.，2003）

a. 近底磁异常；b. 磁化强度

此外，基于一定的假设条件，建立简单模型对 TAG 区的磁异常进行模拟与讨论分析，认为 TAG 区呈低的地磁异常是由于水平延伸的断层导致了壳层变薄，并推测可能是过去几十万年拆离断层的活动，导致了上盘的渗透率变大，继而使其上覆的热液系统复活。

Tontini 等（2012）基于 AUV 近底磁测资料对位于南太平洋新西兰 Brothers 火山处的热液系统进行了三维聚焦反演。该反演方法是将表面壳层分成一系列的棱柱单元，每个单元有其独立的磁性，各单元叠加即得到模拟场。其目的是对模型参数不断地进行调整，并不断缩小模型参数的可能范围，以寻求模拟场值与观测场值拟合程度最好的模型参数组合。在对实测数据进行反演时，首先假设地磁偏角与地磁倾角为一常数，并由所采集的岩石样品确定。然后根据“ABE”与“Sentry”AUV 的观测资料，构建 Brothers 火山的初始模型：其上顶边界由实测地形数据控制，底边界水平（平行于海平面），底层深度及岩石磁化率等给定一合理的初始值，并给定其可能的变化范围。此外，为减小因磁场强度随深度变化带来的影响，在构建目标函数时加了深度加权正则化因子。最后基于实测的三分量磁测数据用 3-D 聚焦法对热液区地磁结构进行了反演，其反演结果（图 5-61）揭示汇聚型热液喷口通道近乎垂直，而弥散型热液喷口为倾斜的，且仅限于浅地表；同时对该火山处汇聚型与弥散型热液的热源深度进行半定量的预测。

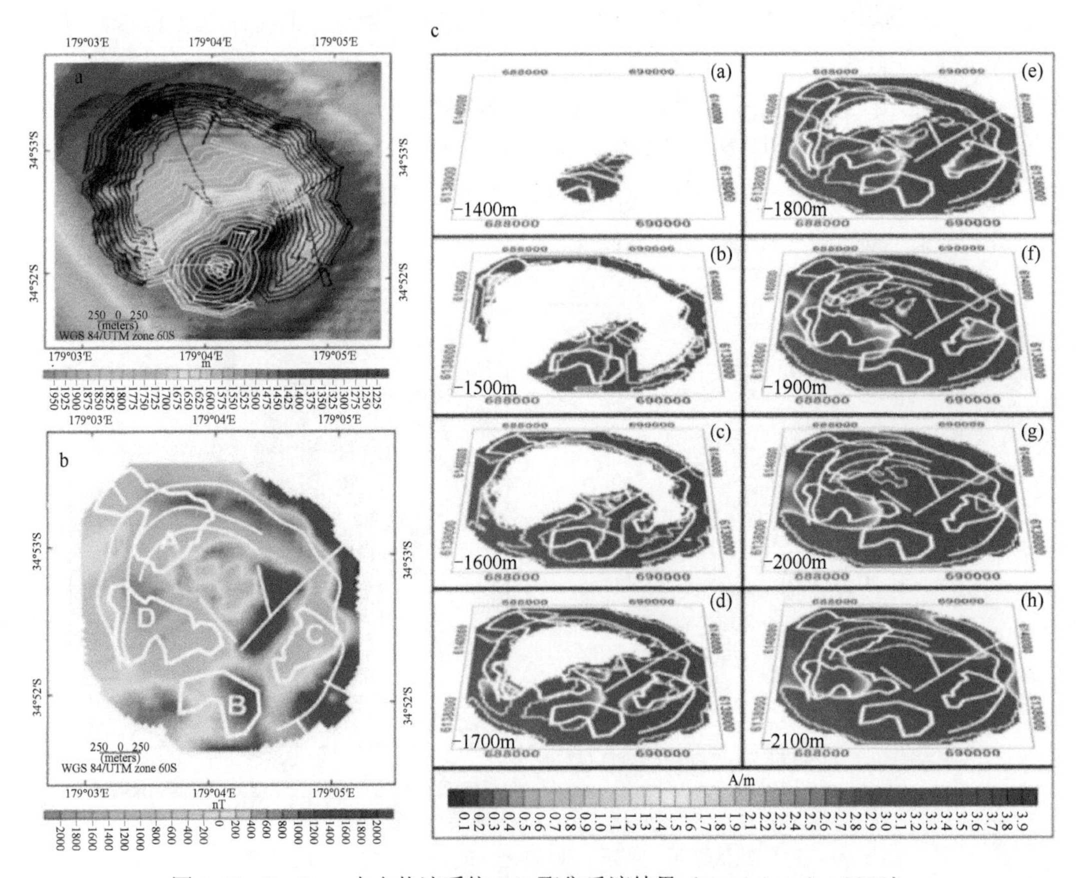

图 5-61　Brothers 火山热液系统 3-D 聚焦反演结果（Tontini et al.，2012）

a. 地形与近底磁测分布，黑色测线为“ABE”探测结果，白色测线为“Sentry”探测结果；b. 磁异常，A、B、C、D 为已知的热液喷口区；c. 3-D 聚焦反演结果，（a）～（h）为不同深度反演得到的磁化强度分布

5.7.4 前景与展望

非活动/埋藏型硫化物区被认为是最具成矿潜力的区域，但其已不具备明显的热液异常，因此无法通过热液区周围甲烷浓度、水体浊度、氧化还原电位等异常确定矿化点。磁异常是岩性异常的累积，具有时间与空间意义，而热液水体异常是暂时的，只对活动的硫化物区有指示作用，因此，勘探技术相对较成熟的近底磁法被认为是海底多金属硫化物调查尤其是非活动/埋藏型硫化物调查的重要手段。

目前对海底多金属硫化物矿空间结构的认识尚不成熟，地质与地球物理调查资料尤其是小尺度资料甚少，在诸多方面只进行了定性的推测与探讨。虽然对硫化物区的近底磁法勘探已经有大量的研究（Tivey and Dyment，2010；Tivey et al.，2014 ；Szitkar et al.，2015），但多集中在不同类型的热液系统磁性异常特征与机制研究方面，对热液区的磁性结构与资源评价研究并不多（Tontini et al.，2012；Zhu et al.，2010）。因此急需建立类似于 Tontini 等（2012）的磁性结构反演工作。

此外，磁性参数测试与研究，将对磁性资料处理与反演结果起到约束作用，是进行矿产资源评价不可或缺的基础研究工作（Tao et al.，2013c）。例如，磁化强度测试可辅助磁异常资料解释，以及作为反演的约束条件；剩磁测试可以研究后天环境对岩石的磁性影响程度；热退磁测试结果有助于讨论热液作用的磁性矿物组分，推断退磁原因；频率磁化率的测试结果可以反映剩磁矿物质的含量，并且可分别测试岩石样品的低频与高频磁化率，这两者的百分比即可反映剩磁矿物的含量。

因此，需要加强硫化物区岩石物性资料与实际调查资料相结合，有助于对多金属硫化物的成矿过程、磁异常机制等相关研究。

参 考 文 献

北京先驱高技术开发公司, 2012.一种深海瞬变电磁探测装置及其方法: CN201110291055.9. http://www.sooip.com.cn/app/patentdetail?isNewWindow=yes&pid=PIDCNA02012021500000000102353114621J69M01726D&patentType=patent2&patentLib=&_sessionID=7fZZiT6D22a5rGrR.

陈卫民. 1996. 海底勘查技术的最新发展. 海洋技术学报, 15(3): 25-29.

杜华坤. 2005. 勘查海底热液硫化物的海洋伪随机激电法研究. 长沙: 中南大学硕士学位论文.

傅良魁. 1961. 电法勘探. 北京: 中国工业出版社.

谷明峰, 郭常升. 2006. 海底声学探测技术——浅地层剖面测量技术. 成都: 中国地球物理学会第 22 届年会.

国家海洋局第二海洋研究所. 2012. 中国大洋 26 航次第 2 航段现场报告.

国家海洋局第二海洋研究所. 2015. 中国大洋 34 航次第 2 航段现场报告.

国家海洋局第二海洋研究所. 2016. 中国大洋 40 航次第 3 航段现场报告.

国家海洋局第二海洋研究所. 2017. 中国大洋 43 航次第 1 航段现场报告.

季敏, 翟世奎. 2005. 现代海底典型热液活动区地形环境特征分析. 海洋学报, 27(6): 46-55.

姜小俊. 2009. 海底浅层声学探测空间数据集成与融合模型及 GIS 表达研究. 杭州: 浙江大学博士学位论文: 205.

金翔龙. 2004. 海洋地球物理技术的发展. 东华理工学院学报, 27(1): 6-13.

金翔龙. 2007. 海洋地球物理研究与海底探测声学技术的发展. 地球物理学进展, 22(4): 1243-1249.
李海军, 戴丽丽. 2014. 气枪震源应用技术的发展. 物探装备, 24(1): 16-22.
李海森, 周天, 徐超. 2013. 多波束测深声纳技术研究新进展. 声学技术, 32(2): 73-80.
李家彪. 1999. 多波束勘测原理技术与方法. 北京: 海洋出版社.
李家彪, 郑玉龙, 王小波, 等. 2001. 多波束测深及影响精度的主要因素. 海洋测绘, (1): 26-32.
李金铭. 2005. 地电场与电法勘探. 北京: 地质出版社.
李勇航, 牟泽霖, 万芃. 2015. 海洋侧扫声呐探测技术的现状及发展. 通讯世界, (3): 213-214.
刘必灯, 李小军, 周正华, 等. 2011. 气枪震源地震动效应分析. 地震学报, 33(4): 539-544.
刘光鼎. 1978. 海洋地球物理勘探. 北京: 地质出版社.
刘晓东, 王磊, 杨娟, 等. 2015. 我国海洋声学探测技术竞争力分析. 海洋技术学报, 34(3): 80-85.
罗孝宽, 郭绍雍. 1991. 应用地球物理教程——重力磁法. 北京: 地质出版社.
牛雄伟. 2014. 西南印度洋中脊 2D/3D 广角地震层析成像. 杭州: 浙江大学博士学位论文.
日丹诺夫. 1990. 电法勘探. 潘玉玲, 王守坦译. 武汉: 中国地质大学出版社.
孙传东, 李驰, 张建华, 等. 1998. 水下成像镜头的光学设计. 光学精密工程, 6(5): 5-11.
汤井田, 杜华坤, 白宜诚. 2004. 海底热液硫化物勘探技术的现状分析及对策. 全国地质勘察与矿山地质学术研讨会.
唐秋华, 李杰, 周兴华, 等. 2014. 济州岛南部海域海底声呐图像分析与声学底质分类. 海洋学报, 36(7): 133-141.
汪建军, 陶春辉, 王华军, 等. 2018. 海底多金属硫化物自然电位观测方式研究. 海洋学报, (1): 57-67.
吴涛. 2017. 西南印度洋脊热液硫化物区近底磁法研究. 长春: 吉林大学博士学位论文.
熊威, 陶春辉, 邓显明. 2013. 电磁方法在海底多金属硫化物探测中的应用. 海洋学研究, 31(2): 59-64.
徐建, 郑玉龙, 包更生, 等. 2011. 基于声学深拖调查的海山微地形地貌研究——以马尔库斯-威克海岭一带的海山为例. 海洋学研究, 29(1): 17-24.
许枫, 魏建江. 2006. 第七讲: 侧扫声纳. 物理, 35(12): 1034-1037.
姚会强, 陶春辉, 宋成兵, 等. 2011. 海底多金属硫化物找矿模型综合研究. 中南大学学报(自然科学版), 42: 114-122.
张国堙, 陶春辉, 李怀明, 等. 2012. 多波束声参数在海底热液区底质分类中的应用——以东太平洋海隆“宝石山”热液区为例. 海洋地质前沿, 28(7): 59-65.
张汉泉, 吴庐山, 张锦炜. 2005. 海底可视技术在天然气水合物勘查中的应用. 地质通报, 24(2): 185-188.
张涛, Lin J, 高金耀. 2013. 西南印度洋中脊热液区的岩浆活动与构造特征. 中国科学: 地球科学, 43(11): 1834-1846.
郑翔. 2015. 冲绳海槽中部热液区及典型喷溢区地形地貌特征及成因分析. 青岛: 中国科学院研究生院(海洋研究所)硕士学位论文.
中南矿冶学院物探教研室. 1980. 金属矿电法勘探. 北京: 冶金工业出版社.
周建平, 陶春辉, 金翔龙, 等. 2011. 集成深拖与 AUV 对洋中脊热液喷口的联合探测. 热带海洋学报, 30(5): 81-87.
朱光文. 1999. 我国海洋探测技术五十年发展的回顾与展望(二). 海洋技术学报, 18(3): 1-13.
Anke D, Ingo G, Ranero C R, et al. 2010. Seismic structure of an oceanic core complex at the Mid-Atlantic Ridge, 22°19′N. Journal of Geophysical Research: Solid Earth, 115(B7): 1-15.
Araya A, Shinohara M, Kanazawa T, et al. 2015. Development and demonstration of a gravity gradiometer onboard an autonomous underwater vehicle for detecting massive subseafloor deposits. Ocean Engineering, 105: 64-71.
Arnulf A F, Harding A J, Kent G M, et al. 2014a. Constraints on the shallow velocity structure of the Lucky Strike Volcano, Mid-Atlantic Ridge, from downward continued multichannel streamer data. Journal of Geophysical Research: Solid Earth, 119(2): 1119-1144.

Arnulf A F, Harding A J, Singh S C, et al. 2014b. Nature of upper crust beneath the Lucky Strike volcano using elastic full waveform inversion of streamer data. Geophysical Journal International, 196(3): 1471-1491.

Asada M, Okino K, Koyama H, et al. 2015a. Brief Report of Side-Scan Sonar Observations around the Yokoniwa NTO Massif. Tokyo: Springer.

Asada M, Yoshikawa S, Mochizuki N, et al. 2015b. Examination of Volcanic Activity: Auv and Submersible Observations of Fine-Scale Lava Flow Distributions along the Southern Mariana trough Spreading Axis. Tokyo: Springer.

Asada M, Yoshikawa S, Mochizuki N, et al. 2015c. Brief Report of Side-Scan Sonar Imagery Observations of the Archaean, Pika, and Urashima Hydrothermal Sites. Tokyo: Springer.

Asakawa E, Murakami F, Tsukahara H, et al. 2015. Development of vertical cable seismic (VCS) system for seafloor massive sulfide (SMS). Oceans - St. John's IEEE: 1-7.

Asakawa E, Murakami F, Tsukahara H, et al. 2017. Development of deep-tow autonomous cable seismic (ACS) for seafloor massive sulfides (SMSs) exploration. Vienna: Egu General Assembly Conference.

Ashkenazi V, Chao C H J, Chen W, et al. 1997. A new high precision wide area DGPS system. The Journal of Navigation, 50(1): 109-119.

Asplin R G, Christensson C G. 1988. A new generation side scan sonar. Oceans IEEE, 2: 329-334.

Ballu V S, Hildebrand J A, Webb S C. 1998. Seafloor gravity evidence for hydrothermal alteration of the sediments in Middle Valley, Juan de Fuca Ridge. Marine Geology, 150(1): 99-111.

Barth G A, Mutter J C. 1996. Variability in oceanic crustal thickness and structure: multichannel seismic reflection results from the northern East Pacific Rise. Journal of Geophysical Research: Solid Earth, 101(B8): 17951-17975.

Bas T P L, Mason D C, Millard N C. 1995. TOBI image processing-the state of the art. IEEE Journal of Oceanic Engineering, 20(1): 85-93.

Bashirov A E, Eppelbaum L V, Mishne L R. 1992. Improving Eötvös corrections by wide-band noise Kalman filtering. Geophysical Journal International, 108(1): 193-197.

Bécel A, Shillington D J, Nedimović M R, et al. 2015. Origin of dipping structures in fast-spreading oceanic lower crust offshore Alaska imaged by multichannel seismic data. Earth & Planetary Science Letters, 424: 26-37.

Becker K, von Herzen R, Kirklin J, et al. 1996. Conductive heat flow at the TAG active hydrothermal mound: results from 1993-1995 submersible surveys. Geophysical Research Letters, 23(23): 3463-3466.

Becker N C, Fryer P, Moore G F. 2010. Malaguana-Gadao Ridge: identification and implications of a magma chamber reflector in the southern Mariana Trough. Geochemistry Geophysics Geosystems, 11(4): 1-11.

Blacic T M, Ito G, Canales J P, et al. 2004. Constructing the crust along the Galapagos Spreading Center 91.3°–95.5°W: correlation of seismic layer 2A with axial magma lens and topographic characteristics. Journal of Geophysical Research: Solid Earth, 109(B10): B10310, 1-19.

Blondel P. 1996. Segmentation of the Mid-Atlantic Ridge south of the Azores, based on acoustic classification of TOBI data. Geological Society, London, Special Publications, 118(1): 17-28.

Brewitt-Taylor C R. 1975. Self-potential prospecting in the deep oceans. Geology, 3(9): 541-542.

Briais A, Sloan H, Parson L M, et al. 2000. Accretionary processes in the axial valley of the Mid-Atlantic Ridge 27°~30°N from TOBI side-scan sonar images. Marine Geophysical Researches, 21(1-2): 87-119.

Cairns G W, Evans R L, Edwards R N. 1996. A time domain electromagnetic survey of the TAG hydrothermal mound. Geophysical Research Letters, 23(23): 3455-3458.

Canales J P, Detrick R S, Carbotte S M, et al. 2005. Upper crustal structure and axial topography at intermediate spreading ridges: seismic constraints from the southern Juan de Fuca Ridge. Journal of Geophysical Research Atmospheres, 110(B12): 238-239.

Canales J P, Singh S C, Detrick R S, et al. 2006. Seismic evidence for variations in axial magma chamber properties along the southern Juan de Fuca Ridge. Earth & Planetary Science Letters, 246(3): 353-366.

Canales, J. P., R. A. Sohn, B. J. deMartin. 2007. Crustal structure of the Trans-Atlantic Geotraverse (TAG) segment (Mid-Atlantic Ridge, 26°10'N): Implications for the nature of hydrothermal circulation and detachment faulting at slow spreading ridges, Geochem. Geophys. Geosyst., 8, Q08004,

Cannat M, Briais A, Deplus C, et al. 1999. Mid-Atlantic Ridge-Azores hotspot interactions: along-axis migration of a hotspot-derived event of enhanced magmatism 10 to 4 Ma ago. Earth & Planetary Science Letters, 173(3): 257-269.

Carbotte S M, Nedimovic M R, Canales J P, et al. 2008. Variable crustal structure along the Juan de Fuca Ridge: influence of on-axis hot spots and absolute plate motions. Geochemistry Geophysics Geosystems, 9(8): 1-23.

Chave A D, Cox C S. 1982. Controlled electromagnetic sources for measuring electrical conductivity beneath the oceans: 1. Forward problem and model study. Journal of Geophysical Research: Solid Earth, 87(B7): 5327-5338.

Cheesman S J, Edwards R N, Chave A D. 1987. On the theory of sea-floor conductivity mapping using transient electromagnetic systems. Geophysics, 52(2): 204-217.

Combier V. 2007. Mid-Ocean Ridges processes: insights from 3D reflection seismic at the 9°N OSC on the East Pacific Rise, and the Lucky Strike volcano on the Mid-Atlantic Ridge. Paris, Institut de physique du globe phD thesis: 261.

Constable S, Srnka L J. 2007. An introduction to marine controlled-source electromagnetic methods for hydrocarbon exploration. Geophysics, 72(2): WA3-WA12.

Corliss J B, Dymond J, Gordon L I, et al. 1979. Submarine thermal springs on the Galápagos Rift. Science, 203(4385): 1073-1083.

Corwin R F. 1973. Offshore Application of Self-Potential prospecting. La Jolla: Scripps Institution of Oceanography Library.

Corwin R F. 1976. Offshore use of the self-potential method. Geophysical Prospecting, 24(1): 79-90.

deMartin B J, Sohn R A, Canales J P, et al. 2007. Kinematics and geometry of active detachment faulting beneath the Trans-Atlantic Geotraverse (TAG) hydrothermal field on the Mid-Atlantic Ridge. Geology, 35(8): 711-714.

Detrick R S, Buhl P, Vera E, et al. 1987. Multi-channel seismic imaging of a crustal magma chamber along the East Pacific Rise. Nature, 326(6108): 35-41.

Dick H J B, Lin J, Schouten H. 2003. An ultraslow-spreading class of ocean ridge. Nature, 426(6965): 405-412.

Evans R L, Sinha M C, Constable S C, et al. 1994. On the electrical nature of the axial melt zone at 13°N on the East Pacific Rise. Journal of Geophysical Research: Solid Earth, 99(B1): 577-588.

Ewing M, Vine A. 1938. Deep-sea measurements without wires or cables. Eos, Transactions American Geophysical Union, 19(1): 248-251.

Ewing M, Worzel J L, Vine A C. 1967. Early development of ocean-bottom photography at Woods Hole Oceanographic Institution and Lamont Geological Observatory. The John Hopkins Oceanographic Studies. in: Hersey, J.B. (Ed.) Deep-sea photography. pp. 13-41.

Ferguson J F, Klopping F J, Chen T, et al. 2008. The 4D microgravity method for waterflood surveillance: part 3-4D absolute microgravity surveys at Prudhoe Bay, Alaska. Geophysics, 73(6): 163-171.

Fernandes W, Chakraborty B. 2009. Multi-beam backscatter image data processing techniques employed to EM 1002 system. Proceedings of the International Symposium on Ocean Electronics, 18-20: 93-99.

Ferrini V L, Tivey M K, Carbotte S M, et al. 2008. Variable morphologic expression of volcanic, tectonic, and hydrothermal processes at six hydrothermal vent fields in the Lau back-arc basin. Geochemistry Geophysics Geosystems, 9(7): 488-498.

Fouquet Y. 2003. Where are the large hydrothermal sulphide deposits in the oceans? Dordrecht: Springer.

Francis T J G. 1977. Electrical prospecting on the continental shelf, HM Stationery Off.

Francis T J G. 1985. Resistivity measurements of an ocean floor sulphide mineral deposit from the submersible Cyana. Marine Geophysical Researches, 7(3): 419-437.

Fujii M, Okino K, Honsho C, et al. 2013. Developing near-bottom magnetic measurements using a 3D forward modeling technique. 2013 IEEE International Underwater Technology Symposium, Tokyo, Japan: 1-4.

Georgen J E, Lin J. 2003. Plume-transform interactions at ultra-slow spreading ridges: implications for the

Southwest Indian Ridge. Geochemistry Geophysics Geosystems, 4(9): 249-250.
German C R, Yoerger D R, Jakuba M, et al. 2008. Hydrothermal exploration with the autonomous benthic explorer. Deep Sea Research Part I Oceanographic Research Papers, 55(2): 203-219.
Gomez O, Briais A, Sauter D, et al. 2006. Tectonics at the axis of the very slow spreading Southwest Indian Ridge: insights from TOBI side-scan sonar imagery. Geochemistry Geophysics Geosystems, 7(5): 1-24.
Goto T N, Kasaya T, Imamura N, et al. 2013. Electromagnetic survey around the seafloor massive sulfide using autonomous underwater vehicle. Proceeding of the Segj Conference, 126: 342-345.
Goto T N, Kasaya T, Machiyama H, et al. 2008. A marine deep-towed DC resistivity survey in a methane hydrate area, Japan Sea. Exploration Geophysics, 39(1): 52-59.
Goto T N, Tada N, Takekawa J, et al. 2009. Feasibility study of marine CSEM survey for exploration of submarine massive sulphides deposit. Proceedings of the AGU Fall Meeting, 121: 140-143.
Goto T N, Takekawa J, Mikada H, et al. 2011. Marine electromagnetic sounding on submarine massive sulphides using remotely operated vehicle (ROV) and autonomous underwater vehicle (AUV). SEGJ International Symposium, 2011: 1-5.
Hannington M D, de Ronde C E J, Petersen S. 2005. Sea-floor tectonics and submarine hydrothermal systems. Economic Geology 100th Anniversary Volume: 111-141.
Hannington M D, Jamieson J, Monecke T, et al. 2010. Modern sea-floor massive sulfides and base metal resources: toward an estimate of global sea-floor massive sulfide potential. Society of Economic Geologists, 15: 317-338.
Heinson G, White A, Robinson D, et al. 2005. Marine self-potential gradient exploration of the continental margin. Geophysics, 70(5): 109-118.
Heinson G. 1999. Marine self potential exploration. Exploration Geophysics, 30(2): 1-4.
Herzig P M, Hannington M D. 1995. Polymetallic massive sulfides at the modern seafloor a review. Ore Geology Reviews, 10(2): 95-115.
Hildebrand J A, Stevenson J M, Hammer P T, et al. 1990. A seafloor and sea surface gravity survey of Axial Volcano. Journal of Geophysical Research: Solid Earth, 95(B8): 12751-12763.
Hölz S, Haroon A, Reeck K, et al. 2018. MARTEMIS–A New EM Tool for the Detection of Buried Seafloor Massive Sulfides[J].
Hölz S, Swidinsky A, Sommer M, et al. 2015. The use of rotational invariants for the interpretation of marine CSEM data with a case study from the North Alex mud volcano, West Nile Delta. Geophysical Journal International, 4(4): 294-295.
Horen H, Zamora M, Dubuisson G. 1996. Seismic waves velocities and anisotropy in serpentinized peridotites from xigaze ophiolite: abundance of serpentine in slow spreading ridge. Geophysical Research Letters, 23(1): 9-12.
Huggett Q, Millard N. 1992. Towed ocean bottom instrument TOBI: a new Deep-Towed platform for Side-Scan sonar and other geophysical surveys. Tabula Rasa, (2): 251-262.
Humphris S E, Cann J R. 2000. Constraints on the energy and chemical balances of the modern TAG and ancient Cyprus seafloor sulfide deposits. Journal of Geophysical Research Atmospheres, 105(B12): 28477-28488.
Humphris S E, Mccollom T. 1998. The cauldron beneath the seafloor. Woods Hole Oceanographic Institution, 41(2): 18-21.
Imamura N, Goto T N, Takekawa J, et al. 2010. Marine controlled-source electromagnetic sounding on submarine massive sulphides using 2.5-D simulation. The 14th International Symposium on Recent Advances in Exploration Geophysics (RAEG 2010): 1-4.
Imamura N, Goto T N, Takekawa J, et al. 2011. Application of marine controlled-source electromagnetic sounding to submarine massive sulphides explorations. Proceeding of the Segj Conference, 124(1): 730-734.
Innangi S, Barra M, Martino G D, et al. 2015. Reson SeaBat 8125 backscatter data as a tool for seabed characterization (Central Mediterranean, Southern Italy): results from different processing approaches. Applied Acoustics, 87: 109-122.
Ito G, Lin J, Gable C W. 1997. Interaction of mantle plumes and migrating Mid-Ocean Ridges: implications

for the Galápagos plume-ridge system. Journal of Geophysical Research Atmospheres, 102(B7): 15403-15418.

Ito G, Shen Y, Hirth G, et al. 1999. Mantle flow, melting, and dehydration of the Iceland mantle plume. Earth & Planetary Science Letters, 165(1): 81-96.

Jang H, Kim H J. 2015. Feasibility of a time-domain electromagnetic survey for mapping deep-sea hydrothermal deposits. 77th EAGE Conference and Exhibition 2015.

Johnson H P, Karsten J L, Vine F J, et al. 1982. A low-level magnetic survey over a massive sulfide ore-body in the troodos ophiolite complex, Cyprus. Marine Technology Society Journal, 16(3): 76-80.

Kaban M K, Tesauro M, Mooney W D, et al. 2014. Density, temperature, and composition of the North American lithosphere—New insights from a joint analysis of seismic, gravity, and mineral physics data: 1. Density structure of the crust and upper mantle. Geochemistry, Geophysics, Geosystems, 15(12): 4781-4807.

Kasahara, J., Tsuruga, K. 2010. Monitoring the temporal changes of reservoirs by means of wide-angle reflection and refraction of S-wave in an offshore region. The 2nd Joint BCSR-JCCP Environmental Symposium-Bahrain Kingdom, February 8-10, 2010.

Keeton J A, Searle R C. 1996. Analysis of Simrad EM12 multibeam bathymetry and acoustic backscatter data for seafloor mapping, exemplified at the Mid-Atlantic Ridge at 45 degrees N. Marine Geophysical Researches, 18(6): 663-688.

Key K. 2012. Marine electromagnetic studies of seafloor resources and tectonics. Surveys in Geophysics, 33(1): 135-167.

Kim H J, Jou H T, Lee G H, et al. 2013. Caldera structure of submarine Volcano #1 on the Tonga Arc at 21°09′S, southwestern Pacific: analysis of multichannel seismic profiling. Earth Planets & Space, 65(8): 893-900.

Kinsey J C, Tivey M A, Yoerger D R. 2008. Toward high-spatial resolution gravity surveying of the Mid-Ocean Ridges with autonomous underwater vehicles. Oceans: 1-10.

Kleinrock M C, Humphris S E. 1996. Structural asymmetry of the TAG Rift Valley: evidence from a near-bottom survey for episodic spreading. Geophysical Research Letters, 23(23): 3439-3442.

Krahenbuhl R A, Li Y, Davis T. 2011. Understanding the applications and limitations of time-lapse gravity for reservoir monitoring. The Leading Edge, 30(9): 1060-1068.

Krahenbuhl R A, Li Y. 2012. Time-lapse gravity: a numerical demonstration using robust inversion and joint interpretation of 4D surface and borehole data. Geophysics, 77(2): 33-43.

Kumagai H, Tsukioka S, Yamamoto H, et al. 2010. Hydrothermal plumes imaged by high-resolution side-scan sonar on a cruising AUV, Urashima. Geochemistry Geophysics Geosystems, 11(12): 1-70.

Kuo B Y, Forsyth D W. 1988. Gravity anomalies of the ridge-transform system in the South Atlantic between 31 and 34.5°S: upwelling centers and variations in crustal thickness. Marine Geophysical Researches, 10(3-4): 205-232.

Lacoste L J B. 1967. Measurement of gravity at sea and in the air. Reviews of Geophysics & Space Physics, 5(4): 477-526.

Langmuir C, Humphris S, Fornari D, et al. 1997. Hydrothermal vents near a mantle hot spot: the Lucky Strike vent field at 37°N on the Mid-Atlantic Ridge. Earth & Planetary Science Letters, 148(1-2): 69-91.

Laske G, Masters G, Ma Z, et al. 2013. Update on CRUST1.0-A 1-degree global model of Earth's crust. Egu General Assembly Conference, 15: 2658.

Lawson K, Searle R C, Pearce J A, et al. 1996. Detailed volcanic geology of the MARNOK area, Mid-Atlantic Ridge north of Kane transform. Geological Society London Special Publications, 118(1): 61-102.

Lin J, Purdy G M, Schouten H, et al. 1990. Evidence from gravity data for focused magmatic accretion along the Mid-Atlantic Ridge. Nature, 344(6267): 627-632.

Luyendyk B P. 2012. On-bottom gravity profile across the East Pacific Rise crest at 21° north. Geophysics, 49(12): 2166-2177.

Macdonald K C, Luyendyk B P. 1981. The crest of the East Pacific Rise. Scientific American, 244: 100-116.

MacGregor L, Sinha M, Constable S. 2001. Electrical resistivity structure of the Valu Fa Ridge, Lau Basin, from marine controlled-source electromagnetic sounding. Geophysical Journal International, 146(1): 217-236.

Morelli C. 1974. The International Gravity Standardization Net 1971: (I.G.S.N. 1971). Bureau central de l'Association internationale de géodésie.
Muller M R, Robinson C J, Minshull T A, et al. 1997. Thin crust beneath ocean drilling program borehole 735B at the Southwest Indian Ridge? Earth & Planetary Science Letters, 148(1): 93-107.
Murton B J, Rouse I P, Millard N W, et al. 1992. Multisensor, deep-towed instrument explores ocean floor. Eos, Transactions American Geophysical Union, 73(20): 225-228.
Nakamura K, Toki T, Mochizuki N, et al. 2013. Discovery of a new hydrothermal vent based on an underwater, high-resolution geophysical survey. Deep Sea Research Part I Oceanographic Research Papers, 74: 1-10.
Nakayama K, Shingyouji T, Motoori M, et al. 2011. Marine time-domain electromagnetic technologies for the ocean bottom mineral resources. Kyoto: Proceedings of the 10th SEGJ International Symposium: 433.
Nautilus Minerals. 2007. World's first commercial electromagnetic survey of seafloor Copper-Gold sulphides, News Release Number 2007(34).
Niu X W, Ruan A G, Li J B, et al. 2015. Along-axis variation in crustal thickness at the ultraslow spreading Southwest Indian Ridge (50°E) from a wide-angle seismic experiment. Geochemistry Geophysics Geosystems, 16(2): 468-485.
Pablo, Canales J., R. A. Sohn, B. J. Demartin. 2013. "Crustal structure of the Trans-Atlantic Geotraverse (TAG) segment (Mid-Atlantic Ridge, 26°10′N): Implications for the nature of hydrothermal circulation and detachment faulting at slow spreading ridges." Geochemistry Geophysics Geosystems 8.8.
Parnum I M, Gavrilov A N. 2011. High-frequency multibeam echo-sounder measurements of seafloor backscatter in shallow water: Part 2–Mosaic production, analysis and classification. Underwater Technology, 30(1): 13-26.
Pontbriand C W, Sohn R A. 2014. Microearthquake evidence for reaction-driven cracking within the Trans-Atlantic Geotraverse (TAG) active hydrothermal deposit. Journal of Geophysical Research: Solid Earth, 119(2): 822-839.
Reston T J, Ranero C R. 2011. The 3-D geometry of detachment faulting at Mid-Ocean Ridges. Geochemistry Geophysics Geosystems, 12(7): 1-19.
Ribe N M, Christensen U R, Theißing J. 1995. The dynamics of plume-ridge interaction, 1: Ridge-centered plumes. Earth & Planetary Science Letters, 134(1): 155-168.
Ribe N M. 1996. The dynamics of plume-ridge interaction: 2. Off-ridge plumes. Journal of Geophysical Research: Solid Earth, 101(B7): 16195-16204.
Robert J U. 1983. Principles of Underwater Sound. 3rd edition. New York: McGraw-Hill Book Company.
Rommevaux-Jestin C, Deplus C, Patriat P. 1997. Mantle Bouguer anomaly along an ultra slow-spreading ridge: implications for accretionary processes and comparison with results from central Mid-Atlantic Ridge. Marine Geophysical Researches, 19(6): 481-503.
Rona P A, Klinkhammer G P, Nelsen T A, et al. 1986. Black smokers, massive sulphides and vent biota at the Mid-Atlantic Ridge. Nature, 321(6065): 33-37.
Rona P A, Scott S D. 1993. A special issue on sea-floor hydrothermal mineralization: new perspectives. Economic Geology, 88(8): 1935-1976.
Rouse I P. 1991. TOBI: a deep-towed sonar system. Civil Applications of Sonar Systems, IEE Colloquium on IEEE Xplore. 7/1-7/5.
Sandwell D T, Müller R D, Smith W H, et al. 2014. Marine geophysics. New global marine gravity model from CryoSat-2 and Jason-1 reveals buried tectonic structure. Science, 346(6205): 65-67.
Sandwell D T, Smith W. 1997. Marine gravity anomaly from Geosat and ERS 1 satellite altimetry. J Geophys Res, 102: 10039-10054.
Sauter D, Cannat M, Meyzen C, et al. 2009. Propagation of a melting anomaly along the ultraslow Southwest Indian Ridge between 46°E and 52°20′E: interaction with the Crozet hotspot? Geophysical Journal International, 179(2): 687-699.
Sauter D, Mendel V. 1997. Variations of backscatter strength along the super slow-spreading Southwest Indian Ridge between 57°E and 70°E. Marine Geology, 140(3): 237-248.
Sauter D, Parson L, Mendel V, et al. 2002. TOBI sidescan sonar imagery of the very slow-spreading

Southwest Indian Ridge: evidence for along-axis magma distribution. Earth & Planetary Science Letters, 199(1-2): 81-95.
Sauter D, Patriat P, Rommevaux-Jestin C, et al. 2001. The Southwest Indian Ridge between 49°15′E and 57°E: focused accretion and magma redistribution. Earth & Planetary Science Letters, 192(3): 303-317.
Sauter D, Véronique M, Céline R J, et al. 2004. Focused magmatism versus amagmatic spreading along the ultra-slow spreading Southwest Indian Ridge: evidence from TOBI side scan sonar imagery. Geochemistry Geophysics Geosystems, 5(10): 1-20.
Schwalenberg K, Müller H, Engels M. 2016. Seafloor massive sulfide exploration—a new field of activity for marine electromagnetics. EAGE/DGG Workshop on Deep Mineral Exploration. Münster, Germany.
Searle R C, Bralee A V. 2007. Asymmetric generation of oceanic crust at the ultra-slow spreading Southwest Indian Ridge, 64°E. Geochemistry Geophysics Geosystems, 8(5): 1-28.
Searle R. 2013. Mid-Ocean Ridges. Cambridge: Cambridge University Press.
Seher T, Crawford W C, Singh S C, et al. 2010. Seismic layer 2A variations in the Lucky Strike segment at the Mid-Atlantic Ridge from reflection measurements. Journal of Geophysical Research Atmospheres, 115(B7): 307-309.
Shimamura H, Asada T, Kumazawa M. 1977. High shear velocity layer in the upper mantle of the Western Pacific. Nature, 269(5630): 680-682.
Shinohara M, Suyehiro K, Shiobara H. 2012. Marine seismic observation. *In*: P Bormann. IASPEI New Manual of Seismological Observatory Practice (NMSOP-2). Potsdam: GFZ German Res. Cent. Geosci.
Singh S C, Crawford W C, Carton H D, et al. 2006. Discovery of a magma chamber and faults beneath a Mid-Atlantic Ridge hydrothermal field. Nature, 442(7106): 1029-1032.
Singh S C. 2011. Crustal Reflectivity (Oceanic) and Magma Chamber. Berlin: Springer.
Sinha M C, Constable S C, Peirce C, et al. 1998. Magmatic processes at slow spreading ridges: implications of the RAMESSES experiment at 57°45′N on the Mid-Atlantic Ridge. Geophysical Journal International, 135(3): 731-745.
Sleep N H. 1991. Hydrothermal circulation, anhydrite precipitation, and thermal structure at ridge axes. Journal of Geophysical Research, 96(B2): 2375-2387.
Snow J E, Edmonds H N. 2007. Ultraslow-Spreading ridges: rapid paradigm changes. Oceanography, 20(1): 90-101.
Stewart W K, Chu D, Malik S, et al. 1994. Quantitative seafloor characterization using a bathymetric sidescan sonar. IEEE Journal of Oceanic Engineering, 19(4): 599-610.
Sudarikov S M, Roumiantsev A B. 2000. Structure of hydrothermal plumes at the Logatchev vent field, 14°45′N, Mid-Atlantic Ridge: evidence from geochemical and geophysical data. Journal of Volcanology & Geothermal Research, 101(3-4): 245-252.
Sutton G H, Mcdonald W G, Prentiss D D, et al. 1965. Ocean-bottom seismic observatories. Proceedings of the IEEE, 53(12): 1909-1921.
Swidinsky A, Hölz S, Jegen M. 2012. On mapping seafloor mineral deposits with central loop transient electromagnetics. Geophysics, 77(3): 171-184.
Szitkar F, Dyment J, Fouquet Y, et al. 2015. Absolute magnetization of the seafloor at a basalt-hosted hydrothermal site: insights from a deep-sea submersible survey. Geophysical Research Letters, 42(4): 1046-1052.
Tada-Nori G, Tada N, Mikada H, et al. 2009. Feasibility study of marine CSEM survey for exploration of submarine massive sulphides. Agu Fall Meeting, 121: 140-143.
Tamura K, Aoki T, Nakamura T, et al. 2000. The development of the AUV-Urashima. Oceans 2000 MTS/IEEE Conference and Exhibition, 1: 139-146.
Tao C H, Jin X B, Bian A F, et al. 2013a. Estimation of manganese nodule coverage using Multi-Beam amplitude data. Marine Georesources & Geotechnology, 33(4): 288-293.
Tao C H, Li H M, Jin X B, et al. 2014. Seafloor hydrothermal activity and polymetallic sulfide exploration on the southwest Indian ridge. Chinese Science Bulletin, 59(19): 2266-2276.
Tao C H, Li H M, Wu G, et al. 2011. First hydrothermal active vent discovered on the Galapagos Microplate.

AGU Fall Meeting Abstracts: 1488.

Tao C H, Lin J, Guo S Q, et al. 2012. First active hydrothermal vents on an ultraslow-spreading center: Southwest Indian Ridge. Geology, 40(1): 47-50.

Tao C H, Wu T, Jin X B, et al. 2013c. Petrophysical characteristics of rocks and sulfides from the SWIR hydrothermal field. Acta Oceanologica Sinica, 32(12): 118-125.

Tao C H, Xiong W, Xi Z Z, et al. 2013b. TEM investigations of South Atlantic Ridge 13.2°S hydrothermal area. Acta Oceanologica Sinica, 32(12): 68-74.

Tao C H. 2012. Transient ElectroMagnetic and Electric Self-Potential survey in the TAG hydrothermal field in MAR. AGU Fall Meeting Abstracts.

Tao C, Wu T, Liu C, et al. 2017. Fault inference and boundary recognition based on near-bottom magnetic data in the Longqi hydrothermal field. Marine Geophysical Research, 38: 1-9.

Teranishi Y, Mikada H, Goto T N, et al. 2013. Three-dimensional joint inversion of gravity and magnetic anomalies using fuzzy c-means clustering. Chiba: Japan Geoscience Union Meeting 2013.

Thomas B R I, Hussong D. 1989. Digital image processing techniques for enhancement and classification of SeaMARC II side scan sonar imagery. Journal of Geophysical Research Atmospheres, 94(B6): 7469-7490.

Tivey M A, Dyment J. 2010. The magnetic signature of hydrothermal systems in slow spreading environments. Diversity of Hydrothermal Systems on Slow Spreading Ocean Ridges, 188: 43-66.

Tivey M A, Johnson H P, Salmi M S, et al. 2014. High-resolution near-bottom vector magnetic anomalies over Raven Hydrothermal Field, Endeavour Segment, Juan de Fuca Ridge. Journal of Geophysical Research: Solid Earth, 119(10): 7389-7403.

Tivey M A, Schouten H, Kleinrock M C. 2003. A near-bottom magnetic survey of the Mid-Atlantic Ridge axis at 26°N: implications for the tectonic evolution of the TAG segment. Journal of Geophysical Research Atmospheres, 108(B5): 2277-2291.

Tivey M A. 1994. High-resolution magnetic surveys over the Middle Valley mounds, northern Juan de Fuca Ridge. Proceedings of the Ocean Drilling Program, Scientific Results, 139: 29-35.

Tontini F C, de Ronde C E J, Yoerger D, et al. 2012. 3-D focused inversion of near-seafloor magnetic data with application to the Brothers volcano hydrothermal system, Southern Pacific Ocean, New Zealand. Journal of Geophysical Research: Solid Earth, 117(B10): 1-12.

Tyce R C. 1986. Deep seafloor mapping systems—a review. Marine Technology Society Journal, 20(4): 4-16.

van Ark E M, Detrick R S, Canales J P, et al. 2007. Seismic structure of the Endeavour Segment, Juan de Fuca Ridge: correlations with seismicity and hydrothermal activity. Journal of Geophysical Research Atmospheres, 112(B2): 97-117.

van Ark E, Detrick R S, Canales J P, et al. 2004. Seismic characterization of crustal magma bodies at the endeavour segment, Juan de Fuca Ridge. AGU Fall Meeting Abstracts.

von Herzen R P, Kirklin J, Becker K. 1996. Geoelectrical measurements at the TAG hydrothermal mound. Geophysical Research Letters, 23(23): 3451-3454.

Wynn J C, Grosz A E. 1986. Application of the induced polarization method to offshore placer resource exploration. Macromolecules, 35 (19): 7172-7174.

Wynn J C. 1988. Titanium geophysics: the application of induced polarization to sea-floor mineral exploration. Geophysics, 53(3): 386-401.

Xiong W, Xu Y, Tao C, et al. 2015. A TEM device for polymetallic sulfides on mid-ocean-ridge seafloor. International Workshop and Gravity, Electrical & Magnetic Methods and Their Applications, Chenghu, China, 19-22 April. 2015: 278-280.

Yoshikawa S, Okino K, Asada M. 2012. Geomorphological variations at hydrothermal sites in the southern Mariana Trough: relationship between hydrothermal activity and topographic characteristics. Marine Geology, 303-306: 172-182.

Young P D, Cox C S. 1981. Electromagnetic active source sounding near the East Pacific Rise. Geophysical Research Letters, 8(10): 1043-1046.

Zhu J, Lin J, Chen Y J, et al. 2010. A reduced crustal magnetization zone near the first observed active hydrothermal vent field on the Southwest Indian Ridge. Geophysical Research Letters, 37(18): 389-390.

6　洋中脊多金属硫化物矿床勘查技术——地质取样

在硫化物矿床勘查工作中，各类高质量的岩矿石样品是最直接、最重要的探测目标和研究对象，因此海底地质取样是最重要的工作之一（Searle，2013）。随着深海及洋中脊矿产资源勘查工作的不断深入，海底地质取样设备也随之发展和创新，目前主要有电视抓斗、多管取样器、重力取样器、箱式取样器、拖网取样器和海底钻机等，各设备的优缺点、目标样品如表 6-1。各种海底地质取样设备工作过程基本相同，作业时首先在甲板上对设备进行组装和检查，并使用钢缆连接取样设备，当调查船处于漂泊或动力定位状态后，开启门吊和绞车，门吊吊臂探出船外，操纵绞车，施放钢缆将设备放至海底，待设备贯入海底或拖曳取样后，回收钢缆，收回取样设备，获取样品（李民刚，2012）。

表 6-1　硫化物勘探常用的海底地质取样设备的优缺点和目标样品

海底地质取样设备	优点	缺点	目标样品
电视抓斗	直接进行海底观察和记录，针对目标准确取样	只能抓取浅表层样品	海底浅表层岩石和沉积物样品
多管取样器	采集样品量大、扰动小、质量高，同时获取沉积物和上覆水	仅抓取表层沉积物等软底质样品	海底沉积物和上覆水样
重力取样器	结构简单、使用方便	采样率低，在沉积物粒度粗的海域不宜使用	海底柱状沉积物样品
箱式取样器	层理不受扰动，保持样品原始结构及生物痕迹	仅获取表层沉积物等软底质样品	海底表层沉积物样品
拖网取样器	适用于大面积采样	难以精确区分样品采集位置	海底基岩、砾石、粗碎屑及生物样品
海底钻机	获取海底下岩心样品，能够验证对海底地下地质信息的推断与解释	采样时间较长	地层岩心

6.1　电 视 抓 斗

6.1.1　设备简介

电视抓斗（图 6-1）主要由斗体、液压动力装置、深海摄像机、高度计、照明灯、电池、水下信号传输系统和甲板控制系统等组成，是一套海底摄像连续观察与抓斗取样相结合的可视化地质取样器。

电视抓斗取样作业时，通过铠装电缆将抓斗下放至离海底 3～5m 的高度上以保证海底图像清晰，并以 1～2 节的速度慢速拖行，在甲板控制系统可视的情况下寻找采样目标，发现目标后下放抓斗抓取，然后闭合斗体，最后通过铠装电缆回收抓斗至甲板，实现可视化精确抓取目标样品。电视抓斗的突出特点是既可以直接进行海底观察和记录，又可以在甲板遥控下针对目标准确地进行取样，因而在调查质量和取样效果方面富有成效。

图 6-1 电视抓斗

电视抓斗取样技术最早于 20 世纪 70 年代由德国 Preussag 公司设计开发，目前已经成为海底实时观察取样不可缺少的有效手段，被广泛应用于海底多金属硫化物、多金属结核、富钴结壳及其他沉积物的勘查和取样（翟世奎等，2007）。我国自 2001 年开始第一代电视抓斗的研制开发，在“十五”863 课题“6000 米海底有缆观测与采样系统——电视抓斗的研制”的支持下，于 2003 年 6 月 7 日在执行 DY105-12 航次任务的“大洋一号”科考船上海试成功，单次抓取样品量达到 500kg。北京先驱高技术开发公司又相继研制过 3 代产品，现装备在“大洋一号”船上的电视抓斗外形尺寸为 2.1m×1.4m×2.1m，重量为 2.2t，最大可抓取重达 800kg 的样品，详细参数见表 6-2（耿雪樵，2009）。

表 6-2 “大洋一号”船载第三代电视抓斗的主要技术指标

工作水深	6000m
工作海况	≤5 级海况
重量	2.2t
外形尺寸	2.1m×1.4m×2.1m
开口面积	1.5m^2
打开/合拢时间	≤60s
合拢力	≥30 kN
保持力	≥10 kN
配件	深海摄像机 1 个、高度计 1 个、照明灯 2 个

6.1.2 应用实例

2009 年 11～12 月，“大洋一号”科考船执行中国大洋 21 航次第 4 航段考察任务，在大西洋中脊上利用电视抓斗首次获取块状硫化物样品（程振波等，2011）。

2014 年 4 月，“大洋一号”科考船在我国西南印度洋硫化物合同区执行中国大洋 30 航次第 4 航段的调查任务，利用电视抓斗成功抓取了硫化物样品（图 6-2）（国家海洋局第二海洋研究所，2014）。

图 6-2 电视抓斗在西南印度洋硫化物合同区抓取的块状硫化物样品
（国家海洋局第二海洋研究所，2014）

6.2 多管取样器

6.2.1 设备简介

多管取样器是地质调查中常见的取样设备，它主要用于获取未扰动的表层沉积物和底层海水，也常用于环境生态调查。多管取样器具有采集样品量大、原始性保持好、质量高、采样稳定性强和可以同时获取沉积物和上覆水等优点，特别适用于获取表层沉积样品和短柱样品（蓝先洪等，2014）。

多管取样器一般分为 4 部分，包括取样器座底支架、采集头、配重及行程缓冲机构（图 6-3）。底座支架和采集头可以通过配重铅块来增加取样器重量，使取样器在海底达到最佳着底姿态（王俊珠等，2013）。

MCD-1 型和 MCS-1 型多管取样器分别是为深海调查设计的 8 管取样器和为浅海调查设计的 4 管取样器，技术指标见表 6-3。其外壳采用不锈钢材质，由铅块、活塞阻尼器和取样器等组成，是国家海洋局第二海洋研究所在德国多管取样器的基础上，结合海上实践经验，经反复试验后于 1998 年初自主开发研制而成的。MCD-1 型和 MCS-1 型多管取样器除了可用于沉积物样品的采集外，还可用于工程、采矿项目土工力学特性测试的样品取样。

多管取样器采用机械压载重物结构，无须任何电气设备和动力，采用了缓冲静压原理的活塞，致使采样管取样时较缓慢、匀速地插入沉积物，保证了样品的真实状态不被扰动。采样管封盖技术先封上盖，根据真空吸附原理，在提升过程中以尽可能小的行程封住下盖，保证沉积物样品不被破坏（耿雪樵，2009）。

图 6-3 MCD-1 型多管取样器（耿雪樵等，2009）

表 6-3 MCD-1 型和 MCS-1 型多管取样器技术指标

技术指标	MCD-1 型	MCS-1 型
工作深度	0～6000m	0～2000m
取样长度	200～500mm	200～500mm
样品直径	100mm	100mm
重量	600kg	300kg
外形尺寸	底面为六边形的正棱锥，其边长为 1250mm，高为 2500mm	500mm×500mm×1000mm

6.2.2 应用实例

MCD-1 型多管取样器于 1998 年和 1999 年在大洋多金属结核调查中投入使用，取样成功率高达 98%。1999 年，该取样器在北极科学考察中获得了高成功率的取样。多管取样器还曾在中太平洋海域近 5000m 水深海底获取了几乎保持原状的沉积物和上覆水样品，采样管中沉积物长度 300～400mm，上覆水为 210～310mm，水下电视监控图像清晰，显示取样器触底瞬间对表层沉积物几乎未产生扰动（耿雪樵等，2009）。

在中国大洋 21 航次第 5 航段调查过程中，“大洋一号”科考船在我国西南印度洋硫化物合同区进行了 3 次多管取样作业，其中 TVMC1-1 站位共获得 5 管沉积物样品，如图 6-4 所示（国家海洋局第二海洋研究所，2010）。

图 6-4　多管取样器在西南印度洋硫化物合同区采集的沉积物样品
（国家海洋局第二海洋研究所，2010）

6.3　重力取样器

6.3.1　设备简介

重力取样器作为一种结构简单、操作方便、高质高效的取样器，被广泛应用于采集海底柱状沉积物样品。重力取样器根据触底方式的不同，可分为阀式重力取样器和重力活塞取样器，其基本原理都是利用取样器本身的重力，将中空的取样管直接贯入沉积物，并利用密封机构确保样品在提升的过程中不掉落（李民刚等，2013）。

阀式重力取样器的基本结构如图 6-5 所示。取样作业时，船上钢缆快速释放，取样器在配重和自重作用下克服海水的浮力和阻力，其下端的切削型管靴靠动能贯入海底沉积物中。取样管管口的爪簧可防止样品在提起时脱落；上部的球阀在贯入土层时在管内水压作用下打开，而提起时关闭，以保护心样免受海水冲刷。为了保持取样管在下落过程中处于稳定垂直状态并提高下落速度，一般还设置配重、稳定器和钢缆抛出机构。由于样品在取样管中上升时要克服与取样管内壁的摩擦力和取样管内的水压，当采样时间较长时，样品会出现被压实的现象，从而限制了取样长度（段新胜等，2003）。

重力活塞取样器整体结构一般包括钢缆卡具、释放器、提管头、尾舵、附重铅块、连接法兰、取样管、封口及附重锤等（图 6-6）。重力活塞取样器以自由落体的方式冲入沉积物中，连接钢缆的活塞被拉起，同时海底沉积物也跟随活塞在取样管内往上运行，在取样管内形成负压环境，减少了样品与取样管的摩擦力，当活塞到达取样管顶端时闭合密封，采样器完成取样过程（李民刚等，2013；耿雪樵，2009）。

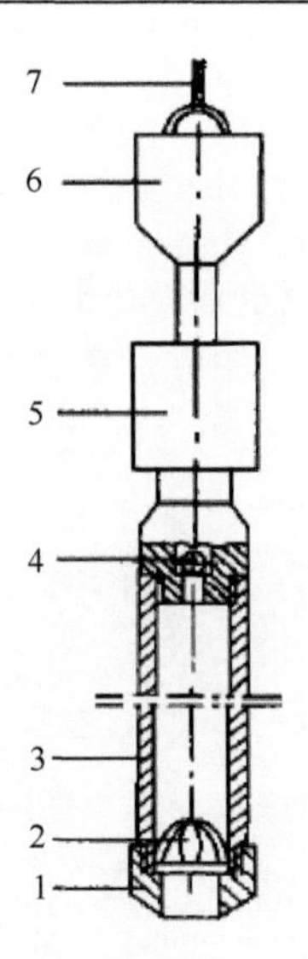

图 6-5 阀式重力取样器结构（段新胜等，2003）

1. 管靴；2. 爪簧；3. 取样管；4. 球阀；5. 配重；6. 稳定器；7. 钢缆

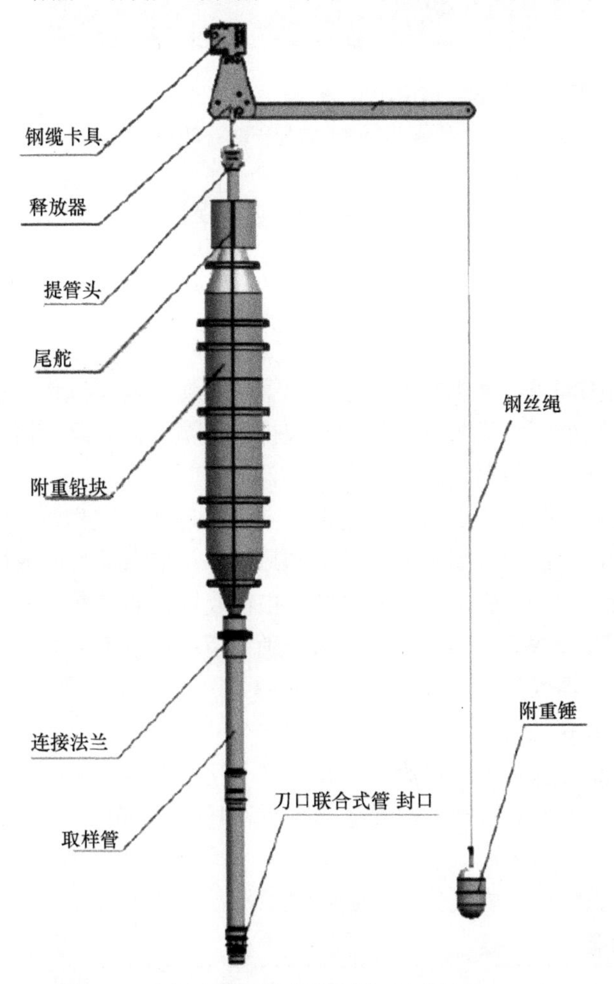

图 6-6 重力活塞取样器结构图（李民刚，2012）

6.3.2 应用实例

2014～2015 年“蛟龙”号载人潜水器试验性应用航次（中国大洋 35 航次）作业过程中，“向阳红 09”科考船在我国西南印度洋硫化物合同区进行了 9 个站位的阀式重力取样，成功采集沉积物样品 6 站（图 6-7）（国家深海基地管理中心，2015）。

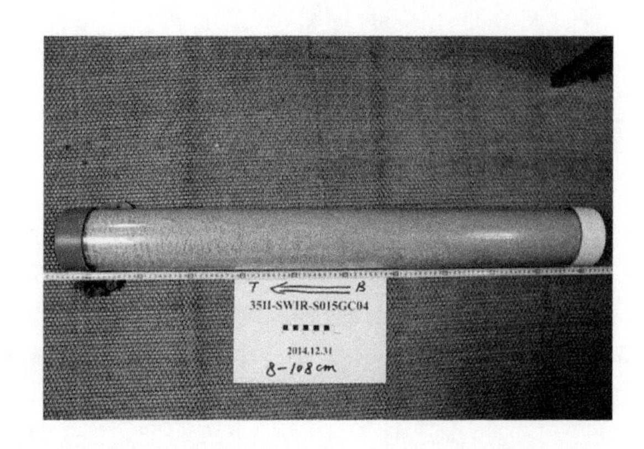

图 6-7 重力取样器在西南印度洋硫化物合同区采集的柱状沉积物样品
（国家深海基地管理中心，2015）

6.4 箱式取样器

6.4.1 设备简介

箱式取样器结构简单、使用方便，主要用于采集海底表层沉积物样品，而不易受到扰动和破坏，而且还能为海洋生物、化学研究提供上覆水。因此，箱式取样器在海洋地质、化学和生物等学科的调查研究中得到了广泛的应用。

箱式取样器以其取样箱为四方体而得名，一般由底座、取样箱、铲刀、中心体、释放系统及罗盘等 6 部分组成（图 6-8）。其工作原理是：依靠重力使取样箱插入海底沉积物中，然后借助绞车提升使铲刀臂转动 90°，扣住取样箱的底部，采集底质样品，而当铲刀臂转动时，又可锁住取样器上部的罗盘，确定所取沉积物的方位，故箱式取样器又可称为箱式定向取样器（周锦昌和许建平，1983）。

箱式取样器在海底地质样品获取上具有以下优点。

（1）采集的样品可以基本保持原始结构。这不仅便于对沉积物的物理力学及沉积物构造进行研究，而且为在沉积物中进行动物区系和开展大洋矿产资源的研究提供了良好条件。

（2）在沙质沉积物中也能采集到一定数量的样品，从而解决了过去使用一般取样设备采不到样品的困难。

图 6-8 箱式取样器（数据来源：http://www.gmgs.com.cn/klmmr/show_info.asp?id=401）

（3）采集的样品数量大，能满足各种项目多次重复分析的需要；同时，在样品剖面中还可以取得深度相同的样品，使分析对比的数据更加准确可靠。

（4）如果安装罗盘和倾斜指示器，就可以取得定向的底质样品，为开展大洋底部古地磁的研究提供必要的条件。

箱式取样器不足之处是设备较笨重且操作不便，尤其是在大风浪的情况下，取样器上的铲刀容易脱钩关闭导致采不到样品。

6.4.2 应用实例

2016 年 7 月，中国科学院深海科学与工程研究所“探索一号”科考船赴西太平洋马里亚纳海沟执行了首个科学调查航次，箱式取样器共作业 11 次，其中 7000m 以上深度取样成功 6 次，最大深度 9150m（图 6-9）。

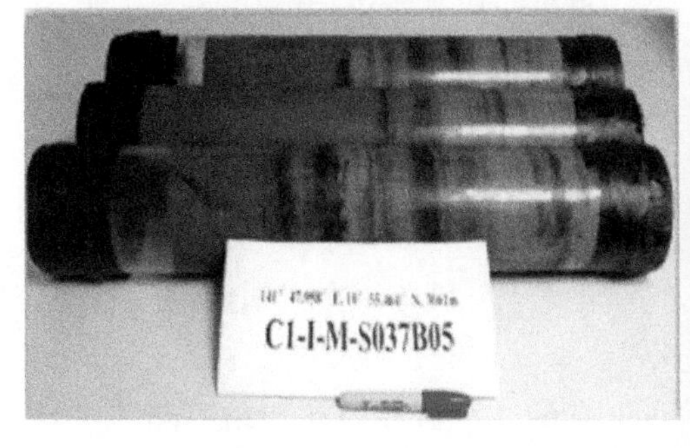

图 6-9 箱式取样器在西太平洋马里亚纳海沟采集的沉积物样品
（数据来源：http://d.youth.cn/shrgch/201608/t20160823_8582242_1.htm）

6.5 拖网取样器

6.5.1 设备简介

拖网取样器作为一种重要的海洋地质取样设备，具有使用操作方便、采集样品数量多等优点，在同一区域可以一次性采集多种具有代表性的地质样品，在早期区域海洋地质调查中发挥了十分重要的作用，其缺点为无法定点采集样品。

拖网取样器由拖斗、外网（保护铁网）、内网（编织网）及拖柄等部分组成（图 6-10）。拖斗开口为长方形，这种设计可以增加拖取的面积和拖取样品的概率，外缘为锯齿状铁质刮铲，以便在采样时能将基岩或沉积物刮入网中。外网和内网容积较大，可装取较多样品。

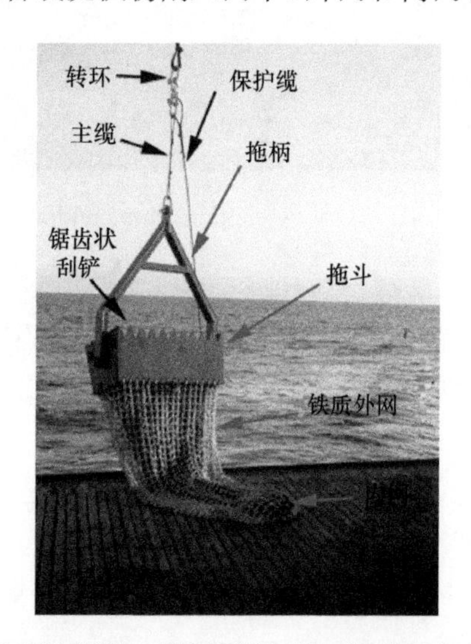

图 6-10 拖网取样器（国家海洋局第二海洋研究所，2010）

拖网取样器作业前，需要根据地形、流速、流向确定拖网的位置和方向，作业时要求拖网与海底形成一定夹角，钢缆长度通常在水深的基础上多放 15%～35%，船速控制在 1 节左右，沿着既定目标和方位作业，拖放距离为 1～2km。为保护主缆，一般在取样器与主钢缆间加装破断力为 4～6t 的保护缆。采集的样品要进行现场观察、照相和描述，对有价值的样品进行保存（国家海洋局第二海洋研究所，2010）。

6.5.2 应用实例

2014 年，中国大洋 30 航次第 3 航段“大洋一号”科考船在我国西南印度洋硫化物合同区进行了拖网取样器作业，获取了多种类型（岩石、硫化物、固结沉积物等）样品，其中一个站位获取大量硫化物壳体样品（图 6-11）（国家海洋局第二海洋研究所，2014）。

图 6-11 拖网取样器在西南印度洋硫化物合同区取得的样品（国家海洋局第二海洋研究所，2014）

6.6 海底钻机

6.6.1 设备简介

海底钻探通常有两种工作模式，一种是借助专业钻探船，钻机动力部分位于钻探船上，通过下放钻杆钻具在海底进行岩心取样作业；另一种是借助科学考察船，通过铠装电缆下放整台海底钻机，钻机直接在海底进行作业。两种海底钻探模式均可实现海底地层钻探取样，钻探船可以达到的水深和钻孔深度更深，但其钻探成本较高，而且浅层取岩心质量不如海底钻机。对于深海硫化物资源勘查、海洋工程地质勘探、海洋地质及环境科学研究等需求，利用海底钻机实现的海底钻探更具竞争性和成本、质量优势。

海底钻机由下放到海底的钻机本体和固定安装在母船甲板上的操控与供电系统两部分组成。铠装电缆将海底钻机本体和甲板操控与供电系统两部分连接起来，一般将铠装电缆视为甲板操控与供电系统的一个组成部分，图 6-12 为海底钻机的工作原理图。进行海底钻探取心作业时，海洋科学考察船在指定的钻探点海面利用铠装电缆将海底钻机下放至海底，操作人员在母船甲板上通过铠装电缆遥控操作钻机，利用钻机上携带的带有金刚石或硬质合金取心钻头的钻杆钻具切入海底地层，并通过加接钻杆的方式来不断加大钻入海底地层的深度，实现对海底地层样品的钻探取心，取心作业完成后再将海底钻机回收至母船甲板上。

随着世界各国对海洋资源的不断重视，海底资源岩心探测取样技术与装备得到了快速发展，各个国家的海底钻机既有许多共同点，又由于国情背景和设计理念的不同呈现出差异性。结合海底钻机的发展历程和应用现状，以海底钻机的钻深能力、取心方式、多功能性及智能化为评价体系，可将当今世界海底钻机的发展历程划分为三代。第一代海底钻机以浅孔、智能化程度较低为主要特点，通常钻深能力在 5m 以内，代表机型为美国华盛顿大学的海底 3m 岩心钻机，最大作业水深为 5000m；第二代海底钻机以中深孔、智能化较高为主要特点，钻深能力一般大于 5m，通常需要采取分段取心技术，并配备机械手进行钻杆钻具的抓取和移位，代表机型为日本 BMS 钻机（benthic multi-coring system），钻深能力为 20m，最大作业水深为 6000m；第三代海底钻机以绳索取心、多功能测试和高智能化操控为主要特点，绳索取心技术的应用大幅减少了辅助操作时间，

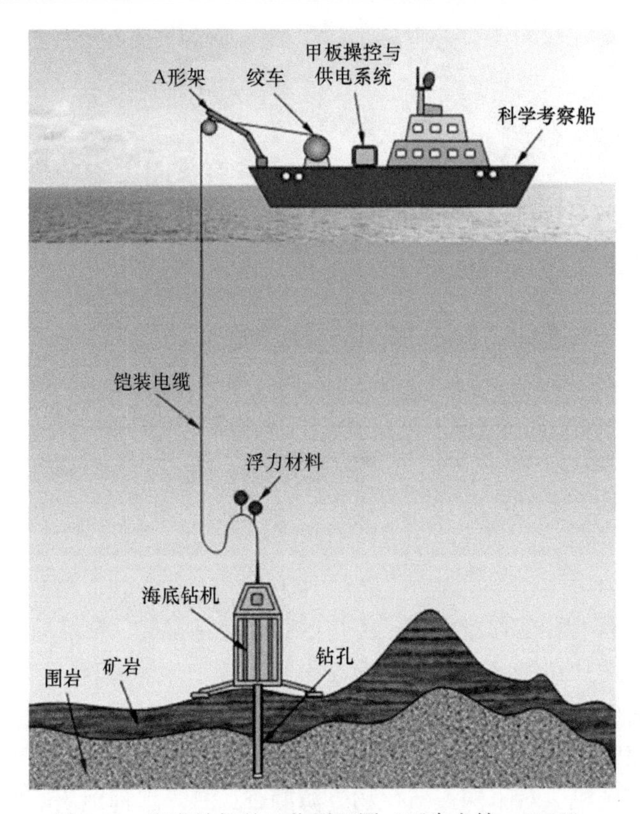

图 6-12　海底钻机的工作原理图（万步炎等，2015）

同时可利用绳索打捞器下放自容式原位测试仪至孔底对海底地层开展原位测试，代表机型为德国 MeBo 钻机，钻深能力为 200m，最大工作水深为 2000m，于 2015 年开始投入商业化运作（刘德顺等，2014）。

在中国大洋协会的支持下，我国第一代海底钻机——深海浅地层岩心取样钻机于 2003 年研制成功，钻深能力为 0.7m，最大作业水深为 4000m，取心直径为 60mm，外形尺寸为长 1.8m×宽 1.8m×高 2.3m，迄今已在海底钻取富钴结壳岩心 800 多个，是当时世界上同类产品中在深海海底实钻取心次数最多的设备，如图 6-13 所示。

图 6-13　我国深海浅地层岩心取样钻机（万步炎，2006）

在中国大洋协会的支持下，我国第二代海底钻机——海底中深孔岩心取样钻机于2010年研制成功。采用全液压动力结构设计和提钻取心方式，钻深能力为20m，最大工作水深为4000m，取心直径为50mm，其外形尺寸为长2m×宽2m×高4m，外形如图6-14所示。

图6-14 我国海底中深孔岩心取样钻机（万步炎等，2015）

6.6.2 应用实例

在海底多金属硫化物资源勘探方面，澳大利亚鹦鹉螺矿业公司是商业开发的先行者。1997年，澳大利亚鹦鹉螺矿业公司就在巴布亚新几内亚专属经济区内获得了开展硫化物矿区勘探的执照。2006年，鹦鹉螺矿业公司分两次向巴布亚新几内亚政府提出了分别在位于其专属经济区俾斯麦海和所罗门海内的75个区块的勘探区执照申请，总计面积约180 000km^2。2007年1月，鹦鹉螺矿业公司又向南太平洋岛国斐济和汤加提出专属经济区海底勘探执照区申请，面积总计约90 000km^2（邬长斌等，2008）。

在获得矿区勘探执照后，鹦鹉螺矿业公司进行了卓有成效的海底钻探工作。2007～2011年，鹦鹉螺矿业公司使用海底钻机ROV Drill 1、ROV Drill 2和ROV Drill 3在Solwara矿区进行了251个钻孔取样，岩心总长达2872.6m。

2016～2017年，我国大洋39和43航次中利用我国自主研发的中深孔岩心取样钻机，在西南印度洋多金属硫化物合同区内玉皇1号及断桥1号矿化区开展了多个站位岩心取样作业，获得了多个钻孔的硫化物岩心样品（如图6-15），为合同区资源评价工作提供了重要支撑。

图 6-15　中国大洋 43 航次在西南印度洋断桥矿化区获取的岩心样品

参 考 文 献

程振波, 吴永华, 石丰登, 等. 2011. 深海新型取样仪器——电视抓斗及使用方法. 海岸工程, 30(1): 51-54.

段新胜, 鄢泰宁, 陈劲, 等. 2003. 发展我国海底取样技术的几点设想. 地质与勘探, 39(2): 69-73.

耿雪樵, 徐行, 刘方兰, 等. 2009. 我国海底取样设备的现状与发展趋势. 地质装备, 10(4): 11-16.

国家海洋局第二海洋研究所. 2010. 中国大洋 21 航次第 5 航段现场报告.

国家海洋局第二海洋研究所. 2014. 中国大洋 30 航次第 4 航段现场报告.

国家海洋局第二海洋研究所. 2016. 中国大洋 39 航次第 2 航段现场报告.

国家深海基地管理中心. 2015. 2014-2015 年蛟龙号试验性应用航次(中国大洋 35 航次)第二、三航段现场报告.

蓝先洪, 温珍河, 李日辉, 等. 2014. 海底地质取样的技术标准. 海洋地质前沿, 30(2): 50-55.

李民刚. 2012. 40 米重力活塞取样器设计及仿真. 青岛: 青岛理工大学硕士学位论文.

李民刚, 王廷和, 程振波, 等. 2013. 深海重力活塞取样器贯入深度影响因素分析. 中国海洋大学学报(自然科学版), 43(7): 94-98.

刘德顺, 金永平, 万步炎, 等. 2014. 深海矿产资源岩芯探测取样技术与装备发展历程与趋势. 中国机械工程, 25(23): 3255-3265.

王俊珠, 刘碧荣. 2013. 多管取样器常见故障及原因分析. 科技资讯, (26): 75-76.

万步炎, 黄筱军. 2006. 深海浅地层岩芯取样钻机的研制. 矿业研究与开发, 26(s1): 49-51.

万步炎, 金永平, 黄筱军. 2015. 海底 20m 岩芯取样钻机的研制. 海洋工程装备与技术, 2(1): 1-5.

邬长斌, 刘少军, 戴瑜. 2008. 海底多金属硫化物开发动态与前景分析. 海洋通报, 27(6): 101-109.

翟世奎, 李怀明, 于增慧, 等. 2007. 现代海底热液活动调查研究技术进展. 地球科学进展, 22(8): 769-776.

周锦昌, 许建平. 1983. Xd—1 型箱式取样器. 海洋技术学报, (3): 86-87.

Searle R. 2013. Mid-Ocean Ridges. Cambridge: Cambridge University Press.

White M, Manocchio A, Lowe J, et al. 2011. Resource drilling of the Solwara 1 seafloor massive sulfide (SMS) deposit. Houston: Offshore Technology Conference.

7　洋中脊多金属硫化物勘查平台——深海潜水器与海底长期观测系统

洋中脊硫化物勘查的各类探测设备几乎都是在海面或近海底工作的，大多数探测设备本身并不具备航行的能力，需要动力支持和进行水下定位，入水、回收等流程也需要专门设备支持。而各类深海潜水器可以近底长时间航行，能够高效支持洋中脊硫化物矿床勘查工作。根据深海潜水器与科考船之间的交互方式可将深海潜水器分为自主式水下机器人（autonomous underwater vehicle，AUV）、遥控水下机器人（remotely operated vehicle，ROV）和载人潜水器（human occupied vehicle，HOV）等类型。此外，通过在洋中脊热液区布设海底长期观测网，获得地球物理、物理海洋、地球化学等长期观测数据，也能够有效提升洋中脊多金属硫化物的勘查效率。

7.1　AUV 及搭载设备在热液区的应用

7.1.1　技术发展现状

AUV 的研制始于 20 世纪 50 年代早期，民用方面主要是水文调查、海上石油与天然气的开发等；军用方面主要是打捞试验丢失的海底武器（如鱼雷），后来在水雷作战中作为灭雷工具得到了较大的发展。80 年代末，随着计算机技术、人工智能技术、微电子技术、小型导航设备、指挥与控制硬件、逻辑与软件技术的突飞猛进，AUV 得到了大力发展。美国在 AUV 设计和使用方面走在了世界的前列，具有代表意义的深海 AUV 包括美国伍兹霍尔海洋研究所（WHOI）设计的 ABE、Sentry、Remus 系列，全海深混合型航行器 Nereus 及美国海军研究院设计的 Bluefin 系列。

除了美国之外，日本、德国、英国、俄罗斯等国家在应用 AUV 进行深海热液活动调查方面也做了大量的工作，表 7-1 列出了世界部分国家主要深海 AUV 的相关技术参数及搭载的传感器，主要包括多波束声呐、侧扫声呐、浅地层剖面声呐、照相机、摄像机、磁力仪、CTD、ADCP、pH 计、氧化还原电位传感器、浊度传感器、铁锰传感器、溶解氧传感器、热流探针和小型钻机等。此外，法国、加拿大、澳大利亚、瑞典、意大利、挪威、冰岛、葡萄牙、丹麦、韩国等国家也进行了 AUV 的研制工作，并取得一定进展。

7.1.2　在热液区中的应用

AUV 提供的深海高清地形数据，为海洋科学家提供了一个全新的视角观察海底地形地貌特征，它还能提供深海矿产调查数据，满足深海采矿需求。深海 AUV 观测深海生物群落和海洋生物取样为海洋生物学家研究海洋生物提供了重要数据资料；在信息通信产业方面，越来越多的 AUV 应用于深海海底光缆的定位和跟踪。

表 7-1 世界部分国家主要深海 AUV 技术参数及搭载传感器（≥3000m）

序号	深海 AUV 名称	应用国家/单位	深度（m）	建造时间	续航力	搭载传感器	资料来源
1	ABE	美国 WHOI	6000	1993 年	40km	多波束声呐、侧扫声呐、磁力仪、CTD、浊度传感器、照相机、Eh 传感器、铁锰传感器	German et al.，2008
2	Sentry	美国 WHOI	6000	2006 年	70km	多波束声呐、侧扫声呐、磁力仪、浊度传感器、ADCP、CTD、照相机、3-D 摄像机、溶解氧传感器、Eh 传感器	Yoerger et al.，2006
3	Remus 6000	美国 WHOI	6000	2003 年	22h	多波束声呐、双频侧扫声呐、浅地层剖面声呐、ADCP、CTD、摄像机	Sharp and White，2008
4	Nereus	美国 WHOI	11000	2009 年	—	多波束声呐、侧扫声呐、磁力仪、CTD、热流探针、小型钻机、摄像机、照相机	Bowen et al.，2009
5	Bluefin-21	美国海军研究院	4500	2012 年	46km	多波束声呐、侧扫声呐、浅地层剖面声呐、黑白照相机	Lehmenhecker and Wulff，2013
6	r2D4	日本东京大学	4000	2003 年	60km	侧扫声呐、2 部水下摄像机、3 轴磁力仪、pH 传感器、热流仪、浊度传感器、锰离子密度计	Ura et al.，2004
7	浦岛	日本	3500	1998 年	130km	多波束声呐、侧扫声呐、浅地层剖面声呐、三分量磁力仪、照相机、摄像机、CTD、ADCP、pH 计、Eh 传感器、浊度传感器、24 通道 MINIMONE 采水器、溶解氧传感器	Aoki et al.，2003
8	ABYSS	德国 GEOMAR 研究所	6000	2008 年	22h	多波束声呐、侧扫声呐、浅地层剖面声呐、照相机、CTD、浊度传感器	Lackschewitz et al.，2008
9	Autosub 6000	英国	6000	2007 年	1000km	多波束声呐、CTD、ADCP	Mcphail，2009
10	MMT-3000	俄罗斯 IMTP 研究所	3000	2005 年	180km	侧扫声呐、浅地层剖面声呐、照相机、CTD	Gornak et al.，2007

利用 AUV 可以探测热液羽状流进而定位热液喷口，并对喷口进行观测作业。目前应用最多的研究机构是美国伍兹霍尔海洋研究所（WHOI），他们利用“ABE”号 AUV 探测热液羽状流，进而根据探测结果推断并最终确认热液喷口位置，并对喷口区域进行了声学和视像观测。他们提出的三阶段嵌套探测（three-phase nested survey）方案由 3 个连续的探测阶段组成（图 7-1），每一个探测阶段中 AUV 均采用预先设定的梳状探测策略，但后一阶段采用更小的探测范围和更高的探测分辨率，并更接近海底。第一阶段在热液非浮力羽状流层进行，主要进行水文探测，据此确定非浮力羽状流部分；第二阶段的探测范围和探测间距根据第一阶段的探测结果确定，主要试图找到浮力羽状流柱并对喷口附近区域的地形地貌和磁力场进行高精度测量；第三阶段根据第二阶段的测量结果，进一步缩小探测区域，实现海底热液喷口的精确定位，并对其喷口形态和底栖生物等进行视像观测。“ABE”号 AUV 利用该方法已经在全球大洋热液调查作业中多次成功精确定位热液喷口，并对其进行了高精度的声学和视像观测，充分显示了 AUV 作为热液喷口探测工具所具有的巨大优势和良好的应用前景（田宇，2012）。

我国 AUV 的研究工作始于 20 世纪 80 年代，在国家 863 计划、中国科学院、中国大洋协会的大力支持下，90 年代初，中国科学院沈阳自动化研究所、中国船舶重工集团公司第七〇二研究所等单位成功研制了“探索者”号 AUV，并在南海成功下潜到 1000m。90 年代中期，国内成功研制了“CR-01”6000m AUV，并于 1995 年和 1997 年两次在东太平洋下潜到 5270m 的洋底，为我国在国际海底区域成功圈定多金属结核区提供了重要的科学依据。随后，中国科学院沈阳自动化研究所联合国内优势单位成功研制“CR-02”

6000m AUV。该AUV的垂直和水平调控能力、实时避障能力均显著提高，并可绘制海底微地形地貌图。“十二五”期间，在中国大洋协会的支持下，由中国科学院沈阳自动化研究所负责总体，联合中国科学院声学研究所、哈尔滨工程大学等单位，完成了对“CR-02”6000m AUV的改造，重新打造了一款实用性的6000m AUV，即“潜龙一号”（图7-2）。

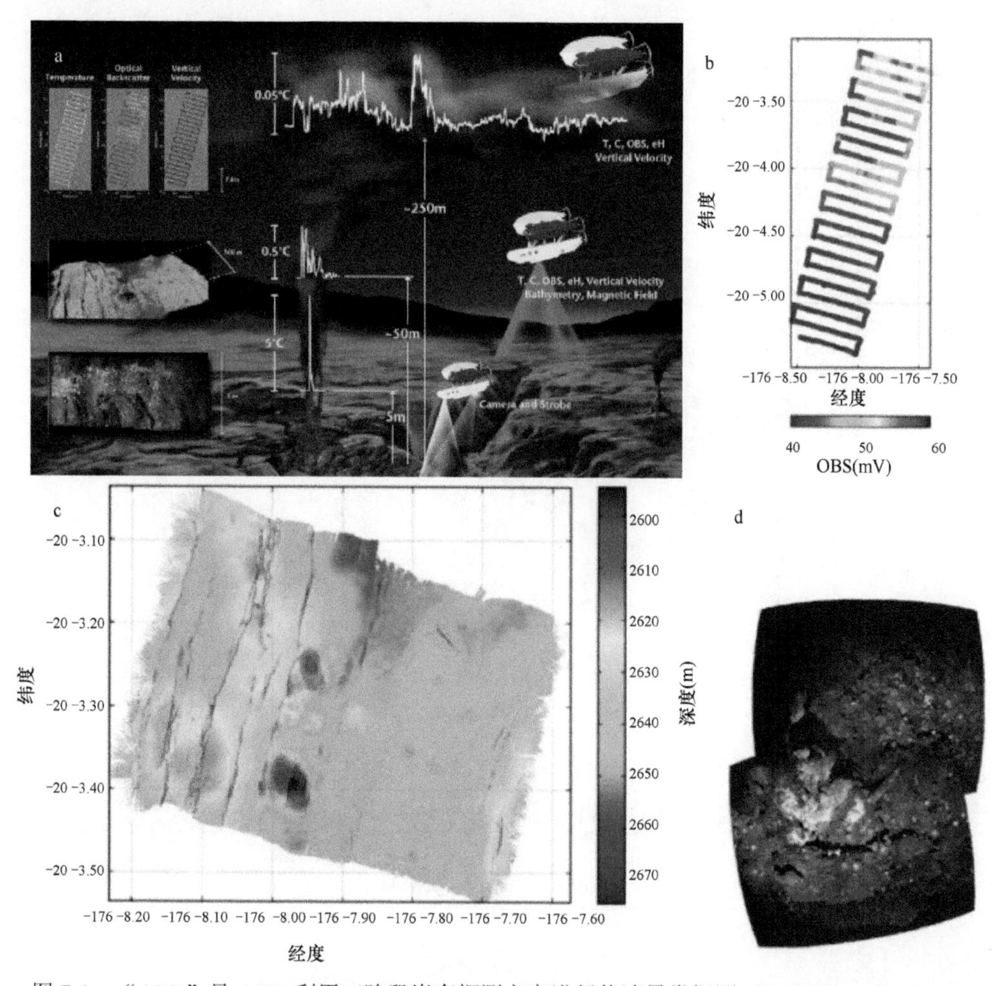

图7-1 “ABE”号AUV利用三阶段嵌套探测方案进行热液异常探测（German et al.，2008）

a. 三阶段方案总体示意图；b. 第一阶段在热液羽状流非浮力层利用AUV搭载的浊度传感器获得异常分布；c. 第二阶段获得近底高分辨率地形；d. 第三阶段精准定位热液喷口位置

图7-2 “潜龙一号”AUV（数据来源：http://www.qz123.com/news_show-143133.html）

“4500米级深海资源自主勘查系统”（“潜龙二号”）是“十二五”国家863计划“深海潜水器装备与技术”重大项目的课题之一，总体目标为自主研制出一套4500米级的AUV系统，以此为平台，集成热液异常探测、微地貌测量、海底照相和磁力探测等技术，形成一套实用化的深海探测系统，用于多金属硫化物等深海矿产资源勘探作业。

2016年初，在中国大洋40航次第1航段调查中，“潜龙二号”搭载“向阳红10”科学考察船获取了我国西南印度洋多金属硫化物合同区多个硫化物区精细的海底地貌图和一系列的热液异常探测数据（图7-3），为硫化物合同区的勘探工作积累了丰富的数据资料。

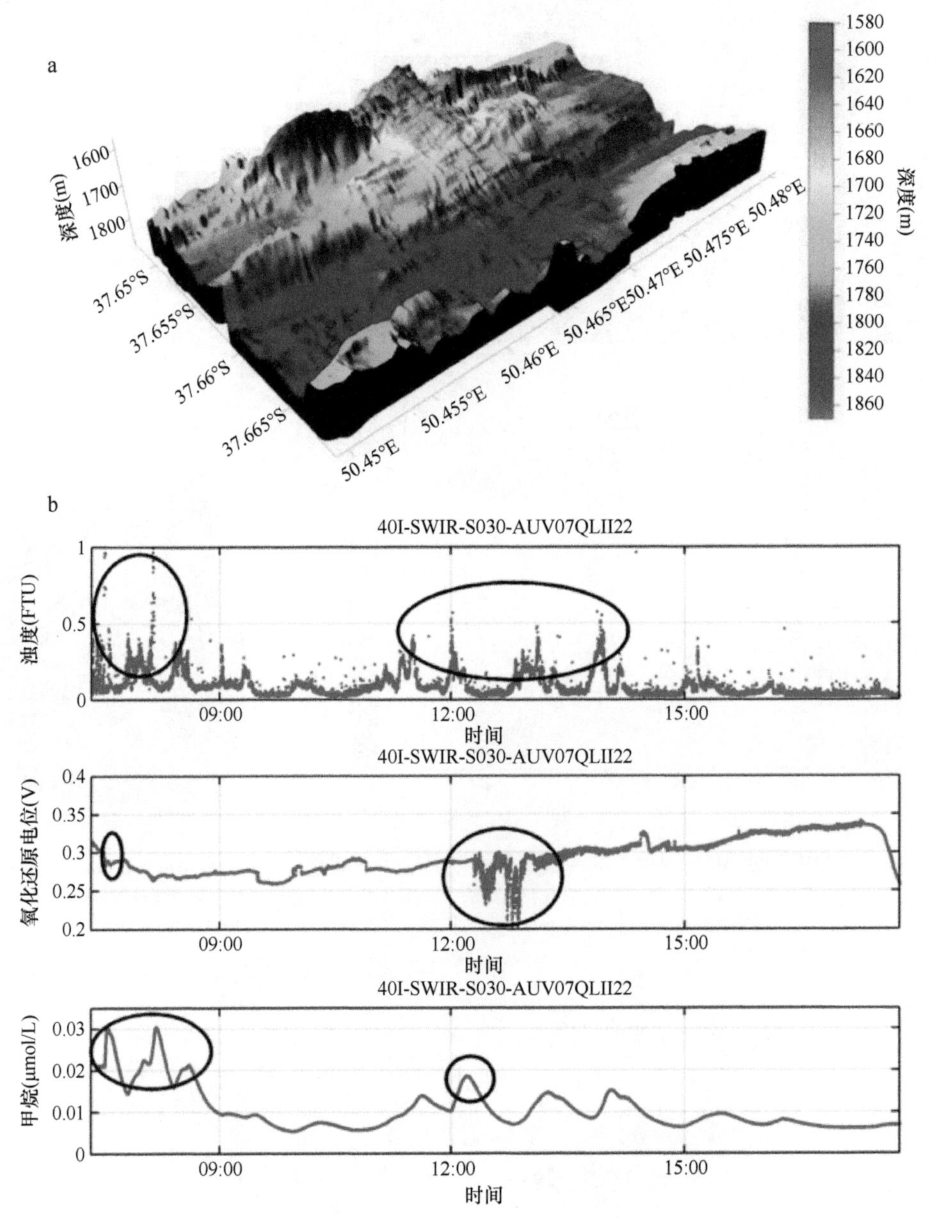

图7-3 “潜龙二号”AUV在我国西南印度洋多金属硫化物合同区获取的高分辨率地形图和水体异常（国家海洋局第二海洋研究所，2016）

a. 高分辨率地形图；b. 水体异常

7.1.3 前景与展望

应用 AUV 进行喷口探测已经成为趋势，鉴于 AUV 的特点，在未来海底热液活动的调查应用中，AUV 可以应用于高时空分辨率热液羽状流探测和高精度热液活动区的地形地貌探测，进而寻找和精确定位海底热液喷口，并对热液喷口区域进行声学和视像等观测及其他探测传感器数据采集。

7.2 ROV 及搭载设备在热液区的应用

7.2.1 技术发展现状

各类搭载于科考船的深海潜器是进行深海探测的重要设备，其中 ROV 具有较强的操控性、图像和信号传输的实时性，以及较大的采样能力和搭载能力，成为海底热液活动探查较为有效的探测装备。世界部分国家主要 ROV 技术参数及搭载传感器（下潜深度≥3000m）见表 7-2。

目前，曾在深海洋底发现或进行过热液活动探测的 ROV 主要有美国 HBOI（Harbor Branch Oceanographic Institution）的 ROV 系列，包括“John Sea Link Ⅰ”，“John Sea Link Ⅱ”；美国 WHOI 的 ROV 系列，包括“Hercules”，“Little Hercules”，“Jason”和“Jason Ⅱ”；蒙特雷湾水族馆研究所（Monterey Bay Aquarium Research Institute，MBARI）的“Doc Ricketts”号 ROV；DSSI（Deep Sea Systems International）公司的“Mini Rover”号 ROV；加拿大海洋科学研究所（Canadian Scientific Submersible Facility，CSSF）的“ROPOS”号 ROV；英国国家海洋学中心（National Oceanography Centre，NOC）的“Isis”号 ROV；Sub Atlantic 有限公司（Sub Atlantic Ltd.）的“Cherokee”号 ROV；南安普敦大学国家海洋中心（National Oceanography Centre，Southampton，NOCS）的“Kiel 6000”号 ROV；德国亥姆霍兹海洋科学研究中心（GEOMAR）和不来梅大学海洋环境科学中心（MARUM）的 ROV，包括 “Quest”和“Quest 4000”；日本海洋地球科学与技术办事处（Japan Agency for Marine-Earth Science and Technology，JAMSTEC）的“Hyper Dolphin”号 ROV；加拿大的 Pisces 系列 ROV，包括 Pisces Ⅳ、Pisces Ⅴ和 Pisces Ⅺ；以及鹦鹉螺公司的 ROV；法国的“Victor”和“Victor 6000”ROV；中国大洋协会的“海龙Ⅱ号”ROV 等。

对深海热液金属硫化物矿的勘探研究最早始于 20 世纪 60 年代。1963 年 7 月，美国 WHOI 利用 ROV 对红海进行采样调查，在水下 2000m 深处发现了富含铁和重金属的沉积矿床（Edwards，2013；Miller et al.，1966）。

20 世纪 90 年代逐渐开始采用 ROV 进行相关调查，Embley 等（1995）利用“ROPOS”号 ROV 在胡安德富卡洋脊北段观测到了热液活动。进入 21 世纪以后，随着 ROV 技术的进步，其在深海硫化物调查中的作用也越发重要，除了调查更加详细深入外，采样手段和能力也有所提高。Stakes 等（2002）通过“Tiburon”号 ROV 对胡安德富卡洋脊 Cleft 段南部离轴区域进行调查发现了热液活动。Gamo 等（2001）利用“Kaiko”号 ROV 在

表 7-2　世界部分国家主要 ROV 技术参数及搭载传感器（≥3000m）

序号	ROV 名称	所属国家/单位	主要技术指标	搭载主要设备	热液调查区域	数据来源
1	ROPOS	加拿大/CSSF	作业深度 5000m 重量 3393kg 尺寸：3.05m×1.64m×2.17m 前进 2.5 节 后退 1.0 节 垂直 1.5 节	Reson SeaBat 7125 多波束 Kongsberg M3 2D 多波束 SBE 19Plus V2 CTD RDI ADCP 1200kHz 8 路高清摄像，照相 4 个温度探头 500kg 采样篮 （8×2）L 水样， 300L/min 过滤 2 个机械手	Juan de Fuca Mariana 海弧	http://www.ropos.com/index.php/ropos-rov
2	Victor 6000	法国/Ifremer	作业深度 6000m 重量：4600kg 尺寸：3.1m×1.8m×2.1m 速度：1.5 节	1 路 3-CCD 照相机 5 路摄像机 1 个 7 功能机械手 1 个 5 功能机械手 3 个温度探针 采水器 沉积物取样管	大西洋中脊 37°N 大西洋中脊 13°～17°N	http://flotte.ifremer.fr/fleet/Presentation-of-the-fleet/Underwater-systems/VICTOR-6000
3	Jason Ⅱ	美国/WHOI	作业深度：6500m 重量：4000kg 尺寸：3.4m×2.4m×2.2m 速度：1 节	1 路单 CCD 彩色相机 3 路 3-CCD 彩色相机 1 个 6 自由度机械手 RDI ADCP 1200kHz/300kHz Reson SeaBat 7125 多波束	Mariana 海槽 Lau 盆地	http://www.whoi.edu/page.do?pid=8423
4	Hyper Dolphin	日本/JAMSTEC	作业深度：3000m 重量：4300kg 尺寸：3.0m×2.0m×2.6m 速度：3 节	1 个高清摄像机 1 路彩色照相机 1 路线性相机 2 个 7 功能机械手	Okinawa 海槽 South Sarigan 海底火山	http://www.jamstec.go.jp/e/about/equipment/ships/hyperdolphin.html
5	Doc Ricketts	美国/MBARI	作业深度：4000m 重量：4700kg 尺寸：1.8m×3.6m×2.1m 速度：3 节	12 管抽吸采样器 生物箱 1 个 7 功能机械手 CTD+浊度+溶解氧传感器 10 倍放大 HDTV 摄像机 12 路 NTSC 摄像机通道	东太平洋海隆	http://www.mbari.org/at-sea/vehicles/remotely-operated-vehicles/rov-docricketts-specifications-2/
6	海龙Ⅱ号	中国/大洋协会	作业深度：3500m 重量：3450kg 尺寸：3.2m×1.8m×2.2m 速度：1.5 节	1 个 5 功能机械手 1 个 7 功能机械手 1 台彩色摄像机 1 台左前从彩色摄像机 1 个微光色相机 1 个数码照相机	东太平洋海隆、西南印度洋中脊、大西洋中脊	

中印度洋脊 Rodriguez 三联点南部发现了活动黑烟囱。Michel 等（2003）利用“Victor 6000”号 ROV 在大西洋中脊 37°N 发现了 Menez Hom 热液区。同年，Wheat 等（2003）利用“Jason Ⅱ”号 ROV 对马里亚纳海槽最南端进行调查，发现了 Snail 热液活动区。次年，Chadwick 等（2004）利用“ROPOS”号 ROV 在马里亚纳岛弧的 14°～23°N 区域发现了 Maug Caldera、West Rota、Daikoku、East Diamante 4 处热液活动。Koschinsky 等（2006）利用“Quest”号 ROV 在大西洋中脊 8.3°S 附近发现了热液活动。Sigurdsson 等（2006）利用“Hercules”号 ROV 在希腊爱琴海的 Kolumbo 海底火山上发现了热液活动。Haase 等（2007）采用“Quest”号 ROV 在大西洋中脊 5°S 附近发现了热液活动。Petersen 等（2008）利用“Cherokee”号 ROV 在 Tyrrhenian 弧后盆地内发现了热液活动。Fouquet 等（2008）利用“Victor 6000”号 ROV 在大西洋中脊 13°～17°N 区间发现了多处热液

活动。中国大洋航次通过“大洋一号”科考船在西南印度洋慢速扩张脊发现6处热液区，在东太平洋海隆超快速扩张脊发现4处热液区，并利用“海龙Ⅱ”号ROV开展了相关调查并进行精确取样（Tao et al.，2008）。Embley等（2009）通过“Jason Ⅱ”号ROV在劳盆地东北汤加俯冲带发现了West Mata活动热液喷口。Shank等（2011）利用“Little Hercules”号ROV在Paramount海山发现了Uka Pacha和PegasusVent热液区。Clague等（2012）利用“Doc Ricketts”号ROV在东太平洋海隆的Alarcón Rise脊发现2处热液活动。Tamura等（2013）利用“Hyper Dolphin 3000”号ROV对South Sarigan海底火山进行调查并发现热液活动。Fukuba（2015）利用“Hyper Dolphin”号ROV在冲绳海槽发现了Yoron Hole热液区。

7.2.2 在热液区中的应用

“海龙Ⅱ号”遥控水下机器人，是一套大型深海作业ROV系统（图7-4），是我国自主研发的ROV，可用于3500m以内的大洋海底调查，海底热液活动调查和取样，海洋石油工程服务，水下管道、电缆检测维修，以及海上救助打捞等水下遥控作业。

图7-4 “海龙Ⅱ”号ROV

其主要性能指标如下。

（1）潜器主体尺寸为3170mm×1810mm×2240mm；潜器重量（空气中）为3450kg（包括有效载荷）；有效载荷为250kg；顶挂式中继器，直径为2000mm，高为2100mm；水上重量为2500kg，水下重量为1400kg；脐带电缆长350m。

（2）最大工作深度为3500m；潜器功率为125SHP①，航行能力前进时为3.3节，上浮为1.8节，下潜为2.2节，侧移为2.5节，系柱推力为700kgf②。

（3）具有自动定高、定深和定向航行自动控制功能，以及姿态控制能力，横摇±20°，使用海况为4级以下。

自2009年“海龙Ⅱ号”ROV在东太平洋海隆鸟巢热液区投入使用以来，目前已经在西南印度洋中脊、北大西洋中脊和大西洋中脊的多个热液区投入使用（表7-3，图7-5）。主要进行高精度观察和取样工作，获取了包括硫化物烟囱、碳酸盐烟囱、岩石和生物在内的多种类型的样品，使我国成为国际上极少数能使用水下机器人开展洋中脊热液调查和取样的国家之一。

表7-3 “海龙Ⅱ号”ROV在我国大洋硫化物调查中的主要应用情况

时间	航次/航段	作业海域	主要成果	备注
2009年	中国大洋21航次/Ⅲ航段	东太平洋海隆鸟巢热液区	观察到高26m、直径约4.5m的巨大“黑烟囱”；抓获约7kg“黑烟囱”喷口的硫化物样品	国内首次采用ROV在热液区应用
2011年	中国大洋22航次/Ⅱ航段	大西洋中脊 采虆热液区（彩虹湾热液区）	高精度观察 硫化物烟囱、玄武岩和珊瑚样品	首次采用无中继器模式作业
2012年	中国大洋26航次/Ⅱ航段	北大西洋中脊 Lost City和Broken Spur热液区	高精度观察 碳酸盐烟囱、玄武岩和珊瑚样品	
2012年	中国大洋26航次/Ⅲ航段	大西洋中脊 德音热液区（15°S热液区）	高精度观察 硫化物黑烟囱样品	
2014年	中国大洋30航次/Ⅱ航段	西南印度洋中脊 龙旂、断桥、长白热液区	高精度观察 硫化物、岩石和生物样品、保压水体样品	

图7-5 “海龙Ⅱ号”ROV首次拍摄黑烟囱照片（东太平洋海隆鸟巢热液区）（a）并抓取硫化物样品（b）（国家海洋局第二海洋研究所，2009）

7.2.3 前景与展望

近十年来，ROV在海底多金属硫化物调查中发挥了更大的作用，除进行常规的视

① SHP：轴马力（Shaft horse power），马力为非法定计量单位，1马力≈735.499瓦

② 1kgf=9.806 65N

像观测和简单地质及生物取样外，随着作业级 ROV 的投入使用，ROV 作为海底钻探、地形地貌调查和其他地球物理调查的平台，将进一步发挥其定点精细作业的优势。

7.3 HOV 及搭载设备在热液区的应用

7.3.1 技术发展现状

HOV 凭借搭载能力，可以使科学家亲临现场进行观察和作业，相较于 ROV 具有更精细的作业能力和作业范围。

1960 年，“曲斯特 1”号 HOV 首次将人类送到太平洋的马里亚纳海沟，创造了人类最大下潜深度（10 916m）的历史，随后美国、法国、俄罗斯、日本和中国相继研发了大深度 HOV（Kohnen，2013）。近年来，印度、韩国、葡萄牙和西班牙等国也陆续开启 HOV 的研制，一系列 HOV 已在深海地球科学、生命科学、水下工程施工等领域开展了广泛应用（Kudo，2008；崔维成等，2011；刘保华等，2015）。目前，全球大深度（＞1000m）HOV 如表 7-4 所示。

表 7-4　全球大深度（＞1000m）HOV 汇总（Kohnen，2013）

序号	潜水器名称	应用单位	深度（m）	建造年度	搭载人数	国家
1	Deepsea Challenger	WHOI	11 000	2011	1	美国
2	Deepflight Challenger	Virgin Oceanics	11 000	2008	1	美国
3	蛟龙 Jiaolong	CSSRC/COMRA	7 000	2009	3	中国
4	Shinkai 6500	JAMSTEC	6 500	1989	3	日本
5	MIR 1（和平Ⅰ）	PP Shirshov Institute of Oceanology，RAS	6 000	1987	3	俄罗斯
6	MIR 2（和平Ⅱ）	PP Shirshov Institute of Oceanology，RAS	6 000	1987	3	俄罗斯
7	Nautile	Ifremer	6 000	1985	3	法国
8	Alvin	WHOI	4 450	1964	3	美国
9	Pisces IV	HURL	2 000	1971	3	美国
10	Pisces V	HURL	2 000	1973	3	美国
11	Ictineu 3	Ictineu Submarine SA	1 200	2013	3	西班牙
12	Triton 3000/3-1	MV ALUCIA	1 000	2011	3	美国
13	Deep Rover	CANDIVE Ltd.	1 000	1984	1	加拿大
14	Deep Rover DR1	MV ALUCIA	1 000	1994	2	美国
15	Deep Rover DR2	MV ALUCIA	1 000	1994	2	美国
16	Lula 1000	Foundation Rebikoff-Niggeier	1 000	2011	3	葡萄牙

7.3.2 在热液区中的应用

人类通过 HOV 开启了对深海热液区、深渊等极端特殊环境的生物及其群落的调查研究，在生命起源、生物进化繁衍机制等方面获得了诸多重大发现和大量新的认识。HOV 最早用于深海热液区的考察始于 1977 年，美国的“Alvin”号 HOV 在东太平洋加拉帕斯裂谷水深 2500m 处，第一次近距离观察到高温热液喷口及喷口附近的化能合成生物群落，并于 1979 年首次测得热液喷口温度达 350℃（Francheteau et al.，1979）。随后，科学家利用 HOV 又相继在大西洋、印度洋、北冰洋和西太平洋等海域发现了多处海底热液喷口。此外，法国于 1985 年研制成功的“Mautile”号 HOV，先后开展了洋中脊、海底火山、海底生态系统等方面的调查研究，1997～1999 年，“Mautile”号对大西洋洋中脊处的 Rainbow 热液喷口开展了生物学考察下潜。俄罗斯研制的“MIR 1”号、“MIR 2”号 HOV 于 1987 年起，相继在太平洋、印度洋、大西洋和北极等海域的大约 22 个热液区进行了大量科学考察，发现 3 个热液区。日本的“Shinkai 6500”号 HOV 于 1989 年投入使用以来，在西太平洋、北大西洋及印度洋等海域内进行过多次海洋地质及生物方面的调查研究，于 2013 年开展了环球载人深潜考察（Ishibashi et al.，2015）。

利用 HOV 搭载照相和摄像、数据采集系统等设备，科学家不仅可以直接近距离观察到深海各种海底现象，还可以将观测信息进行记录和保存，并开展深海高精度定位的地质或生物样品采集，为深海科学基础理论研究提供有效的证据。例如，“Alvin”号 HOV 于 2000 年和 2003 年相继在大西洋 Atlantis Massif 核杂岩区域开展了多个潜次的调查（图 7-6，第 3639～3652、3881 潜次），对 Lost City 热液区进行了精细底质现象观察，获取了大量高清摄像资料，为系统研究热液循环提供了直观证据（Boschi et al.，2006；Karson et al.，2006）。

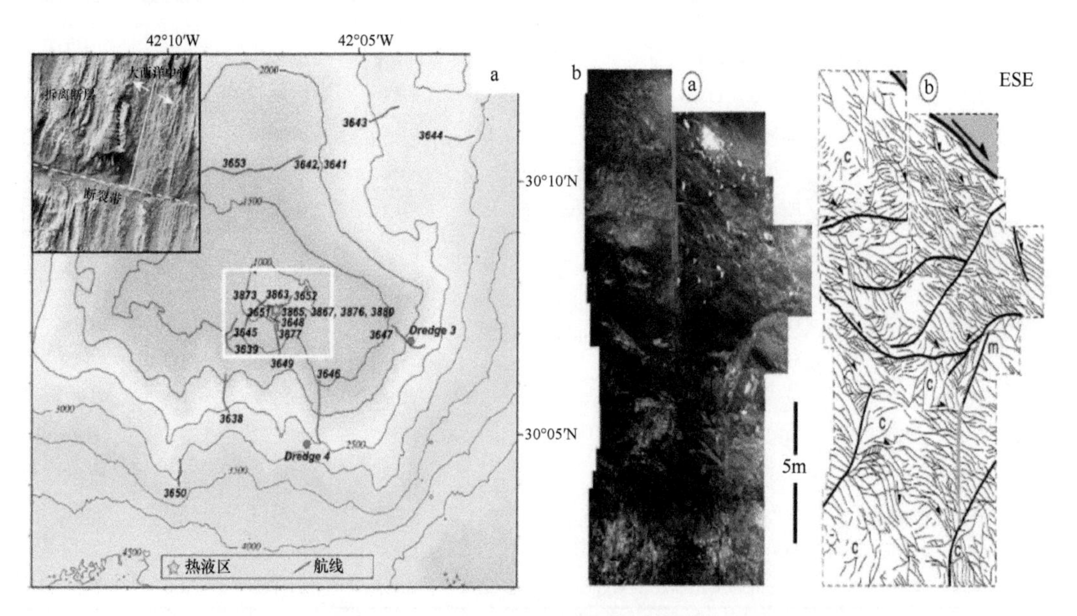

图 7-6 “Alvin”号 HOV 在大西洋 Lost City 热液区及其邻近区域开展多个潜次调查（Boschi et al.，2006）
a. Lost City 热液区附近地形图及 HOV 潜次航迹分布；b. 拆离剪切带的底质特征和解译，
其中 m 代表岩石块体，c 代表垮塌的岩石碎块

HOV 可搭载先进的多波束测深及侧扫声呐系统，对热液区开展详细的近底勘测，这样不仅避开了海面各种干扰的影响，而且提高了勘测的分辨率，从而可以获得精细的海底地貌形态。例如，20 世纪 70 年代，美国利用“Alvin”号搭载的多波束测深和侧扫声呐系统，在大西洋中脊和东太平洋海隆开展了调查作业，获取了大量高精度地形地貌

数据（Luyendyk and Macdonald，1977；Macdonald et al.，1975）。

载人潜水器可搭载各类原位探测类工具，如高精度温度梯度探针、高精度化学原位传感器等，用于实现深海科学应用海区物理参数原位探测。Alvin 号搭载温度传感器在对胡安德富卡洋脊 Endeavour 段热液区的热液喷口周边温度场测量中得到了应用（Ursula et al.，1994），并用于热液喷口通量估算。日本 Shinkai 6500 潜水器在东太平洋海隆南部进行了 8 次下潜，开展热液流场等方面的观察与研究（Ishibashi et al.，1995）。2006 年，Alvin 号完成了 NOAA 组织的海洋勘探计划，对海底热液系统的生命和热液流动进行了原位监测（Roberts et al.，2010）。

我国"蛟龙"号 HOV 于 2012 年 6 月在马里亚纳海沟成功完成 7000m 级海试，实现最大深度 7062m 深潜，随后又开展了多个试验性应用航次，于 2014～2015 年中国大洋 35 航次首次前往西南印度洋，在我国多金属硫化物合同区开展了多个潜次作业（图 7-7），获取了大量的视像等数据资料和高质量的地质生物样品。

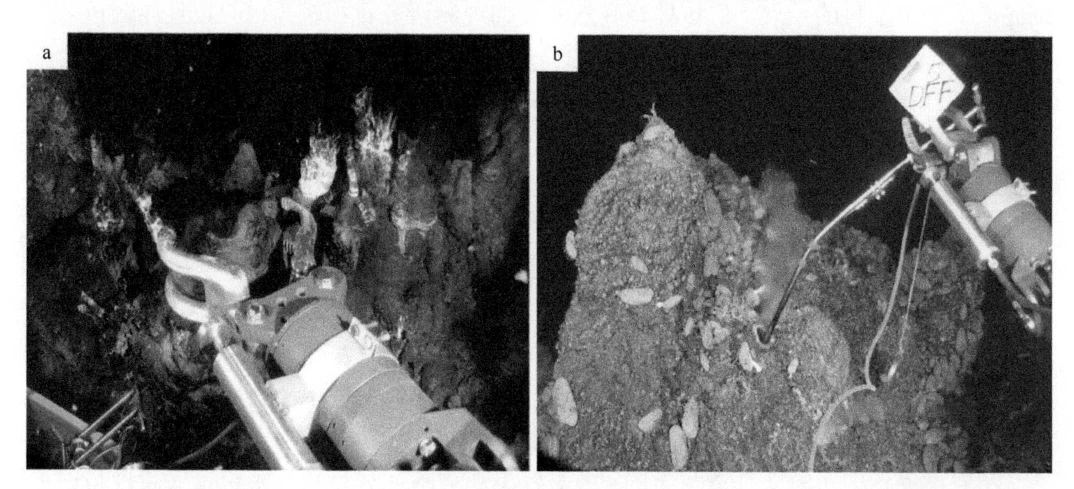

图 7-7　"蛟龙"号 HOV 在西南印度洋热液区采集烟囱体及热液喷口流体样品（国家深海基地管理中心，2015）

7.3.3　前景与展望

到目前为止，世界各国的载人潜水器已搭载几万人次下潜至深海海底，完成了万余次的下潜作业，载人潜水器已成为世界海洋科学研究领域中不可替代的先进技术手段。进入 21 世纪以后，深海权益的竞争更加激烈，载人深潜技术的应用也随之发生了质的变化，正在从过去单一科学目标的探测研究向多学科综合考察发展。

相比之下，我国载人深潜科考工作正在迎头赶超。蛟龙号载人潜水器自 2012 年 7 月在马里亚纳海沟成功完成 7000 米级海试以来，在西南印度洋、北印度洋热液区开展了载人深潜调查，获取了大量的视像数据资料和高质量的地质生物样品。利用载人潜水器对深海热液区进行原位、可视、精细和量化的采样与探测研究的优势，可以为未来大尺度海底多金属硫化物资源的快速评估提供重要的精确量化参数，也会丰富人类对成矿规律、成矿物质在水圈及岩石圈交换与循环、生命起源和环境效应的认识。

7.4 热液区长期观测网

7.4.1 技术发展现状

海底热液区长期观测网是近年来兴起的大型海洋观测系统，是继地面地球科学观测平台和空中/空间遥测遥感观测平台之后对地球科学进行研究的第三个观测平台，借助该观测平台，既能向下观测海底和大洋深部，又能通过锚系向上观测大洋水层，还可以投放能自动与观测网的节点连接上网的活动型深海观测站。长期观测网能让科学家对海底地震、地质构造、海水环境及海底生态等多学科进行全面的监测，进而提高对上述科学问题的认识。

海底热液区长期观测网起源于 20 世纪 50 年代，得益于广泛开展的海底地震观测和 60 年代兴起的大洋钻探计划。海底地震观测和大洋钻探计划获得了海量的数据并作为基础促进了多个学科的发展。但这种海底点位式的观测研究目标较为单一，且耗费较多船时和人力，因此海底长期观测网的理念逐渐形成。海底长期观测网是由不同学科多套观测设备共同组成的长期驻留式观测系统。各套观测设备由相互连接的缆线连接到中继站，从而实现能源和数据的传输。海底观测网采集的数据将通过中继站发送至海面浮标，再通过卫星发送至地面基站，若是观测目标离海岸较近，也可直接从地面基站布设光缆向各节点提供能源和数据，实现能源和数据的直接传输。海底长期观测网与地面地球科学观测平台和空中/间遥测遥感观测平台通过数据管理和通信，组成了全球立体观测系统。海底观测站/网的建立，为研究地球表面演化过程的机制提供了新途径，还为探索地球深部奥秘提供了新的可能。海底长期观测站/网的建设和技术的发展，已成为 21 世纪海洋高技术发展的前沿和国家综合实力的重要标志。它将从根本上改变海洋观测和研究的途径，并向全球海底国际联网观测和研究方向发展。

随着世界各国对海底观测科学的重视，各类观测网或观测站点纷纷投入建设与试运行。目前全球共有约 20 个海底观测网/站，其中以加拿大的海王星观测网为代表。同时美国和欧洲提出了大型海底观测网的建设计划（OOI 和 ESONET），日本和我国也都提出了观测网的建设计划，并进行了前期的技术性试验建设。目前在建设中或已经建成投入使用的海底观测系统主要信息参见表 7-5。

7.4.2 在热液区中的应用

虽然国外建设或计划建设一系列的海底长期观测系统，但针对洋中脊热液区的观测并不多。主要有以下几个观测系统。

（1）海王星海底观测网

海王星海底观测网是目前世界上最为成功的海底观测系统，设在东北太平洋、美国和加拿大西岸以外的胡安德富卡板块（图 7-8），属光缆在线的观测网，由海底 30～50 个观测节点和陆地控制中心组成，最大布放水深达 3000m。海王星海底观测网计划的最终目标就是建立区域长期实时交互式深海观测平台，在不同时间尺度和空间尺度上进行多学科的测量和研究。针对海底深部构造活动、热液活动和极端环境特殊生态，海王星

表 7-5 近年海底观测系统基本信息表*

序号	海底观测系统名称	国家	主要观测内容	布设区域
1	海王星海底观测网络计划 (NEPTUNE)	美国 加拿大	板块构造研究 海洋对气候的影响 海洋生态系统 深海热液活动	东北太平洋 胡安德富卡板块 及周围海域
2	欧洲海底观测网计划 (ESONET/EMSO)	英国 德国 法国	海冰的变化对深水循环的影响 北大西洋地区的生物多样性 地中海的地震活动等	北冰洋、挪威海、爱尔兰海等 10 个海域
3	日本新型实时海底监测电缆网络计划 (ARENA)	日本	地震学和地球动力学研究 海洋环流研究 可燃冰监测 水热通量研究 生物学与渔业研究 海洋哺乳动物研究 深海微生物研究	日本近海
4	美国 LEO-15 生态环境海底观测站	美国	物理海洋学 海洋生态学	离新泽西州海岸 16km 处
5	夏威夷-2 海底观测网络 (Hawaii-2 Observatory)	美国	地震学和地磁学研究 海啸研究 生物海洋学等	夏威夷和加利福尼亚正中间的海底
6	美国 NeMO 海底观测链	美国	海底火山热液喷口的地质学、生物学和化学现象	离美国俄勒冈州海岸 250mile①
7	维多利亚海底观测网 (VENUS 系统)	加拿大	河口循环和河口动力学 浮游生物动力学 深水循环等	山尼治湾 乔治亚海峡
8	蒙特里海底研究系统 (MARS 系统)	美国	地震学研究 海洋环境监测	蒙特利湾西北 25km 的 Smooth 洋中脊

*，数据来源 John Delaney et al.，2001；I.G. Priede et al.，2004；PaoloFavali et al.，2009；Yuichi Shirasaki et al.，2002；Glenn S.M. et al.，2000；Dewey R.et al.，2007；www.soest.hawaii.edu/H2O/；www.pmel.noaa.gov/eoi/nemo/；www.mbari.org/at-sea/cabled-observatory/

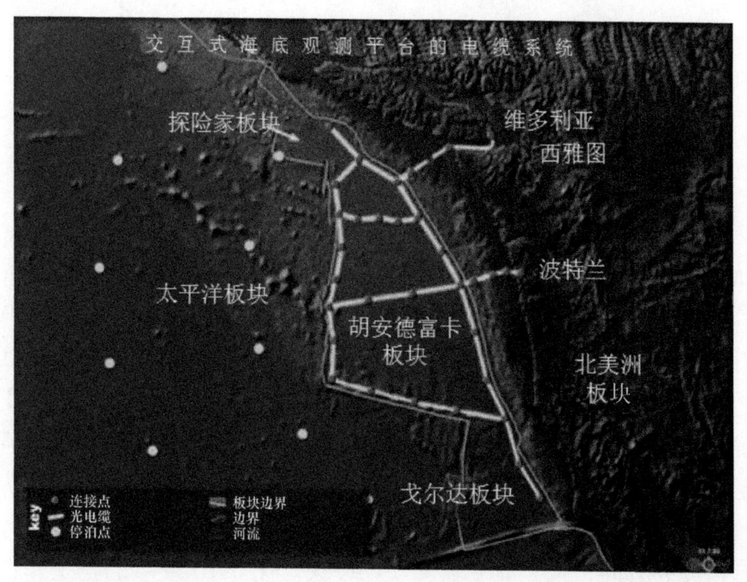

图 7-8 海王星海底观测网络光电缆路径与节点位置示意图（Delaney et al.，2001）

① 1mile=1.609 344km

海底观测网观测节点安装有摄像头、海水化学传感器、地震监测站、水文传感器、温度计、养分测量器和海底钻头等，采集物理、化学、生物等信息，并通过光纤实时传输至陆地控制中心。海王星海底观测网将进行长达 25 年的实时观测，因此后期系统的长期维护将成为保证整个观测网顺利运行的重要工作。

（2）美国 Hobo 海底热液观测站

东太平洋海隆（9°N）地区是美国科学家研究较多的热液区，Hobo 海底热液观测站便布设于此。围绕特定的考察目的和研究内容，利用载人潜水器“Alvin”号深潜到海底 2500m 深的火山热液喷口附近开展采集样本、观察海底热液喷口情况、测试数据等工作。对海底火山和海底热液的研究来说，长期观测是一项十分重要的内容。科学家对这一地区的海底火山热液喷口有选择性地开展温度的原位监测工作，使用 Hobo 和 Vemco 两种原位温度传感器设备来构成最简单的海底观测站，用于热液喷口温度变化的长期观察，从而来监控热液喷口的变化情况（图 7-9）。高温区的温度可达 400℃，而扩散流地区的温度（次高温区的温度），一般高于海底海水温度 0～2℃，但低于 50℃。一般在某次科学考察活动中，回收前一次考察活动留下的原位温度仪，如果认为此处火山依然比较活跃，监测还有意义，就重新放置新的 Hobo 或 Vemco 温度仪。通过这种 Hobo 海底观测站技术，就可以得到某个海底热液喷口的不间断温度变化曲线和数据。

图 7-9　Hobo 海底热液观测站（陈鹰，2006）

（3）美国 NeMO 海底观测链

美国 NeMO 海底观测链位于距离美国俄勒冈州海岸 250mile、水深 1600m 处的 Axial volcano 火山。NeMO 海底观测链的主要目的是研究 Axial volcano 海底火山热液喷口附近的各种相互关联的地质学、生物学和化学现象，布设的海底观测仪器包括压力、温度传感器和遥控的火山灰及水体取样器。主要研究热液区的温度、化学元素变化和海底火山活动引起的地壳运动。NeMO 海底观测链通过水声调制解调器和水声通信方式把海底观测仪器的数据传输到水面上的通信浮标，再由通信浮标通过卫星将数据传输到美国国家海洋和大气管理局的太平洋海洋环境实验室集中处理，实验室的控制信号和指令则可以沿着与上述相反的方向传输到海底仪器设备中去。图 7-10 展示的是工作在海底火山热液喷口附近的 NeMO 海底观测链（陈鹰，2006）。

图 7-10 NeMO 海底观测链（数据来源：https://www.pmel.noaa.gov/eoi/nemo）

7.4.3 前景与展望

海底长期观测网具有长时间全面作业的优势，同时能对观测对象开展原位分析，从而避免了采集和运输过程中可能产生的问题，是未来海洋观测的必然趋势。结合 AUV、HOV 等潜器，在洋中脊热液活动区布设海底长期观测网，对区域内热液活动展开多学科综合研究，获取热液区原位观测数据和样品，是有效提高热液活动观测效率的重要手段。目前，我国已在南海和东海开展了技术验证性的海底观测网建设，并取得了一定的突破。2018 年开始，我国将在东海和南海分别建立岸基型海底观测系统，实现中国东海和南海从海底向海面的全天候、实时和高分辨率的多界面立体综合观测，为深入认识东海和南海海洋环境、开展海底科学研究提供长期连续观测数据和原位科学实验平台。相信在不久的将来，我国自行研制的海底长期观测网也将应用到海底热液活动的研究中。

参考文献

陈鹰. 2006. 海底观测系统. 北京: 海洋出版社.

崔维成, 胡震, 叶聪. 2011. 深海载人潜水器技术的发展现状与趋势. 中南大学学报(自然科学版), 42(S2): 13-20.

国家海洋局第二海洋研究所. 2009. 中国大洋 21 航次第 3 航段现场报告.

国家海洋局第二海洋研究所. 2016. 中国大洋 40 航次第 1 航段现场报告.

国家深海基地管理中心. 2015. 中国大洋 35 航次现场报告.

刘保华, 丁忠军, 史先鹏, 等. 2015. 载人潜水器在深海科学考察中的应用研究进展. 海洋学报, 37(10): 1-10.

田宇. 2012. 自主水下机器人深海热液羽流追踪研究. 中国科学院研究生院硕士论文.

Aoki T, Tsukioka S, Yoshida H, et al. 2003. The deep cruising autonomous underwater vehicle URASHIMA. 10th FCDIC Fuel Cell Symp Proc: 90-95.

Boschi C, Fruh-Green G L, Delacour A L, et al. 2006. Mass transfer and fluid flow during detachment faulting and development of an oceanic core complex, Atlantis Massif (MAR 30°N). Geochemistry Geophysics Geosystems, 7(1): 1-39.

Bowen A D, Yoerger D R, Taylor C, et al. 2009. Field trials of the Nereus hybrid underwater robotic vehicle in the challenger deep of the Mariana Trench. Proc IEEE/MTS OCEANS Conf Exhib, Biloxi, MS, USA: 1-10.

Chadwick Jr W W, Embley R W, de Ronde C E J, et al. 2004. The geologic setting of hydrothermal vents at Mariana Arc submarine volcanoes: high-resolution bathymetry and ROV observations. AGU Fall Meeting Abstracts: V43F-06.

Clague D A, Caress D W, Lundsten L, et al. 2012. Geology of the Alarcón Rise Based on 1-m Resolution Bathymetry and ROV Observations and Sampling. AGU Fall Meeting Abstracts, T44A-04.

Delaney J, Heath G R, Chave A, et al. 2001. NEPTUNE: real-time, long-term ocean and earth studies at the scale of a tectonic plate. Oceans, (3): 1366-1373.

Dewey R., Round A., Macoun, et al. 2007. The VENUS Cabled Observatory: Engineering Meets Science on the Seafloor. OCEANS 2007.

Edwards A J. 2013. Red sea. Amsterdam: Elsevier.

Embley R W, Chadwick Jr W W, Jonasson I R, et al. 1995. Initial results of the rapid response to the 1993 CoAxial event: relationships between hydrothermal and volcanic processes. Geophysical Research Letters, 22(2): 143-146.

Embley R W, Merle S G, Lupton J E, et al. 2009. Extensive and diverse submarine volcanism and hydrothermal activity in the NE Lau Basin. AGU Fall Meeting Abstracts: V51D-1719.

Fouquet Y, Cherkashov G, Charlou J L, et al. 2008. Serpentine cruise-ultramafic hosted hydrothermal deposits on the Mid-Atlantic Ridge: first submersible studies on Ashadze 1 and 2, Logatchev 2 and Krasnov vent fields. InterRidge News, 17: 15-19.

Francheteau J, Needham H D, Choukroune P, et al. 1979. Massive deep-sea sulphide ore deposits discovered on the East Pacific Rise. Nature, 277(5697): 523-528.

Fukuba T A N T. 2015. The yoron hole: the shallowest hydrothermal system in the okinawa trough. In: Ishibashi J I, Okino K, Sunamura M. Subseafloor Biosphere Linked to Hydrothermal Systems: TAIGA concept. Tokyo: Springer: 489-492.

Gamo T, Chiba H, Yamanaka T, et al. 2001. Chemical characteristics of newly discovered black smoker fluids and associated hydrothermal plumes at the Rodriguez Triple Junction, Central Indian Ridge. Earth & Planetary Science Letters, 193(3): 371-379.

German C R, Yoerger D R, Jakuba M, et al. 2008. Hydrothermal exploration with the autonomous benthic explorer. Deep Sea Research Part I Oceanographic Research Papers, 55(2): 203-219.

Glenn S.M., Dickey T.D., Parker B. 2000. long-term real-time coastal ocean observation networks, oceanography. 13(2): 25-34.

Gornak V E, Inzartsev A V, Lvov O Y, et al. 2007. MMT 3000—Small AUV of New Series of IMTP FEB RAS. IEEE OCEANS 2006, Boston, MA, USA: 1-6.

Haase K M, Petersen S, Koschinsky A, et al. 2007. Young volcanism and related hydrothermal activity at 5°S on the slow-spreading southern Mid-Atlantic Ridge. Geochemistry, Geophysics, Geosystems, 8(11): 1-17.

I.G. Priede, M. Solan, J. Mienert, et al., 2004. ESONET-European Sea Floor Observatory Network, MTS/IEEE Techno-Ocean2004.

Ishibashi J I, Sano Y, Wakita H, et al. 1995. Helium and carbon geochemistry of hydrothermal fluids from the Mid-Okinawa Trough Back Arc Basin, southwest of Japan. Chemical Geology, 123(1): 1-15.

Ishibashi J, Okino K, Sunamura M. 2015. Subseafloor Biosphere Linked to Hydrothermal Systems: TAIGA Concept. Tokyo: Springer.

John Delaney, G. Ross Heath, Alan Chave, et al. 2001. NEPTUNE, Real-Time, Long-Term Ocean and Earth Studies at the Scale of a Tectonic Plate. MTS/IEEE Oceans2001.

Karson J A, Früh-Green G L, Kelley D S, et al. 2006. Detachment shear zone of the Atlantis Massif core complex, Mid-Atlantic Ridge, 30°N. Geochemistry Geophysics Geosystems, 7(6): 1-29.

Kohnen W. 2013. Review of deep ocean manned submersible activity in 2013. Marine Technology Society Journal, 47(5): 56-68.

Koschinsky A, Devey C, Garbe-Schönberg D, et al. 2006. Hydrothermal exploration of the Mid-Atlantic Ridge, 5°–10°S, using the AUV ABE and the ROV Quest a brief overview of RV Meteor Cruise M68/1.

AGU Fall Meeting Abstracts, OS34A-05.
Kudo K. 2008. Overseas trends in the development of human occupied deep submersibles and a proposal for Japan's way to take, Sci Technol Trends, 26: 104-123.
Lackschewitz K, Abegg F, Sticklus J, et al. 2008. In: Tagung Inmartech 08., 07.10, Toulon, France.
Lehmenhecker S, Wulff T. 2013. Flying drone for AUV Under-Ice missions. Sea Technology, 54(2): 61-64.
Luyendyk B P, Macdonald K C. 1977. Physiography and structure of the inner floor of the FAMOUS rift valley: observations with a deep-towed instrument package. Geological Society of America Bulletin, 88(5): 648-663.
Macdonald K, Luyendyk B P, Mudie J D, et al. 1975. Near-bottom geophysical study of the Mid-Atlantic Ridge median valley near lat 37°N: preliminary observations. Geology, 3(3): 211-215.
Mcphail S. 2009. Autosub6000: a deep diving long range AUV. Journal of Bionic Engineering, 6(1): 55-62.
Michel J, Klages M E L, Barriga F J, et al. 2003. Victor 6000: design, utilization and first improvements. The Thirteenth International Offshore and Polar Engineering Conference: International Society of Offshore and Polar Engineers. Honolulu, HI, USA. Cupertino, CA: ISOPE.
Miller A R, Densmore C D, Degens E T, et al. 1966. Hot brines and recent iron deposits in deeps of the Red Sea. Geochimica et Cosmochimica Acta, 30(3): 341-359.
PaoloFavali, LauraBeranzoli. 2009. EMSO: European multidisciplinary seafloor observatory, Nuclear Instruments and Methods in Physics Research A.602: 21–27.
Petersen S, Monecke T, Augustin N, et al. 2008. Drilling submarine hydrothermal systems in the Tyrrhenian Sea, Italy. InterRidge News, 17: 21-23.
Roberts H H, Shedd W, Hunt J. 2010. Dive site geology: DSV ALVIN (2006) and ROV JASON II (2007) dives to the middle-lower continental slope, northern Gulf of Mexico. Deep Sea Research Part II Topical Studies in Oceanography, 57(12): 1837-1858.
Shank T M, Holden J F, Herrera S, et al. 2011. Discovery of Nascent Vents and Recent Colonization Associated with (Re) activated Hydrothermal Vent Fields by the GALREX 2011 Expedition on the Galápagos Rift. AGU Fall Meeting Abstracts: OS22A-07.
Sharp K M, White R H. 2008. More tools in the toolbox: the naval oceanographic office's Remote Environmental Monitoring UnitS (REMUS) 6000 AUV. Quebec City: Proceedings of the IEEE OCEANS Conference: 15-18.
Sigurdsson H, Carey S, Alexandri M, et al. 2006. High-Temperature hydrothermal vent field of kolumbo submarine volcano, aegean sea: site of active Kuroko-Type mineralization. AGU Fall Meeting Abstracts, OS34A-03.
Stakes D S, Perfit M, Wheat G, et al. 2002. Evidence of volcanism and extensive low-temperature off-axis hydrothermal venting along the Cleft Segment of the southern Juan de Fuca Ridge (JdFR). AGU Fall Meeting Abstracts. V61B-1366.
Tamura Y, Embley R W, Nichols A R, et al. 2013. ROV Hyper-Dolphin survey at the May 2010 eruption site on South Sarigan Seamount, Mariana Arc. AGU Fall Meeting Abstracts, V31G-02.
Tao C H, Lin J, Wu G, et al. 2008. First active hydrothermal vent fields discovered at the equatorial Southern East Pacific Rise. AGU Fall Meeting Abstracts, V41B-2081.
Tao C H, Wu G, Ni J, et al. 2009. New hydrothermal fields found along the SWIR during the Legs 5-7 of the Chinese DY115-20 Expedition. AGU Fall Meeting Abstracts, OS21A-1150.
Ura T, Obara T, Nagahashi K, et al. 2004. Introduction to an AUV r2D4 and its kuroshima knoll survey mission. Proc. Of OCEANS'04, MTTS/IEEE TECHNO-OCEAN'04, Kobe, Japan, 2: 840-845.
Ursula G, Mottl M J, von Herzen R P. 1994. Heat flux from black smokers on the Endeavour and Cleft segments, Juan de Fuca Ridge. Journal of Geophysical Research Atmospheres, 99(B3): 4937-4950.
Wheat C G, Fryer P, Hulme S, et al. 2003. Hydrothermal venting in the southern most portion of the Mariana backarc spreading center at 12.57 degrees N. AGU Fall Meeting Abstracts, T32A-0920.
Yoerger D R, Bradley A M, Martin S C, et al. 2006. The sentry autonomous underwater vehicle: Field trial results and future capabilities. AGU Fall Meeting Abstracts, 33: 1674.
Yuichi Shirasaki, Takato Nishida, Minoru Yoshida, et al. 2002. Proposal of Next-generation Real-time Seafloor Globe Monitoring Cable-network, Oceans2002.

8 洋中脊多金属硫化物矿床勘查方法

现代海底热液活动和多金属硫化物的发现与调查已经有了几十年的历史，目前，以纯粹科学研究为主要目的的科学考察已逐步转向以获取矿产资源为目的的矿产资源勘查。科学考察和矿产资源勘查的目标是不同的，科学考察以解决科学问题为主要目标，而矿产资源勘查的目的是找到具有经济利用价值的矿产。因此，洋中脊多金属硫化物矿勘查首先应该是一项经济活动。但鉴于对洋中脊硫化物矿床的科学认识水平及相关技术水平非常有限，加之勘查工作目标的限制，在现阶段，它既是一项科学活动，也是一项具有战略性和前瞻性的资源勘查活动。深海科学考察是资源勘查的前期工作，同时也贯穿于资源勘查工作的始终，而资源勘查工作的逐步开展亦可为科学研究提供更多更深入的信息。

8.1 洋中脊多金属硫化物矿床勘查的基本特征

矿产勘查是在一定地区范围内以不同的精度要求进行找矿或发现矿床的工作。找矿要回答的是“找什么？”“哪里找？”和“怎么找？”的问题，且找矿成功的概率很低，在陆地上找矿成功率仅为 1/1000 左右（赵鹏大等，2001）。矿产勘查需要投入大量的人力、物力和财力，但如果能找到具有一定规模的矿床，则能产生巨大的经济效益。显然，矿产勘查是一项高风险、高投入和高效益的活动，因此，任何一种勘查策略，都必须以减少风险、节省投入、提高勘查工作总效益为出发点和最终目的（施俊法等，2005）。勘查策略又与勘查对象有直接的关系，不同的勘查对象特点不一样，所采用的勘查策略也不一样。洋中脊多金属硫化物矿床作为一种新的勘查对象，其勘查工作具有以下特点。

1）对矿床的认识程度低

洋中脊多金属硫化物矿床一般形成于近海底的开放环境之下，不仅与岩浆和构造活动等密切相关，而且受海水动力学、水化学特征等的影响，形成条件复杂、矿床产出形式多样。

从上覆沉积物情况来分，可分为有沉积物覆盖的硫化物矿床和无沉积物覆盖的硫化物矿床（Rona，2008）。其中，无沉积物覆盖的硫化物矿床，因赋矿围岩不同，形态也存在差异，成矿后的改造也会造成矿床形态的变化，从而对勘查工作产生影响。根据对现代海底热液成矿作用过程的研究，Fouquet（1997）认为现代海底多金属硫化物矿床的形态和样式以丘式为主。总体上，多金属硫化物堆积体上部以烟囱体为主，下部以块状硫化物为主，深部以网脉状硫化物为主，是一种叠碗状结构。大部分现代硫化物矿床的产出形态也以该形式为主。Fouquet 等（2010）进一步的研究表明，无沉积物覆盖的洋中脊由于赋矿围岩不同，丘体结构虽然相似，但形态存在差异。例如，产在玄武质岩石中的丘体较为陡立，深部的网脉带比较狭窄；而产在超镁铁质岩石中的丘体比较平坦，深部的网脉带较宽（宽度大于丘体宽度）。

有沉积物覆盖的硫化物堆积体在一定程度上不同于无沉积物覆盖的硫化物堆积体，目前发现的主要有发育在 Middle Valley 中的 BHMS、Dead Dog、ODP 硫化物丘体及发育在 Guaymas 海盆中的硫化物丘体（Fouquet et al.，2010，1996；Herzig and Hannington，1995；Rona，2008；Zierenberg et al.，1998，1993）。以 Bent Hill 为例，ODP Leg169 钻探显示丘体发育“三层结构”，从顶部到底部依次可以划分为：①顶部块状硫化物；②上部补给带；③下部补给带及深部铜矿带（Fouquet et al.，2010）。除此之外，若硫化物丘体受到后期构造作用或洋流等因素的影响，理论上还应该存在仅发育网脉状矿化和块状（板状/席状）矿化的“单层结构”。由于受到洋流或构造作用，上部块状矿体与底部网脉状矿体发生分离、移动，而仅发育板状矿化体的情况目前还未见报道。这两种矿化类型可能由于受到现代海洋调查技术的限制，还未被大量发现（Goodfellow and Franklin，1993；Humphris et al.，2002）。

任何一个矿床的形成都是多条件耦合的结果，现代海底多金属硫化物矿床的形态、类型、规模及其分布特点除了受洋中脊、弧后盆地等不同构造背景的影响，还受岩浆条件、构造（断裂、裂隙）、赋矿围岩岩性、沉积盖层（埋藏）、围岩渗透性、海底地形及水深条件等多种因素的制约（Rona and Scott，1993）。目前研究表明，岩浆作用类型、区域和局部构造条件、赋矿围岩性质是控制现代海底多金属硫化物矿床类型和形态特征的主要因素；水深、热液系统的渗透性、沉积盖层条件等则制约着海底多金属硫化物矿床的成矿条件与过程（Fouquet，1997）。但这些基本都是概略性分析，不同地区或不同的矿床情况不一样，具体的控制因素和机制存在差异。

总之，洋中脊多金属硫化物矿床的产出形式复杂，即使在同一个地区也可能存在多种不同形式产出的矿床。但目前大多数地区仅发现热液喷口或少量硫化物露头，成型的矿床较少，矿床成因、控矿因素、矿床模型、成矿规律的研究都处于初期阶段。这些都制约了勘查工作的进展。

2）技术装备不成熟

由于巨厚海水层的阻隔，难以直接观察与取样，需要借助大量的深海高新装备来获取各类勘查信息（表 8-1），包括船舶、ROV、HOV 等平台及各类勘查设备，这些设备在陆地勘查工作中均未曾使用。为适应海洋及深海极端工作环境，这些平台设备科技含量极高，通常是研发与应用并进，目前尚未达到成熟应用的阶段。

目前调查工作主要是通过船只远离海底遥测或定点取样的方式获取数据，其覆盖范围小、精度有限，所获得的数据以点状分布为特征。目前虽然也有 ROV、AUV 和 HOV 等手段，但受技术和工作条件的制约，其效率和效果无法与陆地勘查相比。此外，受船体定位技术及取样技术的影响，样品取样位置准确度和样品自身的代表性均很难保证。

海洋地球物理勘查的手段主要是电法、磁力、地震、多波束测深、侧扫声呐、重力等，但由于海水层的阻隔及海水对电磁场的屏蔽和干扰，调查结果精度不高且数据解释多解性，而且没有典型的矿床作为参照，其可靠性和合理性都需要进一步验证。

表 8-1　洋中脊硫化物矿床勘查主要装备

类型	名称
平台	船舶、HOV、ROV、AUV、近底摄像拖体、锚系等
地球物理	多波束、浅地层剖面、重力仪、声学深拖、OBS、电法、电磁法、磁力仪等
羽状流及水体	CTD、浊度仪、METS、ADCP 等
取样	钻机、抓斗、拖网、箱式取样器、多管取样器等

3）工作条件差

洋中脊通常远离大陆，距离达数百千米到数千千米，如我国西南印度洋中脊硫化物合同区距非洲大陆 2500km 左右，距我国大陆更是达上万千米，造成较大的运输与时间成本。

由于处于海底扩张中心，构造-岩浆活动频发，洋中脊地形极其复杂。地形变化大，沟谷极深，局部高差达数百米至上千米，海底面起伏不平，底流复杂多变（图 8-1），近底设备难以施工。并且由于海山与海沟平行于构造线方向，勘查线难以垂直于构造线方向布置，这大大降低了工作效率。此外，洋中脊大多位于大洋中心，天气多变，海况复杂，工作时间有限。例如，西南印度洋位于南半球，每年仅 11 月至次年 5 月春夏季天气条件相对较好。工作期间还经常遇到极端天气，增加了海上调查工作的难度，尤其是 HOV、ROV、AUV 和钻机等对海况要求很高，给海上施工造成了极大困难。

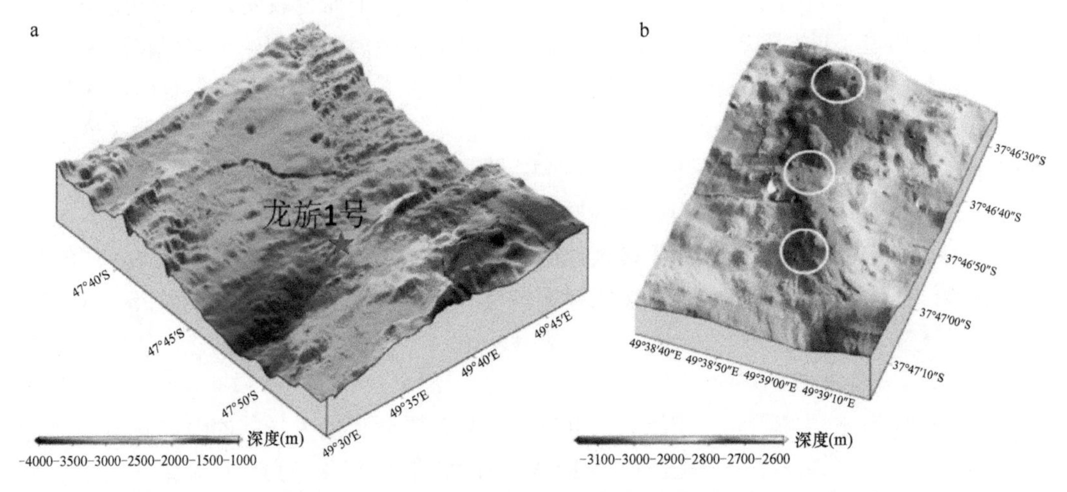

图 8-1　典型洋中脊硫化物矿区地形地貌［据陶春辉等（2014）修改］

a. 龙旂 1 号硫化物区邻区区域地形地貌；b. 龙旂 1 号硫化物区地形地貌，其中白色圆圈区域由上到下分别为南部、中部和北部硫化物分布区

4）受国际海底勘探规章、外交等制约

洋中脊硫化物矿床多位于国际海域，必须遵守国际海底相关勘探规章，其很多条款与陆地矿产勘查相关规章不同。此外，受勘查区邻近国家外交关系、甚至国情的制约，勘查人员境内外往返、后勤保障等均较陆地勘查困难。

5）环境与生物多样性保护要求高

深海是全球最大的生物多样性宝库之一，其存在对整个地球生态环境系统至关重要，洋中脊硫化物矿床所处的深海热液系统更具有生态独特性，要保持生态系统不遭受不可逆转的破坏，势必对勘查工作提出更高的要求。

综上所述，洋中脊硫化物矿床勘查制约因素更多，难度更大、投入更多，因此风险也更大，是名副其实的风险勘查。

8.2 洋中脊多金属硫化物矿床勘查策略

8.2.1 勘查突破的策略

矿产勘查的目的是要找到具有经济效益的矿床，它不仅是一项地质工作，还是一项经济活动。因此，矿产勘查不仅要遵循地质规律，还要遵循经济规律（赵鹏大等，2001），即需要减少风险、节省投入、提高勘查工作总效益。

现代矿产勘查注重找矿理论与勘查工作的结合，找矿理论研究主要从控制成矿的各种因素及其最佳组合和配置入手，注重成矿理论和矿床成因探讨，以类比法为主要思路，以成因模型为研究手段指导勘查。勘查工作强调各类方法、手段的实用性和有效性，重视各种标志和成矿特征的观测等原始资料的收集，不拘泥于成因研究，以类比调查区域典型矿区的特征为指导，实施以小比例尺调查为手段，以判断矿在何处形成和发现矿床为最终目的（施俊法和吴传璧，2000；施俊法等，2005）。

洋中脊硫化物矿床勘查在本质上与陆地矿产勘查是相同的，其目的也是要找到具有经济价值的矿床，必然要遵循矿产勘查的基本规律。但目前工作程度低、成矿机制和成矿规律研究程度低、勘查技术方法还在不断发展完善中，因此必须制定适宜的勘查策略，才能实现找矿突破，总结为以下 3 个方面。

（1）从探测热液羽状流信息入手，结合综合异常探测技术，实现从热液活动喷口的发现到矿床发现的突破。

洋中脊工作程度低，又有巨厚海水层覆盖，常规地质填图、地球化学勘查等工作难以实施，而综合异常探测技术可以达到“迅速掌握全局，逐步缩小靶区”的目的。

（2）从洋中脊硫化物典型矿床成矿模式对比入手，以矿床模型和区域成矿规律为指导，实现快速圈定成矿带的突破。

洋中脊基础地质及勘查工作程度均较低，大部分地区为新区，在这种情况下，以陆地硫化物矿床的认识为基础，研究消化已知洋中脊典型矿床的成矿模式，利用调查区区域地质和地球物理资料，建立矿床模型，并与典型矿床成矿模式对比，加快成矿带圈定。矿化点常成群成带出现，在矿床模型指导下，在已知矿床周围开展地质、物探找矿工作，可迅速发现与之相关的成矿带内的其他矿床，从而加快成矿带的发现。矿床模型可以指导勘查工作的部署，亦可促进资料收集，提高勘查工作的针对性。

（3）以非活动热液区为目标，以综合物化探勘查技术为手段，实现从洋中脊轴部向两翼的突破。

目前对洋中脊硫化物矿床的勘查工作仅限于洋中脊轴部活动区。基于洋中脊扩张理论，在其两翼可能存在很多之前形成于轴部的硫化物矿床，通常已经不存在热液活动，且已经风化或被沉积物覆盖，对这类矿产可采用综合物化探勘查技术进行调查，并以活动热液区矿床为对比，从而发现这些矿床。

8.2.2 勘查成功的要素

洋中脊硫化物矿床勘查因其高科技、高投入、高风险、探索性强等特点，决定了勘查成功与否受很多因素的影响。本节总结如下 4 个因素：加强矿床地质研究、深海勘查技术研究与应用、综合高效的勘查方案、奉献与团队合作精神。

（1）加强矿床地质研究

矿床地质特征研究是勘查工作的根本，勘查方法的选择及各类勘查信息的解释都依赖于对矿床地质特征的了解程度。洋中脊硫化物矿床位于海底，受巨厚海水阻隔，不能肉眼直接观察，多用间接手段获取相关信息，技术方法尚未成熟，且矿床产出形式复杂，要想提高找矿效果，必须加强矿床地质特征研究，并总结控矿因素和成矿规律，才能制定合理的勘查策略和有效识别矿化信息，从而提高勘查效率。

（2）深海勘查技术研究与应用

矿体处于海底而不能直接观察和取样，洋中脊硫化物矿产勘查必须要应用大量的高科技装备及技术，才能获取勘查信息。陆地矿产工作通常具有成熟的技术装备，而与之不同的是洋中脊硫化物勘查需要使用新的技术装备，这些技术装备通常还不成熟，需要在使用过程中摸索发展。另外，在洋中脊这种全新环境中对其结果进行解释和使用，也是一个全新挑战。只有在充分应用高新技术的情况下，才能有效地提高找矿效率。

（3）综合高效的勘查方案

选择合适的找矿方法对找矿成功是至关重要的。由于不同地区存在海底条件、矿床类型和赋存状态的差异，应根据实际情况选择不同的勘查方法。

洋中脊是一个全新的勘查区，找矿成功的关键在于正确选区，就是在综合研究区域地质、地球物理、地球化学的基础上，通过与其他已知的类似陆地或海底成矿区进行类比，预测和选择有利勘查区。①长期、不断深入地进行区域地质调查和研究工作，包括区域地质、地球物理、地球化学等调查，提高地质研究程度，提高对区域矿产分布规律的了解和认识程度；②有计划地进行区域性矿产资源评价（预测）工作，了解大区域的矿产潜力，为勘查选区提供依据；③在有利于成矿的地区，利用各种区域地质调查和矿产资源评价的已有资料，进行综合区域地质背景分析和区域成矿规律分析，全面了解区内地质情况、成矿作用及其演化历史，进行成矿预测，指出找矿方向；④对于有潜力的矿化区，采用地球物理-地球化学-地质综合技术方法迅速定位含矿区。

（4）奉献与团队合作精神

找矿是探索性很强的工作，是不断探索的过程，许多矿产都是找矿人员坚持不懈、锲而不舍、全心投入发现的。找矿人员要具有找矿的强烈愿望，具有强烈的事业心和紧迫感，以积极进取的态度对待存在的问题。找矿工作也是多学科交叉融合的结果，洋中脊硫化物矿床勘查更是涉及较多的专业，更需要团队合作才能达到目标。

8.3 国外海底多金属硫化物矿床勘查方法

矿床自然分布的复杂性、隐蔽性，决定了人们对矿床认识的曲折性和渐进性。为了增强地质工作管理的针对性和有效性，国内外都将分阶段管理作为地质工作管理的主要模式，也就是按照循序渐进的原则，逐渐缩小矿产勘查范围，不断提高研究程度，以期减少投资风险，提高勘查工作效果。每缩小一次勘查区，就进入一个新的勘查阶段。新阶段的工作在老阶段工作区范围内一个更小的、更有利的工作区内进行。对每一个勘查阶段，都要设置明确的勘查工作范围、勘查任务和工作程度要求。到目前为止，国际上还没有出台针对洋中脊硫化物调查的规范，更没有针对洋中脊硫化物勘查的规范性文件。目前各国基本按照各自的海洋调查规范执行海底多金属硫化物调查研究。中国大洋协会于 2013 年出台了《国际海底矿产勘查阶段划分及要求指导意见（试行）》。

对海底多金属硫化物资源勘查开始较早且比较成功的有鹦鹉螺公司（Nautilus Minerals）和俄罗斯。

8.3.1 以俄罗斯为代表的勘查方法

俄罗斯较早开展海底多金属硫化物资源勘查。其主要是沿用苏联时期的区域地质与资源调查方法，即先完成地形图、再进行区域地质填图，在此基础上进行资源勘查，大致与陆地资源调查方法相同。采用的主要技术方法包括：海底摄像、电视抓斗、拖网、箱式取样、多波束、侧扫声呐、自然电位综合热液异常探测、垂直电测深等。

截至 2017 年，俄罗斯在其获得的北大西洋硫化物勘探合同区，开展了超过 36 个航次的工作，在 0°～30°N 区域内地质取样超过 3000 站。主要勘查程序如下，以 10km×10km 区块为单位，先进行侧扫声呐+自然电位规则测线调查，测线方向一般沿构造方向。通过侧扫声呐可以得到微地形，同时通过底散射特性判读底质特性。同步开展自然电位测量，在得到自然电位异常加上微地形底质特性后，在异常区开展海底摄像加密测量，缩小异常区范围，同时进行电视抓斗取样，异常验证，得到硫化物分布范围。在每个区块内，开展一定比例尺的拖网或沉积物取样，并开展部分 CTD 测量（图 8-2）。

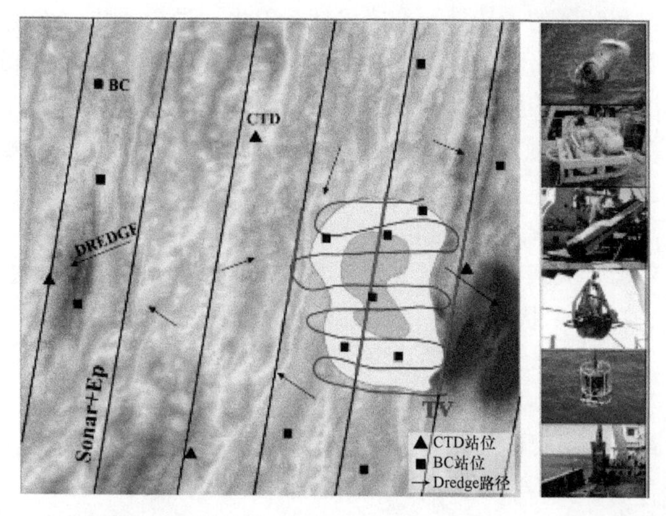

图 8-2 俄罗斯硫化物勘探合同区勘探工程布置示意图（Igor Egorov）

CTD：温盐深探测仪；Dredge：地质拖网；Sonar+Ep：声学深拖+自然电位；TV：摄像拖体；BC：箱式取样器

目前已获取了勘探合同区完整的大比例尺地形图、完成了部分区域地质图、地貌图和有利成矿带分布图等工作。

8.3.2 以鹦鹉螺公司为代表的勘查方法

鹦鹉螺公司是领先的现代海底矿产资源勘查企业，其在太平洋的多个海域进行了卓有成效的勘查工作，包括巴布亚新几内亚的 Bismarck 海、Solomon 群岛、斐济（Fiji）、汤加（Tonga）、新西兰（New Zealand）及瓦努阿图（Vanuatu）等地区。其中，位于巴布亚新几内亚 Bismarck 海域的海底多金属硫化物矿床（Solwara 1）即将进入商业化开采阶段。鹦鹉螺公司已经建立起一套较成熟的现代海底矿产资源勘查体系（SRK Consulting Australasia Pty L，2011）。

鹦鹉螺公司将海底多金属硫化物矿床勘查分为 5 个阶段（表 8-2）：①项目产生（project generation）；②靶区圈定（target generation）；③靶区查证（target testing）；④前景评价（prospect evaluation）；⑤资源量评估（resource evaluation）。

表 8-2 鹦鹉螺公司海底多金属硫化物矿床勘查阶段划分（SRK Consulting Australasia Pty L，2011）

阶段	目标	主要活动	结果
项目产生	确定远景区	室内工作及综合研究	勘查靶区
靶区圈定	获得勘查权，并圈定异常、矿点、矿化带或潜在矿床	少量的现场调查工作，包括地形、磁法、羽状流及水化学调查等，无网度要求	矿化带或潜在矿床
靶区查证	确定矿床	更小的区域，更详细的现场调查工作，包括地质填图、取样、摄像等，有一定的网度要求	矿床
前景评价	确定资源边界，是否具有开采价值	详细的基于网度的地质、地球物理、取样及地形调查	做是否具有工业价值评价
资源量评估	确定矿床吨位、品位、几何形态和特征	系统的基于网格的水底测深、地球物理调查，系统的钻探及取样	矿体三维形态及内部结构、资源量、采选冶性能等

1）项目产生

根据区域资料和解释的构造模型来确定具有矿化远景的区域。确定远景区之后，收集大量公开或内部科学报告和数据库中的资料，确定远景区内曾经进行过的研究航次，并对过去研究航次所获得的资料进行详细的收集和综合研究，确定远景区内最有前景的区域并提出勘查权申请。本阶段的工作以室内资料综合研究为主，基本无现场调查工作。

2）靶区圈定

在远景区获得了勘查权之后，选取相对较大的项目区域和相对较小的靶区来作为长远考虑和调查的目标。靶区识别主要依靠区域地球物理和地球化学方法，如侧扫声呐、多波束地形、磁法、3D 羽状流填图（Eh、温度、电导率、浊度等）、水化学检测等。相对于上一阶段，本阶段要求一定量的现场调查工作，但没有网度要求。

3）靶区查证

采用直接检查方法对可能的靶区进行查证，包括 ROV 摄像及海底岩石物理取样，可能采用的方法有：①ROV 摄像填图，按网度进行或穿切目标区域；②抓取法取样，从目标区域选取样品；③摄像拖体。本阶段相对于上一阶段工作区域更小，现场调查工作量增大，有一定的网度要求，并增加了取样工作。

4）前景评价

对前一阶段获得的靶区进行详细的基于网格的填图、取样，基于 ROV 的地球物理调查，包括采用电磁法和磁法确定可能的资源边界。此工作要与高精度的水底测深工作配合进行。本阶段工作要求按照详细的网度进行。

5）资源量评估

采用系统的钻探和取样工作确定矿床特征，并在此基础上进行资源量评估。通常先采用详细的水底测深及基于网格的地球物理调查来确定资源边界，然后进行钻探。该阶段要确定矿床的吨位、品位、几何形态和特征，为可行性研究提供依据。

8.3.3 主要勘查方法

热液活动的发现、研究和海底多金属硫化物矿床的勘查强烈依赖于深海勘探技术，深海勘探技术的不断发展推动了人类对海底热液活动和硫化物的认识。1948 年开始在红海发现海水温度异常和盐度异常后，科学家一直采用新技术探测现代海底热液活动（表 8-3）。从海底热液活动的发现历史来看，热液活动/海底多金属硫化物发现主要基于热液羽状流探测、海底视像观测、地质取样观测、沉积物化探和地球物理观测等方法，所采用的主要技术见表 8-4。以上各种方法在不同的时期、不同的热液区均发挥过关键作用（图 8-3），如采用羽状流探测及采样发现的热液区占比为 37%，使用 HOV/ ROV 发现的热液区占比为 33%，而采用海底摄像观测发现的热液区占比为 16%。

表 8-3 各确认/推测的热液区发现的技术与方法

年代	区域	发现	技术/方法
1965～1972 年	红海	温度、盐度异常及含铁沉积物	采水和采样
1977～1984 年	EPR 和 Galapagos 洋脊	首次探测到海底热液活动	“Alvin”号载人潜水器
1984～1993 年	EPR、Galapagos 洋脊、JdFR 洋脊	大量海底热液异常和热液活动	潜水器、海底摄像、电视抓斗、CTD 拖曳等
1993～2001 年	EPR、MAR、CIR、JdFR 洋脊、SWIR、Gakkel 洋脊及 Knipovich 洋脊	海水温度、盐度、浊度发光电位等异常，大量的热液喷口及羽状流特征、生物特征等	ROV、潜水器、海底摄像、电视抓斗、水柱探测、拖网采样
2002 年至今	EPR、MAR、CIR、SEIR、Cayman 洋脊、Carlsberg 洋脊、Mohns 洋脊、JdFR 洋脊、Galapagos 洋脊	海水温度、盐度、浊度发光电位等异常，热液喷口及羽状流特征、生物特征、基底围岩等特征	AUV、ABE、ROV、潜水器、拖曳摄像、电视抓斗

数据来源：http://vents-data.interridge.org/，数据库版本 3.4

表 8-4 海底热液活动及硫化物发现所采用的主要技术

目标	技术方法
热液羽状流探测	海水物理特性原位测量（自容式羽状流浊度、温度、盐度）、海水化学性质直接取样（^{3}He、CH_4、Fe、Mn 等）、海水化学性质原位探测（CH_4、Fe、Mn 等）等；主要依赖于 CTD、采水实验室分析、海水原位测量（浊度传感器、甲烷传感器等）、激光拉曼等
海底视像观测	摄像拖体、HOV、AUV、ROV 等平台载人观察或视像观察
地质取样观测	拖网、抓斗、多管取样器、重力取样器等
沉积物地球化学分析	元素分析和重矿物分析
地球物理近底探测	侧扫声呐、自然电位、磁力、重力、微地形地貌、电磁等

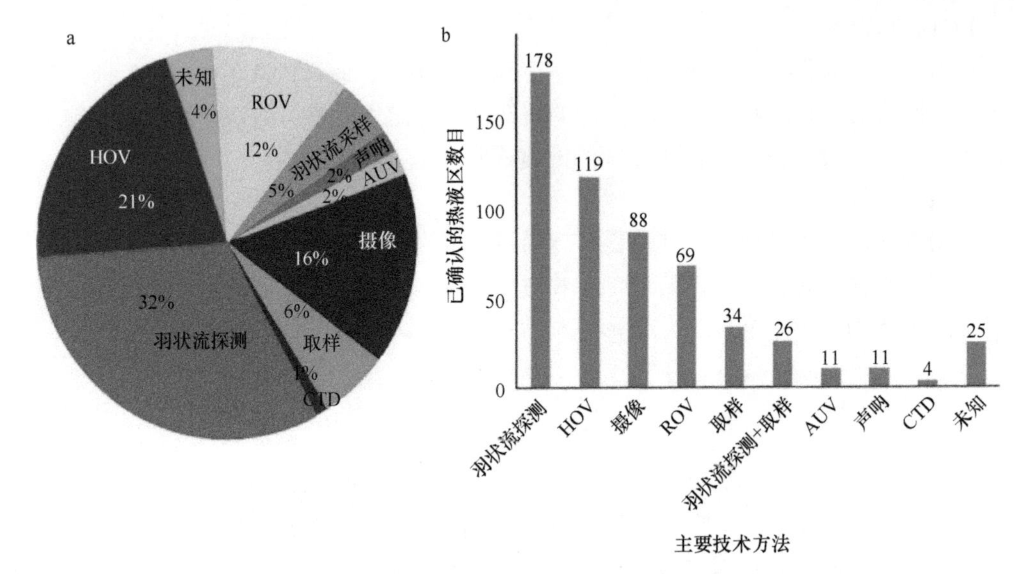

图 8-3　全球已发现热液区的及所使用的观测技术占比分析

a. 全球洋中脊已知热液区中发现时采用的方法所占比例，b. 各种技术方法发现的热液的个数

8.4　我国现阶段洋中脊多金属硫化物矿床勘查方法

8.4.1　勘查阶段划分

自 2005 年开始，我国科学家在西南印度洋中脊开展了硫化物资源调查工作，结合陆地勘探的阶段划分，将洋中脊多金属硫化物矿床勘查分成 5 个阶段：矿产资源潜力评价（mineral resources potential assessment）、远景调查（reconnaissance）、探矿（prospecting）、一般勘探（general exploration）、详细勘探（detailed exploration）（表 8-5）。以上各阶段的目标基本以《国际海底矿产勘查阶段划分及要求指导意见（试行）》为基础，根据我国现阶段洋中脊硫化物矿床勘查工作具体情况略做调整。实际勘查工作安排也不一定严格按照 5 个阶段顺序进行，而是根据勘查区实际情况进行。

表 8-5　现代海底多金属硫化物矿床勘查阶段划分

我国规范勘查阶段	国际海底管理局勘查阶段	我国洋中脊硫化物合同区勘查阶段
预查	探矿	矿产资源潜力评价
		远景调查
普查		探矿
详查	一般勘探	一般勘探
勘探	详细勘探	详细勘探

矿产勘查的最终成果和目的是获得资源量和储量，考虑国际惯例，本节建议在洋中脊硫化物矿床勘查中将资源储量划分为以下 5 个类型：①推断的资源量（inferred resource）：用稀疏采样工程探获的资源量，为全部原地矿量，主要在探矿阶段估算；②标示的资源量（indicated resource）：用较密采样工程探获的资源量，为全部原地矿量，主要在

一般勘探阶段估算；③测定的资源量（measured resource）：用密集采样工程探获的资源量，为全部原地矿量，在详细勘探阶段估算；④可信储量（probable reserve）：是控制的资源量经预可行性研究后转换而成的储量，是在当前技术、经济、市场、环境保护条件下可回收的矿量；⑤证实储量（proved reserve）：是探明的资源量经可行性研究后转换而成的储量，是在当前技术、经济、市场、环境保护条件下可回收的矿量。

8.4.1.1 矿产资源潜力评价

该阶段为矿产勘查的最初阶段，主要目标是依据区域地质、地球物理、地球化学、极少量（或没有）海上调查资料，对研究区的成矿地质条件进行分析，总结成矿规律，提炼找矿标志，划分成矿区带，并估算潜在的资源量，在此基础上划分出若干个远景调查区。

8.4.1.2 远景调查

该阶段主要目标包括：①在划分出的远景区内开展少量的地质、地球物理和地球化学调查，发现并积累各类异常和矿化点。②初步研究区内地质特征，包括岩石、构造、沉积物、岩浆活动、矿化、蚀变与成矿年代学等因素，提出有利的成矿区段。③提出区内找矿标志组合，指导调查工作有针对性地进行。④对有可能反映存在矿体的矿化点和异常进行圈定并排序，确定勘查目标。⑤对最有利的勘查目标进行个别工程验证。⑥根据验证结果，将若干勘查目标进行前景评价并圈定探矿区。⑦对圈定出的探矿区进行评价，决定是否可转入探矿阶段。

8.4.1.3 探矿

探矿阶段的主要目标是圈定矿化异常，从而确定一般勘探区。具体包括以下两个目标。①海底地形测量、地质填图、地球物理调查、地球化学调查。②地质研究，包括初步的勘探区岩石、构造、沉积物、岩浆活动、矿化、蚀变与成矿年代学研究，分析成矿条件，确定可能的矿体赋存部位等，在条件允许的情况下，可大致圈定矿体，并估算预测的资源量，以及进行开采技术条件、环境基线和概略研究等工作。

8.4.1.4 一般勘探

该阶段的主要目的是初步判断一般勘探区是否已具有商业性开发前景，以确定是否进入详细勘探阶段。具体包括以下目标任务。

（1）一般勘探区地质调查研究。①海底地形测量、地质填图、地球物理调查、地球化学调查。②一般勘探区地质研究，较详细地开展岩石、构造、沉积物、岩浆活动、矿化、蚀变与成矿年代学研究，分析矿体特征，确定矿体的空间变化、赋存特点与连接方式。③进行矿石类型、成分和结构构造研究，划定矿石类型。

（2）矿体控制、矿体圈定与资源量、储量估算。①选择合适的取样工程类型。②确定获得控制的资源量所需的勘查工程间距。③如有必要，修改矿体圈定工业指标。④基本圈定矿体。⑤估算控制的资源量。

（3）矿石选（冶）性能加工试验。进行实验室流程试验或流程连续扩大试验。

（4）矿床开采技术条件研究。进行较详细的调查、采样和试验，基本查明海底采矿的地形、水流条件，以及沉积物和岩矿石的岩土力学条件。

（5）一般勘探区环境基线调查与矿床开发对海洋环境的影响评价。开展较详细的矿区海洋环境基线调查，基本查明基线状况，概略评价矿床开发对海洋环境的影响。

（6）矿床技术经济评价。根据勘查数据和资源量，进行概略评价，初步判断矿区是否具有商业性开发前景。如果判断具有前景，转入详细勘探；或开展预可行性研究，将控制的资源量转换为可信储量，并转入详细勘探。

通过这一阶段的勘探，确定详细勘探区。详细勘探区是一般勘探区的一部分，通常拟作为矿区首期开采或试采的地段，应选择地形、地理上宜开采且资源较富集的地段。

8.4.1.5 详细勘探

该阶段的主要目的是基本判断矿区是否具有商业性开发前景，以确定是否进入矿区设计与开采阶段。具体包括以下目标任务。

（1）矿区地质调查研究。①海底地形测量、矿区地质填图、地球物理调查、地球化学调查。②矿区地质研究，详细开展岩石、构造、沉积物、岩浆活动、矿化、蚀变与成矿年代学研究，详细分析首采区矿体的空间变化，完成矿床模型研究。③进行矿石类型、成分和结构构造的详细研究，确定矿石类型。

（2）矿体控制、矿体圈定与资源量、储量估算。①选择合适的取样工程类型。②确定获得探明的资源量所需的勘查工程间距。③如有必要，修改矿体圈定工业指标。④详细圈定矿体。⑤估算探明的资源量。

（3）矿石选（冶）性能加工试验。实验室流程连续扩大试验或半工业试验。

（4）矿床开采技术条件研究。进行详细的调查、采样和试验，详细查明海底采矿的地形、水流条件，以及沉积物和岩矿石的岩土力学条件。

（5）矿区环境基线调查与矿床开发对海洋环境的影响评价。开展详细的矿区海洋环境基线调查，详细查明基线状况，在首采地段选定影响参照区，并建立影响参照区详细的海洋环境基线。详细评价矿床开发对海洋环境的影响。

（6）矿床技术经济评价。根据勘查数据和资源量，进行概略评价，基本判断矿区是否具有商业性开发前景。如果判断具有前景，则开展可行性研究，将探明的资源量转换为证实储量，转入矿山设计与开发阶段。

8.4.2 我国现阶段勘查方法

8.4.2.1 测线测站布设原则

（1）综合异常拖曳探测测线、地球物理探测测线、AUV 探测测线总体上垂直于构造线布设，但需兼顾到洋中脊区域复杂的地形，为保障设备安全和尽可能获取有效视像资料，部分测线与构造线成一定角度或平行于构造线，以便于对比。

（2）电视抓斗取样站位布设原则为：在调查区块尽可能均匀布设，以获取调查区底质背景；其余站位主要针对已发现找矿异常信息的位置布设，主要目的为查证异常。

（3）电磁法测线总体上以等间距的形式垂直于矿体走向方向布设，以最大限度获得矿体的分布信息，同时尽可能考虑到后期工程加密时可利用前期调查资料。

（4）20m 中深钻根据矿体形态、地形地貌和资源量评估方法进行布设站位布设点需考虑到后阶段钻探加密点位影响及资料利用。

（5）地质取样测站按照线面结合的原则布设，在面上尽可能均匀布设，重点考虑在发现找矿异常信息的区域内开展取样验证和补充异常探测；现场将根据实际情况进行适当调整。

（6）环境调查测站（CTD+采水、生物拖网、沉积物采样）布设原则：在沉积物易采区布设采样和相应的全水柱采水测站，对采获的表层沉积物和水样进行现场水化学与生物等环境项目测试；在调查作业时，强调实现物理海洋、化学、生物、沉积地质基线的多专业同步调查。

8.4.2.2 矿产资源潜力评价

在矿产资源潜力评价阶段，以收集资料进行综合研究为主，但此工作决定了未来资源勘查的战略方向，因此十分重要。

资源潜力评价有多种方法可以使用，如以信息量法、证据权法为代表的综合信息成矿定量预测（Ren et al.，2016a，2016b；邵珂等，2015）、应力场预测（陈钦柱等，2017）和岩浆供给模型预测（Devey et al.，2010）等。

8.4.2.3 远景调查

在远景调查阶段，以综合研究为主，仅开展少量的现场调查工作，主要是对资源潜力评价阶段确定的多个远景调查区进行筛选，并对其中相对有利的远景区进行少量现场调查，从而确定探矿区。

8.4.2.4 探矿

相对于远景调查阶段，此阶段需要开展一定的现场调查工作。对于以资源勘查为目的的调查或一般的以科学发现为目的的调查，可以采用“三步法”——海底多金属硫化物综合信息快速调查方法（陶春辉等，2014），按远景预测、矿化异常圈定和异常查证 3 个步骤进行（图 8-4，图 8-5）。

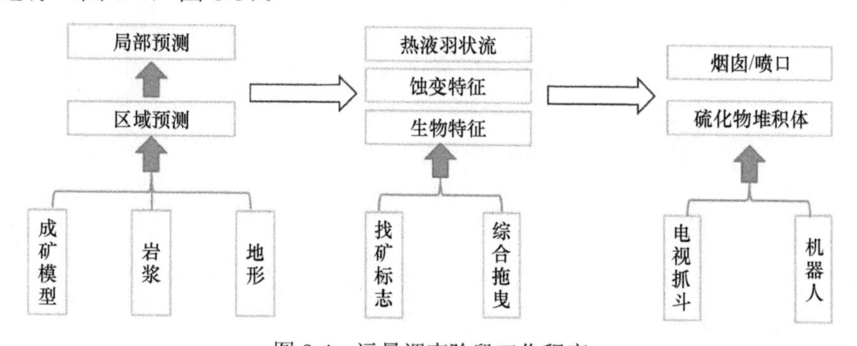

图 8-4　远景调查阶段工作程序

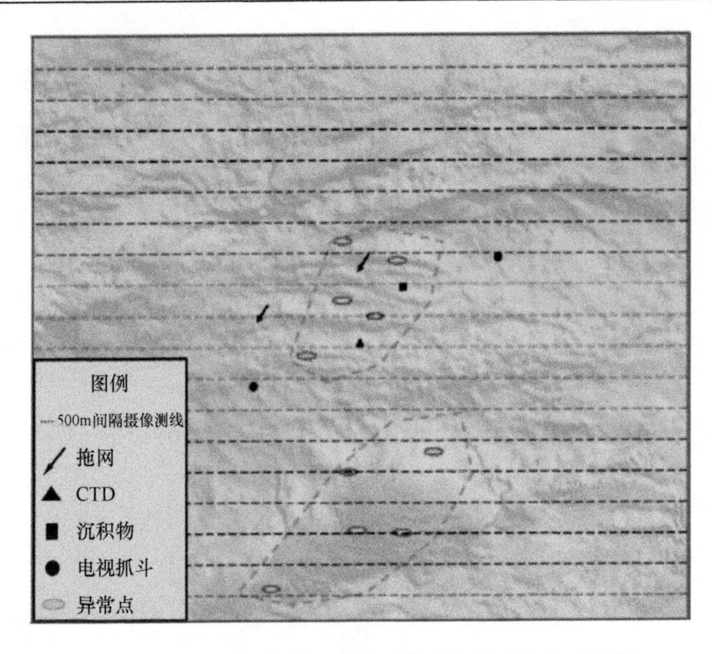

图 8-5 洋中脊多金属硫化物区域矿化异常圈定示意图

（1）第一步：远景预测

远景预测可以分成区域预测与局部预测。远景调查阶段以区域预测为主，目标是确定找矿远景区，预测方法可分为基于 GIS 的找矿预测（黄文斌等，2011；肖克炎等，2013）、地形应力预测方法（Petukhov et al.，2015）和海底多金属硫化物综合成矿预测方法（陶春辉等，2015）。通过远景预测获得的找矿远景区为下一步矿化异常圈定的工作区。

（2）第二步：矿化异常圈定

矿化异常圈定的目标是通过矿化异常探测和验证，确定一般勘探区。

A. 活动热液区矿化异常探测

在找矿远景区开展以获取温度、浊度、甲烷、硫化氢、氧化还原电位、pH、底流和视像异常为主要目标的近底综合探测，分 3 个步骤进行。

步骤一：观测系统布设。探测传感器的排列分布为离海底 5m、30m、80m、200～300m、300～500m，采用的探测传感器的采样率大于 2Hz，采用至少 3 种以上传感器进行同步测量。

步骤二：异常判读。以综合传感器在海底一次连续探测 40 个点的平均值作为海水背景值；当出现以下任一探测现象时，则初步判断该区域内存在热液活动，海底热液活动异常：①连续 10 个点的温度探测值高于海水背景 0.005℃以上；②连续 10 个点甲烷浓度值高于 15nmol/L；③连续 10 个点的浊度值高于海水背景浊度值 10%以上；④连续 10 个点的硫化氢含量高于海水环境硫化氢背景值 20%；⑤连续 10 个点的氧化还原电位低于海水背景值 10%；⑥连续 10 个点的 pH 低于海水背景值 10%。

步骤三：逐步锁定。若温度、甲烷浓度、浊度、硫化氢、氧化还原电位和 pH 等指标中有两种以上的异常存在对应关系，或观测到蚀变/热液特征生物，则确认该探矿区内存在海底热液活动；再通过重复步骤二、步骤三，搜索各传感器测量值的梯度方向，逐步缩小距离热液活动区范围，直至锁定热液活动中心位置；本步骤是，逐步对不同位置的各参数进行测量，经过不断地比较确定，直到锁定热液活动中心的位置，这是一个不断测试和逐步逼近的过程。

B. 非活动硫化物区矿化异常探测

对于非活动硫化物区的调查，由于不存在明显的热液羽状流，探测的难度将大大增加。非活动硫化物区分成洋中脊附近沉积物覆盖型、洋中脊附近无沉积物覆盖型和远离洋中脊覆盖型。探测非活动区硫化物主要有 5 种方法的一种或组合：①地球物理方法，主要通过自然电位、电磁法、近底磁场来探测；②视像法，即用海底摄像直接拍摄观察；③地球化学方法，通过沉积物地球化学分析来圈定地球化学晕（Liao et al.，2017）；④水化学分析法，主要通过氧化还原电位进行探测；⑤标志生物法。

由于非活动硫化物区由活动热液区转化而来，其与活动热液区往往发育在同一成矿有利区。对于洋中脊附近的非活动硫化物区，往往与活动热液区一起进行调查。此外，目前，对远离洋中脊覆盖型硫化物似乎没有探测到过，理论上通过就矿找矿的方法能找到。由于该型硫化物一般已经风化，或被沉积物覆盖，只有采用特定的地球物理或地球化学方法才能调查到。

（3）第三步：异常查证

步骤一：取样验证。在锁定热液活动中心位置及周边进行地质取样或水下机器人直接观测、取样，经过测定样品判断是否为洋中脊多金属硫化物矿点。

步骤二：分布验证。在矿点及周边进行水下机器人直接观测及取样，基本确定矿点的表层分布。

在探矿区内，将若干个矿化最密集，物化探异常最强，地质、构造、地形条件最有利的矿点集合在一起，形成一个一般勘探区。

8.4.2.5　一般勘探

本阶段工作是在一般勘探区内进行控制程度更高的勘查工作，需要投入更大的海上调查工作，根据海上工作的实际情况和特殊性，分 3 步进行。

（1）第一步：矿化异常区圈定

主要工作目标是：①了解区域地质背景、区域地球物理特征，了解区内基岩、沉积物及构造分布等基本地质特征；②获得各种类型的找矿异常信息，确定有效找矿标志，大致确定矿化异常区的范围；③了解区域矿产分布的一般规律，开展成矿规律与成矿预测研究。

主要包括如下工作。

①采用搭载海底摄像、照相、CTD、浊度仪、化学传感器和甲烷传感器等，以及自然电位的综合异常拖曳探测系统，结合多波束等地质、地球物理、地球化学方法，开展

一定尺度（如线距 1～4km）的系统综合异常拖曳探测。②结合成矿预测研究，在发现异常的区域开展加密的综合异常拖曳探测（如线距 0.5～1km）。③采用电视抓斗、浅钻、拖网等手段采集少量沉积物和岩矿石等样品。④在该阶段后期，有针对性地选择地形地质条件有利、烟囱较密集并有其他热液活动证据的地区开展矿化异常查证工作，部署少量电磁法测线（间距不作要求）圈定异常区，并根据电磁法结果布置少量中深钻验证异常，查证矿体的向下延伸程度。根据异常查证结果开展矿化体圈定工作。具体工程布置见图 8-6。

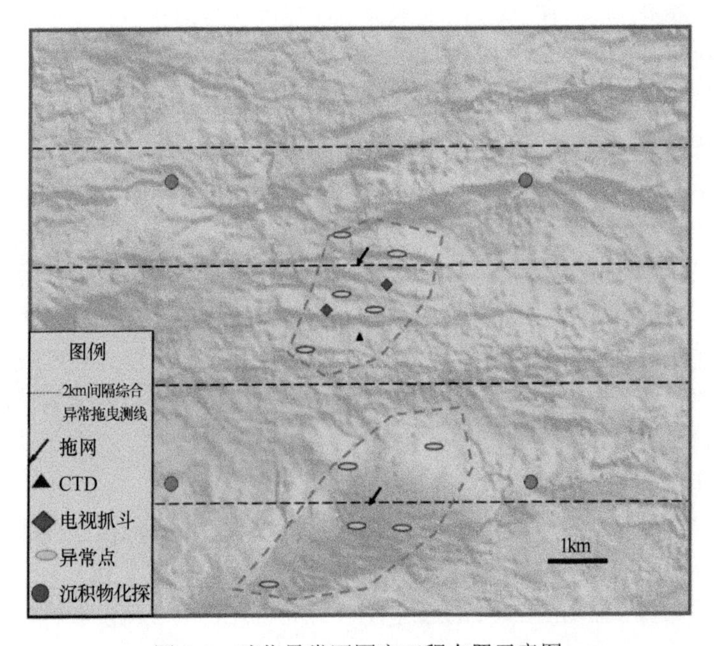

图 8-6　矿化异常区圈定工程布置示意图

由于该阶段处于矿化异常寻找与查证阶段，尚未发现矿体，因此仅初步了解矿石的加工选冶条件，并收集区内海洋水文气象、环境地质、工程地质方面的资料等。

（2）第二步：矿化区圈定

在第一步圈定的有利矿化异常区内，完成以下主要工作目标。

①基本查明矿化异常区的基岩、沉积物和构造分布及火山活动等基础地质特征，编制一定比例尺（如 1∶250 000～1∶50 000）地质图；②基本圈定矿化区，基本确定矿床的工业意义，在具有工业意义的条件下初步圈定矿化体，并大致查明其分布特征；③基本了解矿石矿物及脉石矿物的矿物组成、矿石类型、结构构造、品位及元素分布等特征；④基本了解矿床主要有用元素的种类，基本了解矿石有用、有益及有害组分的含量、赋存状态及分布规律等；⑤根据钻探工程确定边界品位与边界厚度，获得推断的资源量；⑥采用可选性试验或实验室流程试验研究矿石的选冶和加工技术条件；⑦初步了解区内的水文气象特征，并就重要问题提出下一步工作建议；⑧开展环境概略性调查工作，初步了解环境基线。

主要包括如下工作。

①通过多波束及高精度的声学深拖/AUV/ROV 全覆盖获取高精度地形地貌资料。②采用地质、物化探与钻探工程并重的技术手段，通过（搭载摄像、照相、浊度仪、CTD、化学传感器和自然电位等设备）综合异常拖曳探测测线调查，选择性地适时采用拖网、电视抓斗、浅钻、ROV 地质取样等综合技术方法，开展一定比例尺（如 1∶25 000）的多金属硫化物矿化异常探查，编制 1∶250 000～1∶50 000 地质图。③在设备技术及船时条件等合适的条件下，在矿化异常区开展一定比例尺（如 1∶100 000）的沉积物化探找矿。④在矿化异常显示较好的部位系统布置一定比例尺（如 1∶50 000～1∶25 000）的电磁法测线，并通过反演获得异常带的空间分布特征，同时部署少量钻探工作进行异常查证，圈定矿化区。⑤如果在找矿过程中确认发现了矿体，则部署深度 20m 左右的中深钻开展钻探工作，以查明矿体的分布特征，钻孔间距不做具体要求，为稀疏控制，探求推断的资源量。具体工程布置见图 8-7。

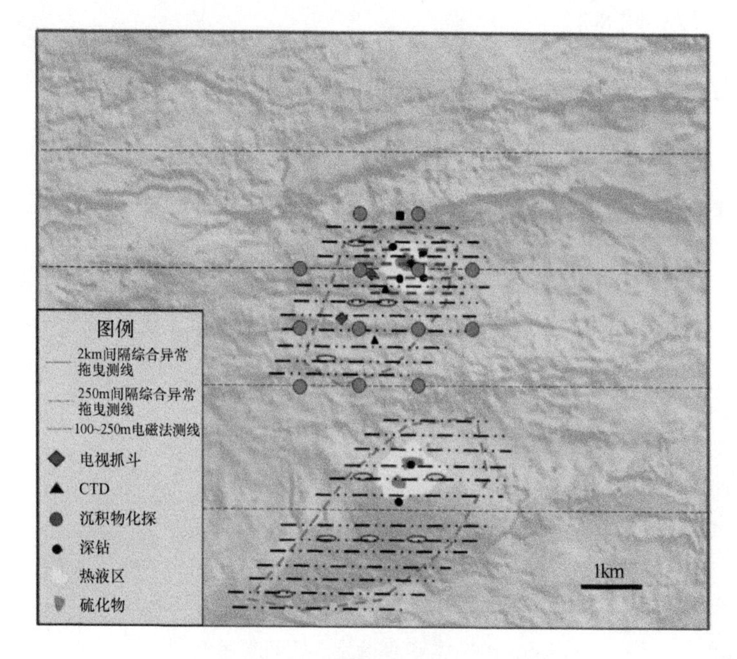

图 8-7　矿化区圈定工程布置示意图

黄色：热液区；橘色：硫化物

（3）第三步：矿化体/矿体圈定

在第二步圈定的有利矿化区内，完成以下工作目标。

①查明区内的地质特征，编制 1∶50 000～1∶10 000 的地质图；②基本圈定区内主要矿化体，查明其分布特征；③查明矿石矿物及脉石矿物的组成、结构构造、含量及分布特征等，确定可利用的元素；④查明矿石有用、有益及有害组分的含量、赋存状态及分布规律等，进行综合评价与综合利用研究；⑤基本划分矿石的自然类型和工业类型，初步确定边界品位与边界厚度，并在该区找矿的后期，初步获得控制的资源量；⑥采用实验室流程试验或选冶中间试验研究矿石的加工和选冶技术条件；⑦详细研究该区的

风、浪、涌、海流和海水的温度、盐度、透明度等水文气象要素；⑧初步研究该区的环境地质特征，初步建立环境基线，并开展采矿环境影响因素评估；⑨提交一般勘探阶段评价报告，包括资源量估算报告。

主要包括如下工作。

①通过高精度的声学深拖、AUV、ROV获得区内的高精度地形数据。②通过1∶5000～1∶10 000的近底摄像、照相测线调查，结合电视抓斗、浅钻、ROV等地质取样手段开展比例尺为1∶50 000～1∶10 000的地质填图。③对上一步确定的矿化区，根据矿化区地质填图结果，结合比例尺1∶5000的基于ROV的近底电磁法等物探技术开展异常探测，大致圈定矿化体/矿体范围、形态、规模及产状等情况。④对电磁法圈定的矿化体布置20～30m间距的钻探工程，基本控制矿体的形态、规模、产状，并确定工业指标，以估算控制的资源量。⑤应用HOV/ROV开展近底高精度样品采集，进行环境基线调查和开采技术条件研究。

具体工程布置见图8-8。

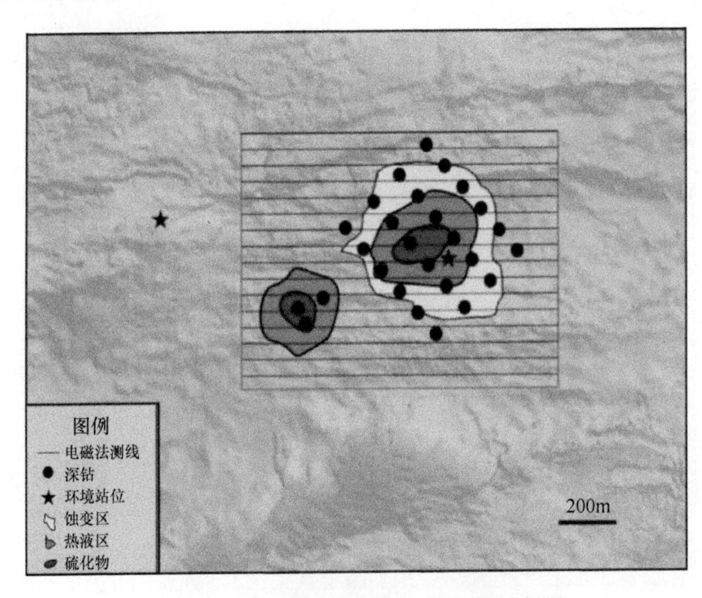

图8-8　矿化体/矿体圈定工程布置示意图

黄色：蚀变区；橘色：热液区；红色：硫化区

8.4.2.6　详细勘探

详细勘探的主要目标是圈定矿体、估算探明的资源量，同时进行可行性研究，确定是否进入矿山设计与开采阶段。

主要包括如下工作。

①高精度地形地貌调查。②通过近底摄像、照相测线调查，结合电视抓斗、浅钻、ROV等地质取样手段开展一定比例尺（如1∶2000）的地质填图；③对矿化体/矿体系统布置15～20m间距的钻探工程，详细控制矿体的形态、规模、产状，确定工业指标，估算探明的资源量。④矿石选（冶）性能加工试验。实验室扩大流程试验或选（冶）

中间试验。⑤应用 HOV/ROV 开展近底高精度样品采集，进行开采技术条件和环境评价。具体工程布置见图 8-9。

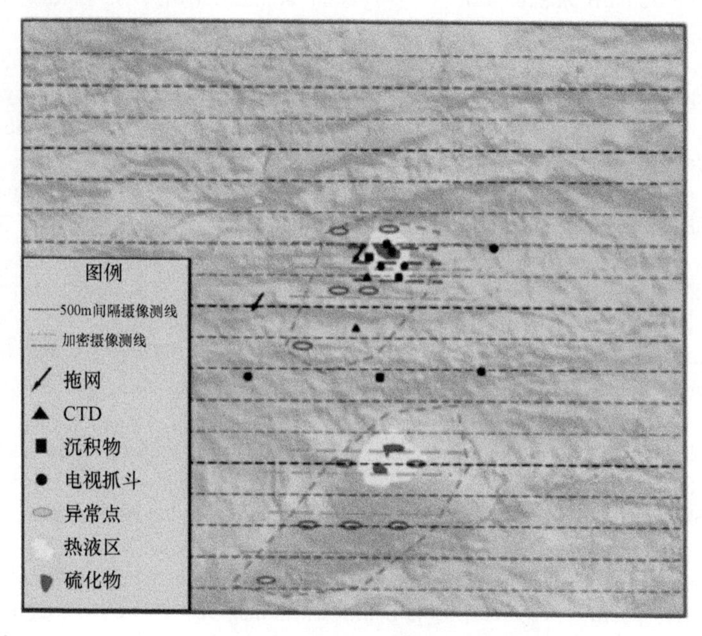

图 8-9 详细勘探阶段工程布置示意图
绿色：摄像测线；红色：在绿色基础上加密摄像测线

参 考 文 献

陈钦柱, 陶春辉, 廖时理, 等. 2017. 利用应力场预测热液区域——以 TAG 区为例. 海洋学报, 39(1): 46-51.

黄文斌, 肖克炎, 丁建华, 等. 2011. 基于 GIS 的固体矿产资源潜力评价. 地质学报, (11): 1834-1843.

邵珂, 陈建平, 任梦依. 2015. 西南印度洋中脊多金属硫化物矿产资源评价方法与指标体系. 地球科学进展, 30(7): 812-822.

施俊法, 吴传璧. 2000. 巨型矿床勘查新战略——信息找矿. 矿床地质, 19(1): 88-95.

施俊法, 姚华军, 李友枝, 等. 2005. 信息找矿战略与勘查百例. 北京: 地质出版社.

陶春辉, 邓显明, 周建平. 2015. 一种海底多金属硫化物综合信息快速找矿方法: 中国, CN103605168A.

陶春辉, 李怀明, 金肖兵, 等. 2014. 西南印度洋脊的海底热液活动和硫化物勘探. 科学通报, 59(19): 1812-1822.

肖克炎, 娄德波, 孙莉, 等. 2013. 全国重要矿产资源潜力评价一些基本预测理论方法的进展. 吉林大学学报(地球科学版), (4): 1073-1082.

赵鹏大, 池顺都, 李志德. 2001. 矿产勘查理论与方法. 武汉: 中国地质大学出版社.

Devey C W, German C R, Haase K M, et al. 2010. The relationships between volcanism, tectonism, and hydrothermal activity on the southern equatorial Mid-Atlantic Ridge. Washington: American Geophysical Union, 188: 133-152.

Fouquet Y. 1997. Where are the large hydrothermal sulphide deposits in the oceans? Philosophical Transactions of the Royal Society of London. Series A: Mathematical, Physical and Engineering Sciences, 355(1723): 427-441.

Fouquet Y, Cambon P, Etoubleau J, et al. 2010. Geodiversity of hydrothermal processes along the Mid-Atlantic Ridge and ultramafic-hosted mineralization: a new type of oceanic Cu-Zn-Co-Au volcanogenic massive sulfide deposit. Diversity of Hydrothermal Systems on Slow Spreading Ocean Ridges, 188: 321-367.

Fouquet Y, Knott R, Cambon P, et al. 1996. Formation of large sulfide mineral deposits along fast spreading ridges. Example from off-axial deposits at 12°43′N on the East Pacific Rise. Earth & Planetary Science Letters, 144(1): 147-162.

Goodfellow W D, Franklin J M. 1993. Geology, mineralogy, and chemistry of sediment-hosted clastic massive sulfides in shallow cores, middle valley, northern Juan de Fuca Ridge. Geology, 88: 2037-2068.

Herzig P M, Hannington M D. 1995. Polymetallic massive sulfides at the modern seafloor a review. Ore Geology Reviews, 10(2): 95-115.

Humphris S E, Fornari D J, Scheirer D S, et al. 2002. Geotectonic setting of hydrothermal activity on the summit of Lucky Strike Seamount (37°17′N, Mid-Atlantic Ridge). Geochemistry, Geophysics, Geosystems, 3(8): 1-25.

Jankowski P. 2012. NI 43-101 Technical Report 2011 PNG, Tonga, Fiji, Solomon Islands, New Zealand, Vanuatu and the ISA. SRK Consulting Australasia Pty L.

Liao S, Tao C H, Li H, et al. 2017. Use of portable X-ray fluorescence in the analysis of surficial sediments in the exploration of hydrothermal vents on the Southwest Indian Ridge. Acta Oceanologica Sinica, 36(7): 66-76.

Petukhov S I, Anokhin V M, Mel’Nikov M E, et al. 2015. Geodynamic features of the northwestern part of the Magellan Seamounts, Pacific Ocean. Journal of Geography & Geology, 7(1): 35-45.

Ren M, Chen J, Shao K, et al. 2016a. Quantitative prediction process and evaluation method for seafloor polymetallic sulfide resources. Geoscience Frontiers, 7(2): 245-252.

Ren M, Chen J, Shao K, et al. 2016b. Metallogenic information extraction and quantitative prediction process of seafloor massive sulfide resources in the Southwest Indian Ocean. Ore Geology Reviews, 76: 108-121.

Rona P A. 2008. The changing vision of marine minerals. Ore Geology Reviews, 33(3): 618-666.

Rona P A, Scott S D. 1993. A special issue on sea-floor hydrothermal mineralization: new perspectives. Economic Geology, 88(8): 1935-1976.

Zierenberg R A, Koski R A, Morton J L, et al. 1993. Genesis of massive sulfide deposits on a sediment-covered spreading center, Escanaba Trough, southern Gorda Ridge. Economic Geology, 88(8): 2069-2098.

9　勘查方法综合应用实例

前述章节详细介绍了洋中脊多金属硫化物勘查方法与技术，本章将以西南印度洋脊、东太平洋海隆和大西洋中脊为例，介绍“三步法”在洋中脊硫化物勘查远景调查中的应用。然后，以西南印度洋脊为例，详细介绍洋中脊硫化物一般勘探阶段的方法和过程。

9.1　“三步法”在远景调查阶段应用

9.1.1　西南印度洋“龙旂 1 号”硫化物区

9.1.1.1　发现过程

2005 年中国大洋 17 航次首次在西南印度洋 37°54′S，49°30′E 至 37°46′S，49°42′E 发现显著的浊度异常和甲烷异常（国家海洋局第二海洋研究所，2005）。2007 年中国大洋 19 航次第 1 航段在 37°46′S，49°39′E（水深约 2825m）附近发现了热液活动区，深海摄像拍摄到了清晰的热液活动迹象。同时浊度仪在该位置附近也探测到极高的浊度和温度异常，CTD 也在该位置附近探测到明显的温度异常，METS 和水体甲烷测试也同样证实了该处存在明显的甲烷异常。

中国大洋 19 航次第 2 航段利用水下机器人（ABE）获得了热液活动区高精度全覆盖海底地形图，拍摄了 5000 张高清晰度海底照片，得到了海底大于 2.3℃和大于 2.5℃温度异常区分布图，发现了多金属硫化物、两个正在冒黑烟的海底黑烟囱，发现了菌席、海葵、铠茗荷、双壳类和螺等热液生物，并得到了这些生物在该区的分布状况。系统地获得了近海底 200m、50m、5m 的温度、浊度、Eh、流速和流向等参数的分布图，并利用电视抓斗获取了多金属硫化物样品。

9.1.1.2　三步法应用

1. 预测

根据卫星重力、海底地形、区域构造和地球物理场等特征，预测硫化物/热液区靶区。

49°～53°E 段洋脊主要位于西南印度洋脊中部（图 9-1），处于 Indomed 和 Gallieni 转换断层之间。8～10Ma 以来，该段洋脊经历了岩浆供给突然增加的过程，表现在脊轴和离轴区海底水深变浅，洋壳厚度明显比周边洋中脊区域增加。龙旂硫化物区位于洋中脊小型非转换断层错断与中脊裂谷正断裂交汇点，中轴裂谷东南斜坡的丘状突起正地形上，水深为 2755m。推断是热液活动发育的有利区域（陶春辉等，2014）。

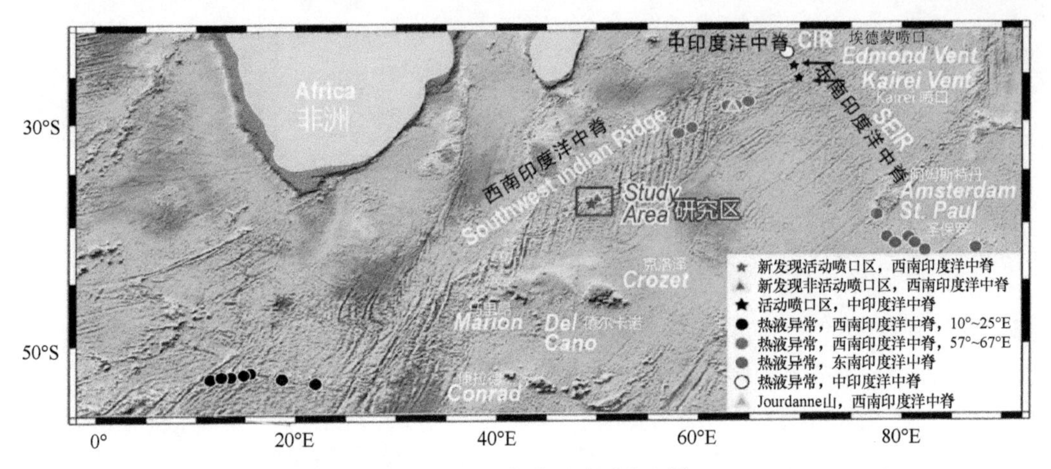

图 9-1　西南印度洋中脊（SWIR）热液活动区分布图（Tao et al.，2012a）

2. 定位

采用综合摄像拖体、站位 CTD 搭载 MAPR、METS 等获取了浊度、温度、甲烷等异常信息，并逐步缩小了异常的范围。

1）浊度仪探测结果

图 9-2 和图 9-3 为中国大洋 19 航次第 1 航段测线 L11 中得到的浊度值分布图。在 37.75°～37.82°S，49.62°～49.68°E 的区间内，存在浊度异常。异常层厚超过 200m，随具体区域的不同，大致出现在 2400～2800m。

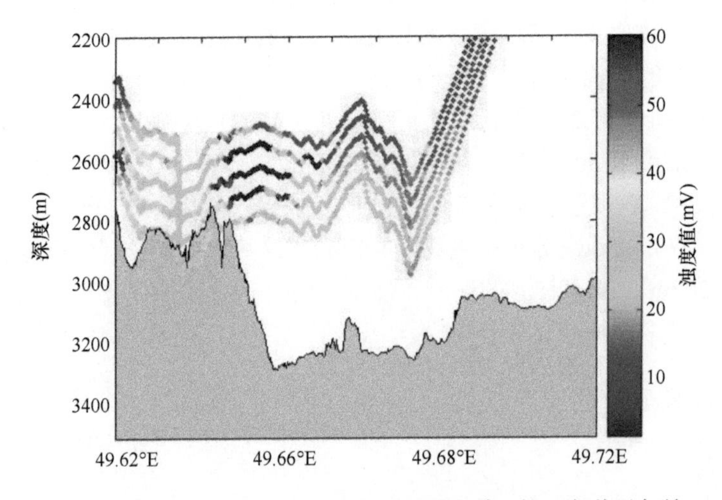

图 9-2　测线 L11 中浊度随经度的空间分布（国家海洋局第二海洋研究所，2009a）

图 9-4 综合了中国大洋 19 航次第 1 航段 L10～L17 等 8 条测线，按照船的空间移动轨迹绘制，显示水深大于 1500m 的浊度仪数据，点的颜色代表浊度值，其中浊度值大于 60mV 的，全部显示为红色。各测线均经过了热液喷口中心区域，且在该区域记录到了明显的浊度异常。

值得注意的是，在远离喷口的某些区域，异常仍然较大，因为造成浊度增大的颗粒

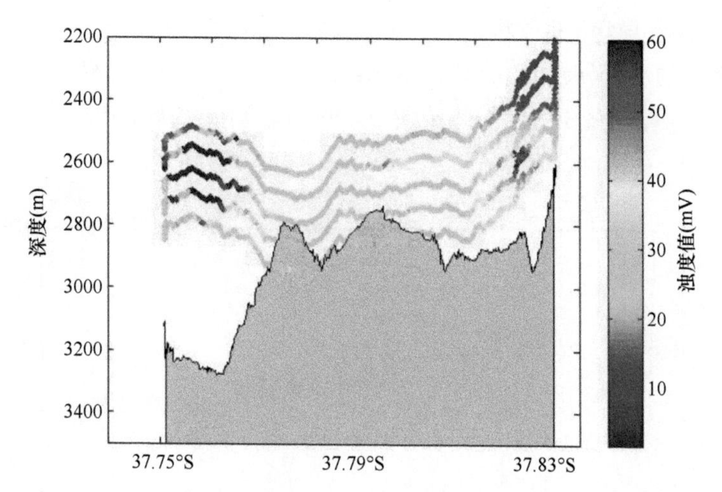

图 9-3 测线 L11 中浊度随纬度的空间分布（国家海洋局第二海洋研究所，2009a）

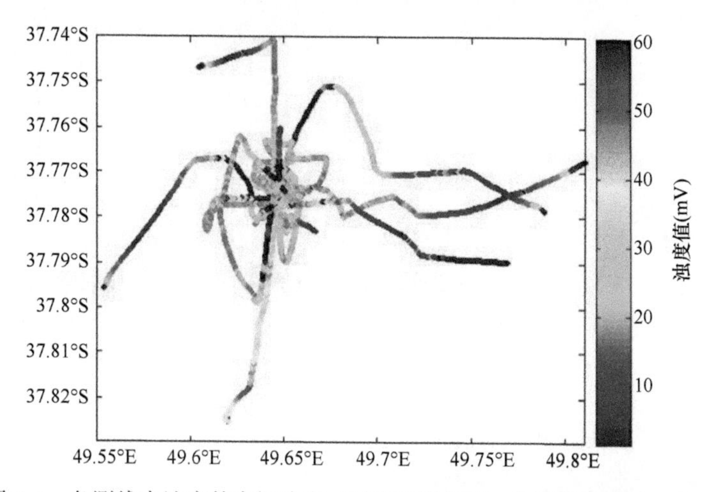

图 9-4 各测线中浊度的空间分布（国家海洋局第二海洋研究所，2009a）

存在于蘑菇状的热液羽状流中。在距离喷口特别近的区域，热液羽状流的范围较窄，不易被观测到；而当距离喷口达到一定程度时，热液羽状流范围变广，此时浊度异常在特定的深度上反而容易被探测到。

2）METS 探测结果

中国大洋 19 航次第 1 航段 METS6 测线水深为 2851～2857m。甲烷探测系统挂在离集成化拖体 300m 的同轴缆上，探测记录如图 9-5 所示。本探测剖面总记录时间为 490min（首记录时间为 GMT12:00，2007 年 9 月 2 日），分别在 116min、142min、290min、322min 和 363min 探测到甲烷异常信号，其中 363min 时异常信号最强，约 835mV，由经验公式换算成甲烷浓度约为 6nmol/L。经与浊度仪探测资料对比发现，该时间点也出现显著的浊度异常。

该航段 METS9 测站（CTD 定点作业站位），甲烷探测系统被挂在离 CTD 20m 的钢缆上，同时悬挂在钢缆上的还有两个 MAPR，CTD 作业过程水深为 2752～2815m。甲烷异常记录如图 9-6 所示，在 2300～2800m 的水深范围内存在显著的甲烷异常，图 9-6 中可见两个异常中心，最大异常值约2250mV，由经验公式换算成甲烷浓度约为56nmol/L。同时CTD显示出最大的温度异常约0.14℃，MAPR也出现最大的浊度异常约900mV。由此可以判定，该区极可能存在活动的热液喷口，喷口数量很可能不止一个，且距离本站异常位置不远。

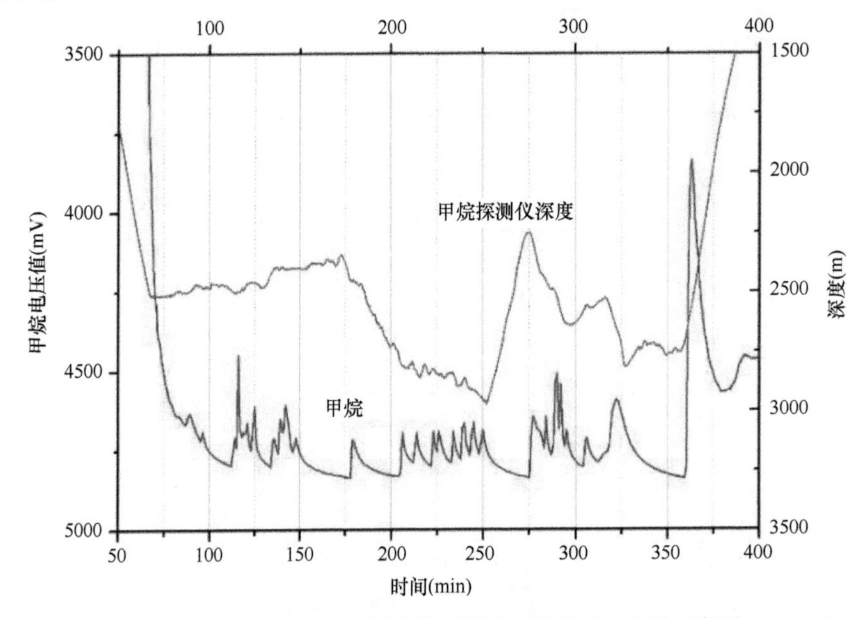

图9-5　19I-L15-METS6站甲烷探测结果（国家海洋局第二海洋研究所，2009a）

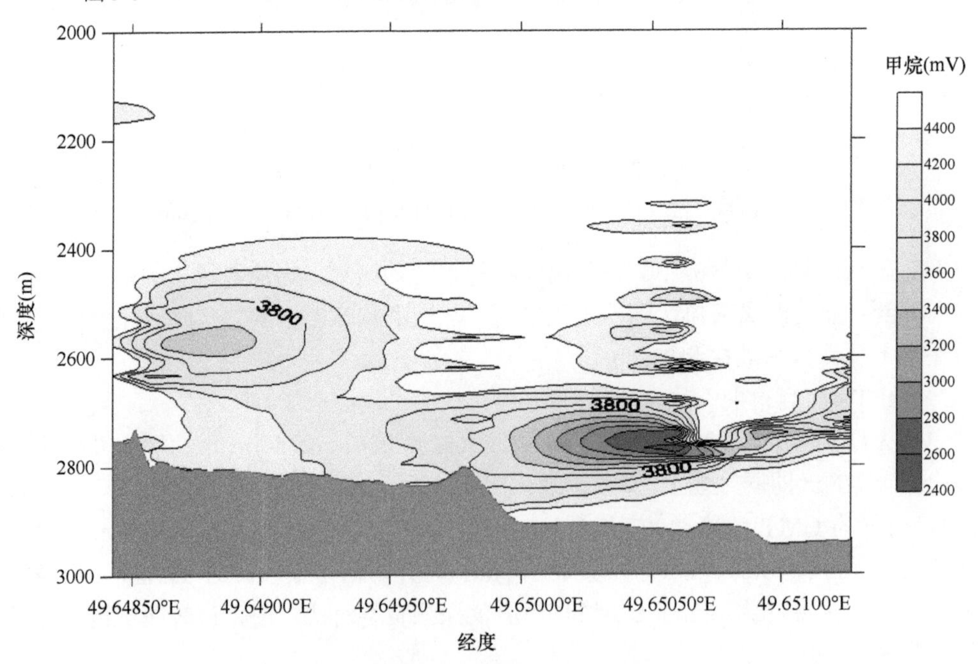

图9-6　19I-S8-METS9站甲烷异常的空间分布（国家海洋局第二海洋研究所，2009a）

3. 观测

在完成定位后，随后在该区域利用“ABE”号自制水下机器人开展了3个潜次的调查，主要包括精细地形、浊度、Eh 等，进一步缩小硫化物区的范围，并获取了近底高清照片（图 9-7），锁定了该硫化物区的位置和初步范围，并最终利用电视抓斗获取到包括硫化物烟囱体、块状硫化物等热液产物样品（图 9-8）。

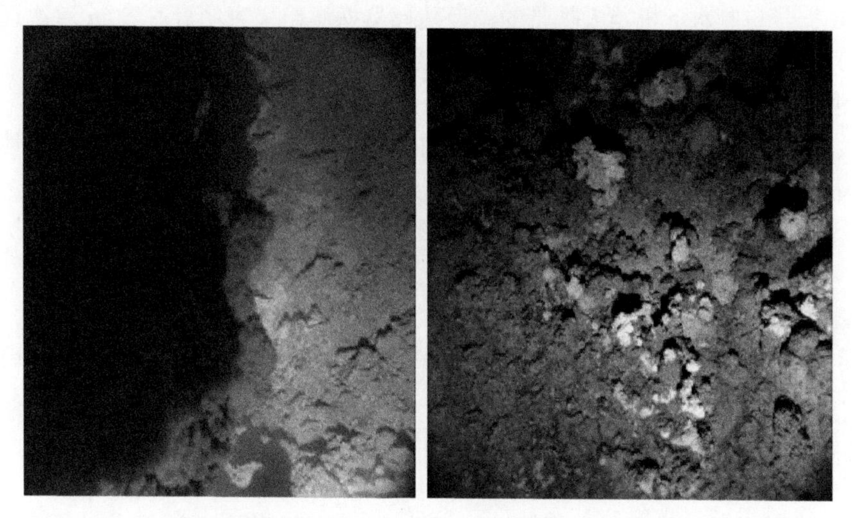

图 9-7 ABE 202 潜次拍摄到的黑烟（左）和不活动烟囱群体结构（右）（国家海洋局第二海洋研究所，2009a）

图 9-8 大洋 19 航次第 2 航段在龙旂区获取的热液硫化物样品（国家海洋局第二海洋研究所，2009a）

9.1.1.3 找矿标志

1）甲烷异常

在该区域进行了 11 个站位的甲烷异常探测，其中 3 站探测到了甲烷异常，1 站探测到微弱甲烷信号。同期采集了 3 个站位的 CTD 水样进行甲烷浓度测试，其中 S7-CTD11 站位显示，在 2650m 水深以下的整个水柱均出现甲烷浓度异常，且越靠近海底甲烷浓度越大，指示采样站位可能接近热液喷口区。

2）温度异常

在该区开展 6 个站位的 CTD 调查，其中一个站位中记录到了温度异常达 0.12℃，集合浊度异常综合判断，热液羽流厚度可达 200m。

“ABE”号自制水下机器人携带的温度传感器探测结果表明近底 50m 潜次探测到了约 0.05℃的温度异常，在近底 5m 的潜次中探测到了约 3℃的温度异常。

3）浊度异常

在该区开展的综合异常拖曳探测测线所搭载的 MAPR 传感器所探测的水体浊度值表明在该区域存在约 50mV 的浊度异常，浊度异常层厚度超过 200m。

“ABE”号自制水下机器人携带的温度传感器探测结果表明近底 200m 潜次探测到了约 100mV 的浊度异常。

4）重力、磁力异常

空间重力异常在喷口区域范围内大多在–20～10mGal 之间变化，远离中央裂谷处最大可达 160mGal，总体呈现正异常。重力、磁力共同测量的测线显示，该区重力异常（>100mGal）和磁力异常（>400nT）均出现正的峰值。

5）地质异常

通过摄像拖体，在该区域发现热液岩石蚀变、热液生物和热液烟囱，并通过电视抓斗获取热液产物样品。

9.1.2 东太平洋海隆“鸟巢”硫化物区

9.1.2.1 发现过程

2008 年 8 月中国“大洋一号”科考船在执行中国大洋 20 航次调查时发现“鸟巢”硫化物区。通过综合异常拖曳探测的海底摄像、照相资料和水体异常资料，初步将该区分为两个区域，直径分别为 140m 左右，均观察到硫化物烟囱和热液生物分布。这两个区域均具有温度、浊度、Eh、H_2S 和溶解氧异常，最高温度异常为 0.15℃。通过电视抓斗获得硫化物烟囱体、块状硫化物等样品。

9.1.2.2 三步法应用

1. 预测

根据卫星重力、海底地形、区域构造和地球物理场等特征，预测硫化物/热液区靶区。“鸟巢”区位于东太平洋海隆的轴上火山（图 9-9）。该段洋中脊相对地形较高，可以推测岩浆供给相对充足，且轴上火山本身说明局部岩浆供给充足。

2. 定位

采用综合摄像拖体搭载浊度仪、化学传感器等获取了浊度、温度、Eh、H_2S 等异常，逐步缩小了异常的范围。

1）浊度仪探测结果

中国大洋 20 航次第 3 航段在该区的 L6 测线，离拖体 20m 和 70m 的 MAPR 传感器记录到大于 40mV 的浊度异常，且在同一时间（GMT 4:00），约有 0.15℃的温度异常被记录到，异常出现的深度为 2650～2725m。由于异常持续时间较短，且出现深度较大，故而有理由相信，异常出现时穿过了热液羽状流区域。图 9-10 为该测线中 MAPR 所测得的浊度、温度随时间的变化情况。

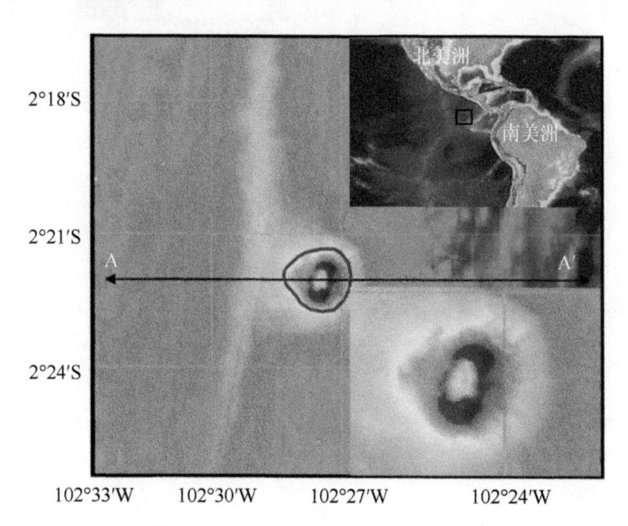

图 9-9　东太平洋“鸟巢”硫化物区地形图（Tao et al.，2012b）

右上角是地理位置的索引图，右下方为具体地形图；黑色箭头 A′A 表示地形剖面位置，红线表示“鸟巢”火山口的倒塌范围

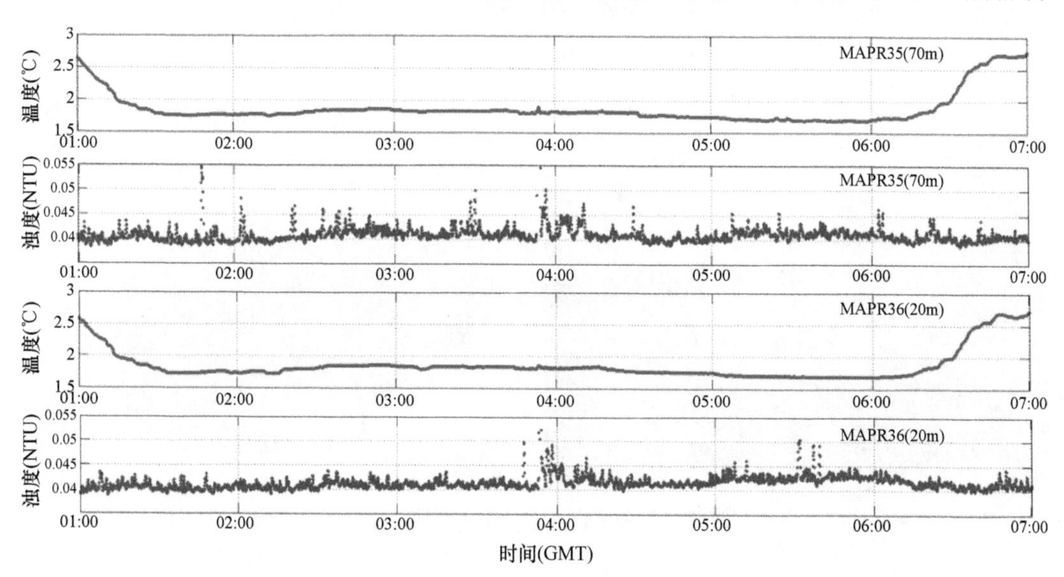

图 9-10　L6 测线离拖体 70m 和 20m 处 MAPR 浊度、温度探测结果(国家海洋局第二海洋研究所，2011)

2）化学传感器探测结果

中国大洋 20 航次第 3 航段 L6 测线首次在该区域测得 H_2S 浓度在 0.41～0.68nmol/L 之间，Eh 介于 12.3～102mV，Eh 出现最小值的时间与 H_2S 浓度出现最大值的时间吻合（图 9-11）。从该点 H_2S 浓度突然增高同时 Eh 相应的剧烈下降的现象可以判断该点附近存在明显热液异常。

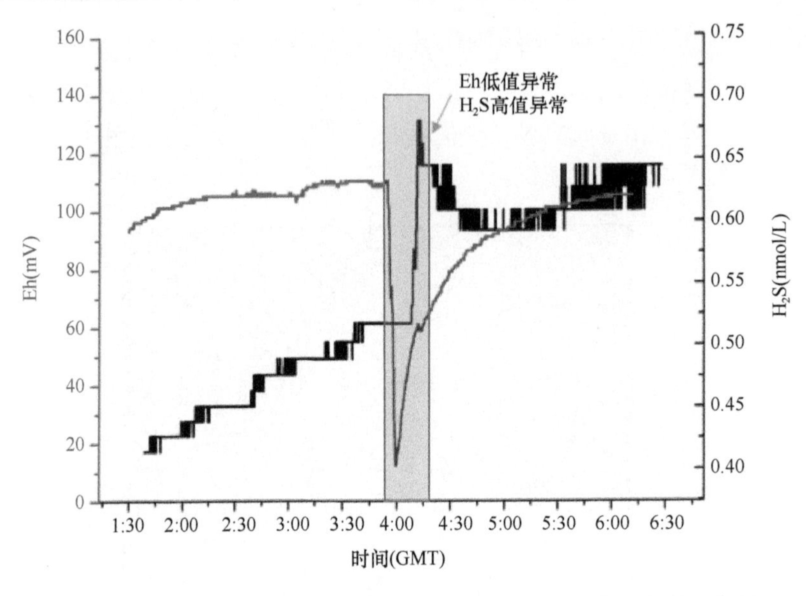

图 9-11　L6 测线化学传感器 H_2S 和 Eh 测量结果（国家海洋局第二海洋研究所，2011）

3. 观测

利用摄像拖体大致完成“定位”后，获得了“鸟巢”硫化物区的初步位置，根据温度异常，基本可判定该位置为喷口所在。随后利用电视抓斗在该处进行取样验证，获取硫化物烟囱体、块状硫化物等样品（图 9-12）。

图 9-12　硫化物样品甲板照片（左）和室内照片（右）（国家海洋局第二海洋研究所，2011）

9.1.2.3　找矿标志

1）温度、浊度异常

利用 MAPR 热液异常探测设备，分别在离海底 20m 和 70m 处记录到大于 40mV 的浊度异常，且在同一时间，约有 0.15℃的温度异常被记录到。

使用 CTD 观测到异常区域有 0.02～0.17℃的温度增量，浊度相应有 1～8NTU 的增量。

2）Eh、H_2S 异常

电化学传感器测线显示该区域 H_2S 浓度为 0.41～0.68nmol/L，Eh 介于 12.3～102mV，出现 H_2S 浓度最大值及 Eh 最小值的位置拟合较好。

3）地质异常

利用电视抓斗在存在温度异常的位置开展取样工作，获取到硫化物烟囱体、块状硫化物等热液产物样品。

9.1.3　大西洋“骆虞 1 号”硫化物区

9.1.3.1　发现过程

中国大洋 21 航次第 4 航段首次在大西洋 13.2°S 附近发现以玄武岩为基底的多金属硫化物区（水深约 2288m），并取到了典型的硫化物烟囱体及块状硫化物样品。该区位于洋中脊中央隆起与非转换断层交界处的南北向构造裂隙带上。海底摄像观测结果显示，硫化物范围约 1km，同时观测到浓黑烟喷发。

9.1.3.2　三步法应用

1. 预测

根据卫星重力、海底地形、区域构造和地球物理场等特征，预测硫化物/热液区靶区。

2. 定位

采用综合摄像拖体以及电视抓斗搭载的 MAPR、METS 等传感器获取了浊度、温度、甲烷等异常，逐步缩小了异常的范围。

1）浊度仪探测结果

中国大洋 21 航次第 4 航段测线 L8 摄像拖体搭载 3 个 MAPR，在相应的深度均检测到明显的温度和浊度异常。其中，离底 20m 和 80m 的 MAPR 检测到 3 处浊度异常，离底 200m 的 MAPR 检测到明显浊度和温度异常（图 9-13）。

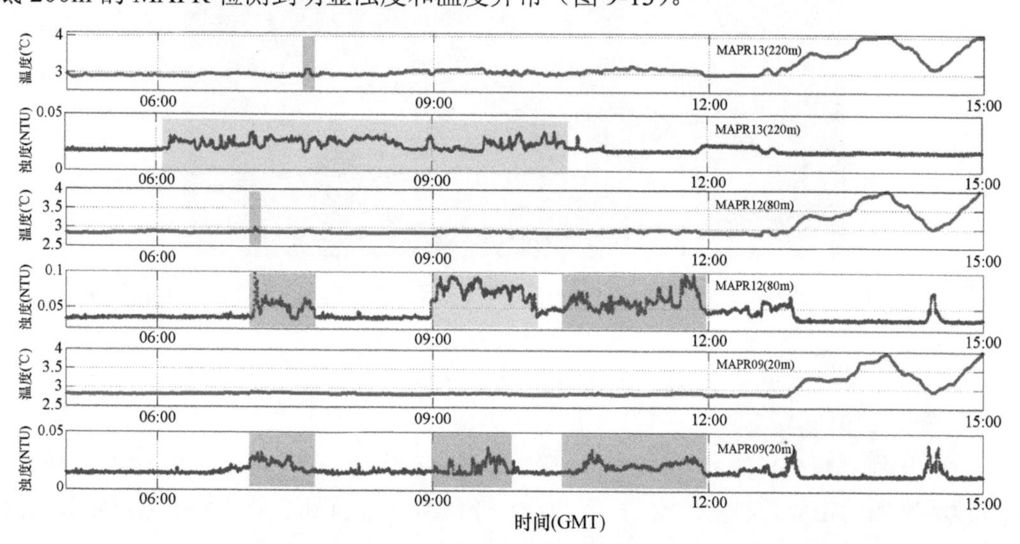

图 9-13　L8 测线浊度异常探测结果（国家海洋局第二海洋研究所，2009b）

2）METS 探测结果

同样在 L8 测线，将 METS 加挂在离底 50m 的高度，在 9:50 左右的甲烷电压值异常点 A（约 2460mV），据校正公式校正出的甲烷浓度值约为 36.7nmol/L（图 9-14）。

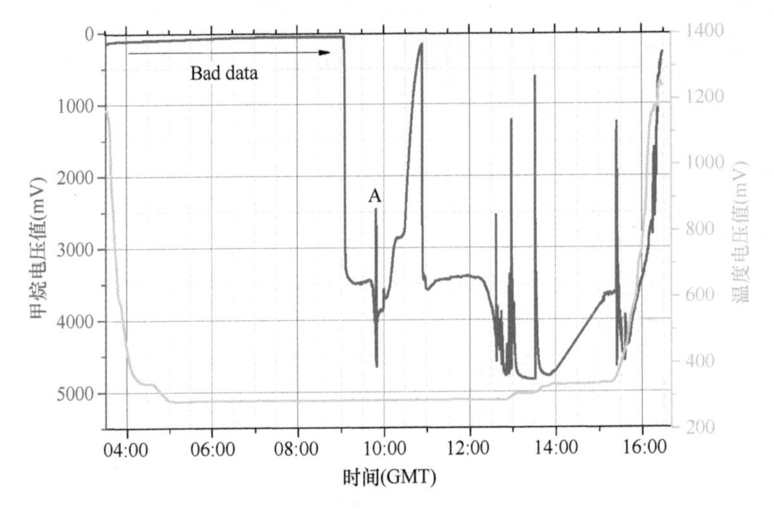

图 9-14 L8 测线 METS 探测结果（国家海洋局第二海洋研究所，2009b）

3）观测

在摄像中观测到疑似硫化物热液黑烟（图 9-15），基本完成“定位”。利用电视抓斗进行了取样验证，获得了包括多金属硫化物、矿化岩石样品（图 9-16）。

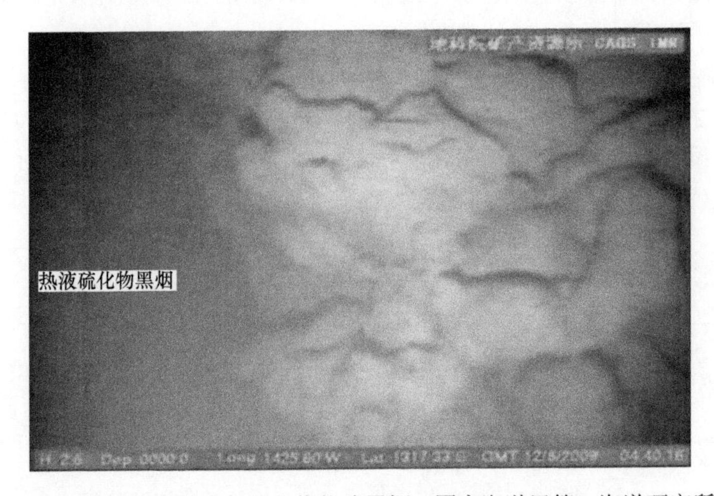

图 9-15 SHXT 测线观察到的疑似硫化物热液黑烟（国家海洋局第二海洋研究所，2009b）

9.1.3.3 找矿标志

1）浊度、温度异常

MAPR 检测到明显的温度和浊度异常。其中，离底 20m 和 80m 的 MAPR 检测到 3 处浊度异常而无相应的温度异常，离底 200m 的 MAPR 检测到 3 处浊度明显异常和两处温度明显异常。

图 9-16 硫化物样品在抓斗内照片（左）和室内照片（右）（国家海洋局第二海洋研究所，2009b）

2）甲烷异常

在 3 个 METS 测线/站位均探测到甲烷浓度异常，其中 METS 14 站位（搭载在电视抓斗上）获得一个显著的甲烷异常峰（约 2428mV），经校正公式换算后获得该处的甲烷浓度值约为 32nmol/L，已接近热液喷口。

3）地质异常

在摄像中观测到疑似羽状流，利用电视抓斗进行了取样验证，获得多金属硫化物、矿化岩石样品。

9.2 一般勘探阶段应用——西南印度洋“玉皇 1 号”矿化区

9.2.1 矿化异常区圈定

“玉皇 1 号”矿化区发现于 2007 年中国大洋 21 航次第 7 航段。根据该区地形特征，初步认为该区具有发育热液活动的潜力。因此，在该区布置了综合拖曳异常探测测线、CTD、电视抓斗等进行初步探测。依据甲烷异常和浊度异常的分布特征，初步判断在本区 49.26°E 附近约 5km 范围内存在高温热液喷口群，并观察到疑似硫化物烟囱体。根据上述特征，在异常发育位置布置了电视抓斗进行异常查证，并成功采集到了多金属硫化物（图 9-17）和矿化角砾岩样品。此外，还通过电视抓斗上携带的摄像观察到已经基本停止活动的硫化物丘。

随后，2014 年执行的中国大洋 34 航次首先在该区开展了系统的综合拖曳探测（图 9-18）。通过摄像拖体观察到海底表面分布的硫化物堆积体和热液蚀变产物。因此，结合地形特征、硫化物和蚀变产物的分布特征，大致在该区圈定了矿化异常区。

9.2.2 矿化区圈定

2014 年，中国大洋 34 航次进一步对在该区圈定的矿化异常区进行了加密勘查，布置了 4 条间距约 300m 的综合异常拖曳探测测线，获得了相应的水体异常数据和近底摄像观察资料。根据摄像观察到的底质特征，结合电视抓斗取样，初步在该区圈定了两处矿化区。

图 9-17　21VII-S35-TVG22 多金属块状硫化物样品照片（国家海洋局第二海洋研究所，2010）

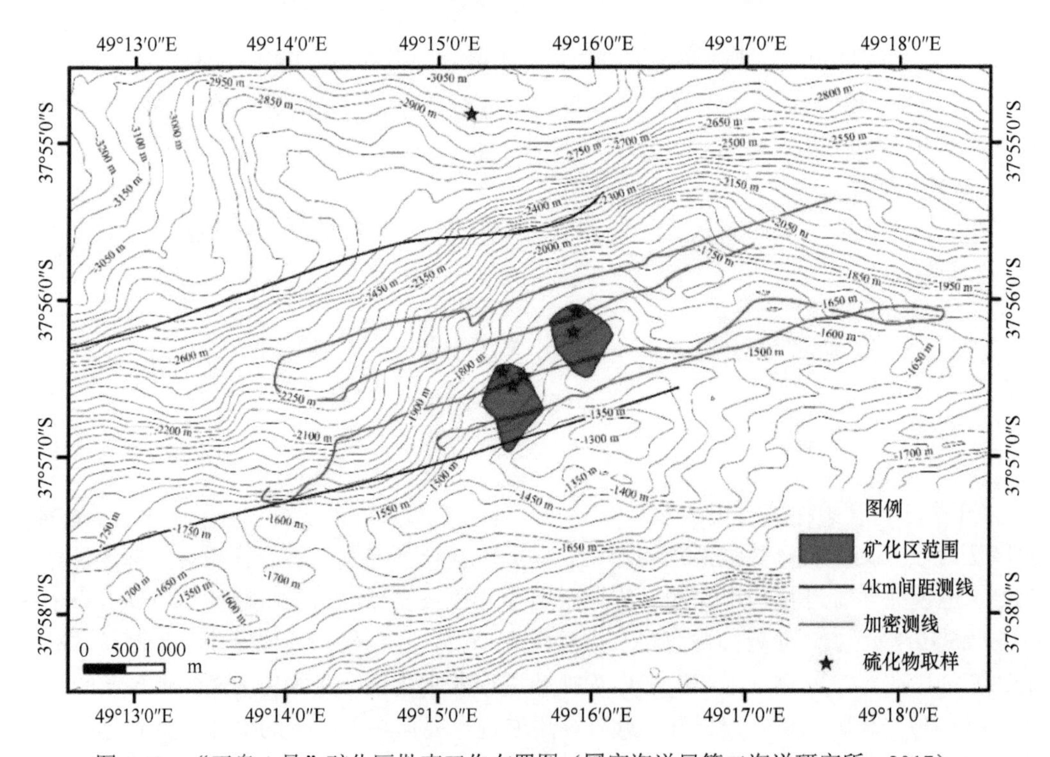

图 9-18　“玉皇 1 号”矿化区勘查工作布置图（国家海洋局第二海洋研究所，2017）

9.2.3　矿化体圈定

根据前期工作基础，2015 年执行的中国大洋 39 航次第 1 航段在该区进行了瞬变电磁勘查，获得了与“玉皇 1 号”矿化区硫化物分布位置相匹配的低阻异常。2016 年执行的中国大洋 43 航次进一步在该区开展勘察工作，所获得的异常区与目前通过摄像观察获得的硫化物的分布范围大致吻合。

根据硫化物矿化区范围和瞬变电磁异常特征，中国大洋 39 航次和中国大洋 43 航次又分别在区内进一步开展了中深钻探工作，获得了厚度超过 7m 的硫化物样品，进而初步圈定了硫化物矿体/矿化体。

参考文献

国家海洋局第二海洋研究所. 2005. 中国大洋 17 航次现场报告.
国家海洋局第二海洋研究所. 2009a. 中国大洋 115-19 航次现场报告.
国家海洋局第二海洋研究所. 2009b. 中国大洋 115-21 航次第 4 航段现场报告.
国家海洋局第二海洋研究所. 2010. 中国大洋 115-21 航次第 7 航段现场报告.
国家海洋局第二海洋研究所. 2011. 中国大洋 115-20 航次现场报告.
国家海洋局第二海洋研究所. 2015. 中国大洋 34 航次第 2 航段现场报告.
国家海洋局第二海洋研究所. 2017. 中国大洋 43 航次现场报告.
陶春辉, 李怀明, 金肖兵, 等. 2014. 西南印度洋脊的海底热液活动和硫化物勘探. 科学通报, 59(19): 1812-1822.
Tao C H, Lin J, Guo S Q, et al. 2012a. First active hydrothermal vents on an ultraslow-spreading center: Southwest Indian Ridge. Geology, 40(1): 47-50.
Tao C H, Li S J, Song C B, et al. 2012b. Niao Chao Hill-Study of supporting techniques for China's first international undersea feature name. Science China (Earth Sciences), 55(10): 1588-1591.

附录　本书作者简介

陶春辉　1968年1月生，海洋地球物理专业。国家海洋局第二海洋研究所研究员，博士，博士生导师。浙江省特级专家、中组部“万人计划”入选者。获得科技部中青年科技创新领军人才、首届曾呈奎海洋青年科技奖、全国优秀科技工作者、全国野外科技工作先进个人和浙江省劳动模范等称号。先后在浙江大学、吉林大学、中国地质大学（武汉）、清华大学深圳研究生院等多家高校任兼职博士生导师或兼职教授。先后担任国际海底管理局秘书长深海研究卓越奖五人咨询委员、中国大洋协会西南印度洋硫化物勘探与资源评价总地质师和“十二五”国家863计划海洋技术领域主题专家等。

长期从事国际海底多金属硫化物海上调查与研究工作，带领团队实现了我国在世界三大洋海底热液区的首次发现；技术负责我国在西南印度洋1万平方千米的硫化物资源勘探合同的申请和执行；发现第一个超慢速扩张脊海底热液活动区，提出控制西南印度洋脊热液活动分布新机制，揭示了超慢速扩张脊硫化物矿藏前景；组织攻关建立海底硫化物快速找矿方法，促进了我国海底硫化物资源找矿的突破。

Email：taochunhuimail@163.com

（按姓氏汉语拼音排序）

蔡巍　1984 年生，博士，国家海洋局第二海洋研究所助理研究员。2012 年 6 月在浙江大学生物医学工程专业生物传感器国家专业实验室获得博士学位。同年 7 月进入国家海洋局第二海洋研究所工作。主要从事海洋地球物理、海洋声学、海洋探测传感器等方面的研究工作。

Email：error33@163.com

陈杰　1993 年生，本科毕业于中国海洋大学，现为国家海洋局第二海洋研究所硕士研究生，海洋地球物理专业。主要研究洋中脊岩浆构造活动和热液活动。

Email：dongmu_cj@163.com

陈升　1989 年生，地球物理专业博士，杭州电子科技大学讲师。主要从事洋中脊热液羽状流探测方法与技术研究。

Email：chensh@hdu.edu.cn

陈志刚　1974 年生，博士，厦门大学海洋与地球学院讲师。对磷酸盐氧同位素样品处理、仪器测量进行了系统研究。目前正在用其示踪土壤、河流和海洋的磷循环，并着手开展海水古温度测量等相关研究。

Email：chzhg@xmu.edu.cn

邓显明　1981 年生，国家海洋局第二海洋研究所高级工程师。主要从事海底硫化物电磁法勘探研究。

Email：xmdeng@sio.org.cn

顾春华　1978 年生，国家海洋局第二海洋研究所高级工程师。主要从事海上调查组织实施工作。

Email：siogch@vip.163.com

郭志馗　1990 年生，中国地质大学（武汉）地球物理与空间信息学院和国家海洋局第二海洋研究所联合培养博士研究生，专业为地球物理学。主要从事重磁位场数据处理方法和解释及洋中脊热液流体动力学模拟研究。

Email：zguoch@gmail.com

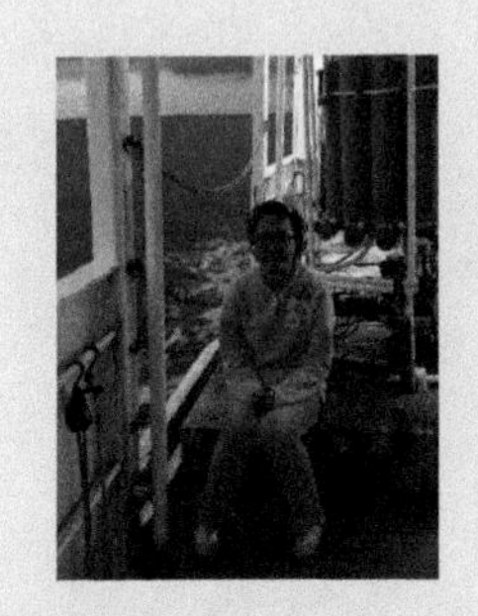

韩沉花　1984 年生，博士，国家海洋局第二海洋研究所助理研究员。主要从事海洋环境探测技术、海洋化学和海洋地球化学等研究。发表论文 18 篇，其中一作或通讯 SCI/EI 6 篇。参与“十二五”大洋课题、863 计划等国家级项目 4 项。

Email: hanchenhua0127@163.com

黄威　1981 年生，硕士，中国地质调查局青岛海洋地质研究所助理研究员。主要从事海底热液硫化物贵金属成矿作用及物源示踪研究。主持国家自然科学基金青年基金课题 1 项、中国大洋协会课题 1 项。曾参与中国大洋 20、21、22、26，40 航次等 12 个航段的调查任务。

Email：sio_huangwei@126.com

李怀明　1977 年生，博士，国家海洋局第二海洋研究所副研究员。主要从事海底资源与成矿系统研究工作。

Email：huaiming_lee@163.com

李倩宇　1993 年生，东华理工大学硕士研究生，研究方向为海洋地球物理。2016 年 11 月至今在国家海洋局第二海洋研究所联合培养。主要从事海底声学原位探测研究。

Email：122626168@qq.com

李伟　1989 年生，博士，毕业于中国地质大学（武汉）地球物理与空间信息学院。2017 年进入国家海洋局第二海洋研究所博士后工作站。主要从事洋中脊岩浆作用和岩石圈演化研究。

Email：lwttkl89@126.com

梁锦　1986年生，国家海洋局第二海洋研究所助理研究员，矿床地球化学博士。主要从事海底硫化物成矿作用与成矿过程研究。
Email：esljin@163.com

廖时理　1986年生，国家海洋局第二海洋研究所助理研究员，矿产普查与勘探博士，毕业于中国地质大学（武汉）。主要从事海底硫化物勘查与评价研究。
Email：yyxyzlsl@126.com

刘健　男，1962年生，工学硕士，研究员。从事水下机器人的研究工作，主要负责控制系统的设计与研制。主要研究水下机器人自动控制系统，电视跟踪与测量，工业自动化控制系统。
Email：liuj@sia.cn

刘为勇　1984年生，硕士，国家海洋局第二海洋研助理研究员。主要从事海洋地质、热液硫化物探测、多金属硫化物勘探与评价方面的工作。
Email：liuweiyong1213@163.com

吕士辉　俄罗斯莫斯科国立大学地质系博士，中国地质大学（北京）海洋学院副教授。从事大洋矿产与海洋地质学等领域的科研与教学工作，自2011年起多次参加大洋航次，从事西南印度洋多金属硫化物矿区基础地质与矿产勘查方面的工作。
Email：lvshihui@cugb.edu.cn

潘东雷　1994年生，现为国家海洋局第二海洋研究所硕士研究生，研究方向为海洋地球物理。主要从事海底地形分析与成矿预测研究。
Email：pandl@sio.org.cn

丘磊 1981 年生，博士，国家海洋局第二海洋研究所助理研究员。主要从事海洋地球物理研究，尤其是洋中脊海底天然地震和地震波数值模拟研究。现主持一项西南印度洋中脊硫化物勘探相关的国家自然科学基金。

Email：lqiu_sio@163.com

苏新 1957 年生，中国地质大学（北京）教授、博士生导师。主要从事海洋地质学研究工作。1996 年参加国际大洋钻探 168 航次。2007 年以来，多次参加我国对三大洋洋中脊热液硫化物的调查与研究工作。

Email：xsu@cugb.edu.cn

孙晓霞 女，1974 年生，海洋地质学博士，中国海洋大学讲师。主要从事海洋沉积学和海洋沉积地球化学研究。2006 年起参加中国大洋协会“十一五”、“十二五”及“十三五”课题，从事热液羽状流颗粒物异常研究，并 5 次参加中国大洋硫化物调查航次。

Email：xiaoxias@ouc.edu.cn

汪建军 1992 年生，硕士，毕业于国家海洋局第二海洋研究所地球探测与信息技术专业。主要从事海底多金属硫化物电法勘探研究。

Email：544467866@qq.com

王奡 1989 年生，中国地质大学（武汉）和国家海洋局第二海洋研究所联合培养博士研究生，专业为地球物理学。主要从事基于多波束和侧扫声呐等数据的西南印度洋海底底质类型分类和地形地貌研究。

Email: norma08071425@163.com

王汉闯 1986 年生，海洋地球物理专业博士，国家海洋局第二海洋研究所助理研究员。主要从事硫化物探测方面的研究工作。主持 1 项国家重点研发计划课题、1 项国家自然科学基金，参加 2 项“十三五”大洋课题，发表论文 13 篇，其中一作 SCI 论文 5 篇。

Email：wanghc@sio.org.cn

王渊　1982年生，物理海洋学硕士，国家海洋局第二海洋研究所助理研究员。主要从事海洋水文调查工作。

Email：zonalwind@163.com

吴家林　1984年生，国家海洋局第二海洋研究所助理研究员，海洋化学博士，毕业于中国海洋大学化学化工学院。主要从事洋中脊水化学与热液羽状流探测研究。

Email：wujaln@163.com

吴涛　1988年生，博士，国家海洋局第二海洋研究所助理研究员。2017年6月毕业于吉林大学，获固体地球物理学专业博士学位。主要从事海底资源与成矿相关研究工作，研究方向为海洋地球物理、近海底磁法。

Email：wutao1988@126.com

熊威　1986年生，中国地质大学（武汉）和国家海洋局第二海洋研究所联合培养博士生。主要从事海底硫化物自然电位应用研究。

Email: xiongwei_deadeye@163.com

杨伟芳　1985年生，国家海洋局第二海洋研究所助理研究员。矿物学、岩石学、矿床学博士，毕业于浙江大学地球科学学院。主要从事海底热液成矿等研究。

Email：yangweifang@sio.org.cn

杨振　1979年生，中国地质大学（武汉）讲师。矿物学、岩石学、矿床学专业博士。主要从事成矿规律与成矿预测研究工作。自2014年起参与西南印度洋合同区硫化物勘查工作，参加了大洋34、40航次调查。

Email: yangzhyf2007@hotmail.com

张国堙 1984年生，硕士，国家海洋局第二海洋研究所工程师。主要从事海底声学探测技术研究与应用，多次参与我国大洋海底多金属硫化物调查，在海底地形地貌探测、浅地层剖面探测及声学底质分类等方面经验丰富。

Email：zgysir@126.com

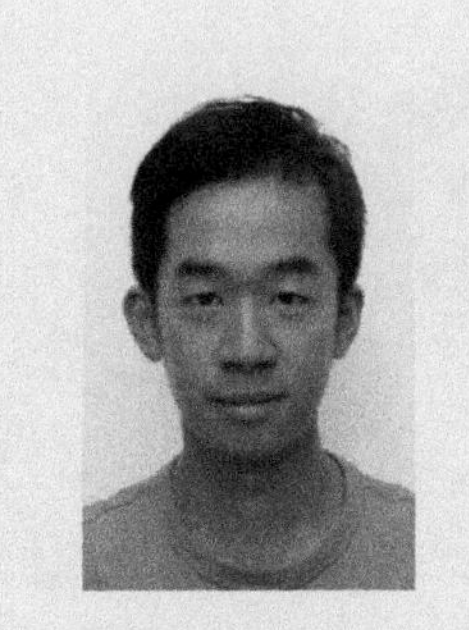

周红伟 1987年生，国家海洋局第二海洋研究所工程师。主要从事水下定位的应用技术及作业保障工作。

Email：zhw06011433@163.com

周亚东 1984年生，博士，国家海洋局第二海洋研究所助理研究员。毕业于浙江大学生命科学学院。主要从事深海生物多样性研究。

Email：yadong_zhou@sio.org.cn

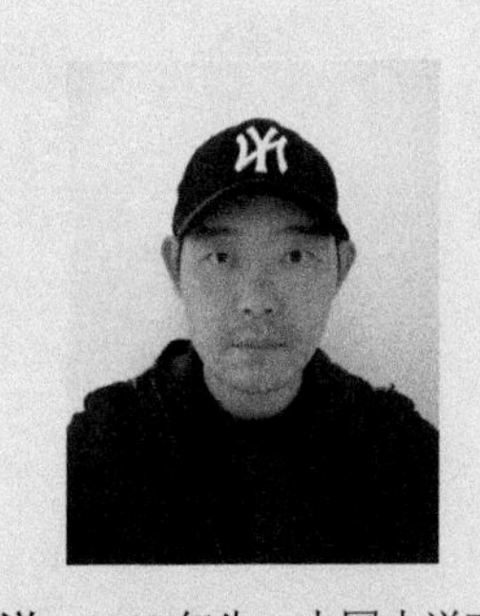

周洋 1982年生，中国大洋矿产资源研究开发协会工程师。主要从事多金属硫化物调查航次组织管理工作。

Email：hoocloud@163.com

朱忠民 1988年生，中国石油大学（北京）和国家海洋局第二海洋研究所联合培养博士研究生。主要从事海底硫化物探测的瞬变电磁和自然电位等方法与应用研究。

Email：591149254@qq.com